全国高等农林院校生物科学类
专业"十二五"规划系列教材

U0219139

细胞工程

张 峰 陈丽静 主编

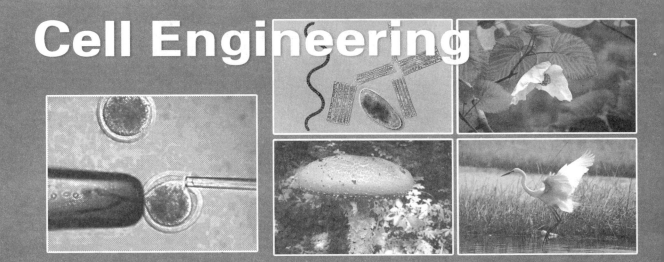

Cell Engineering

中国农业大学出版社
CHINA AGRICULTURAL UNIVERSITY PRESS

内 容 简 介

本书是一本详细介绍细胞工程的基础理论、基本技术和最新研究成果的规划教材。全书共分 9 章,概述了细胞工程的研究内容、发展简史及研究进展;系统介绍了细胞工程研究的基本技术;详细讨论了植物体细胞离体培养及杂交技术,植物生殖细胞离体培养技术,植物体细胞突变和遗传转化技术,种质资源库的建立方法,动物细胞培养技术,干细胞培养技术,以及基于基因技术的动物细胞工程等领域的最新研究成果。

本教材采用了有利于学生快速掌握和融会贯通的编排逻辑,不仅便于读者自学,更有利于培养学生的创新能力和综合素质的提高。本书可作为生物技术、生物工程及生物科学等生物类专业本科生和研究生的教材及相关专业的学生、教师和科技人员的参考书。

图书在版编目(CIP)数据

细胞工程/张峰,陈丽静主编. —北京:中国农业大学出版社,2014.7
ISBN 978-7-5655-0969-8

Ⅰ.①细⋯ Ⅱ.①张⋯②陈⋯   Ⅲ.①细胞工程   Ⅳ.①Q813

中国版本图书馆 CIP 数据核字(2014)第 092531 号

书　　名	细胞工程			
作　　者	张　峰　陈丽静　主编			
策划编辑	孙　勇　潘晓丽		责任编辑	韩元凤
封面设计	郑　川		责任校对	王晓凤　陈　莹
出版发行	中国农业大学出版社			
社　　址	北京市海淀区圆明园西路 2 号		邮政编码	100193
电　　话	发行部 010-62818525,8625		读者服务部	010-62732336
	编辑部 010-62732617,2618		出　版　部	010-62733440
网　　址	http://www.cau.edu.cn/caup		**e-mail**	cbsszs @ cau.edu.cn
经　　销	新华书店			
印　　刷	北京时代华都印刷有限公司			
版　　次	2014 年 7 月第 1 版　2014 年 7 月第 1 次印刷			
规　　格	787×1 092　16 开本　18.5 印张　457 千字			
定　　价	36.00 元			

全国高等农林院校生物科学类专业"十二五"规划系列教材
编审指导委员会
（按姓氏拼音排序）

姓　名	所在院校	姓　名	所在院校
蔡庆生	南京农业大学	刘国琴	中国农业大学
蔡永萍	安徽农业大学	刘洪章	吉林农业大学
苍　晶	东北农业大学	彭立新	天津农学院
曹贵方	内蒙古农业大学	秦　利	沈阳农业大学
陈雯莉	华中农业大学	史国安	河南科技大学
董金皋	河北农业大学	宋　渊	中国农业大学
冯玉龙	沈阳农业大学	王金胜	山西农业大学
郭　蓓	北京农学院	吴建宇	河南农业大学
郭立忠	青岛农业大学	吴晓玉	江西农业大学
郭图强	塔里木大学	殷学贵	广东海洋大学
郭兴启	山东农业大学	余丽芸	黑龙江八一农垦大学
郭玉华	沈阳农业大学	张　炜	南京农业大学
李　唯	甘肃农业大学	赵　钢	仲恺农业工程学院
林家栋	中国农业大学出版社	赵国芬	内蒙古农业大学

编审人员

主　编　张　峰（内蒙古农业大学）
　　　　陈丽静（沈阳农业大学）

副主编　王有武（塔里木大学）
　　　　岳才军（黑龙江八一农垦大学）
　　　　王　义（吉林农业大学）
　　　　孟建宇（内蒙古农业大学）

参　编　（按拼音顺序排序）
　　　　贾小平（河南科技大学）
　　　　胡颂平（江西农业大学）
　　　　刘思言（吉林农业大学）
　　　　林景卫（沈阳农业大学）
　　　　万永青（内蒙古农业大学）
　　　　武春燕（内蒙古农业大学）
　　　　于翠梅（沈阳农业大学）

主　审　刘　宝（东北师范大学）

出版说明

　　生物科学是近几十年来发展最为迅速的学科之一,它给人类的生产和生活带来巨大变化,尤其在农业和医学领域更是带来了革命性的变革。生物科学与各个学科之间、生物科学各个分支学科之间的广泛渗透,相互交叉,相互作用,极大地推动了生物科学技术进步。生物科学理论和方法的丰富和发展,在持续推动传统农业和医学创新的同时,其应用领域不断扩大,广泛应用的领域已包括食品、化工、环保、能源和冶金工业等各个方面。仿生学的应用还对电子技术和信息技术产生巨大影响。生物防治、生物固氮等生物技术的应用,极大地改变了农业过分依赖石化工业的局面,继而为自然生态平衡的恢复做出无可替代的贡献。以大量消耗资源为依赖的传统农业被以生物科学和技术为基础的生态农业所替代和转变。新的、大规模的近现代农业将由于生物科学的快速发展而迅速崛起。

　　生物科学在农业领域中越来越广泛的应用,以及不可替代作用的发挥,既促进了生物科学教育的发展,也为生物科学教育提出了新的更高的要求。农业领域高素质、应用型人才对生物科学知识的需求具有自身独特的使命和特征。作为培养高素质、应用型人才重要途径和方式的农业高等教育亟须探索出符合实际需求和发展的教育教学模式和内容。为此,中国农业大学生物学院和中国农业大学出版社与全国 30 余所高等农林院校合作,在充分汲取各校生物科学类专业教改实践经验和教改成果的基础上,经过进一步集成、融合、优化、提升,凝聚形成了比较符合农林院校教学实际、适应性更好、针对性更强、教学效果更佳的教学理念和教材编写思路,进而精心打造了"全国高等农林院校生物科学类专业'十二五'规划系列教材"。系列教材覆盖了近 30 门生物科学类专业骨干课程。

　　本系列教材站在生物科学类专业教育教学整体目标的高度,以学科知识内容关联性为依据,审核确定教材品种和教材内容,通过相关课程教材小规模组合、专家交叉多重审定、编审指导委员会统一把关等措施,统筹解决相关教材内容衔接问题;以统一的编写指导思想因课制宜确定各门课程教材的编写体例和形式。因此,本系列教材主导思想整体归一、各种教材各具特色。

　　农业是生物科学最早也是应用范围最广的领域,其厚重的实践积累和丰硕成果使得农业高等教育生物科学类专业教学独具特色和更高要求。本系列教材比较好地体现了农业领域生物科学应用的重要成果和前沿研究成就,并考虑到农林院校生源特点、教学条件等,因而具有很强的适用性、针对性和前瞻性。

　　系列教材编审指导委员会在教材品种的确定、内容的筛选、编写指导思想以及质量把关等环节中发挥了巨大作用。其组成专家具有广泛的院校代表性、学科互补性和学术权威性,以及

丰富的教学科研经验。专家们认真细致的工作为系列教材打造成为农林院校生物科学类专业精品教材奠定了扎实的基础,在此谨致深深的谢意。

作为重点规划教材,为准确把握教学需求,突出特色和确保质量,教材的策划运行被赋予更为充分的时间,从选题调研、品种筛选、编写大纲的拟制与审定、组织教师编写书稿,直至第一种教材出版至少 3 年时间,按照拟定计划主要品种的面世需近 4 年。系列教材的运行经过了几个阶段。第一个阶段,对农林院校生物科学教学现状进行深入的调查研究。2010—2011年,出版社用了近 1 年的时间,先后多批次走访了近 30 所院校,与数百位生物科学教学一线的专家和教师进行座谈,深入了解我国高等农林院校生物科学教学的进展状况及存在的问题。第二个阶段,召开教学和教材建设研讨会。2011 年 12 月份,中国农业大学生物学院和中国农业大学出版社组织召开了有 30 余所院校、100 余位教师参加的生物教学研讨会,与会代表就农林院校生物科学类专业教学和教材建设问题进行了广泛和深入的研讨,会上还组织参观了中国农业大学生物学院教学中心、国家级生命科学实验教学示范中心以及两个国家重点实验室,给与会代表留下了深刻的印象和较大的启发。第三个阶段,教材立项编写。在广泛达成共识的基础上,有 30 多所高等农林院校、近 500 人次教师参加了系列教材的编写工作。从 2013年 4 月起,系列教材将陆续出版,希望这套凝聚了广大教师智慧、具有较强的创新性、反映各校教改探索实践经验与成果的系列教材能够对农林院校生物科学类专业教育教学质量的提高发挥良好的作用。

良好的愿望和教学效果需要实践的检验和印证。我们热切地期待着您的意见反馈。

中国农业大学生物学院
中国农业大学出版社
2013 年 3 月 16 日

前　言

　　细胞工程是生命科学的重要组成部分,是生命科学产业化链条中的重要环节,是发展最快、最有生命力的学科之一。细胞工程目前已被广泛应用于生命科学的许多领域,并且已经在农、林、医药和一些相关的生产实践中产生了重大的经济、社会效益。细胞工程也是生物技术本科专业的主修课程。

　　为了使学生及相关科研工作者能够更好地从整体结构上把握细胞工程的内涵,也为了提升教材的可读性和实用性,我们从编写逻辑上进行了突破性的调整。本教材并没有像现有的其他教材一样分为植物细胞工程和动物细胞工程两部分,而是尽量让读者和学生感到动、植物间的相关性及一些通用的技术和原理。为此,我们在编写过程中采用了相同的主线:第一,从细胞层面上,由非干细胞(组织细胞)到干细胞,由体细胞到生殖细胞;第二,在"工程水平"上,由普通细胞到基因干预再到"资源库"的建立;第三,从易于理解的层面上,由浅入深,由基础理论到技术到应用再到规模化生产。同时,也存在一些暗线,如在"基因干预"上,由常染色体(转基因动物)到性染色体(性控)等。如果读者可以紧紧抓住这几条线索,相信会更有利于对细胞工程的学习及研究。

　　本书共设 9 章,第 1 章绪论由内蒙古农业大学的张峰与吉林农业大学的王义编写;第 2 章由沈阳农业大学的于翠梅编写;第 3 章由沈阳农业大学的陈丽静与内蒙古农业大学的武春燕编写;第 4 章由河南科技大学的贾小平编写;第 5 章由塔里木大学的王有武编写;第 6 章由江西农业大学的胡颂平编写;第 7 章的第 1 节由内蒙古农业大学的万永青编写,第 2~3 节由吉林农业大学的刘思言编写;第 8 章由黑龙江八一农垦大学的岳才军编写;第 9 章的第 1~5 节由内蒙古农业大学的孟建宇编写,第 6~7 节由沈阳农业大学的林景卫编写。全书共经历了 3 次修改和校对,分别是参编人员的自审、互审和东北师范大学的刘宝教授的主审,最后由张峰和陈丽静完成统稿。在此,非常感谢内蒙古农业大学生命科学学院的马宇星、马靖靖、张萍、邵科等在最后的校稿和统稿过程中的努力工作,也感谢所有编写人员对本书的巨大贡献,最后衷心感谢中国农业大学出版社给予我们向全国同行呈现本书的机会。

　　由于我们水平有限,经验不足,且该领域发展极快,疏漏与不妥之处在所难免,恳请读者批评指正。

张峰于内蒙古农业大学

2013 年 10 月

目 录

细胞工程

第1章 绪论

1.1 细胞工程学简介

1.1.1 基本概念

细胞工程学是近40年来迅速发展起来的一门新兴学科,它是应用现代细胞生物学、发育生物学、遗传学和分子生物学的理论与方法,按照一定的设计方案,通过在亚细胞、细胞、组织或器官的不同水平上进行实验操作,获得重构的细胞、组织、器官以及个体,创造优良品种和产品的综合性的生物工程。它是以细胞学为理论依据,在生理、生化、形态、胚胎、微生物、遗传、病理等多学科领域里发展,现在已渗入到生命科学的各个领域,成为生命科学的重要研究手段和研究技术。细胞工程是当代生命科学中最有生命力的一门学科,也是当代生物技术产业化链条中最重要的一环。

1.1.2 研究内容

1.细胞体外培养及杂交技术

细胞离体培养主要包括体细胞及生殖细胞的体外培养技术(in vitro culture)。细胞的体外培养是指通过生物细胞和组织在离体条件下的生长和增殖,来获得优良植物的快速繁育,或品质优良动物的繁殖,或制备大量细胞代谢产物等,是细胞工程学的最基本的技术。细胞体外培养不仅实现了植物离体快速无性繁殖、植物脱毒以及单倍体育种等高效益工程,也为克隆动物、转基因动物以及生物反应器的发展奠定了坚实的基础。

细胞杂交又称细胞融合(cell fusion),是指在人为干预下,使两种或两种以上的体细胞合并、染色体等遗传物质重组,不经过有性生殖过程而得到杂种细胞的方法。1975年,Cesar Milstein 与 Geoger Kohler 合作得到的既能在体外无限繁殖,又能产生特异性抗体的杂交瘤细胞,导致了免疫学上的革命,也从真正意义上确立了细胞工程学科的诞生。

虽然细胞融合技术突破了种间限制,但是细胞核移植技术(nuclear transfer technique)又进一步升华了细胞杂交技术。细胞核移植技术是利用显微操作技术将细胞核与细胞质分离,然后再将不同来源的核与细胞质重组,形成杂合细胞。1977年,克隆动物"Dolly"羊的诞生使细胞核移植技术引起了全世界的关注。它是通过无性繁殖技术得到的与母体在遗传上一致的高等克隆动物。"Dolly"羊是将母体的体细胞核与去核卵子的细胞质人工重组,借助于卵子的发育能力,重新长成和母体遗传性状相同的生物体。目前,小鼠、牛、猪、骡子等许多动物都获得了体细胞的克隆后代。

2.细胞突变和基因转化技术

核酸是生物体重要的遗传物质,它编码了生命体的各种遗传性状。通过改变或修饰生物体的遗传物质,可以直接获得人类所需的特殊性状。细胞突变技术(cell mutation)是指将生物细胞培养在含有一定营养物质的化学培养基上,用生化或物理方法诱导细胞遗传物质的改变,进而可以从细胞水平上大量筛选拟定目标突变体的技术。细胞突变体的诱导和筛选在植物方面是一个研究比较活跃的领域。目前,已在不少于 15 个科的 45 种植物细胞中筛选出了 100 多个植物细胞突变体或变异体,主要包括抗病性、抗逆性、抗除草剂、抗氨基酸或氨基酸类似物的突变体等。

转基因技术(又称遗传转化技术),就是指利用分子生物学和基因工程技术,将人工分离和修饰过的基因导入到目的生物体的基因组中,并使其在后代中得以表达,从而达到改造生物体目的生物技术。目前建立的各种基因转化方法均是以受体材料的离体培养技术为基础的。与传统育种技术相比,转基因技术所转移的基因不受生物体间亲缘关系的限制,且一般是经过明确定义的基因,功能清楚,后代表现可以准确预期。如果将此项技术在染色体水平上进行操作,即按照预先的设计,借助于物理或化学等方法,把特定的染色体或染色体组转入或移出受体细胞,使生物染色体数目、结构和功能发生改变,进而获得生物遗传新性状,便称为染色体工程(chromosome engineering)。随着转基因技术的日趋完善,转基因生物在农业、医药、工业及人们日常生活等方面日益显示出独特的优越性和广阔的发展前景,如植物的抗病害、作物产量的提高、动植物品种改良、各类生物反应器等。近年来发展起来的人工染色体技术为基因组研究、基因转导、基因治疗及性别控制,以及在动植物单倍体和多倍体的育种方面,提供了重要手段和途径。

3.植物种质资源库

随着人类对自然资源的开发利用和干扰程度的不断加大,生物资源的种类也正在加速减少,这方面尤其表现在植物方面。种质资源库的建立解决了人类长期贮存各类生物种质的需要,同时也克服了一般植物种子贮存方法的局限性,保护种质不受病虫害侵染,便于国际种质交流和植物的快速繁殖。种质保存(germplasm conservation)是利用天然或人工创造的适宜环境条件保存种质资源,来保持其高的活力和遗传完整性(genetic integrity)。植物种质资源库是通过离体保存(in vitro preservation)技术即将离体培养的植物细胞、组织、器官或试管苗保存于低温或超低温人工环境下,抑制其生长,保持其遗传物质稳定性来建立的。冷冻生物学和植物离体快速繁殖技术相结合的种质资源库技术,目前已成为保存生物种质资源的最重要方法。其保存的方法有常温限制生长保存、中低温保存和超低温保存 3 种。

4.干细胞技术

干细胞的研究始于 19 世纪,干细胞(stem cells)是一类具有无限或较长期的自我更新能力(self-renewing)和多向分化潜能的原始细胞;在一定条件下,可以分化成为多种功能细胞。由于可以对干细胞进行体外遗传操作、选择和冻存而不失其多能性,所以在特定条件下可诱导分化成人们所需的细胞、组织和器官等并用于临床治疗。如将干细胞与材料科学相结合,将自体或异体组织的干细胞经体外扩增后种植在预先构建好的聚合物骨架上,在适宜的生长条件下干细胞沿聚合物骨架迁移、铺展、生长和分化,最终发育形成具有特定形态及功能的工程组织。目前已成功地在体外培养获得了人工软骨、皮肤等多种组织。干细胞技术在生物学基础研究、农业以及移植医学上所具有的广阔应用前景,其发展必将引起人类临床医学的一场革命。

1.2　细胞工程学发展简史

作为一门新兴的边缘性学科,细胞工程与其他学科相比,尽管只有近百年的发展历史,但在全世界科学工作者的共同努力下,目前已经取得了长足的进步。

1.2.1　探索和创建阶段

1. 植物细胞工程的发展

在 Schleiden(1838)和 Schwann(1839)所提出的细胞学说的推动下,20 世纪初,德国植物学家 Haberlandt(1902)首次进行了离体细胞培养试验,并预言植物的单个细胞具有发育成完整植株的潜能。大约在 1910 年前后,植物组织培养工作受动物血清培养经验的影响,以植物组织液作为培养基的研究获得了可喜成果。1922 年,美国的 Robbinst 和德国的 Kotte 分别报道了豌豆、玉米、棉花的茎尖培养获得成功,这是有关茎尖培养成功的最早实验。1929 年 Laibach 把亚麻科种间杂交形成的不能成活的种子中的胚剥出,在人工培养基上培养至成熟,从而证明了胚培养在远缘杂交中应用的可能性。

1934 年,法国的 Gautheret 在山毛柳和黑杨等形成层组织的培养中发现了 B 族维生素和 IAA(indole-3-acetic acid,吲哚-3-乙酸,最初曾称为异植物生长素)的作用,揭示了 B 族维生素和生长素的重要意义。1937 年 White 通过研究 B 族维生素对离体根生长的重要性,发明了 White 培养基。1939 年 Nobecourt 用胡萝卜建立了连续生长的组织培养基本方法,成为以后各种植物组织培养的技术基础。因此 Gautheret,White 和 Nobecourt 一起被誉为植物细胞工程学的奠基人。20 世纪的四五十年代,Skoog(1944)和我国的崔澂(1951)发现腺嘌呤或腺苷不但可以促进愈伤组织的生长,而且还可以解除 IAA 对芽形成的抑制作用,并诱导成芽,从而确定了腺嘌呤与生长素的比例是控制芽和根形成的主要条件之一。

2. 动物细胞工程的发展

在动物细胞方面,发展相对植物晚了几年。1907 年,美国胚胎学家 Ross Harrison 采用盖玻片悬滴培养法,观察到了蛙胚神经细胞突起的生长过程,并由此首创了体外组织培养法。1912 年,Carrel 把外科无菌操作的概念和方法引入了组织培养中,并将鸡胚心肌组织原代细胞进行了长期的传代培养。之后,Carrel 于 1923 年发明了卡氏培养瓶。1925 年,Maximow 改良了悬滴培养法,建立了双盖玻片法。1926 年,Strengeway 设计了表面皿培养法。从此动物细胞培养技术基本建立。

20 世纪 50 年代开始以后,细胞工程技术的研究无论在植物还是动物方面都日益繁荣。在植物方面:1952 年,Morel 和 Martin 通过培养大丽花茎尖获得了脱毒植株。1954 年 Muir 在液体培养基及滤纸中进行单细胞培养获得成功。1957 年,Skoog 和 Miller 提出了改变生长素对细胞分裂素比率可以控制组织培养中根和茎的分化。1958—1959 年 Reinert 和 Steward 分别报道在胡萝卜愈伤组织培养中获得了体细胞胚,并获得了再生植株,这是人类第一次实现

了人工体细胞胚,同时也证明了植物细胞的全能性。这是植物细胞工程的第一个突破,它对植物组织和细胞培养产生了深远的影响。在动物方面:1933 年,Gay 创立了旋转管培养法,并在 1953 年以人的肿瘤组织为材料成功创建了 Hela 细胞系。1948 年,Sardord 创立了分离细胞培养法,第一次成功地从单层细胞中分离出单个细胞,使建立遗传性状相同的细胞株成为可能。1958 年,Okada 用高浓度的灭活仙台病毒在体外成功融合了小鼠艾氏腹水肿瘤细胞,创建了人工细胞融合技术,同时也带动了植物细胞间的融合。1962 年,Capstick 等首先成功地进行了仓鼠肾细胞的大规模悬浮培养,这是动物细胞培养用于大规模工业生产的突破性进展。

综上所述,在这一发展阶段中,科学家们通过对培养条件和培养基成分的广泛探索研究,已经实现了对离体细胞生长和分化控制,从而初步确立了植物细胞工程、动物细胞工程的技术体系,为以后的发展奠定了基础。

1.2.2 迅速发展和应用阶段

因为有了上面的大量理论和实验基础,20 世纪 60 年代以后,细胞工程技术开始走出了实验室,植物细胞工程与常规育种遗传工程、发酵工程等技术相结合,广泛地应用于生产实践;而动物细胞工程也随着细胞培养原理与方法的完善以及微载体培养技术的发展,大规模培养的动物细胞已应用于疫苗、干扰素、单克隆抗体等的规模化生产。

1. 植物原生质体培养取得了重大突破

1960 年英国人 Cocking 等用纤维素酶分离植物原生质体获得成功,开创了植物原生质体培养和体细胞杂交的工作,这是植物细胞工程的第二个突破。1971 年 Takebe 等在烟草上首次由原生质培养获得了再生植株。这不仅在理论上证明了除体细胞和生殖细胞以外无壁的原生质体也同样具有全能性,而且在实验上也为外源基因的导入提供了理想的受体材料。1980 年,Vasil 等利用珍珠谷的胚性悬浮细胞游离得到原生质体,并成功地通过胚胎发生途径再生得到小植株。这是首篇禾本科植物的成功报道,特别是提出了一条不同于双子叶植物的崭新途径,标志着禾本科植物原生质体的培养重大进展。1972 年 Carlson 通过两个烟草物种之间原生质体融合获得了第一个体细胞杂种。1978 年番茄与马铃薯原生质体融合获得了再生植株。原生质体培养的成功,进一步促进了体细胞融合技术的发展。

2. 花药培养取得显著成绩

1964 年 Guha 和 Maheshwari 成功地将毛叶曼陀罗花药培养成花粉单倍体植株。由于单倍体在突变选择和加速杂合体纯化过程中具有重要作用,此项技术大大促进了这一领域的发展。目前获得成功的物种数目达 160 余种,如烟草、水稻、小麦等的单倍体育种在中国已经取得了引人注目的成就。

3. 植物脱毒及无性快繁技术得到广泛应用

1960—1964 年,Morel 培养兰花茎尖,以脱除病毒并能快速繁殖兰花,由于这一方法有巨大的实用价值,很快被兰花生产者所采用,国际上迅速建立起"兰花工业"。在"兰花工业"高效益的刺激下,植物离体快繁的脱毒技术得到了迅速发展,实现了试管苗产业化,并取得了巨大的经济效益。

4. 植物细胞次生代谢产物的生产

1967 年,Kaul 和 Staba 采用发酵罐在对小阿米(Ammi visnaga)的细胞培养中首次得到了药用物质呋喃色酮。1983 年,日本先后实现紫草培养生产紫草宁以及黄连培养生产小檗碱的工业化规模,并以紫草宁作为天然色素进入了口红、肥皂等日用化工产品生产中。我国学者在此领域内亦取得许多研究成果,如人参细胞、三分三细胞、三七细胞发酵培养以及九连小檗、西洋参、当归、青蒿、紫背天葵、延胡索、紫杉等植物细胞培养的研究工作。

近年来,植物细胞大量培养以提取有用次生代谢产物的研究并没有像人们所预计的那样广泛地进入工业化生产,主要是因为细胞培养物的成本太高。越来越多的研究者已把工作重点转移到以细胞生物学和分子生物学为基础的次生代谢产物的产量提高及成本的降低,如植物细胞的固定化培养,分子水平次生代谢调控的研究,诱导子的广泛应用及发状根的培养等。目前,各国竞相开发的一批具有重要药用价值植物次生代谢产物,如紫杉醇、长春新碱、小檗碱等,有些已开始步入工厂化生产阶段。

5.植物细胞离体保存技术大发展

植物种质资源保存是世界性重要课题,对拯救珍贵、濒危物种及环境保护有重大意义。利用离体组织培养技术,对茎尖分生组织等离体材料进行超低温保存,不但可以大大节省空间,而且不受季节限制,便于无毒种质的国际交换。我国目前已在多处建立了植物种质离体保存地点。

6.基因转化技术及生物反应器的发展

在植物细胞方面,1980年Davey等用Ti质粒转化原生质体成功。1983年,Zambryski等用根癌农杆菌转化烟草,在世界上获得了首例转基因植物,使农杆菌介导法很快成为双子叶植物的主导遗传转化方法。Horsch等于1985年建立了农杆菌介导的叶盘法开创了植物遗传转化的新途径。1987年,美国的Sanford等发明了基因枪法,克服了农杆菌介导法对单子叶植物遗传转化困难的缺陷。在20世纪90年代,农杆菌介导法在单子叶植物的遗传转化上取得突破性进展,玉米、水稻、大麦、小麦等先后实现高效转化。

因为在分子生物学技术上,植物和动物细胞并没有太大的差异,所以动物细胞工程也在20世纪后半叶,几乎同时发展了起来。第一只转基因动物是Gordon通过向小鼠的单细胞胚胎的原核注射纯化的DNA后获得的。1983年Palmiter和Brinster将大鼠生长激素基因转入小鼠,生产出生长速度极快的超级小白鼠。这一时期,乳腺生物反应器的研究取得明显进展。在Gordon于1987年获得分泌组织纤溶酶原激活因子tPA的转基因小鼠以后的数年内,转基因羊、猪、牛的乳腺便相继研究成功,利用乳腺生物反应器生产出了多种生物药物,如凝血因子Ⅸ、凝血因子ⅩⅢ、抗胰蛋白酶、tPA、红细胞生成素(EPO)等。

目前,转基因抗虫棉、抗虫玉米、抗虫油菜、抗除草剂大豆等一批植物新品种已在生产上大面积推广种植。利用植物生物反应器生产的药物、色素、食品添加剂、农药等活性物质已达300多种,为农业生产带来巨大效益。转基因兔、羊、猪、牛、鸡和鱼等动物相继问世。动物克隆及干细胞技术与转基因动物技术相结合,大大加快了动物生物反应器的研究与应用进展,显示出极为诱人的前景。

7.动物细胞的杂交及克隆趋于成熟

1964年,Littlefield设计出了杂种细胞筛选的系列方法。1975年,Köhler、Milstein和Jerne利用动物细胞杂交技术创立了淋巴细胞杂交瘤技术,并借此制备出了单克隆抗体。之后,人们很快建立了PEG诱导的淋巴细胞杂交瘤融合技术。由于杂交瘤技术能制备出纯度高、特异性较强的单克隆抗体,短短数年间,杂交瘤技术便风行天下。1997年,Wilmut领导的小组用体细胞核克隆出了"Dolly"绵羊,使哺乳动物的克隆成了现实,这对提高优良家畜的繁

育效率及拯救濒危动物具有重要意义。

8. 胚胎干细胞技术的发展

1981 年, Evans 和 Kaufman 用延迟胚胎着床的方法分离胚胎内细胞团, 首次成功分离得到小鼠胚胎干细胞。1998 年, Thomason 等成功建立了人胚胎干细胞系, 1999 年又发现成体干细胞的"可塑性", 在当年"Science"杂志评选的 1999 年度十大科技成果中, 干细胞研究荣登榜首, 2002 年干细胞研究又被"Science"杂志列为值得关注的六大科技领域之一。其后干细胞的研究不断产生新的进展, 使人们看到了在体外培育目的细胞、组织甚至器官, 用于临床修复或取代人体内的坏损或病变组织器官的美好前景。

细胞工程是一个非常年轻富有活力的学科。相信不管在动物还是植物领域, 随着人们对生命科学认识的不断深入, 二者的技术水平都会得到更好更快的发展, 在解决困扰人类的人口、资源与环境等重大问题上都会有更大作为。

第**2**章

细胞工程基本技术

细胞工程基本技术主要包括实验室设置、基本技术、培养条件控制及离体培养的营养需求等四方面的内容。

2.1　实验室设置

2.1.1　实验室组成

细胞工程实验室设置的基本要求包括便于隔离、便于操作、便于灭菌、便于观察。理想的细胞工程实验室需要满足 3 个基本工作需要:实验准备(培养基制备、器皿洗涤、培养基和培养器皿灭菌)、无菌操作和控制培养。此外,还可根据从事的实验要求来考虑辅助实验室,使实验室更加完善。

实验室组成包括基本实验室和辅助实验室(图 2-1)。基本实验室包括准备室、缓冲间、无菌操作室(接种室)和培养室。辅助实验室包括温室、细胞学实验室和生化分析室。

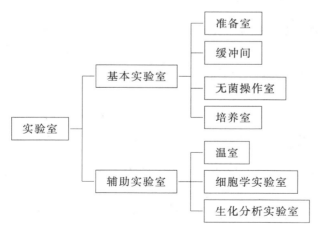

图 2-1　细胞工程实验室组成

1.**基本实验室**

(1)准备室　准备室内要进行一切与实验相关的准备工作,包括各种药品的贮备、称量、溶解、器皿洗涤、培养基的配制与分装、培养基和培养器皿的灭菌、培养材料的预处理等。如果房

间较多,可将准备室分为洗涤室和配制室两个分室。洗涤室专门用于进行试管苗出瓶与培养器皿的清洗工作;配制室用于进行培养基的配制、分装、包扎和高压灭菌等工作。

准备室要求宽敞明亮,以便于放置多个实验台和相关设备,方便多人同时工作;同时要求通风条件好,便于气体交换;实验室地面应便于清洁,并应进行防滑处理。

(2)缓冲间　缓冲间是进入无菌操作室前的一个缓冲场地,减少人体从外界带入的尘埃等污染物。工作人员需要在此换上工作服、拖鞋,戴上口罩,才能进入无菌室和培养室。

缓冲间要求建在无菌操作室外,应保持清洁无菌;备有鞋架和衣帽挂钩,并有清洁的实验用拖鞋、已灭过菌的工作服;墙顶用1～2盏紫外灯定时照射,对衣物进行灭菌。缓冲间的门应该与无菌操作室的门错开,两个门也不要同时开启,以保证无菌室不因开门和人的进出带入杂菌。

(3)无菌操作室(接种室)　无菌操作室主要用于实验材料的接种操作,所以又叫接种室。主要用于材料的消毒、接种、培养物的转移、培养物的继代、原生质体的制备以及一切需要进行无菌操作技术程序的工作,是细胞工程实验中最关键的步骤。

无菌操作室宜小不宜大,一般7～8 m²(10～20 m²)即可,其规模根据实验需要和环境控制的难易程度而定。总体要求封闭性好,干爽安静,清洁明亮,能较长时间保持无菌。因此具体要求包括:不宜设在容易受潮的地方;地面、天花板及四壁尽可能密闭光滑,易于清洁和消毒;配置拉动门,以减少开关门时的空气扰动;为便于消毒处理,地面及内墙壁都应采用防水和耐腐蚀材料;为了保持清洁,无菌操作室应防止空气对流;在适当位置吊装1～2盏紫外线灭菌灯,用以照射灭菌;最好安装一台小型空调,使室温可控,这样可使门窗紧闭,减少与外界空气对流。

(4)培养室　培养室的功能是对离体材料进行控制培养。其要求包括能控制光照和温度;为防止微生物感染,培养室应保持干燥和清洁;为满足植物培养材料生长对气体的需要,还应安装排风窗和换气扇等培养室的换气装置;为节省能源和空间,应配置适宜的培养架,并安装日光灯照明。

研究用培养室,通常根据是否需要光照设置光照培养室和暗培养室。光照培养室可根据光照时间设置成长日照、中日照、短日照培养室。也可以根据温度设置成高温和低温培养室。进行精细培养类型如细胞培养和原生质体培养时,可采用光照培养箱或人工气候箱代替培养室。

2.辅助实验室

(1)温室　温室主要用于组培苗的驯化移栽。要求环境清洁无菌,具备控温、保湿、遮阴、防虫和采光良好等条件。

(2)细胞学实验室　细胞学实验室用于对培养物进行细胞学或解剖学观察与鉴定研究。要求房间安静、通风、清洁、明亮、干燥,保证光学仪器不振动、不受潮、不污染、不受光直射。

(3)生化分析实验室　在以培养细胞产物为主要目的的实验室中,应建立相应的生化分析实验室,以便于对培养物的有效成分随时进行取样检查。

2.1.2　基本设备配置

不同的实验室要配备不同设备。准备室要求放置一些常规设备及部分灭菌设备,包括实验台、药品柜、水池、仪器、防尘橱(放置培养容器)、天平、冰箱、酸度计及蒸汽压力灭菌锅等。

缓冲间设备包括 1～2 盏紫外灯、水槽、实验台、鞋帽架、柜子、灭菌后的工作服、拖鞋、口罩等。无菌操作室设备包括紫外灯、空调、解剖镜、消毒器、酒精灯、接种器械（接种镊子、剪刀、解剖刀、接种针）、超净工作台等。培养室设备包括培养架（控温、控光、控湿）、摇床、转床、自动控时器、紫外灯、光照培养箱或人工气候箱、生化培养箱、除湿机、温湿度计、空调等。辅助实验室设备包括双筒实体显微镜、普通光学显微镜、倒置显微镜及生化分析常用设备等。下面对重要设备功能及要求作以概述。

1. 常规设备

（1）天平　天平用于称量药品，包括托盘天平、电子天平、电子精密天平、电子分析天平等。电子精密天平或电子分析天平用来称量用量少的药品，如微量元素、植物激素及微量附加物。托盘天平或电子天平用来称量量大的药品，如大量元素、琼脂、蔗糖等。

（2）冰箱　细胞培养室必须配备有普通冰箱和 $-20℃$ 的低温冰箱。前者用于储存培养用的试剂及短期保存组织标本。$-20℃$ 的低温冰箱则用于储存那些需要冷冻以保持生物活性及较长时间存放的试剂，如酶、血清、抗生素等。

（3）酸度计　测量培养基 pH 值，最简单的是用 pH 试纸，但精确度不高，误差比较大，酸度计有笔式、便携式和台式，可根据需要购买。

（4）离心机　用于分离、洗涤培养细胞（团）及原生质体、制备细胞悬液、调整细胞密度时用，一般转速为 2 000～4 000 r/min 即可。

（5）水纯化装置　细胞培养对水的质量要求很高。培养器皿经酸处理和自来水冲洗后，最后须用双蒸水漂洗数次。配制各种培养用液更是要求使用超纯水装置制备的超纯水。

（6）可调式微量移液器　用于移取少量的液体，精度要比玻璃移液管高。一般用来往培养基中加激素或微量元素等母液。

（7）磁力搅拌器　磁力搅拌器用于加速搅拌难溶的物质，如各种化学物质、琼脂粉等。磁力搅拌器还可加热，使溶解更好。

（8）水浴锅或微波炉　用于溶解难溶药品和熔化琼脂。

2. 灭菌设备

（1）高压灭菌锅（也称蒸汽消毒器）　培养基、蒸馏水、培养器皿及其他用具等均需经过高压蒸汽消毒灭菌后方可使用。一般在 121℃，控温 15～40 min。

（2）干热消毒柜　用于各种用具的灭菌。通常采用 160～180℃ 持续 90 min 灭菌。

（3）过滤除菌装置　一些酶制剂、激素、某些维生素和大部分培养用液，在高温条件下会降解，因此只能通过过滤的方法进行除菌消毒。主要有真空抽滤式与针式注射器两大类。

（4）紫外灯　紫外灯是方便且经济的控制无菌环境的装置，一般安装在细胞工程实验室的各个房间，特别是接种室和培养室必须安装。

（5）超净（净化）工作台　超净工作台是目前已普遍应用的无菌操作装置。超净台按气流方向的不同可以分为两种类型：①外流式或称水平层流式；②侧流式或称垂直式。

3. 培养及观察分析设备

（1）培养设备　包括培养架、培养箱、摇床和生物反应器等。

（2）倒置显微镜　多用于隔瓶观察，记录外植体及悬浮培养物（细胞团、原生质体等）的生长情况。

（3）双筒实体显微镜　多用于剥离植物茎尖等精细操作。

（4）细胞计数器　如血球计数板或多功能血细胞计数器等细胞计数器,用于测定一定体积培养液中细胞数量。

（5）细胞冷冻保存装置　冷冻保存能较好地保持细胞的生物学特性,是细胞培养过程中常规的操作。普通的液氮容器常称为液氮罐。液氮温度约为－196℃。

2.1.3　培养器皿与器械用具

1.培养用具与器皿

（1）培养器皿　溶液瓶、培养瓶、锥形瓶、培养皿等。

（2）多孔培养板　其规格有4孔、24孔、96孔培养板。

（3）移液管和吸管　有玻璃和塑料两种,常用的为10 mL、5 mL、1 mL等规格。

（4）离心管　有玻璃和塑料两种。常用离心管有50 mL、10 mL、5 mL等规格。此外,还应备有微量离心管（Eppendorf管）,有1.5 mL、1 mL、0.5 mL等规格。

2.器械用具

（1）镊子类　根据操作需要有各种类型,如用100 mL的三角瓶作为培养瓶,可用20 cm长的镊子。镊子过短,容易使手接触瓶口,造成污染。镊子太长,使用起来不灵活。

（2）剪刀类　可采用医疗五官科用的中型剪刀。主要用于切断茎段、叶片及剪切组织等。也可以用弯形剪刀,由于其头部弯曲,可以深入到瓶口中进行剪切。

（3）解剖刀　切割较小材料和分离茎尖分生组织时,可用解剖刀。刀片要经常调换,使之保持锋利状态,否则切割时会造成挤压,引起周围细胞组织大量死亡,影响培养效果。

（4）解剖针　解剖针可深入到培养瓶中,用于转移细胞或愈伤组织。也可用于分离微茎尖的幼叶,可以自制。

（5）接种工具　包括接种针、接种钩及接种铲,由白金丝或镍丝制成。

（6）钻孔器　在取肉质茎、块茎、肉质根内部的组织时采用。一般为T字形。口径有各种规格。

（7）其他　包括酒精灯、电炉、试管架、搪瓷盘等多种。

3.特殊用具

（1）筛网　有金属和尼龙两种材质。筛网主要用于过滤经消化处理的细胞悬浮液。

（2）细胞刮刀　用于将贴壁生长细胞从培养瓶或培养皿壁上刮下来。

（3）克隆缸　用聚苯乙烯制成的很小的圆缸。它将选择性地套住琼脂表面上生长的细胞克隆,并用无菌油脂封固,形成一个独立的小腔,可用于单独消化和收获细胞克隆。

2.2　基　本　技　术

2.2.1　洗涤技术

2.2.1.1　洗涤液

洗涤液种类很多,包括肥皂、洗洁精、洗衣粉、酸、碱和铬酸钾洗涤液等。在配制浓酸、浓碱或铬酸钾等强腐蚀性液体时注意安全。

配制铬酸钾洗涤液方法:先将重铬酸钾溶于水中(用玻璃棒搅拌助溶,有时不能完全溶解)。缓缓加入浓硫酸,切忌过急,以防酸遇水放热发生酸溅出或使玻璃及陶制容器裂开而使洗涤液外泄,切勿将水加入酸中,以防酸溅出。洗涤液配好呈棕红色,待变绿色时表明失效。

2.2.1.2　洗涤方法

1. 玻璃器皿的洗涤

(1)新购置的玻璃器皿的洗涤:因有游离碱性物质,使用前先用1‰稀盐酸浸泡一夜,然后用肥皂水洗净,清水冲洗,最后用蒸馏水冲洗一次,干后备用。

(2)已用过玻璃器皿:先将残渣除去;用清水洗净,再用热肥皂水或洗衣粉洗净,清水冲洗干净,最后用蒸馏水漂洗一次,干后备用。

(3)对一些不宜刷洗的玻璃器皿如吸管、滴管及较脏的器皿等先用去污粉和去油剂刷洗,自来水冲干净后,晾干,再浸入硫酸-重铬酸钾洗液中浸泡若干小时,用夹子取出在自来水中冲洗干净,再用蒸馏水冲洗1~3遍,稍晾不滴水后置于干燥箱内烘干备用。

(4)对带有凡士林、石蜡或胶布的器皿选用特殊方法处理后,再用常规方法洗涤。带有凡士林的器皿须先用废纸把凡士林擦去,再用汽油擦洗干净,然后用热肥皂水煮沸半小时,刷洗后,自来水冲干净。若带有石蜡,可在玻璃器皿下垫几层废纸,放入60~70℃温箱中加热1~2 h,待石蜡融化后,再用废纸反复擦2~3次即去石蜡,再泡入洗衣粉的热水中洗干净,最后用自来水、蒸馏水冲洗干净。若有胶布黏胶物,先用70%酒精棉球擦数遍,溶解黏胶物,并用少许去污粉刷抹,再用洗衣粉煮沸0.5 h,刷洗干净,自来水冲洗,晾干,再泡入洗液。

2. 金属器皿的洗涤

新购置金属器皿因其上有润滑油或防锈油,用蘸有四氯化碳(CCl_4)布擦去油脂,再用湿布擦净,干燥备用。

3. 胶塞等橡胶类器材的洗涤

(1)新购置者先经自来水冲洗→2% NaOH 煮沸 15 min →自来水冲洗→最后用蒸馏水冲洗一次,干后备用。

(2)已用过的胶塞经自来水冲洗→洗洁精水煮沸 15 min →自来水冲洗→最后用蒸馏水冲洗一次,干后备用。

2.2.2　灭菌、消毒技术

1. 培养基灭菌

某些激素、维生素等不耐高温高压灭菌的采用过滤灭菌。

若采用高压蒸汽灭菌,具体操作方法如下:

(1)洗涤　把组织培养基用的培养皿、三角瓶、试管等玻璃器皿进行彻底清洗。自然晾干或烘箱干燥。

(2)配制培养基并分装包扎　按照培养基配方配制好培养基,并分装到玻璃器皿或塑料器皿中,并包扎好。

(3)装水　在高压灭菌锅内装入一定量的水(水要淹没电热丝)。(切忌干烧!)

(4)装物品　在灭菌锅内放入含培养基的培养瓶或三角瓶、装蒸馏水的玻璃瓶,以及包扎好的玻璃器皿和金属器械等。

(5)灭菌　将排气阀开着,加热,直至锅内释放出大量水蒸气(此时水蒸气横向喷出),再关

闭阀门;或者当锅内压力升至 49.0 kPa 时,开启排气阀,将锅内的冷空气全部排出。当锅内压力达到 108 kPa 时,温度为 121℃时,维持 15～20 min,即可达到灭菌的目的(若灭菌时间过长,会使培养基中的某些成分变性失效)。切断电源,让灭菌锅自然冷却。

注意:①先打开放气阀,再打开锅盖(以免锅内压力大而爆炸!)。②开盖后应尽快转移培养瓶,使培养瓶冷却、凝固。一般应将灭菌后的培养瓶储藏于 30℃以下的室内,最好储藏在 4～10℃的条件下。③某些生长调节剂如 IAA、ZT、ABA 等以及某些维生素遇热是不稳定的,不能同培养基一起高压灭菌,而需要进行过滤灭菌。

2. 玻璃器皿灭菌

干热灭菌:160～180℃,1.5～2.0 h;湿热灭菌:121℃,20～40 min。

干热灭菌法具体操作方法如下:

(1)洗涤　把组织培养用的培养皿、三角瓶、试管、移液管等玻璃器皿进行彻底清洗。

(2)包扎　玻璃器皿可放在大的玻璃容器中,金属器械可放在金属盒内。

(3)灭菌　器皿在烘箱中,150℃,干热灭菌 1 h;或120℃,2 h。灭菌完毕,待冷却后取出。

3. 金属用具灭菌

用前干热灭菌:160～180℃,1.5～2.0 h;用前湿热灭菌:121℃,20～30 min。

接种前用酒精棉球擦拭,浸入 95％酒精液中,并在酒精灯火焰上灼烧灭菌。

4. 接种室灭菌

紫外灯照射:波长 260 nm,距离小于 1.2 m,20～30 min。臭氧灭菌机:1～2 h;熏蒸灭菌:5～8 mL/m³ 甲醛＋5 g/m³ 高锰酸钾。接种台喷雾消毒:75％酒精。

熏蒸灭菌法具体操作方法如下:

用甲醛和高锰酸钾熏蒸,1 年中熏蒸 1～2 次。

(1)配方　每立方米空间用甲醛 10 mL 加高锰酸钾 5 g 的配比液熏蒸。

(2)方法　首先房子要密封。然后在房子中间放一口缸或大烧杯,将称好的高锰酸钾放入缸内,再把已称量的甲醛溶液慢慢倒入缸内,完毕,人迅速离开,并关上门,密封 3 d。

(3)注意事项　①操作前要戴好口罩及手套。②倒入甲醛时要小心,因为甲醛遇到高锰酸钾会迅速沸腾,并产生大量烟雾。操作时人要迅速避开烟雾。③3 d 后,打开房间,搬走废液缸;1 周后,方可进入操作。

5. 外植体灭菌

一般采用化学灭菌剂进行灭菌。对于不同植物或不同部位灭菌有不同的要求,常用的化学灭菌剂有漂白粉,有效成分为次氯酸钙,使用浓度为 1％～10％;次氯酸钠溶液,使用浓度为 0.5％～10％;氯化汞溶液,俗称升汞,使用浓度为 0.1％～1％;酒精 70％～75％;双氧水 3％～10％等。

不同植物或不同部位灭菌的要求如下:

(1)茎尖、茎段及叶片消毒　这类外植体因暴露于空气中,而且有较多的茸毛、油脂、蜡质和刺等,所以先用自来水较长时间冲洗,对于多年生木本材料可用肥皂、洗衣粉或吐温等进行洗涤→酒精浸泡数秒钟→无菌水冲洗 2～3 次→用 2％～10％次氯酸钠溶液浸泡 10～15 min→无菌水冲洗 3 次→接种。

(2)果实及种子消毒

果实:自来水冲洗 10～20 min→纯酒精迅速漂洗一下→2％次氯酸钠溶液浸泡 10 min→

无菌水冲洗 2～3 次→取出果内种子或组织进行培养。

种子：自来水冲洗 10～20 min→10％次氯酸钙浸泡 20～30 min 甚至几个小时，依种皮硬度而定，对难以消毒的还可用 0.1％升汞或 1％～2％溴水消毒 5 min。对种皮太硬的种子，也可预先去掉种皮再用 4％～8％次氯酸钠溶液浸泡 8～10 min→无菌水冲洗 5～8 次→接种。

(3)花药消毒　用于培养的花药多未成熟，外有花萼、花瓣或颖片保护，处于无菌状态，所以只要将整个花蕾或幼穗消毒即可。一般用 70％酒精浸泡数秒钟→无菌水冲洗 2～3 次→漂白粉液浸泡 10 min→无菌水冲洗 2～3 次→接种。

(4)根及地下部分器官的消毒　这类材料生长于土中，消毒较为困难，先用自来水洗涤，用软毛刷刷洗→用刀切去损伤及污染严重部位→无菌滤纸吸干→纯酒精漂洗→0.1％～0.2％升汞浸泡 5～10 min 或 2％次氯酸钠溶液浸泡 10～15 min→无菌水冲洗 3～4 次→无菌滤纸吸干→接种。若上述方法仍不见效时，可将材料浸入消毒液中进行抽气减压帮助消毒液渗入以达到彻底灭菌的目的。

2.3　培养条件

培养条件的选择十分关键。培养中温度、光照、湿度等各种环境条件，培养基组成、pH 值、渗透压等各种化学环境条件都会影响组织、细胞培养及再生苗的生长和发育。

2.3.1　光照

组织培养中光照也是重要的条件之一，主要表现在光照强度、光质以及光周期方面。

1. 光照强度

光照强度对培养细胞的增殖和器官的分化有重要影响，尤其对外植物体、细胞的最初分裂有明显的影响。一般来说，光照强度较强，幼苗生长粗壮，而光照强度较弱幼苗容易徒长。

2. 光质

光质对愈伤组织诱导、培养组织的增殖以及器官的分化都有明显的影响。光质在菊花培养过程中具显著的生物学效应。绿色光可促进菊花试管苗的生长，红色光有利于花瓣愈伤组织的形成，而且在菊花品种间存在光质敏感性的差异。

3. 光周期

试管苗培养时要选用一定的光暗周期来进行组织培养，最常用的周期是 16 h 的光照，8 h 的黑暗。研究表明，对短日照敏感品种的器官组织，在短日照下易分化，而在长日照下产生愈伤组织。有时需要暗培养，尤其是一些植物的愈伤组织诱导和培养，在暗培养下比在光下更好。如红花、乌饭树的愈伤组织诱导。

2.3.2　温度

温度是植物组织培养中的重要因素，大多数植物组织培养都是在 23～27℃进行，一般采用(25±2)℃。但是，不同植物培养的适宜温度不同。月季是 25～27℃、番茄是 28℃。温度不仅影响植物组织培养育苗的生长速度，也影响其分化增殖以及器官建成等发育进程。如烟草芽的形成以 28℃为最好，在 12℃以下，33℃以上形成率皆最低。

不同培养目的采用的培养温度也不同,百合鳞片在 25～30℃ 再生的小鳞茎的发叶速度和百分率比在 25℃ 以下的高。桃胚在 2～5℃ 条件进行一定时间的低温处理,有利于提高胚培养成活率。用 35℃ 处理草莓的茎尖分生组织 3～5 d,可得到无病毒苗。

2.3.3 湿度

湿度的影响包括培养容器内外的湿度条件,容器内主要受培养基水分含量和封口材料及琼脂含量的影响。在冬季应当适当减少琼脂用量,否则将使培养基干硬,不利于外植体接触或插进培养基,导致生长受阻。封口材料直接影响容器内湿度情况,但封闭性较高的封口材料易引起透气性受阻,也会导致植物生长发育受影响。

环境的相对湿度可以影响培养基的水分蒸发,一般要求 70%～80% 的相对湿度,常用加湿器或经常洒水的方法来调节湿度。湿度过低会使培养基丧失大量水分,导致培养基各种成分浓度的改变和渗透压的升高,进而影响组织培养的正常进行;湿度过高时,易引起棉塞长霉菌,造成污染。

2.3.4 pH 值

不同的植物对培养基最适 pH 值的要求是不同的(表 2-1),大多 pH 5～6.5,一般培养基 pH 5.8,这基本能适应大多数植物培养的需要。

表 2-1 不同植物的最适 pH 值

种类	最适 pH 值	种类	最适 pH 值
杜鹃	4.0	月季	5.8
越橘	4.5	胡萝卜、石刁柏	6.0
蚕豆	5.5	桃	7.0
番茄、葡萄	5.7		

适宜 pH 值因材料而异,也因培养基的组成而不同。以硝态氮作氮源和以铵态氮作氮源不同,后者较高一些。一般来说,pH 值高于 6.5 时,培养基会变硬;低于 5 时,琼脂不能很好地凝固。因为高温灭菌会降低 pH 值(0.2～0.3 个 pH 值),因此在配制时常提高 pH 值 0.2～0.3 单位。pH 值大小可用 0.1 mol/L 的 NaOH 和 0.1 mol/L 的 HCl 来调整。1 mL 的 NaOH 可使 pH 值升高 0.2 单位,1 mL 的 HCl 可使 pH 值降低 0.2 单位。同时注意调节 pH 值时一定要充分搅拌均匀。

2.3.5 渗透压

培养基中的盐类及蔗糖会影响到渗透压的变化。通常 1～2 个大气压对植物生长有促进作用,2 个大气压以上就对植物生长有阻碍作用,而 5～6 个大气压植物生长就会完全停止,大于 6 个大气压植物细胞就不能生存。

2.3.6 通气条件

氧气是组织培养中必需的因素,瓶盖封闭时要考虑通气问题,可用附有滤气膜的封口材

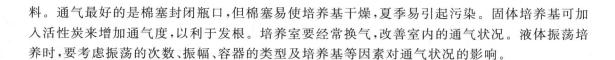

料。通气最好的是棉塞封闭瓶口,但棉塞易使培养基干燥,夏季易引起污染。固体培养基可加入活性炭来增加通气度,以利于发根。培养室要经常换气,改善室内的通气状况。液体振荡培养时,要考虑振荡的次数、振幅、容器的类型及培养基等因素对通气状况的影响。

2.4　离体培养的营养需求

用于植物离体培养的培养基至少包括无机盐类、有机化合物、植物激素及其他附加成分。

2.4.1　无机盐类

无机盐类包括大量元素和微量元素。

1.大量元素

指浓度大于 0.5 mmol/L 的元素,有 N、P、K、Ca、Mg、S 等。

(1)N　N 是蛋白质、酶、叶绿素、维生素、核酸、磷脂、生物碱等的组成成分,是生命不可缺少的物质。在制备培养基时以 NO_3-N 和 NH_4-N 两种形式添加。大多数培养基既含有 NO_3-N 又含 NH_4-N。NH_4-N 对植物生长较为有利。添加的物质有 KNO_3 或 NH_4NO_3 等。有时也添加氨基酸来补充氮素。

(2)P　P 是磷脂的主要成分,而磷脂又是原生质、细胞核的重要组成部分。磷也是 ATP、ADP 等的组成成分。在植物组织培养过程中,向培养基内添加磷,不仅增加养分、提供能量,而且也促进对 N 的吸收,增加蛋白质在植物体中的积累。常用的物质有 KH_2PO_4 或 NaH_2PO_4 等。

(3)K　K 与碳水化合物合成、转移以及氮素代谢等有密切关系。K 增加时,蛋白质合成增加,维管束和纤维组织发达,对胚的分化有促进作用。但浓度不宜过大,一般以 1～3 mg/L 为好。制备培养基时,常以 KCl 或 KNO_3 等盐类提供。

(4)Mg、S 和 Ca　Mg 是叶绿素的组成成分,又是激酶的活化剂;S 是含 S 氨基酸和蛋白质的组成成分。它们常以 $MgSO_4 \cdot 7H_2O$ 形式提供。Ca 是构成细胞壁的一种成分,而且 Ca 对细胞分裂、保护质膜不受破坏有显著作用,常以 $CaCl_2 \cdot 2H_2O$ 形式提供。

2.微量元素

指小于 0.5 mmol/L 的元素,有 Fe、B、Mn、Cu、Mo、Co 等。铁是一些氧化酶、细胞色素氧化酶、过氧化氢酶等的组成成分。同时,它又是叶绿素形成的必要条件。培养基中的铁对体细胞胚的形成、芽的分化和幼苗转绿有促进作用。在配制培养基时不用 $Fe_2(SO_4)_3$ 和 $FeCl_3$,因为它们在 pH 值 5.2 以上,易形成 $Fe(OH)_3$ 不溶性沉淀。经常采用 $FeSO_4 \cdot 7H_2O$ 和 Na_2-EDTA 结合成螯合物形式。B、Mn、Zn、Cu、Mo、Co 等,也是植物组织培养中不可缺少的元素,缺少这些物质会导致生长、发育异常现象。

总之,这些无机营养元素可组成植物结构物质,也是具有生理活性的物质,如酶、辅酶以及作为酶的活化剂,参与活跃的新陈代谢。此外,在维持离子浓度平衡、胶体稳定、电荷平衡等电化学方面起着重要作用。当某些营养元素供应不足时,愈伤组织表现出一定的缺素症状。如缺氮,会表现出一种花色素苷的颜色,不能形成导管;缺铁,细胞停止分裂;缺硫,表现出非常明显的褪绿;缺锰或钼,则影响细胞的伸长。

2.4.2　有机化合物

培养基中往往要加入一些有机物以利于培养物的快速生长。常加入的有机成分主要有以下几类。

1. 碳水化合物

最常用的碳源是蔗糖,葡萄糖和果糖也是较好的碳源,可支持许多组织很好地生长。麦芽糖、半乳糖、甘露糖和乳糖在组织培养中也有应用。蔗糖常用浓度为 3%,即配制 1 L 培养基称取 30g 蔗糖。由于蔗糖对胚状体的发育起重要作用,因此在胚培养时常采用 4%～15% 的高浓度。不同糖类对培养物生长的影响不同。如不同糖类对水稻根培养的影响研究表明,以葡萄糖效果最好,果糖和蔗糖相当,麦芽糖差一些。不同植物不同组织的培养对糖类需要量也不同,实验时要根据配方规定按量称取,不能任意取量。高压灭菌时一部分糖发生分解,因此制定配方时要给予考虑。

2. 维生素

这类化合物在植物细胞里主要是以各种辅酶的形式参与多种代谢活动,对生长、分化等有很好的促进作用。虽然大多数的植物细胞在培养中都能合成所必需的维生素,但在数量上还明显不足,通常需加入一定量的维生素,以便获得最良好的生长。主要有维生素 B_1(盐酸硫胺素)、维生素 B_6(盐酸吡哆醇)、维生素 PP(烟酸)、维生素 C(抗坏血酸),有时还使用生物素、叶酸、维生素 B_2 等。维生素 B_1 对愈伤组织的产生和生活力有重要作用,维生素 B_6 能促进根的生长,维生素 PP 与植物代谢和胚的发育有一定关系,维生素 C 有防止组织变褐的作用。

3. 肌醇

肌醇又叫环己六醇,在糖类的相互转化中起重要作用。通常可由磷酸葡萄糖转化而成,还可进一步生成果胶物质,用于构建细胞壁。肌醇与 6 分子磷酸相结合形成植酸,并进一步形成磷脂,参与细胞膜的构建。使用浓度一般为 100 mg/L,适当使用肌醇,能促进愈伤组织的生长以及胚状体和芽的形成。对组织和细胞的繁殖、分化有促进作用,对细胞壁的形成也有作用。

4. 氨基酸

是很好的有机氮源,可直接被细胞吸收利用。培养基中最常用的氨基酸是甘氨酸,有时也添加精氨酸、谷氨酸、谷酰胺、天冬氨酸、天冬酰胺及丙氨酸等种类。水解乳蛋白或水解酪蛋白,是牛乳用酶法等加工的水解产物,约含有 20 种氨基酸,使用量在 10～1 000 mg/L 之间。由于它们营养丰富,极易引起污染,在培养中无特别需要,以不用为宜。

5. 天然复合物

其成分比较复杂,大多含氨基酸、激素、酶等一些复杂化合物。它对细胞和组织的增殖与分化有明显的促进作用,但它的成分大多不清楚,所以一般应尽量避免使用。

(1)椰乳　是椰子的液体胚乳。它是使用最多、效果最好的一种天然复合物。一般使用浓度在 10%～20%,与其果实成熟度及产地关系也很大。在马铃薯茎尖分生组织和草莓微茎尖培养中起明显的促进作用,但茎尖组织的大小若超过 1 mm 时,椰乳效果不明显。

(2)香蕉　将香蕉剥皮后切成小块,加水打碎,用纱布过滤后煮沸或不煮沸直接使用。研究发现香蕉汁对蝴蝶兰花梗休眠芽诱导萌发、丛生芽诱导增殖和生长都有促进作用。

(3)马铃薯　去掉皮和芽后,加水煮 30 min,再经过过滤,取其滤液使用。用量为 150～200 g/L。对 pH 值有缓冲作用,也可促进再生苗的生长和发育。

(4)其他复合物　酵母提取液(0.01％～0.05％),主要成分为氨基酸和维生素类;麦芽提取液(0.01％～0.5％);苹果和番茄的果汁、黄瓜的果实、未熟玉米的胚乳等天然复合物也可加入培养基中。

2.4.3　植物激素

植物激素能以极微小的量影响到植物的细胞分裂、分化、发育,以及植物的形态建成、开花、结实、成熟、脱落、衰老和休眠以及萌发等许许多多的生理生化活动,在培养基的各成分中,植物激素是培养基的关键物质,对植物组织培养起着决定性作用。

1.生长素类

生长素主要被用于诱导愈伤组织形成,诱导根的分化和促进细胞分裂、伸长生长。在促进生长方面,根对生长素最敏感,在 $10^{-8}\sim10^{-5}$ mg/L 极低的浓度下就可促进生长,其次是茎和芽。天然的生长素热稳定性差,高温高压或受光条件易被破坏,在植物体内也易受到体内酶的分解,因此组织培养中可采用人工合成的生长素类物质。

IAA(吲哚乙酸)是天然存在的生长素,亦可人工合成,其活力较低,是生长素中活力最弱的激素,高温高压或受光条件下易被破坏,也易被细胞中的 IAA 分解酶降解。

IBA(吲哚丁酸)多为人工合成,是促进发根能力较强的生长调节物质。

NAA(萘乙酸)在组织培养中的诱导能力要比 IAA 高出 3～4 倍,且由于可大批量人工合成,耐高温高压,不易被分解破坏,所以应用较普遍。NAA 和 IBA 广泛用于生根,并与细胞分裂素互作促进芽的增殖和生长。

2,4-D(2,4-二氯苯氧乙酸)诱导能力比 IAA 高 10 倍,特别在促进愈伤组织的形成上活力最高,但它强烈抑制芽的形成,影响器官的发育。适宜的用量范围较狭窄,过量常有毒效应。

生长素配制时可先用少量 95％酒精助溶,再加水定容。其中 2,4-D 可用 0.1 mol/L 的 NaOH 或 KOH 助溶。生长素常配成 1 mg/mL 的溶液贮于冰箱中备用。

2.GA(赤霉素)

GA 有 20 多种,生理活性及作用的种类、部位、效应等各有不同。培养基中添加的是 GA_3,主要用于促进幼苗茎的伸长生长,促进不定胚发育成小植株;赤霉素和生长素协同作用,对形成层的分化有影响,当生长素/赤霉素比值高时有利于木质部分化,比值低时有利于韧皮部分化。此外,赤霉素还用于打破休眠,促进种子、块茎、鳞茎等提前萌发。一般在器官形成后,添加赤霉素可促进器官或胚状体的生长。

赤霉素溶于酒精,配制时可用少量 95％酒精助溶。赤霉素不耐热,高压灭菌后将有 70％～100％失效,应当采用过滤灭菌法加入。

3.细胞分裂素类

这类激素是腺嘌呤的衍生物,包括 6-BA(6-苄基氨基嘌呤)、KT(激动素)、ZT(玉米素)等。其中 ZT 活性最强,但非常昂贵,常用的是 6-BA。

在培养基中添加细胞分裂素有 3 个作用:① 诱导芽的分化及促进侧芽萌发生长,细胞分裂素与生长素相互作用,当组织内细胞分裂素/生长素的比值高时,诱导不定芽的分化;细胞分裂素/生长素的比值低时,诱导愈伤组织形成。②促进细胞分裂与增殖。③抑制根的分化。因此,细胞分裂素多用于诱导不定芽的分化,茎、苗的增殖,而避免在生根培养时使用。

生长调节物质的使用甚微,一般用 mg/L 表示浓度。在组织培养中生长调节物质的使用

浓度,因植物的种类、部位、时期、内源激素等的不同而异,一般生长素浓度的使用为 0.05～5 mg/L,细胞分裂素 0.05～10 mg/L。

2.4.4 其他

其他物质包括琼脂、抗生素、抗氧化物及活性炭等。

1. 琼脂

在固体培养时琼脂是最好的固化剂。琼脂是一种由海藻中提取的高分子碳水化合物,本身并不提供任何营养。琼脂能溶解在热水中,成为溶胶,冷却至 40℃即凝固为固体状凝胶。通常所说的"煮化"培养基,就是使琼脂溶解于 90℃以上的热水。琼脂的用量在 6～10 g/L,若浓度太高,培养基就会变得很硬,营养物质难以扩散到培养的组织中去。若浓度过低,凝固性不好。

新买来的琼脂最好先试一下它的凝固力。琼脂的凝固能力除与原料、厂家的加工方式有关外,还与高压灭菌时的温度、时间、pH 值等因素有关,长时间的高温会使凝固能力下降,过酸过碱加之高温会使琼脂发生水解,丧失凝固能力。时间过久,琼脂变褐,也会逐渐丧失凝固能力。

2. 抗生素

抗生素包括青霉素、链霉素、庆大霉素等,用量在 5～20 mg/L。添加抗生素可防止菌类污染,减少培养材料的损失,尤其是快速繁殖中,常因污染而丢弃成百上千瓶的培养物,采用适当的抗生素便可节约人力、物力和时间。对于刚感染的组织材料,可向培养基中注入5%～10%的抗生素。抗生素各有其抑菌谱,要加以选择试用,也可两种抗生素混用。但是应当注意抗生素对植物组织的生长也有抑制作用,可能某些植物适宜用青霉素,而另一些植物却不大适应。值得注意的是,在工作中不能以为有了抗生素,而放松灭菌措施。此外,在停止抗生素使用后,往往污染率显著上升,这可能是原来受抑制的菌类又滋生起来造成的。

3. 抗氧化物

植物组织在切割时会分泌一些酚类物质,接触空气中的氧气后,自动氧化或由酶类催化氧化为相应的醌类,产生可见的茶色、褐色以致黑色,这就是酚污染。这些物质渗出细胞外就造成自身中毒,使培养的材料生长停顿,失去分化能力,最终变褐死亡。木本植物尤其是热带木本及少数草本植物中较为严重。目前还没有彻底完善的办法,只能按不同的实际情况,加用一些药物,并适当降低培养温度、及时转移到新鲜培养基上等办法,使之有不同程度的缓解,当然像严格选择外植体部位、加大接种数量等也应一并考虑。抗酚类氧化常用的药剂有半胱氨酸及维生素 C,可用 50～200 mg/L 的浓度洗涤刚切割的外植体伤口表面,或过滤灭菌后加入固体培养基的表层。其他抗氧化剂有二硫苏糖醇、谷胱甘肽、硫乙醇及二乙基二硫氨基甲酸酯等。

4. 活性炭

活性炭为木炭粉碎经加工形成的粉末结构,它结构疏松,孔隙大,吸水力强,有很强的吸附作用,它的颗粒大小决定着吸附能力,粒度越小,吸附能力越大。温度低吸附力强,温度高吸附力减弱,甚至解吸附。通常使用浓度为 0.5～10 g/L。它可以吸附非极性物质和色素等大分子物质,包括琼脂中所含的杂质,培养物分泌的酚、醌类物质以及蔗糖在高压消毒时产生的 5-羟甲基糖醛及激素等。茎尖初代培养,加入适量活性炭,可以吸附外植体产生的致死性褐化物,其效力优于维生素 C 和半胱氨酸;在新梢增殖阶段,活性炭可明显促进新梢的形成和伸长。

活性炭在生根时有明显的促进作用,其机理一般认为与活性炭减弱光照有关。由于根顶端产生促进根生长的 IAA,但 IAA 易受可见光的光氧化而破坏,因此活性炭的主要作用就在于通过减弱光照保护了 IAA,从而间接促进了根的生长,由于根的生长加快,吸收能力增强,反过来又促进了茎、叶的生长。此外,在培养基中加入一定量的活性炭,还可降低玻璃苗的产生频率,对防止产生玻璃苗有良好作用。

活性炭在胚胎培养中也有一定作用,如在葡萄胚珠培养时向培养基加入活性炭,可减少组织变褐和培养基变色,产生较少的愈伤组织。

但是,活性炭具有副作用,研究表示,每毫克的活性炭能吸附 100 ng 左右的生长调节物质,这说明只需要极少量的活性炭就可以完全吸附培养基中的调节物质。大量的活性炭加入会削弱琼脂的凝固能力,因此要多加一些琼脂。很细的活性炭也易沉淀,通常在琼脂凝固之前,要轻轻摇动培养瓶。总之,随意抓一撮活性炭放入培养基,会带来不良的后果。因此,在使用时要有其量的意识,使活性炭发挥其积极作用。

复习思考题

1. 简述植物细胞工程实验室的基本组成与要求。
2. 培养基的组成成分有哪几类？在离体培养中的功能是什么？
3. 简述植物离体培养的环境条件及对培养的影响。

第 **3** 章

体细胞离体培养及杂交

3.1　植物离体快速无性繁殖技术

植物离体快速无性繁殖技术(in vitro rapid propagation)是指利用植物组织培养技术,在离体培养条件下,将来自优良植株的茎尖、腋芽、叶片、鳞片等各种器官、组织和细胞进行无菌培养,经过不断地切割繁殖,使其再生形成完整植株,在短期内获得大量遗传性均一个体的方法。进行植物的快速无性繁殖时,繁殖体的大量增殖多是通过不断的切割培养形成芽或芽丛,切割成具有顶芽或腋芽的微小枝条,扦插在培养基中进行快速繁殖,与常规的扦插技术相比繁殖体微型化,且又是在一个非常小的空间内快速生产获得大量的个体,因而,人们又把这种繁殖技术称之为微繁殖或微体繁殖技术(micropropagation)。正是由于繁殖体的微型化,可以利用多层的集约培养架,可在有限的空间生产大量的植株。这种繁殖方式繁殖速度快,周期短,数量大,繁殖的植株群体来自同一单株(或单芽),遗传组成相同,能够保持个体的遗传稳定性,这些株群可称为单株无性系或单芽无性系。

植物离体快速繁殖是目前植物细胞工程和组织培养技术在应用上最成功、最有成效的一个方面。目前,通过植物组织培养能再生的植物种类已达130个科,1 500种以上,能进行快速繁殖的也有数百种,已有100多种植物实现商业性生产。

3.1.1　植物离体快速无性繁殖中的器官发生形式

1.芽分化和不定芽分化型

芽分化是由外植体含有腋芽的材料分化而来的;不定芽分化是由顶芽和腋芽的分生组织产生大量不定芽,繁殖数量大,遗传性稳定。

2.愈伤组织分化形成器官发生方式

从器官的外植体诱导产生愈伤组织,然后经愈伤组织细胞发生再分化形成植株,本方法繁殖速度快,对培养基的要求不高,但由于是通过愈伤组织形成器官,可能发生一些变异。

3.微型短枝扦插

将试管内的植株切割微型短枝,然后扦插在生根培养基上,生成完整植株,称为微型短枝扦插。

4.原球茎快繁方式

是大多数兰科植物特有的繁殖方式。将外植体(种子、腋芽、花梗等)消毒后接种在培养基

中,经过培养产生原球茎,然后由原球茎发育成完整的植株。

5.鳞茎发生方式

利用鳞茎类植物的鳞茎切块,直接诱导形成小鳞茎,然后形成植株,称为鳞茎发生方式,如百合、郁金香、水仙等。

6.块茎发生方式

在外植体(叶片或叶柄等)上直接分化出小块茎,然后分化出芽和根,发育成植株,称为块茎发生方式,如马铃薯、花叶芋等。

7.胚状体发生途径

由植物的器官、组织和细胞培养产生类胚状体,然后发育成完整的植株。利用胚状体发生方式快繁可以获得遗传一致的植株,一些植物已实现生物反应器生产胚状体和人工种子,实现快速繁殖。

3.1.2 离体快速无性繁殖的基本程序

1.无菌培养物的建立

(1)外植体的制备 适宜外植体(explant)选择对微繁殖培养的成功与否影响很大。用于快速繁殖的外植体可以是来自自然生长的植株的种子、茎尖、叶片、花序、鳞茎及块茎、球茎等,也可以来自无菌的试管植株。供试母株应生长旺盛,枝条健壮,无病虫害。来自自然生长植株的外植体,应先将材料进行表面消毒。由于植物的种类及材料的来源不同,可采用不同的消毒方法。常规的消毒方法是:首先对材料进行流水冲洗,干净后迅速加入75%酒精中漂洗几秒钟到十几秒钟,后再用0.1%的$HgCl_2$或20倍的次氯酸钠液消毒。对于幼嫩的材料,消毒时间宜短为5~8 min,对于木质化程度较高的材料消毒时间可延长,对于来自地下的根、茎类材料,一般多用重复灭菌法,即用75%酒精消毒后,再用一种或两种消毒剂连续消毒。消毒后的材料用无菌水冲洗至少3次,消毒后的外植体材料于无菌条件下切割成适宜大小并及时转入到培养基中。

(2)外植体的诱导和生长 经过表面灭菌后的外植体首先采用适当的培养基诱导其生长和分化。由于植物的种类不同、外植体类型不同及植株再生途径不同,外植体在培养基上培养一段时间后可诱导出芽或芽丛、胚状体、原球茎、根状茎,将这些培养材料进行切割、继代培养就可以进行增殖培养。

培养基成分可分为基本培养基成分和附加成分两大部分。目前用于快速繁殖的基本培养基很多,常用的有 MS 培养基、B_5 培养基、White 培养基等。基本培养基包括无机盐、维生素类、氨基酸类和肌醇等。B 族维生素(B_1、B_5、B_6)是维持快速生长所必要的成分。肌醇参与磷脂合成、细胞壁果胶的合成,并维持膜系统的活动和促进天竺葵(*Pelargonium hortorum*)细胞的生长、蛇尾兰属(*Haworthia*)的分化,用量一般为50~100 mg/L。天然有机物椰子汁,有利于兰花的增殖,麦芽汁有助于柑橘属(*Citrus*)的分化,水解乳蛋白或水解酪蛋白则有助于许多植物不定芽(adventitious bud)和不定胚(adventitious embryo)的分化。

培养基附加成分包括植物生长调节物质、渗透压调节剂(主要为糖)、pH 值调整液和因特殊需要而加入的物质。培养基附加成分的筛选重点在植物生长调节物质和渗透压调节剂,绝大多数植物的离体组织可以在 pH 值5.8左右的培养环境中生长,兰科植物在 pH 值5.4~5.6 时则较为适宜。

细胞工程

　　培养基中生长素和细胞分裂素的比例影响器官发生(organogenesis)的方向。然而,常因植物科、属、种和品种的不同,取材部位的不同、季节的不同,对于植物生长调节物质的反应也不一样。一般使用 3 种类型的生长调节剂(plant exogenous hormones):第一类是生长素(auxin),用得最多的是 NAA,其次是 IAA、2,4-D;第二类是细胞分裂素(cytokinin),如 6-BA、KT 和 ZT,细胞分裂素在促进不定芽产生上效果显著;第三类是赤霉素类(gibberellin),它往往有利于茎尖的伸长和成活。

　　2. 芽的继代增殖培养

　　芽的增殖(shoot multiplication)是微繁技术最重要的一个环节。由第一阶段培养获得的无菌材料,通过不断地切割和继代培养,使之迅速扩大增殖,形成大量的芽或芽丛。在微繁殖过程中,由于植物种类不同、采用的外植体类型及培养基不同,芽的增殖途径也会不同。通常有以下 2 种增殖方式。

　　(1)顶芽和腋芽的发育　顶芽和腋芽在微繁殖培养中都能被诱导发育。单个茎尖可以诱导出单一的苗或多个苗。1958 年 M. wickson 和 K. V. Thimann 有一个重要的发现,就是应用外源细胞分裂素,促使具有顶芽或没有顶芽的休眠侧芽启动生长,形成一个微型的、多枝多芽的小灌木丛状结构。在几个月内,可以将这种丛生苗(multiple shoot)的分枝转接继代,重复芽—苗增殖的培养,从而迅速获得无数嫩茎。这些嫩茎转移到生根培养基上,就能获得完整的正常植株。一些木本植物和少数草本植物可以通过这种方式来进行再生繁殖,如月季(*Rosa chinensis*)、洒金柳(*Codiaeum variegatum* var. *pictum*)、茶花(*Camellia japoroca*)、菊花(*Dendranthema morifolium*)等。这种繁殖方法也被称作"无菌短枝扦插"或"微型扦插"。这种方法为多数园艺家们所推崇,因为,不经过脱分化(dedifferentiation)而再生(regeneration),是最能使无性系后代保持原品种特性的一种方法。

　　这种繁殖方式的主要原理是利用细胞分裂素来抑制植物原有的顶端优势(terminal dominance),而使侧芽和顶芽能够共同生长。某些具有较强顶端优势的植物,在培养时通常采用切除顶芽和适当增加细胞分裂素浓度来加以克服。另外,这类植物随着继代次数的增加,细胞分裂素在体内不断积累,原有较强的顶端优势也可能被削弱,从而形成丛生苗,例如杜鹃(*Rhododendron*)、苹果(*Malus pumila*)、苹果砧木(*M. sieversil*)、桦树(*Betula*)等。

　　(2)诱导不定芽的产生　从现存的芽(顶芽和腋芽)之外的任何器官上通过器官发生重新形成的芽称为不定芽(adventitious bud)。在自然条件下,很多植物器官(特别是根、茎、叶)上都可以产生不定芽。离体条件下,许多植物的器官如茎段(鳞茎、球茎、块茎、匍匐茎)、叶、叶柄、根、花茎、萼片、花瓣等都可作为诱导不定芽的外植体。

　　3. 壮苗与生根

　　增殖培养到一定数量后,就要将增殖的芽转移到生根培养基中,诱导根的分化和根系的形成,最终形成具有根、茎、芽(生长点)的完整小植株。

　　有的植物在增殖培养后获得的芽苗较弱或较小,不能直接进行生根诱导,在生根诱导前,往往先分离出单苗或小丛苗,转入生长调节物质浓度较低或不含生长调节物质的培养基中,使其增殖停止或减慢,但能进一步生长,以培养健壮的、较大的芽苗,使之便于生根,即为壮苗。但多数的植物可不需要进行单独的壮苗过程,取增殖阶段的无根苗直接进行生根诱导,在生根阶段芽苗可以形成健壮而又具根的完整小植株。

　　有些植物种类,如香石竹(*Dianthus caryophyllus*)、菊花(*Dendranthema morifolium*)、

草莓（*Fragaria ananassa*）、大岩桐（*Sinningia speciosa*）等，在不定芽继代增殖时，也可产生根，但根分化往往不同步，而且有效根的分化率低，不符合大规模、批量化生产的要求，因此，快速无性繁殖时常把根分化独立成一个程序。

一般认为，矿质元素浓度高时有利于发生茎叶，而较低时有利于生根，所以生根培养基一般选用无机盐浓度较低的培养基作为基本培养基。用无机盐浓度较高的培养基时，应稀释一定的倍数。如 MS 培养基，在生根、壮苗时多采用 1/2MS 或 1/4MS。一般生根培养基中要完全去除或者仅用很低的细胞分裂素，并加入适量的生长素，最常用的生长素是 NAA 和 IBA。一部分植物由于生长的嫩枝本身含有丰富的生长素，因此也可以在无生长素的培养基上生根。生长素在使用时要适量，浓度过高容易引起外植体愈伤组织化且抑制根的生长。

一般来说，多数草本植物不定根的形成较容易，而木本植物较难，特别是从成年树上得到的材料。对于这类生根较困难的植物，可以试用以下几种方法：先用高浓度（100 mg/L 左右）的生长素溶液处理嫩茎几小时到 1 d，用无菌水冲洗后再接入到培养基中；蔷薇科（Rosaceae）果树，如苹果（*Malus pumila*）、苹果砧木（*M. sieversil*）、梨（*Pyrus*）等，可在生根培养基中加入适量的根皮苷或根皮酚（间苯三酚）以促进根的形成，浓度约为 150 mg/L；切断粗壮的嫩枝在适宜的介质（培养瓶外）中生根，如桤木（*Alnus cremastogyna*）、某些杜鹃（*Rhododendron*）、菊花（*Dendranthema morifolium*）、香石竹（*Dianthus caryophyllus*）等，这种方法是一项降低成本的有力措施，它不但减少了试管生根中无菌操作的工时耗费，也减少了一次培养基的制作材料、能源与工时的耗费。已经证明杜鹃（*Rhododendron*）、菊（*D. morifolium*）、越橘（*Vaccinium*）、南美稔（*Feijoa*）等植物在试管外生根和管内同样好。

在生根阶段培养基中的糖浓度要降低到 $1.0\% \sim 1.5\%$，以促使植株增强自养能力，同时降低了培养基的渗透势，有利于完整植株的形成和生长。另一方面是加强光照强度，达到 $3\,000 \sim 10\,000$ lx。在这样的条件下，植物能较好地生长，对水分的胁迫和对疾病的抗性将有所增加。植株可能在强光照下表现出生长延缓和较轻微的失绿，但事实证明，这样的幼苗，要比在低光强条件下的绿苗有较高的幼苗移栽成活率（Murashinge, 1977）。

4. 试管苗移栽和管理

对已经生根的试管苗及时移栽（transplantation）是微繁殖的最后工作，而且也是十分关键的一步。这一阶段是将具根的完整小植株转移到土壤中的过程，常常由于掌握不好，使试管苗移栽成活率不高而导致失败。

试管苗经驯化后移栽，必须在温度、湿度、光照及营养等各方面进行精心细致的管理，才能确保较高的成活率。适当的温度、弱光照、高的空气湿度、适宜的基质及对病虫害的有效控制是提高成活率的关键。在这一过程中，要注意以下问题。

（1）保持小苗的水分供需平衡　试管瓶中的小苗，因湿度大，茎叶表面防止水分散失的角质层等几乎全无，根系也不发达，移栽后除根系周围有适宜的水分供给外，还特别应保持空间的空气湿度，减少叶面的蒸腾。一般生产上通过加盖塑料薄膜、在温室内种植、在喷雾机保护地内种植等方法。原则是在小苗移出的初期，外部湿度条件要接近于培养瓶瓶内，以后逐步的向自然状态过渡。

（2）要选择适当的介质　介质要求疏松通气，适宜的保水性，而且不易滋生杂菌。常用的有粗粒状蛭石、珍珠岩、河沙、草炭土、炉灰渣、锯木屑等，或将它们以一定比例混合应用。这些也要根据不同的植物种类而定。有些草本植物的无菌苗还可以直接移入保湿性良好的土壤中去。

（3）要注意光、温管理　试管苗移出后应尽量避免阳光直射，以散射光为好。光线过强会使叶绿素受到破坏，当合成赶不上时，叶片失绿，发黄或发白，使小苗成活迟缓；同时，过强的光刺激蒸腾加强，保持水分平衡的矛盾更尖锐。光照强度可随移出时间的延长而增加。试管苗移植后温度要适宜，喜温植物如花叶芋（Caladium）、花叶万年青（Dieffenbachia pictao）、巴西铁树（Dracaena sanderien）等，以 25℃左右为宜，喜凉的植物如马铃薯（Solanum tuberosum）、文竹（Asparagus setaceus）、菊花（Dendranthema morifolium）等以 18～20℃为宜。温度过高，使蒸腾加强，并易滋生菌类；温度过低，幼苗生长迟缓，或不易成活。

（4）防止杂菌类滋生　要保持种植场内外干净，适当地使用一些杀菌剂可以有效地保护幼苗，如百菌清、多菌灵、托布津等，浓度在 1/10 000～1/800，小苗移植后用喷雾器喷淋。

（5）病虫防治　刚移栽的试管苗由于一直生长在无菌环境中，往往又很娇嫩，很容易遭受到周围环境中各种病虫害的袭击，因此加强对移栽环境病虫防治非常重要。喷洒药物时尽量不要直接喷在试管苗上，否则容易引起试管苗茎叶伤害。

小苗移栽后一般 2～4 周，即可长出新根和新叶，逐渐加强通风锻炼，直至完全过渡到自然状态，成活后的幼苗可移入田间进行常规管理。

3.1.3　影响植物离体快速无性繁殖的因素

这些因素大致可归结为 3 大类，即外植体、培养基成分和培养条件。

1. 外植体是影响快繁成功的一个重要因素

为了使快速繁殖能够进行，必须选择适宜的外植体。适宜的外植体应根据植物种类确定，不仅要考虑到获得外植体的材料来源、器官和组织的类型，同时还需要考虑外植体的大小、生理年龄等。外植体可以是植株上的任何一部分，但快繁主要应用的有幼叶、茎尖分生组织、种子、鳞茎、球茎、根茎、花序、茎段等。选取的外植体必须易于消毒，在适宜的培养基上启动率高。

2. 培养基是影响快繁成功与否和效率的关键因素

培养基组成的各成分，矿物盐、糖的浓度、维生素、铁盐、生长调节物质和有机附加物都会对快繁过程产生影响，其中以生长调节物质影响最大。培养基成分应根据植物的种类、外植体的类别和快繁阶段来确定。在最初的外植体培养中使用较高浓度的生长素或细胞分裂素，在继代培养中生长调节物质浓度可适当降低。芽增殖阶段使用细胞分裂素的浓度高而在生根阶段使用生长素浓度高等。

3. 培养条件是影响快繁成功的另一个关键因素

培养条件一般包括温度、光照、气体状况等，培养条件同样依不同的植物、不同的培养阶段而不同。就温度而言，大多数培养的植物细胞，其生长最适温度在 26～28℃，但也有不少例外，如文竹以 17～24℃生长较好，而花叶芋以 28～30℃生长较快。其次是光照，在初代培养一般需要一段时间暗培养，继代繁殖散射光即可，而在生根壮苗阶段则需要强光。

3.1.4　植物离体快速繁殖的应用

目前，植物的微繁殖技术主要应用在以下几个方面。

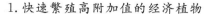

1.快速繁殖高附加值的经济植物

一些名贵花卉的繁殖,如兰科(Orchidaceae)植物主要靠分株繁殖,年繁殖率极低。虽然兰花(Cymbidium)的无菌播种可以得到大量的小苗,但它不能提供遗传性状均一的植株。同时,兰花又是世界各国人民喜爱的名贵花卉之一。利用茎尖组织进行兰花的微繁殖不仅可以极高地提高兰花的繁殖效率,而且能得到遗传均一、性状稳定的后代群体。因此,自 1960 年 Morel 利用兰花茎尖去病毒和大量繁殖的方法成功之后,这一新技术在兰花生产上得到了广泛的应用,现已成为常规方法。在一些国家和地区发展成为一种新型的产业。郁金香(Tulipa gesneriana)、百合(Lilium brownii)、风信子(Hyacinthus orientalis)等鳞茎类花卉,常用作插花与盆栽花。这些植物通常以分球方式进行繁殖,繁殖率低,并常受病毒感染而退化。利用鳞茎和其他组织快速繁殖这类植物也有了广泛的应用。

2.扩大繁殖珍稀濒危植物

除一些珍稀名贵花卉之外,微繁殖技术也可望在一些需要发展的濒危植株的繁殖上应用。

3.植物脱毒苗的快繁

如马铃薯(Solanum tuberosum)、草莓(Fragaria ananassa)、香石竹(Dianthus caryophyllus)、百合(Lilium brownii)、葡萄(Vitis vinifera)、苹果(Malus pumila)等,可先用茎尖分生组织培养的方法去除病毒,经鉴定后确认是无病毒植株时再用这一方法进行大量繁殖,得到的无病毒苗可用作原种或直接用作生产栽培种,这样,就可以大量繁殖无病毒苗。

4.用于某些杂合园艺新品中的繁殖

非洲菊(Gerbena jamesonii)、花烛(Anthurium scherzerianum)等如果用常规种子繁殖时,由于后代分离而不能得到性状一致的后代,用组织培养微繁殖技术可能产生均一的个体基因型无性系。

5.用于需要加速繁殖育种原种和转基因植物

如通过常规育种或生物工程产生的新品种、新类型,国外引入的优良品种或材料,果树中的芽变(bud mutation)材料、木本植物的优良单株等植株的快速繁殖。这里不仅包括了繁殖速度较慢的植物,也包含了繁殖速度较快的植物,例如草莓。草莓是匍匐茎繁殖速度较快的植物,以茎段、叶片和叶柄为外植体培养繁殖率很高,尤其是茎尖培养生长快、繁殖率高,国外报道草莓茎尖繁殖率为 10^6,即 1 个茎尖离体培养 1 年内可繁殖 100 万至数百万个试管苗。我国曾利用这一技术快速繁殖了引进的草莓优良品种,并在短期内获得了大量的无性系后代。

6.利用微繁结合低温实现种质资源的长期保存

随着科学研究的不断发展,技术的不断完善,相信会有越来越多的植物可使用这一技术来实现长期保存。

3.1.5　光自养生长系统

植物细胞和组织内只要具有一定量的正常结构形态的叶绿素和叶绿体,具有光合作用潜能的,在合适的培养条件下都可以进行光自养生长。但在常规的植物组织培养中,培养基中的糖类提供了培养物生长所需要的能源与碳源,培养物通常是在完全异养的条件下进行生长的,几乎不进行或只有很微弱的光合作用。但通过提高培养中的光照强度,增加二氧化碳浓度,可以促进培养物自身的光合能力,使其能够在无糖培养基上进行光自养生长,把这种培养方式称为光自养培养(photoautotrophic cultivation),与常规的植物组织培养方法相比,培养物常具

有较高的生长速率。

植物组织培养中光自养生长系统的建立为植物生理学和植物组织培养的研究提供了一个新的实验体系,无论在理论上还是在实践上都有重要的应用价值。利用这一体系可以开展细胞水平上光生理问题的研究,进行细胞代谢生理的研究,探明植物组织由异养到光自养转变的生理学机理,也有可能筛选出低光呼吸而高光效的细胞突变体,对育种工作有很大意义。植物组织培养中建立光自养生长系统,可用来生产一些有特殊价值的产物。在植物的快速无性繁殖中,建立光自养生长系统,可以大大地降低生产成本,提高生产效率,具有诱人的发展前景。

3.1.5.1 植物光自养微繁殖技术的概念与意义

在植物的离体快繁中,去掉培养基中的糖类物质,同时增强光照强度,增加 CO_2 浓度,用 CO_2 代替糖来作为植物体的碳源,使原先主要依靠异养的繁殖体材料进行光自养生长,把这一种繁殖方式称为光自养微繁殖技术(photoautotrophic micropropagation)。由于培养基中不含糖类,又称无糖组培快繁技术。

这一技术在日本及发达国家应用较多,我国的应用刚刚起步。光自养微繁殖技术是在常规试管微繁殖技术的基础上,利用植物自身的光合能力发展的一种植物繁殖方法。通过人工控制,提供适宜植株生长的光、温、水、气、营养等条件,以促进植株的光合作用。其适用范围涵盖所有植物的微繁殖,是环境控制技术和生物技术的结合。它与常规组织培养微繁殖法相比具有很大的优势,实用性很强,尤其在工厂化规模育苗生产中,有着广泛的利用和发展空间。同时,对组培技术也起到了一定的发展和完善作用。

目前,光自养生长已成功用于康乃馨、兰花、杜鹃、马铃薯、花椰菜、薄荷、大丁草、罂粟、草莓、金丝桃、桉树等多种植物的快速繁殖中。

在生产实践中,把光自养微繁殖技术进一步拓展到更大的以苗床、温室为容器的育苗技术,发展出一种介于试管繁殖和常规扦插技术之间的植物繁殖方法,有人称之为植物非试管快速繁殖法。即把来自植物体的叶片、茎、芽等具有自养生长能力的组织器官,直接扦插于含无糖培养液的介质中,通过控制环境条件,使它能够进行自养生长,进而产生根,形成完整小植株,生产上把这一种育苗方式也归入无糖组培微繁殖一类。繁殖材料一般大于组培而小于扦插,介于两者之间。

3.1.5.2 培养材料和培养条件

1. 培养材料

离体培养的细胞一般不含叶绿素,但在适宜的条件下培养细胞可以产生各种色素,烟草、胡萝卜、白杨、菠菜等许多植物的培养细胞可以产生发育健全的完整叶绿体。每克鲜重的植物培养细胞只有在每小时光合放氧能力至少大于 $4~\mu mol/(mg \cdot h)$,才能进行光自养生长,这需要先在异养条件下首先诱导细胞绿化,形成尽可能多的叶绿素和叶绿体。提高光强和增加空气中的 CO_2 浓度后,烟草、芸香、地钱等植物的组织培养物能在无糖培养基上进行光自养生长,并具有相当高的生长速率,可以在光自养条件下生长几个月至一两年。

植物细胞和组织内只要具有一定量的正常结构形态的叶绿素和叶绿体,具有光合作用潜能的,在合适的培养条件下都可以进行光自养生长。但有研究显示,光自养生长状态不利于植物离体细胞和组织的再分化,植株茎芽的增殖也受到抑制。

在光自养繁殖过程中,繁殖体材料直接被诱导形成具根的小植株,这一过程,相当于常规离体快繁过程中的第三阶段,即试管苗的生根培养。这些生根的小植株可以直接进行移栽,也可以通过不断地切割这些具根小植株来实现增殖。所以光自养繁殖中,繁殖体材料一般来自于常规离体培养中获得的具有光合生长的潜能无菌绿色小芽或芽丛,也可来自于自身繁殖的小植株。

在植物非试管快速繁殖中,所取植物材料必须带一张有光合能力的叶片为好(冬季落叶的树种在冬季快繁时除外),繁殖材料的大小可少至一叶一芽,且不受季节限制,一般大于组培而小于扦插,介于两者之间。

2.培养条件

(1)培养基　不含糖类物质,多数情况下也可以不添加维生素和氨基酸,其他成分与进行常规试管繁殖时基本一致。

(2)培养基质　常用多孔的无机材料,如蛭石、珍珠岩、砂、塑料泡沫、石棉、陶棉、纤维素等代替琼脂类凝胶状的物质用作培养基质。这些无机材料不仅透气性良好,使植物的根区环境中有较高的氧浓度,促进植株根系的发育,提高生根率,而且价格低廉,降低了生产成本。

(3)培养容器　由于培养基中除去了糖,减少了污染的机会,大型的培养容器能够使用。大型培养器内的 CO_2、相对湿度、气流速度等环境因子可以比较容易地进行智能调节,为实现数字化、自动化、机械化操作提供条件。也可以在设施苗床内,扣小拱棚并加盖透气微膜,创造相当于组培试管的微环境。

昆明市环境科学研究所开发了一种大型的培养容器,尺寸是根据日光灯管的长度和培养架的宽度确定的,体积 120 L,培养面积 5 610 cm^2,可放在培养架上多层立体式培养。可以有效地利用光源和培养面积,进一步降低能耗、投资和运行成本。

(4)CO_2 的供应　CO_2 浓度是影响光自养生长的一个重要因子,随 CO_2 浓度的增加光自养生长速度迅速增加,并在一定浓度时达到饱和。

由 CO_2 代替糖作为植物体的碳源,单靠容器内的 CO_2 浓度远远不能满足植株生长的需求,需要人为地提高培养环境中的 CO_2 浓度,促进植株自养进行光合作用,从而促进植株快速生长和发育。CO_2 供应的方式有两种:直接供给富含 CO_2 的气流或由碳酸钾-碳酸氢钾缓冲液释放。在采用大型容器培养时,一般通过自然换气或强制性换气方法,直接输入富含 CO_2 的气流。自然换气是培养室的空气通过培养容器的微小的缝隙或透气孔进行培养容器内外气体的交换;强制性换气是指利用机械力的作用进行培养容器内外气体的交换。在强制性换气条件下生长的植株一般都比自然换气条件下生长得好。

实验证明,在光照期间培养容器或智能苗床内的 CO_2 浓度如果接近大气中的 CO_2 浓度(350 $\mu g/L$),即使培养基中不加糖,绿色植物也能正常生长。CO_2 的强制供应,使容器内的浓度达 1 000~3 000 $\mu g/L$,光合效率可提高 3~5 倍。

(5)光照强度　离体培养的植物组织在异养状态时,光的作用是满足某些形态发生过程的需要,较高的光强反而会抑制植物的茎芽增殖,因此光强一般在 1 000~3 000 lx 已经足够,远低于室外和温室内的自然光照强度。利用自然光源一般可满足培养植株光自养生长的需求,光强不足时可利用人工光源进行补充。

光自养生长时培养物的生长速度与光照强度密切相关,随光照强度的增加而增加,在一定的光照强度下达到饱和。饱和点与材料有关,一般在 4 000~10 000 lx。

CO_2 浓度和光照强度是植物进行光合作用的两个最重要的因素,生产中应根据不同植物 CO_2 的补偿点、饱和点以及光的补偿点和饱和点来调节 CO_2 浓度和光照强度,以促进植株的

生长发育,缩短培养周期。在提高培养容器 CO_2 浓度的前提下,提高光照度,培养植物的净光合速率也将随之增大。生产中常采用的指标是:在 5 000～6 000 lx 的光照条件下,C_3 植物的 CO_2 浓度以 1 000～1 500 $\mu g/L$ 为宜;在 7 000～8 000 lx 的光照条件下,C_4 植物以 CO_2 浓度 2 000～3 000 $\mu g/L$ 为宜。

(6)培养容器内相对湿度 通过通风换气或电场除雾,降低培养器内的相对湿度可提高植株的气孔开闭机能,从而使生理及形态异常的培养植株明显地减少。

(7)高压直流电场 高压直流电场的处理,使苗床或大容器内的水电解成离子水,促进了吸收,并且为叶绿体的光合作用提供 ATP 能量,促进了光合作用,促进了弱光环境下的光合作用速率,高压电场加大了细胞间的渗透性,对矿质营养吸收速度加快,另外高压电场对真菌与细菌有抑制作用,创造了相对无菌的环境。

除以上几个方面外,光自养微繁殖与常规试管离体繁殖基本一致。无糖培养的要点是促进光合作用,促进自养生长,而叶绿素含量是直接决定小植株光合作用强弱的重要因子之一。在无糖培养基中加入叶绿素合成的起始物质谷氨酸,谷氨酸的浓度在 1～10 mg/L 范围内,随着谷氨酸浓度的增加,小植株的干重、叶绿素含量、净光合率等皆呈上升趋势。

3.1.5.3 光自养微繁殖的特点

植物试管离体快繁技术,可大量生产具有优良遗传性状,而且不被病原菌污染的种苗,但也存在很大的局限性,如投资大、运行成本高、污染率高、种苗适应环境能力差等问题,除用来繁殖一些具有特殊价值的植物外,普及率还不是很高,在生产上大面积应用推广还存在很大难度。常规植物组织培养的植株,在密闭及高湿弱光的环境下发育生长,培养过程中很容易被微生物(杂菌)侵染,使培养植株死亡,培养的植株呼吸作用、光合能力、抗性大大降低,驯化阶段植株成活率低,生长势弱等。培养过程操作过于精细,不利于自动化的实施。

与常规离体快繁技术比较,光自养微繁技术具有以下特点:

(1)培养基中除去了糖类等有机物质,采用廉价的珍珠岩或砂等无机材料作基质,降低了污染率,减少了因污染引起的植物损失,降低了生产成本。

(2)使用大型培养容器或苗床还可以减少人工操作的工作量,有利于对培养环境进行调控。为实现数字化、自动化、机械化操作提供条件。

(3)培养出来的植株生长速度快,生长发育均匀,减少了因高湿、弱光等引起的生理及形态的异常,幼苗的移栽驯化过程变得简单甚至可以省去,简化了操作程序,降低了生产成本。

(4)一些在离体条件下较难培养或难以生根的植物,可望通过非试管繁殖得以生产。

(5)生产工艺简单,流程缩短,更易于在规模化生产上推广应用。

研究结果显示,运用光自养生长进行植株繁殖与常规试管离体快繁相比,其显著促进了植株的生长发育。污染率降低 50％以上,生根率提高 13.23％,植株鲜重增 69.6％,株高增 50.6％,叶片数增 39.8％,叶面积增大 71.8％,移栽成活率增 12.5％,培养周期缩短 16％,试管苗生产成本降低 20％左右。组培苗的质量和产量得到大幅度提高,更利于植物组培的规模化、工厂化生产。目前已成功地进行了非洲菊、康乃馨、情人草、马铃薯、草莓、满天星、绿巨人、绿帝王、红帝王等植物的小规模化生产。

光自养微繁殖技术,是在传统微繁殖的基础上发展起来的一种植物繁殖技术,在国内外研究应用的时间并不长。目前,培养容器或苗床内各种环境因素,如光照、温度、湿度、培养基质、CO_2 浓度、植株的密度、培养容器中空气的流通速度等对培养植物的生长及形态的影响,还没有弄清楚,有待进一步研究。光自养繁殖的大型培养容器及智能苗床、设施以及机械化、自动化系统也有待进一步的开发与完善。但这一新型的植物繁殖方法,由于具有的一些明显优势,在生产实践中将会有极大的应用价值。

3.1.6 应用实例

非洲菊的组织培养。

3.2 植物脱毒技术

3.2.1 病毒在植物体内的分布、传播和危害

早在 1943 年,White 用离体培养的方法成功地培养了被烟草花叶病毒(TMV)侵染的番茄根,他将培养的根切成小段,并对每一小段进行病毒含量的分析,发现各个切段内病毒的含量并不一致。在近根尖的部分,病毒的含量很低,在根尖部分,则全然不能发现病毒。后 Limasser 和 Cornnet 发现在茎中也有同样的现象。愈接近茎顶端,病毒浓度愈低。

植物在感染病毒后,病毒在植物体内全面扩散,但在植物体内的分布是不均匀的。通过有性过程形成的种子以及旺盛生长的根尖、茎尖一般都无或很少有病毒。在受侵染的植物中,不含病毒的部位是很小的,不超过 0.1~0.5 mm。顶端分生组织一般是无毒的,或者是只携带有浓度很低的病毒。在较老的组织中,病毒数量随着与茎尖距离的加大而增加。分生组织所以能逃避病毒的侵染,可能的原因是:首先,在一个植物体内,病毒易于通过维管系统而移动,分生组织中尚未形成维管系统;病毒在细胞间移动的另一个途径是通过胞间连丝(plasmodesma),但它的速度很慢,难以很快到达活跃生长的茎尖。其次,在茎尖中存在高水平内源生长素,可以抑制病毒的繁殖。还有观点认为,在植物体内可能存在着"病毒钝化系统",在分生组织中它的活性最高,因而分生组织不受侵染。

由于病毒在植物体内呈梯度分布的特性,人们根据这一原理采用茎尖分生组织培养而获得无病毒植株。Holmes(1948)通过茎尖扦插的方法,由受病毒感染的大丽花中获得了无病毒植株,这种方法在有些植物上是有效的,但对大多数病毒来讲,是不适应的。Morel 和 Martin(1952)把 100 μm 长的大丽花(Dahlia pinnata)茎尖切下进行培养,但这些茎尖长成的苗没能生根,他们又把这些苗嫁接到健康的大丽花的砧木(rootstock)上,获得了完整的无病毒植株。1955 年,又以马铃薯为材料,获得了马铃薯无病毒植株。这一时期,一些研究也采用茎尖培养和其他处理结合的方法获得无病毒植株。1954 年,Norris 将 1 cm 大小的患病马铃薯芽,放在含有 1~4 μg/L 抗病毒药剂孔雀绿的培养基中培养,使患马铃薯 X 病毒的马铃薯无毒化。Thomson(1956)将萌发后的患病马铃薯块茎放在 35~38℃恒温箱中热处理 7~28 d,后切取 0.5~2 cm 的芽,经消毒处理后于 White 培养基上培养,结果去除了马铃薯 Y 病毒,但对 X 病毒无效。此外,Ouck 等(1957、1959)将供试的马铃薯材料在 40℃下预处理 6~8 周,再将它们培养在含硫尿嘧啶和 2,4-D 的培养基中,成功地获得了除去马铃薯 X 病毒和 S 病毒等的马铃薯。

随着植物组织培养技术的发展,茎尖培养方法得到了长足的发展,现已成为最有效地获得

完全无病毒植物的方法,成功地应用于多种栽培植物。利用这一技术,目前,人们已从马铃薯(*Solanum tuberosum*)、甘薯(*Ipomoea batatas*)、大蒜(*Allium sativum*)、甘蓝(*Brassica oleraceae*)、石竹(*Dianthus chinensis*)、草莓(*Fragaria ananassa*)、兰花(*Cymbidium*)、甘蔗(*Saccharum sinense*)、柑橘(*Citrus*)等几十种植物中获得了无病毒植物(virus-free plant)。虽然这一技术目前还存在着培养成活率较低、培养时间过长等缺陷,但它已成为改良植物品种的有效手段,在许多经济作物和园艺植物上被广泛地应用,并取得了巨大的经济效益。茎尖分生组织培养方法主要用于消除病毒,也可用于消除植物中各种其他病原菌,包括类病毒、类菌质体、细菌和真菌。

植物病毒病危害严重,病毒(virus)种类也日益增多,据统计,目前已发现的植物病毒种类不下 500 种。植物受病毒感染,往往生长受到影响,使产品品质退化,产量下降,在营养繁殖(vegetative propagation)的植物上则更为严重,病毒危害给农业生产带来重大损失。在农业生产中,植物病毒病最难控制,尚无有效的农药治疗,目前已成为农业上的严重问题。病毒对植物的危害是多方面的,受病毒浸染的寄主一般代谢正常,但激素的正常平衡受到破坏,因此使植物生长受抑,或形态畸变,产生皱缩、花叶、杂斑等症状,产量大幅度下降,品质变劣。病毒对无性繁殖的作物,例如薯类、甘蔗、花卉、林木及果树危害尤甚。这些植物受病毒浸染后,由于病毒在周身分布,可经繁殖用的营养器官传至下一代,这就意味着病毒一经浸染,就能随繁殖代数增加,不仅绵延不绝,还会日益增加。其结果是该植物发生退化,甚至导致某些品种的绝灭。现已知道,侵染马铃薯的病毒多达 30 种左右,在我国大田生产中,已难以在许多推广品种中找到无病毒植株,这是我国马铃薯长期低产而难以解决的主要原因。

现在人们越来越多地发现,病毒还可能通过传递致使许多有性繁殖植物特别是豆类作物受病毒病的危害,有些良种已失去了在育种上的应用价值。由此可见,防治病毒病已成为生产上的迫切任务。

3.2.2 脱毒的方法及原理

3.2.2.1 茎尖脱毒

1.茎尖脱毒的依据

病毒在植物体内分布是不均一的,越接近生长点(0.1～1 mm 区域),病毒浓度越稀,因此有可能采用小的茎尖离体培养而脱除植物病毒。

2.茎尖培养法脱除植物病毒的技术关键

(1)被脱毒植物携带病毒的诊断及其在体内的分布　在脱毒之前,应了解植物携带何种病毒,病毒在体内的分布位置,以确定培养茎尖的大小。

(2)母体植株的选择和预处理

母体的选择:欲脱毒材料的品种典型性关系到脱毒以后的脱毒苗是否保持原品种的特征特性。

植体健康程度选择:应选感病轻、带毒量少的健康植株作为脱毒的外植体材料,这样更容易获得脱毒株。

外植体预处理:通常采用热处理,不同植物的不同种病毒的处理温度及处理时间不同,如香石竹在 38～40℃条件下经 2 个月处理可除去全部病毒,菊花在 35～38℃的条件下处理 60 d 可使病毒失活,马铃薯在 37℃条件下处理 10～20 d 能除去卷叶病毒等。用 0.1%的氯化汞消毒 5～10 min。

（3）茎尖的剥离 在剥取茎尖时,把茎芽置于解剖镜下(8～40 倍),一只手用镊子将其按住,另一只手用解剖针将叶片和叶原基剥掉,解剖针要常常蘸入 90％以上的酒精,并用火焰灼烧以进行消毒。但要注意解剖针的冷却,可蘸入无菌水进行冷却。当一个闪亮半圆球的顶端分生组织充分暴露出来之后,用解剖刀片将分生组织切下来,为了提高成活率,可带 1～2 枚幼叶,然后将其接到培养基上。接种时确保微茎尖不与其他物体接触,只用解剖针接种即可。剥离茎尖时,应尽快接种,茎尖暴露的时间应当越短越好,以防茎尖变干。可在一个衬有无菌湿滤纸的培养皿内进行操作,有助于防止茎尖变干。

将接种好的茎尖置于 25℃左右的温度下。每天以 16 h 2 000～3 000 lx 的光照条件下培养。由于在低温和短日照下,茎尖有可能进入休眠,所以较高的温度和充足的日照时间必须保证。微茎尖需数月才能成功。

继代培养得到足够的检测苗,进行病毒检测。

（4）影响脱毒效果的因素

母体材料病毒侵染的程度:单一病毒感染的植株脱毒较容易,而复合浸染的植株脱毒较难。

外植体的生理状态:顶芽的脱毒效果比侧芽好,生长旺盛的芽比休眠芽或快进入休眠的芽好。

起始培养的茎尖大小:不带叶原基的生长点培养脱毒效果最好,带 1～2 个可获得 40％脱毒苗。

3.2.2.2 热处理脱毒法

1.原理

(1)病毒进入植物细胞后,随植物细胞的 DNA 一起复制。热处理不能杀死病毒。只能钝化病毒的活性,使病毒在植物体内增殖减缓或增殖停止,而失去浸染能力。

(2)热处理是一种物理效应,可以加速植物细胞的分裂,使植物细胞在与病毒繁殖的竞争中取胜。

病毒对高温敏感,寄主耐高温。利用这一差异,选择适当的温度和处理时间,进行高温处理,就能使寄主体内病毒浓度降低,传递速度减慢或失去活性,而寄主细胞仍然存活,并加快分裂和生长。

2.热处理方法

(1)温水浸渍处理 适用于休眠器官、剪下的接穗或种植的材料,在 50℃左右的温水中浸渍 10 min 至数小时,方法简便易行,但易使材料受伤(利用较早,20 世纪 20 年代对甘薯一种病毒脱除效果较好,50～52℃温水浸渍 30 min)。

(2)热空气处理 热空气处理对活跃生长的茎尖效果较好,将生长的盆栽植株移入温热治疗室(箱)内,一般在 35～40℃。处理时间因植物而异,短则几十分钟,长可达数月。香石竹于 38℃下处理 2 个月,其茎尖所含病毒即可被清除。马铃薯在 35℃下处理几个月才能获得无病毒苗。草莓茎尖培养结合 36℃处理 6 周,比仅用茎尖培养可更有效地清除轻型黄斑病毒,亦可采用变温法,如马铃薯每天 40℃处理 4 h,可清除芽眼中马铃薯的卷叶病毒,而且保持了芽眼的活力。

热处理方法主要缺陷是并非能脱除所有病毒。例如在马铃薯中,应用这项技术只能消除

卷叶病毒。一般来说,对于球状病毒和类似纹状病毒以及类菌质体所导致的病害才有效,对杆状和线状病毒的作用不大。因此热处理需与其他方法配合应用才可获得良好的效果。

3.2.2.3　微体嫁接离体培养脱毒法

木本植物茎尖培养难以生根形成植株,可以采用此法。将极小的茎尖(0.14～1.0 mm)作为接穗嫁接到种子实生苗砧木上,然后将砧木、接穗一起在培养基上培养。接穗在砧木上易成活,且去除病毒几率大,故有可能获得无病毒苗。

点接法的具体操作:

1. 砧木苗的培养

采集充实无病的种子,漂洗晾干低温处理后进行表面灭菌,在无菌条件下接入固体培养基中,每试管 2～3 粒种子,27℃恒温暗培养 10～14 d 的白化苗,即可作为小砧木。

2. 接穗的准备与嫁接

摘去叶片促使枝条绽发新芽,待芽长到 0.5～1 cm 时即可做接穗。表面灭菌后,在无菌条件下借助解剖镜切取 0.1～0.2 mm 的茎尖作接穗;切去砧木苗的顶端,以根部和 1 cm 的上胚轴做砧木,在其顶端用刀尖切 1～2 mm 的切口,将接穗垂直而无损地镶进小切口,然后将其移入适合接穗生长的液体培养基中培养。

3.2.2.4　珠心组织培养脱毒法

柑橘类除合子胚外还有多个珠心胚。珠心组织与维管系统没有直接联系,而一般认为病毒是通过维管组织传播的,因此珠心组织培养可获得无病毒植株。

3.2.2.5　愈伤组织脱毒法

植物各种器官和部位组织经诱导可产生愈伤组织,再分化培养产生芽,最后产生小植株,其中有可能得到无病毒小苗。这一脱毒途径已在马铃薯、天竺葵、大蒜、草莓等植物上获得了成功。通过愈伤组织培养获得再生无病毒植株的原因有以下几种可能:

(1)病毒在植物体内不同器官或同一器官不同组织中分布不均匀,由那些无病毒细胞产生的愈伤组织就是获得无病毒苗的基础。如烟草、康乃馨产生的愈伤带病毒和不带病毒的愈伤组织颜色不同。

(2)有些愈伤组织细胞病毒浓度较低,在愈伤组织细胞快速分裂的过程中,病毒的复制能力衰退或丢失。

(3)愈伤组织产生抗性变异细胞。

3.2.3　脱毒苗的鉴定、保存及繁殖

从茎尖分生组织培养、热处理脱毒法和微体嫁接法而来的试管植株,并不一定都是无毒的,因而还要通过病毒鉴定来判断有无病毒。感染植物的病毒种类很多,并且各种病毒在感染方式上也不尽相同,一种植物往往受到多种病毒的侵染,而每种病毒又有变化剧烈的株系,所以对病毒的检测和鉴定是困难的。如马铃薯纺锤形块茎类病毒(PSTV)的检测,必须采用强系接种于幼苗上来检测。另外,提取马铃薯细胞核酸并将其用聚丙烯酰胺凝胶电泳分离的方法进行分离,可以检测 PSTV 的弱系(Wrigmt,1975)。

随着现代病毒学的发展,病毒的检测手段和方法也在不断发展和改进,但无论是什么样的方法,都是根据病毒所共有的两个特性而发展起来的,一是病毒的侵染性,二是病毒作为核蛋白的特性,也就是病毒理化性质。

3.2.3.1　脱毒苗的鉴定

常用的病毒鉴定方法有生物鉴定法、抗血清鉴定法、电子显微镜检查法及电泳分离法等。在生产实践中,具体使用哪一种方法就要根据病毒的不同类型、技术掌握程度、设备条件等具体条件的不同,选择相宜的鉴定检测方法。

1.生物鉴定法

指示植物(indicater plants)或称敏感植物,是指对某种或某些特定病毒非常敏感的植物,一旦感染病毒就会在其叶片乃至全株上表现特有的病斑。每种病毒都有自己的敏感植物,如马铃薯病毒的敏感植物有千日红(*Gomphrena globosa*)、野生马铃薯(*Solanum dimissum*)、黄花烟(*Nicotiana rustica*)、心叶烟(*N. glutinosa*)、毛叶曼陀罗(*Datura innoxia*)、辣椒(*Capsicum annuum*)、豇豆(*Vigna sinensis*)、莨菪(*Scopolia* spp.)等;大蒜病毒的敏感植物有藜(*Cheno podium*)、千日红;草莓病毒的敏感植物有威州草莓(*Fragaria ananassa*)、野草莓(*Fragaria vesca*)、野红草莓(*Fragaria virginiana*)等;大丽花病毒的敏感植物有昆落阿藜(*Chenopodium guinoa*)、苋色藜(*C. amaranticolor*)、心叶烟(*N. glutinosa*)、克里芙兰烟(*N. clevalandii*)、矮牵牛(*Petunia hybrida*)、黄瓜(*Cucumis sativus*);香石竹病毒的敏感植物有昆落阿藜、苋色藜;菊花病毒的敏感植物有矮牵牛(*Petunia hybrida*)、豇豆;桃红叶病毒的敏感植物为旱金莲(*Tropaeolum majus*)。

对于主要通过汁液传染的病毒可采用指示植物的汁液感染法(sap transmission)来检测。方法是在指示植物的叶片上撒少许 600 号金刚砂,将受检植物汁液涂于其上,适当用力摩擦,以使指示植物叶表面细胞受到侵染,但又不要损伤叶片,约 5 min 后,用水轻轻洗去接种叶片上的残余汁液。把接种过的指示植物放在隔离网室内,6～8 d 或几周,即可表现症状。

有些病毒不是通过汁液传染的,而是通过专门的介体感染的。如草莓黄化病毒、丛枝病毒是通过一种蚜虫(*Mtzus fragaefolii*)为介体进行传播的。这种病毒的鉴定,可采取嫁接法检测。具体方法是从受检植株上取接穗,以指示植物为砧木进行嫁接,用塑料带绑缚结合部位,嫁接后 4～6 周,即可鉴定出有无病毒。

2.抗血清鉴定法

对能制备抗血清(antiserum)的病毒,可用抗血清进行血清学反应来鉴定。植物病毒由蛋白质和核酸组成,因而是一种较好的抗原(antigen),给动物注射后会产生抗体(antibody),抗原与抗体的结合即为血清反应。抗体是动物在外来抗原的刺激下产生的一种免疫球蛋白,主要存在于血清中,含抗体的血清为抗血清。不同病毒产生的抗血清都有各自的特异性,可用已知病毒的抗血清鉴定未知病毒的种类。所以这种抗血清在病毒的鉴定中成为一种高度专化性的试剂,特异性高,测定速度快,几小时或几分钟。

方法:第一步为抗原的制备。病毒的繁殖,病叶研磨和粗汁液澄清,病毒悬浮液提纯,沉淀过程。第二步为抗血清的制备。动物的选择、饲养,抗原的注射,采血,抗血清的分离、吸收等过程。抗血清装于小玻璃瓶中,－25～－15℃冰冻条件下储存。第三步为病毒鉴定。具体测定可采用沉淀反应、凝聚反应、免疫扩散、免疫电泳、荧光抗体技术和酶联免疫吸附反应(ELISA)等多种方法。

酶联免疫吸附反应鉴定法(enzyme-Linked immunosorbentassay,ELISA),最早用于动物病毒的检测,近二三十年才应用于植物病毒的检测,是目前病毒检测中最常用的和最可靠的一种方法。ELISA 是一种固相吸附和免疫酶联相结合的方法。抗原或抗体包被在固相支持物

上,使免疫反应在固相支持物上进行,并借助于结合在抗原或抗体上的酶与底物的反应所产生的有颜色的产物来检测相应的抗原或抗体。用这种方法可区别健康的和感病的材料,还可检测出材料的病毒浓度,一般可检测出 $0.1\sim10$ ng/mL 的病毒。

3.电子显微镜检查法

电子显微镜技术可以说是最直接的病毒检测手段。用电镜直接观察经脱毒培养的叶片,它可以直接检查是否有病毒质粒的存在,还可以测量病毒颗粒的大小、形状和结构。由于电子的穿透力很低,制品必须很薄,$10\sim100$ nm,通常切成约 20 nm 厚的薄片,置于铜载网上,再在电子显微镜下观察。

电镜检测法又有以下几种方法:

(1)电镜负染检测法 电镜负染技术是 20 世纪 60 年代开始使用于英国试验室,当时人们发现一些重金属离子能绕核蛋白体四周沉淀下来,形成一个黑暗的背景,在核蛋白体内部不能沉积而形成一个清晰的亮区,其图像如同一张照相的底片,因此人们习惯地称为负染色,电镜负染技术也就由此而生。

(2)免疫电镜检测法 免疫电镜技术是将免疫学原理与电镜负染技术相结合的产物,在电镜制样过程中,病毒颗粒不能集中地沉积在有效的电镜视野内,而容易造成电镜观察时的疏漏,免疫电镜法利用了抗体、抗原的亲和性与吸附性的这一特点,在电镜制样过程中,于铜网上先铺展一层细胞色素 A,稍后再添加一滴抗体,多余液滴用滤纸吸掉,最后点上一滴抗原和染液,由于细胞色素 A 的作用,减少了样品即抗体、抗原的表面张力,能形成均匀的涂层,再加抗体、抗原的吸附作用使病毒能较集中地沉积在有效视野内,从而便于电镜下的观察,大大提高了检测几率。

(3)电镜超薄切片法 该技术的发展已经达到病毒的体内定位研究和体内复制及侵染过程的动态研究水平,并能直观病毒生物大分子的亚基单位,已经从细胞水平发展到分子水平。尤其对一些未知病毒,难于提纯的病毒材料、负染技术不能解决的检测材料都可用此方法,通过对组织细胞的直接观察而得到解决,因此在病毒学检测和脱毒快繁的实际生产中均有着特殊的重要性和不可取代的作用。

4.分子检测技术

分子生物学的发展,在对病毒的检测手段中带来了新的飞跃,其成熟的方法也很多,如分子探针杂交检测技术、PCR 扩增检测技术,对病毒的检测已经达到分子水平,其灵敏度和特异性是任何生化方法的检测所不能比拟的,检测水平已经达到超微量,即微克水平,具有很高的应用前景。

3.2.3.2 脱毒苗的保存及繁殖

经鉴定后,确定的无病毒优良植株可作为无病毒株进行繁殖生产原种。原种生产要进行严格的隔离繁殖并经常进行严格的鉴定,以确保其无病毒的特点,保证给生产上提供无病毒的原种。

脱毒苗的保存一般是在实验室进行离体保存,一般每月继代一次,可以在培养基中加入生长延缓剂如 B9 和矮壮剂,可 $2\sim3$ 个月继代一次,也可放到液氮或 4 ℃ 冰箱中保存。

建立脱毒种苗生产繁殖网络体系。如果试管苗生产成本过高或移栽困难,可将试管苗选择种植在一定的控制区域,从繁殖技术和环境隔离上保证较高水平,使得繁殖的种苗能有效地防止病毒的再侵染。

目前,植物脱毒苗生产应用尚不普遍,其主要原因有:基础研究跟不上,如病毒特性与寄主的关系,各植物体内病毒的种类及数量等;脱毒培养后如何进行快速准确检测;脱毒原种苗如何保存及防止再度感染等。

在每种作物的应用上,脱毒苗繁殖的方法大致是一样的,但细节上有所不同。实际操作中灵活应用,才能收到良好的效果。用茎尖分生组织培养生产无病毒植株的程序见图 3-1。

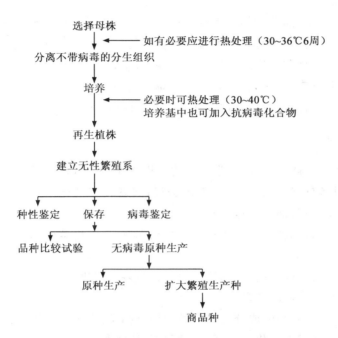

图 3-1　茎尖分生组织培养生产无病毒植株程序

3.2.4　植物组培脱毒的应用及操作实例

马铃薯茎尖脱毒及组培快繁技术研究。

3.3　试管苗规模化生产

3.3.1　试管苗商业性生产的工艺流程

3.3.1.1　品种选育和母株培养

广泛收集和引进目标植物建立种质资源圃,选择市场潜力大、特性典型、纯度高、生长健壮、无病虫害的植物作为母株进行生产。

3.3.1.2　离体快繁组培基本苗

(1)初代培养材料的处理与培养　尽量采用小容器进行分散培养,降低污染率。

（2）组培苗的变异　注意选择适宜的培养途径（如芽再生型等）。

（3）预留储备"母瓶"　置于 10～15℃低温下保存,减少变异及污染等的影响。

（4）生根培养　将成丛的试管苗分离成单苗,转接到生根培养基上,在培养容器内诱导生根的方法。

3.3.1.3　试管苗的移栽驯化

1.试管苗的驯化

试管苗长期处在恒温、高湿、弱光、异养等特殊环境下生长,其形态、解剖和生理特性等方面都与温室及大田生长的植株不同,为了适应移栽后的较低湿度以及较高光照强度并进行自养,必须要有一个逐步锻炼和适应的过程,这个过程叫作驯化（domestication）或炼苗（acclimatization）。一般移栽试管苗前,先打开瓶口,逐渐降低湿度,并逐渐增强光照,其进程应根据当地的气候环境特点、植物种类、设备条件等逐步过渡,进行驯化。

2.试管苗的移栽

（1）准备工作

①选择育苗容器　一般采用穴盘,带根苗需穴格较大,扦插苗则需穴格较小。

②基质选配　具备良好的物理特性:保水透气;具备良好的化学特性:稳定、无毒、pH 值及电导率等适宜;物美价廉,便于就地取材。

③基质的种类　有机基质:泥炭、椰糠、花生壳、木屑等;无机基质:蛭石、珍珠岩、次生云母矿石、河沙、炉渣等。

④场地、工具及基质灭菌、装盘　场地、工具灭菌:多采用化学药剂灭菌;基质灭菌:多采用蒸汽灭菌或化学药剂灭菌;基质装盘。

⑤营养液的配制　营养液的成分:大量、微量等;营养液常用药品的来源:实验研究需分析纯,规模化生产用化学纯或工业化合物;营养液配方:植物营养液的配制。

（2）组培苗移栽

①自然适应　组培苗由试管内条件转入室温,暴露于空气中,环境落差大,需要逐步适应。

②起苗、洗苗、分级　将苗瓶置于水中,用小竹签深入瓶中轻轻将苗带出,尽量不要伤及根和嫩芽,置水中漂洗,将基部培养基全部洗净。将苗分为有根苗和无根苗两类。

③移栽　拿起苗,用手指在基部上插洞,将苗根部轻轻植入洞内,撒上营养土,将苗盘轻轻放入苗池中。无根苗需先蘸生根液再行移植。若用栽苗机应按规定操作。

（3）组培苗的驯化与炼苗

①幼苗驯化管理　光照、温度、水分、通气及病虫等。

②"绿化"炼苗　结合灌水施营养液:一般浓度为 0.15%～0.3%;逐渐加大光照强度和时间。

（4）苗木质量检验

①商品性状:苗龄、农艺性状。

②健康状况:不带病虫。

③遗传稳定性:DNA"指纹"鉴定。

茎尖脱毒及快速繁殖的工艺流程见图 3-2。

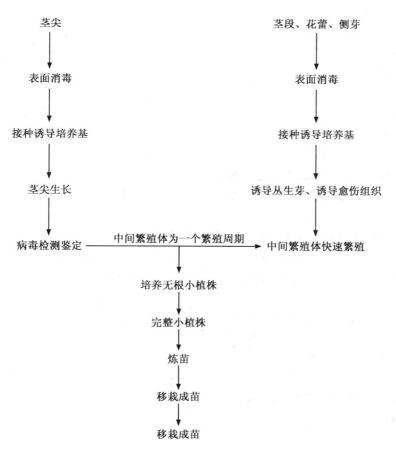

图 3-2 茎尖脱毒及快速繁殖的工艺流程图

3.3.2 试管快速繁殖生产设计

3.3.2.1 试管苗增殖率的估算

1.试管苗增殖率

指植物快繁系统中繁殖体的繁殖率,一般以芽、苗或无根嫩茎为单位,对原球茎、胚状体等则以瓶为单位。

2.试管苗增殖率理论值的计算

$$Y = mX^n$$

式中:Y 为年增殖植株数;m 为初代培养的无菌苗株数;X 为培养周期的增殖倍数;n 为全年可增殖的周期次数。

3.试管苗增殖率实际值的计算

$$Y = mC^n = m(N_e/N_0)^n = m(N_t P_e/N_0)^n$$

式中:C 为有效繁殖系数;N_e 为有效苗;N_0 为原接种苗数;N_t 为新苗数;P_e 为有效苗率。

3.3.2.2 生产计划的制订

1.生产计划的确定

(1)市场需求;

(2)实验室及其生产规模。

2.生产计划的实施

(1)繁殖材料的准备;

(2)合格繁殖材料的快速繁殖。

3.制订生产计划注意事项

(1)对各种植物增值率的估算应切合实际;

(2)要有植物组织培养全过程的技术储量(外植体诱导技术、中间繁殖体增值技术、生根技术、炼苗技术);

(3)要掌握或熟悉各种组培苗的定植时间和生长环节;

(4)要掌握组培苗可能产生的后期效应。

3.3.2.3 试管苗的生产成本与经济效益

1.直接生产成本

包括药品费、人工费、水电费及各种易耗品费用等。

2.固定资产折旧

包括厂房、基本设备等折旧费等,一般折旧率为5%。

3.市场营销和经营管理开支

包括市场调查、经营与管理等费用。

4.试管苗的增值

(1)提高生产效率;

(2)加强技术研究,优化生产工艺;

(3)提高设备设施的利用率;

(4)节省能源,降低消耗;

(5)培养珍稀名贵植物和无病毒种苗;

(6)培养专利品种组培苗。

5.销售筛盘苗或营养钵体

刚刚出瓶的试管苗,由于移栽成活较为困难,常常销售不畅,价格也难以提高。因此,组培工厂除了直接销售刚出瓶的组培生根苗外,可以扩大移入营养土中的筛盘苗的销售。

3.4 单细胞培养

3.4.1 单细胞培养的概念与意义

单细胞培养(single cell culture)是指从植物器官、愈伤组织或悬浮培养物中游离出单个细胞,在无菌条件下,进行体外生长、发育的技术。人们分离和培养植物单细胞的设想和实践都比较早,但成功地进行单细胞培养是随着更有效的培养基的发展以及从愈伤组织悬浮培养物分离单细胞的专门技术的建立才实现的。Muir 等(1954)第一次设计了愈伤组织看护培养技术并成功地培养了由烟草细胞悬浮液和松散的愈伤组织中分离的单细胞,并由此获得了单细胞无性系。De Rope(1955)首先在微室中用悬滴尝试培养单个细胞,结果未见到单细胞分裂,只有细胞团中的细胞分裂。Jorrey(1957)用双层盖玻片法,看护培养了由豌豆根的愈伤组织分离出来的单个细胞,其中大约 8%的单细胞出现了分裂。随后,Jones 等(1960)改进了微室培养技术,并成功地培养了由烟草杂交种愈伤组织分离出来的单细胞,首次在微室培养条件下得到了单细胞无性系。Vasil&Hildeberandt(1965)证明,应用微室培养法,可以由培养一个离体的单细胞开始,形成单细胞无性系,并获得一个完整的开花植株。与 Jones 等不同,他们在进行单细胞培养时使用了含有无机盐、蔗糖、维生素、泛酸钙和椰乳等成分的新鲜培养基。在单细胞培养上最卓越的工作是 Bergmann(1960)首创的细胞平板培养法,这一方法是将悬浮细胞接种到一薄层固体培养基中进行培养,以获得大量的单细胞无性系。这是目前应用最广泛的单细胞培养法,并被应用于原生质体培养等方面。

高等植物的单细胞在体外特殊条件下通过细胞分裂形成细胞团,进而通过器官或胚胎发生形成完整植株,这是植物组织培养的一大成功之处。同时,由于植物组织培养中细胞之间在遗传、生理生化上所出现的种种变异,因而通过对单细胞培养获得的单细胞无性系,可以用来研究细胞生物学个体再现过程的研究,生产医学、食品等所需要的次生代谢产物,进行突变体诱导及筛选,细胞融合,产生融合杂种,还可以进行基因转导、微注射、载体导入,无论在理论上还是在实践上都具有重大意义。

3.4.2 单细胞培养方法

3.4.2.1 看护培养

看护培养(nurse culture),也称饲喂培养,是指用一块愈伤组织或植物离体组织看护单细胞使其生长并增殖的一种单细胞培养方法。Muir(1954)首次报道了这一方法并培养出了单细胞株。具体做法是:在新鲜的固体培养基上先接入几毫米大的愈伤组织,在愈伤组织块上再放一张预先已灭过菌的滤纸,然后放置一个晚上,使滤纸充分吸收从组织块渗上来的培养基成分,次日即将单细胞吸取并放在滤纸上培养。愈伤组织和要培养的细胞可以属于同一物种,也可以是不同物种。培养 1 个月单细胞即长成肉眼可见的细胞团,2~3 个月后从滤纸上取出放在新鲜培养基上直接培养。

一个直接接种在诱导培养基上通常不能分裂的细胞,在看护愈伤组织诱导下则可能发生分裂,由此可见,看护愈伤组织不仅给这个细胞提供了培养基中的营养成分,而且还提供了促进细胞分裂的其他物质,并且这种细胞分裂因素可通过滤纸而扩散,以便供给培养的细胞生长分裂所需。愈伤组织刺激离体细胞分裂的效应,还可以通过另一种方式来证实:把两块愈伤组织置于琼脂培养基上,在它们周围接种若干个单细胞,结果可以看到,首先发生分裂的都是靠近这两块愈伤组织的细胞,这也说明了活跃生长的愈伤组织所释放的代谢产物,对于促进细胞分裂是十分必要的。而且,这种看护培养方法简便,效果好,容易成功,且能培养低密度下的离体细胞,但是该方法不利于在显微镜下直接观察细胞的全生长过程。

3.4.2.2 平板培养

将悬浮培养的细胞接种到一薄层固体培养基中进行的培养称之为平板培养(planting culture)。平板培养是为了分离单细胞无性系,并对不同无性系进行生理、生化和遗传特性研究

而设计的一种单细胞培养技术。Bergmann(1960)首创了这一培养方法,该方法需要一个较低的细胞密度,并均匀地分布在一薄层固体培养基中,为了使在平板上长出的细胞团都来自单细胞,用悬浮培养物作接种材料时,应将培养物经过适当大小孔径的过滤网,除去大的细胞聚集体,使材料大部分为游离细胞。平板培养制作时是将单细胞悬浮液与30～35℃呈融化状态的琼脂均匀混合,然后浇注到培养皿中成一薄层,琼脂冷却固化后,均匀分布的细胞就在其中生长、分裂形成起源于单个细胞的小集落,再将这些小集落进一步扩大繁殖,就能获得起源于单个细胞的无性系。

1. 平板培养的操作步骤

平板培养是单细胞培养,因此第一步先要分离单细胞,其方法和悬浮培养中分离单细胞的方法一样。不论是由哪种材料、哪种方法获得的细胞悬浮液中的细胞,绝大多数必须是单细胞。细胞游离后用血球计数板计数,平板培养细胞的起始密度一般为 $10^3 \sim 10^5$ 个细胞/mL。如果悬浮培养是细胞悬浮液与琼脂培养基以 1：4 混合的话,那么悬浮的细胞密度应该是 $5 \times 10^3 \sim 5 \times 10^5$ 个细胞/mL。因此在平板培养制作前先要根据细胞计数的结果,通过离心使细胞沉淀,如果要提高密度可吸走一定量的上清液;如果要降低密度可加进一定量的培养液,使细胞悬浮到需要的密度。然后将 1 份单细胞悬浮液与 4 份 30～35℃下呈融化状态的琼脂固体培养基充分混合均匀,迅即倒入无菌培养皿中成一平板,并使培养平板的厚度在 5 mm 左右,盖上培养皿盖并用石蜡封口,放入培养室培养。在 25℃条件下大约 3 周后即可形成单细胞无性系,再用解剖针从固体培养基中挑出无性系愈伤组织转入到新鲜固体培养基上继代。

2. 植板率

植板率是平板培养中常用的一个术语,它以长出的细胞团的单细胞在接种细胞中所占的百分数来表示。

$$植板率 = 每个平板中新形成的细胞团数/每个平板中接入的细胞数 \times 100\%$$

计算式中每个平板中新形成的细胞团数要进行直接计量。计量时应掌握合适的时间,即细胞团肉眼已能辨别,但尚未长合在一起的时候。如过早,肉眼不能辨别小的细胞团,太晚靠得很近的细胞团长合在一起难以区分,这些都影响计量的正确性。通常纸板率一般在 25℃下培养 21 d 后进行计算。

3. 降低平板培养细胞起始密度的方法

按照常规的平板培养方法,细胞在平板中均匀分布后其细胞间的距离大约是细胞直径的 3～4 倍,这样的密度太大,单细胞生长后易长合且不易从琼脂培养基中分离出来,因而平板培养中需要降低细胞的起始密度以便更好地获得单细胞无性系。但是,在平板培养中,其培养效率(植板率)是随着培养细胞密度的增加而增加的。Bergmann(1977)研究了黑暗条件下烟草细胞密度对植板率的影响(表 3-1),充分地证实了这一点。因此,随着植板细胞密度的减小,细胞对培养条件要求越高,也就是说,在低密度下进行平板培养并提高植板率,必须创造在高密度下单细胞周围的环境条件。选用条件培养基可以降低培养细胞的起始密度,所谓条件培养基就是已经进行了一段时间悬浮细胞培养的培养基。条件培养基的制作方法是:先将细胞或愈伤组织悬浮培养一段时间,然后离心取其上清液,上清液中含有细胞培养时释放出的促进细胞分裂的物质,这即是最简单的条件培养基,用它制备悬浮细胞并与等量的琼脂培养基混合制板,可以培养较低密度的细胞。

表 3-1　黑暗条件下烟草细胞密度对植板率的影响

细胞数/mL	细胞数/平板	植板率/%	集落数/mm²
90	1 350	0	0
180	2 700	9.9±3.1	0.04
360	5 400	45.7±6.1	0.4
720	10 800	90～100	1.70

若在基本培养基中加入一些天然提取物如椰子乳、水解酪蛋白、酵母浸出液等,则可有效地取代影响细胞分裂的细胞群体效应。同样,配制营养物质十分丰富的合成培养基,也能降低平板培养细胞密度。Kao 等(1975)配制了一种含有无机盐、蔗糖、葡萄糖、14 种维生素、谷氨酰胺、丙氨酸、谷氨酸、半胱氨酸、6 种核酸碱和 4 种三羧酸循环中有机酸的合成培养基,在这种培养基中,密度低到 25～250 个细胞/mL 的植板细胞也能分裂。若用水解酪蛋白(250 mL/L)和椰子汁(20 mL/L)取代各种氨基碱和核酸碱,有效植板细胞密度则可进一步下降。

3.4.2.3　微室培养

微室培养(microculture)是指将含有单细胞的培养液小滴滴入无菌小室中,在无菌条件下,使细胞得以生长和增殖,形成单细胞无性系的培养方法。它是为进行单细胞活体连续观察而建立的一种微量细胞培养技术,运用这一技术可对单细胞的生长、分化、细胞分裂、胞质环流的规律等进行活体连续观察。也可以对原生质体融合、壁的再生以及融合后的分裂进行活体连续观察。因此,它是进行细胞学实验研究的有用技术。

常见的微室培养技术主要有下面 3 种方法。

1. 双层盖片培养法

这一方法是 Torrey(1957)设计的,他用这种培养方法培养了由豌豆根的愈伤组织分离出来的单细胞,并使单细胞成活了几周,其中有 8% 的单细胞出现了分裂形成细胞团,最大的细胞团达到 7 个细胞。具体方法是先在一块小盖玻片中央放一团与单细胞同一来源的愈伤组织作为滋养组织,然后滴上一滴琼脂,琼脂的四周具有分散的单细胞,然后将盖片黏在一块较大的盖片上,翻过来放在一块凹穴载玻片上,再用石蜡-凡士林将其周围密封,放到 25℃下培养。

2. 微室薄层培养法

Jones 等(1960)又改进了微室培养制作技术,其方法是先在载玻片的两端分别滴一小滴石蜡油,然后分别放上 22 mm×22 mm 灭过菌的盖玻片,使两端盖玻片中间保持约 16 mm 距离。在两块玻片中间区域的中心滴一小滴液体培养基,培养基中悬浮着游离细胞。然后在液体培养基四周加上石蜡油,将第三块盖玻片覆盖在上面,并使石蜡油将液体培养基包围和渗入到第三块盖玻片与第一、二块盖玻片的覆盖层中,这样使三块盖玻片与石蜡油组成的微室与外界隔绝。应用这种方法,Jones 观察了由烟草杂种愈伤组织分离的单细胞的分裂活动。

3. 陆文梁法

陆文梁 1983 年在 Jones 法的基础上对微室薄层培养技术又做了进一步的改进,并用它连续观察了离体胡萝卜细胞在脱分化过程中的劈裂式分裂过程。陆文梁对 Jones 法进行了三方面的改进:①只用一块盖玻片;②用四环素眼药膏代替石蜡油;③四环素眼药膏中横放四根毛细管,既能起支撑盖玻片作用,又能起到通气作用。其具体操作方法是先将洗净的盖玻片与载玻片在酒精灯火焰上灭菌,冷却后按盖玻片的大小在载玻片上涂一圈四环素眼药膏,并在顶端

四环素眼药膏上放四小段毛细管,以给微室通气,然后在药膏中间载片上滴一滴细胞悬浮液,盖上盖玻片,稍压使其与药膏充分接触,后置于25℃下培养。

3.4.3 影响单细胞培养的主要因素

单细胞培养往往对营养和培养环境的要求比愈伤组织和悬浮细胞培养更为苛刻,影响单细胞培养的因素主要如下。

1. 条件培养基的作用

看护培养技术表明,用作看护的愈伤组织,不仅向滤纸上面的单细胞提供了培养基中全部的必需养分,而且还提供了那些能够越过滤纸障碍、诱导单细胞分裂的特殊物质。在细胞悬浮培养时,如果在培养基中加放这些代谢产物,那么细胞悬浮培养的最低有效密度就会大大降低,这就是条件培养基。Street 和 Stuart 等(1969)在假挪威槭的细胞悬浮培养时,制备了条件培养基,从而使最低有效密度从 $(9\sim15)\times10^3$ 个细胞/mL 下降到 $(1.0\sim1.5)\times10^3$ 个细胞/mL,即降低了 10 倍。Street 和 Staurt(1969)设计了一个液体条件培养装置,在三角瓶中放入一根玻璃管,管的一端套上一纸透析袋或多孔玻璃套管,扎紧。管内盛有高细胞密度的培养液,管外盛低细胞密度的培养液。高密度细胞释放的代谢产物通过透析袋或多孔玻璃套管扩散到低细胞密度的培养液中,促进后者的细胞分裂,单细胞则不能通过透析袋或多孔玻璃套管流出。这些说明,如果培养细胞起始密度高时,培养基成分就可简单些;密度低时,培养基成分就应复杂些。进一步的研究证明,若在培养基中加入一些天然提取物或设计营养条件丰富的"合成条件培养基",则可以有效地取代影响细胞分裂的这种群体效应。

2. 细胞密度

大量的实验表明,单细胞培养要求植板的细胞有一个标准的临界密度,才能促进其分裂和发育。低于此临界密度,培养细胞就不能进行分裂和发育成细胞团。关于细胞密度对细胞分裂影响的解释可能是建立在这样的一种基础上,即在细胞培养中,细胞能够合成某些对其进行分裂所必需的化合物,如细胞分裂素、赤霉素、乙烯、氨基酸等。只有当这些化合物的内源水平达到一个临界值以后,细胞才能分裂,而且,细胞在培养过程中会不断地把它们所合成的这些化合物渗漏到培养基中,直到这些化合物在细胞和培养基之间达到平衡时,这种渗漏过程方可停止。因此,当细胞密度较高时达到平衡的时间比细胞密度较低时要早得多,因此在后一种情况下,延迟期就会拖长。当细胞密度达到临界密度以下时,永远达不到这种平衡状态,因此细胞也就不能分裂。当然,植板的临界密度不是一成不变的,它因培养基的营养状况和培养条件而改变,即培养基的成分越复杂,营养成分越丰富,那么植板细胞的临界密度越低,反之,植板密度要求越高。如在使用含有上述必需代谢产物的条件培养基或营养丰富的"合成条件培养基"时,则可能使相当低细胞密度的细胞开始分裂。

3. 生长调节物质

在单细胞培养中,补充生长调节物质是非常重要的,它可以大大地提高植板率。如在低密度中,旋花细胞培养必须加入细胞分裂素和一些氨基酸,才能开始生长和分裂。在美国梧桐和假挪威槭的细胞培养中,也看到类似情况。

4. 气体的影响

某些气体对于起始细胞的分裂是必需的。Stuart 等(1971)证实了确有某些易挥发物质存在,他们用一只分隔成两层的培养瓶,一层装有低密度细胞的培养液,另一层装有高密度细胞的培养液,两层液体是不流通的,可是气体是流通的,这种培养方法可以使最低有效密度下降到 600 个细胞/mL。如果在此培养基的一个侧臂中装入氢氧化钾等二氧化碳的吸收剂后,由于培养瓶内气相部分的二氧化碳被吸收,从而这种促进起始细胞分裂的效应也消失了,这表明二氧化碳浓度是影响单细胞培养效应的一个因素。进一步实验证明,人为地提高培养容器中二氧化碳浓度到 1%,可以促进细胞生长,而超过 2% 则反而起抑制作用。如同时用低浓度的乙烯(2.5 μg/L),这对细胞生长促进作用更明显。然而,用这种改变气体组分的办法很难完全达到由活跃生长的培养物释放出来的挥发性物质所表现的促进作用,因而有理由认为,还有一些另外的挥发性物质参与此促进过程。

另外,适当调节 pH 值和提高培养基中铁的含量有时能提高植板率,这说明影响细胞透性和组织离子状态的因素在条件化过程中可能是重要的。当在培养基中补加营养成分并将 pH 值调到 6.4 时,可将假挪威槭悬浮细胞起始最低有效密度从 $(9\sim15)\times10^3$ 个细胞/mL 降低到 2×10^3 个细胞/mL。

3.5 胚状体发生与人工种子

3.5.1 植物体细胞胚胎的概念

体细胞胚胎或胚状体:离体培养下,培养的细胞没有经过受精过程,但经过了胚胎发育过程所形成的类胚结构。这一定义包括了下列几方面的含义:①体细胞胚是离体培养的产物,只限于离体培养范围使用,以区别于无融合生殖胚;②体细胞胚起源于非合子细胞,区别于由受精卵发育而成的合子胚;③体细胞经过了胚胎发育过程,具有胚根、胚芽和胚轴的完整结构,并与原外植体的维管组织无联系,是个相对独立的个体,区别于组织培养的器官发生中不定芽和不定根的分化。

对这种胚状结构曾使用过多种名称,如胚、不定胚、附加胚、体细胞胚、胚状结构和胚状体等,现在一般趋向于采用"胚状体"或"体细胞胚"。

3.5.2 植物体细胞胚胎的发生途径

3.5.2.1 植物体细胞胚胎的来源

根据目前的资料,体细胞胚可以从以下培养物中产生:

1. 由外植体表皮细胞直接产生

许多离体培养的植物器官,如石龙芮、刺五加等,在一定的培养条件下,可直接从器官上产生体细胞胚,从石龙芮花芽愈伤组织产生的体细胞胚形成幼苗后,培养在含 10% 椰子乳、1 mg/L IAA 的 White 培养基上,在下胚轴上形成许多体细胞胚。

2. 由愈伤组织细胞产生

由愈伤组织发生胚状体的植物很多,如玉米、西洋参、猕猴桃等,在离体培养时,存在于外植体或愈伤组织内部的一些薄壁细胞开始分裂,形成球形胚,球形胚进一步发育形成心形胚至鱼雷形胚。在体细胞胚的发育过程中,不断地从周围细胞吸取营养长大,其周围的薄壁细胞也

43

随着体细胞胚的增长而解体,最后体细胞胚撑破其相邻的表皮细胞或脱离开愈伤组织构表面,孤立出来成为一个单独的个体。

从愈伤组织表面产生体细胞胚最为常见,如胡萝卜根、石龙芮体细胞胚,石刁柏叶肉细胞原生质体的愈伤组织,在含有细胞分裂素、生长素及腺嘌呤的 MS 培养基上培养一段时间后,转移到无激素的培养基上生长,在新形成的组织边缘区域,能产生许多发育不同时期的体细胞胚。成熟体细胞胚的结构和单子叶植物的合子胚相似。当这些体细胞胚转移到含有 IAA 和玉米素的固体培养基上,能发育成完整植株。王亚馥等利用组织切片观察表明,小麦的胚性细胞大多起源于愈伤组织的表层或近表层细胞。这些细胞特点是:核大,核位于细胞中央,核仁明显;胞质浓厚,呈圆球形,且淀粉粒丰富。水稻中也可在愈伤组织表面或多次继代的愈伤组织内部产生单个胚性细胞,进而形成体细胞胚。

3.悬浮培养中由胚性细胞复合体表面产生

这类体细胞胚的发生类型首先是培养的临近细胞分裂、聚集形成胚性细胞复合体,这种复合体转入到固体培养基上之后,复合体由表面的胚性细胞单独分裂产生。

4.由单个游离细胞直接产生

Backs-Husemann 和 Reinert(1970)在显微镜下追踪研究了胡萝卜悬浮培养中一个游离单细胞发育成体细胞胚的过程。培养 4 d,可以看到游离单细胞开始一次不均等的分裂,形成两个大小不等的子细胞。培养 8 d,可以看到较小的子细胞继续一次分裂,较大的一个子细胞伸长为丝状细胞。培养 15 d,丝状细胞继续伸长,其余细胞已分化为一些薄壁细胞和原胚。培养 23 d,丝状细胞有几次分裂、原胚已发育为心形胚,此外,薄壁细胞已不明显。这些观察虽然看得不很详细,但它证明了胡萝卜悬浮培养中游离单细胞经过一个胚性细胞团发育成为体细胞胚的过程。

5.由小孢子产生

在一些植物如曼陀罗、烟草、青椒、茄子、柑橘、荔枝($n=15$)、龙眼、玉米、小麦等的花药培养中,体细胞胚可直接由小孢子产生。

3.5.2.2 植物体细胞胚胎的发生阶段

体细胞胚是由外植体培养物的胚性细胞发生的。通常体细胞胚的诱导分两阶段,首先外植体在培养基上进行胚性细胞诱导或孕育,产生一些胚性细胞,并由此分裂形成胚性细胞团。一般只有胚性细胞才能形成体细胞胚,而非胚性细胞则不能。其后胚性细胞在诱导培养基上进行胚的发育。体细胞胚发生方式分为两种:一是直接方式,即不经过愈伤组织阶段,从外植体直接产生体细胞胚;二是间接方式,外植体首先诱导产生愈伤组织,再在愈伤组织上产生体细胞胚。这两种方式所需要的条件不同:直接发生方式中体细胞胚起源于预定的胚性细胞,需要诱导物的合成或抑制物的消除,以恢复有丝分裂活动和促进胚胎的发生和发育;间接发生方式则相反,体细胞胚起源于分化细胞的重新决定,需要一种能促进细胞分裂的物质,诱导细胞脱分化而进入分裂周期。这两种胚胎发生的方式中,后者比较常见。

一般认为,体细胞胚是由单细胞起源的。体细胞胚经历了从单细胞→胚性细胞团→球形胚→心形胚→成熟胚的发育过程。但近年来已有人提出异议,认为体细胞胚也可能起源于一个以上的细胞。对绝大多数培养来说,要追踪体细胞胚从原始细胞的发生是比较困难的,原因是体细胞胚起源的原始细胞不像活体上胚起源的合子具有固定的位置而容易识别。如果单个游离细胞直接发育成体细胞胚,或先发育成胚性细胞复合体再发育成体细胞胚,则体细胞胚发生的过程与合子胚相似。

3.5.2.3 植物体细胞胚胎与合子胚的比较

在离体培养条件下,体细胞胚起源比较广泛,所处的发育条件与合子胚很不相同,所以它们的早期发育可能并不遵守一个固定不变的方式。Mcwillian等(1974)用切片方法观察了胡萝卜胚性团块上单个原始细胞起源的胚胎发生过程,并和合子胚作了比较,发现两者在胚胎发生的最初分隔方式上没有共同性。从石龙芮下胚轴上观察到的体细胞胚的原始细胞的最初分隔(Konar等,1965)也和合子胚不一致。但也有一些作者认为,胚性愈伤组织和悬浮培养物的细胞结构与发育早期的合子胚相似,因而体细胞胚胎早期发育过程与合子胚发育过程可能一致。但实际上,与自然条件下合子胚相比,要真正追踪体细胞胚从哪些原始细胞发生是比较困难的。因为离体条件下体细胞胚起始的原始细胞不像自然条件下胚囊中的合子那样容易识别。因此,有关体细胞胚早期发育过程中与合子胚发育一致或不一致的报道,并不令人完全信服。但是,不论早期的发育途径如何,合子胚和不定胚一般都能发育成正常的成熟胚。与合子胚相似,球形期后的体细胞呈现两种固定的极性。根极指向愈伤组织或胚性细胞团的中央,茎芽极朝外。

在石龙芮下胚轴体细胞的组织切片研究中,观察到体细胞胚起源于个别表皮细胞,并形成了一个不发达的胚柄。在一些研究中,也曾发现由少数几个细胞组成的类似胚柄的结构,由它把胚与母体愈伤组织联结在一起。但在大多数情况下,体细胞胚(包括花粉胚在内)并不具有一个明显的胚柄。而且即便有胚柄,它也可能并不像种子胚的胚柄,是没有功能的。在被子植物研究中,发现菜豆的成熟胚柄细胞中核DNA的含量梯度,通过内循环从4C直到几千C值,最大的核具有明显的多线染色体(Nagl,1974),这和双翅目昆虫的巨型染色体有些相似。胚柄细胞多线染色体化,可能控制着胚的分化。在胡萝卜细胞悬浮培养中,胚性团块似乎相当于胚柄的作用,它们的DNA复制也是通过内循环的途径,趋向于多线染色体化(Nagl,1974)。如果这些是真实的,它将在体细胞胚形成研究中具有重要意义。

与合子胚不同的是,在培养中体细胞胚常常出现许多畸形胚,例如一些多子叶胚、胚组织发育不全的畸形胚等。

3.5.3 植物体细胞胚胎的应用——人工种子技术

3.5.3.1 人工种子的概念及研制意义

1.人工种子的概念

狭义的人工种子概念是指植物离体培养中产生的胚状体(包括体细胞胚和性细胞胚),包裹在含有养分和具有保护功能的物质中,并在适宜条件下能够发芽出苗的颗粒体。

广义而言,人工种子是在胚状体或一块组织(顶芽、腋芽)、一个器官(小鳞茎等)之外加上必要的营养成分(人工胚乳)后,用具有一定通透性而无毒的材料将其包裹起来,形成的与天然种子相似的颗粒体。

目前研制的人工种子的结构:

(1)具有良好发育的体细胞胚,并能发育成正常完整植株;广义的体细胞胚由组织培养中获得的体细胞即胚状体、愈伤组织、原球茎、不定芽、顶芽、腋芽、小鳞茎等繁殖体组成。

(2)具有人工胚乳,人工胚乳一般由含有供应胚状体养分的胶囊组成,养分包括矿质元素、维生素、碳源以及激素等。可提供种胚发育的营养。

(3)胶囊之外的包膜称之为人工种皮,有防止机械损伤及水分干燥等保护作用。

包裹成功的人工种子既能通气、保持水分和营养,又能防止外部一定的机械冲击力。

2.人工种子的研制意义

(1)在无性繁殖植物中,有可能建立一种高效快速的繁殖方法,它既能保持原有品种的种性,又可以使之具有实生苗的复壮效应。

(2)可以对优异杂种种子不通过有性制种而快速获得大量种子,特别是对于那些制种困难的植物更具有重要的适用意义。

(3)对于一些不能正常产生种子的特殊植物材料如三倍体、非整倍体、工程植物等,有可能通过人工种子在短期内加大繁殖应用。

(4)与田间制种相比,可以节省制种用地,且不受季节限制,可以实现工厂化生产,同时还避免了种子携带病原菌的危险。

(5)与利用试管苗相比,可以避免移栽困难,且可以实现机械化操作,同时还便于储藏和运输。

3.5.3.2 控制胚性细胞同步化的方法

(1)细胞培养初期加入 DNA 合成抑制剂,如 5-氨基脲嘧啶,使细胞 DNA 合成暂时停止。一旦去除 DNA 合成抑制剂,细胞开始进入同步分裂。

(2)低温处理抑制细胞分裂,经过一段时间后再把温度提高到正常培养温度,也能使胚性细胞达到同步分裂的目的。

(3)调节渗透压控制胚性细胞的同步发育。不同发育阶段的胚,具有不同的渗透压要求,如向日葵胚发育不同阶段对糖浓度的要求不同,球胚期 17.5%,心形胚期 12.5%,鱼雷胚期 8.5%,成熟胚期 0.5%。可以用调节渗透压的方法来控制胚的发育,使其停留在某一阶段,然后同步发育。

(4)分离过筛。用不同孔径的尼龙网,来选择不同发育阶段的胚。或采用密度梯度离心来选择不同发育阶段的胚。然后再转入适宜它们发育的培养基上,使幼胚继续发育。

(5)通气调节细胞分裂。乙烯的产生与细胞分裂密切相关,在细胞分裂达到高峰前,有一个乙烯合成高峰。在培养基中通入乙烯或氮气,每 10 h 或 20 h 通一次,每次 3~4 h,可将细胞的有丝分裂提高 12%~16%。

控制体细胞胚同步发育的问题,除上述理化因素外,与材料本身胚胎发生的潜在能力即遗传因素有很大关系。

3.5.3.3 人工种子包埋技术与贮存

人工种子的基本制作流程:外植体的选择和消毒→愈伤组织的诱导→体细胞胚的诱导→体细胞胚的同步化→体细胞胚的分选→体细胞胚的包裹(人工胚乳)→包裹外膜→发芽成苗试验→体细胞胚变异程度与农艺研究。

1.繁殖体的处理

(1)体细胞胚形成后,需要在无激素培养基上经过一定阶段的后熟培养,然后进行脱水干燥,再将畸形胚选出后才能进行包埋。在脱水之前用 ABA 处理体细胞胚强迫其进入休眠,更有利于长期贮存。

(2)微型变态器官繁殖体不能过度脱水,但亦需要适当干燥,除去表面及多余的水分,同时要进行表面消毒处理以防止包被后的感染。为了延长贮存时间,亦需根据使用季节进行适当的休眠处理。

(3)芽为繁殖体的类型,则不能进行脱水处理,但必须筛选生长健壮、组织充实的芽进行包埋。

2.繁殖体的包埋

(1)包埋介质的要求　首先必须保证繁殖体及其他生物是无毒的,并具有一定的缓冲强度,以保证繁殖体在生产、运输和种植操作中的安全。同时,它最好能够提供类似于胚乳的营养物质,以供繁殖体发芽的需要。此外由于繁殖体的含水量较高,贮存中极易受到微生物感染危害,因此介质中还应含有适当的杀菌剂。

(2)常用的人工胚乳液配方　MS(或 SH、White)培养基加入 1.5% 的马铃薯淀粉水解物;SH(0.5×)培养基加入 1.5% 的麦芽糖。

(3)包埋的方法　主要有液胶包埋法、干燥包埋法和水凝胶法等。液胶包埋法是将胚状体或小植株悬浮在一种黏滞流体胶中直接播入土壤的方法。干燥包埋法是将体细胞胚经干燥后再用聚氧乙烯等聚合物进行包埋的方法。水凝胶法是指用通过离子交换或温度突变形成的凝胶包裹材料进行包埋的方法。

(4)以海藻酸钠作包埋剂的操作程序　在配制好的海藻酸钠溶液中,按一定比例加入繁殖体并混匀(添加糖、防腐剂、抗生素、农药等,防止病虫害侵染)。

将其逐滴滴入 2.0%～2.5% 的 $CaCl_2$ 溶液中,经 20～30 min 的离子交换作用即形成含有繁殖体并具有一定刚性的人工种子。

用无菌水漂洗 20 min 以终止反应。

海藻酸钠易失水干缩,为克服此弱点,采用二重结构,即在胶囊中包埋培养液、保水剂,使体细胞胚悬浮于培养基中,为防止发芽时杂菌感染,添加抗菌剂等。

3.人工种皮的装配

(1)理想的人工种皮　具有一定的封闭性以保证人工胚乳的各种成分不易流失,同时又具有良好的透气性;具有一定的坚硬度,以加强人工种子的耐储运性和适于机械化操作;无毒无害,能保证繁殖体顺利穿透发芽;配制简单易行,成本低。

(2)常用的人工种皮材料　早期使用 Elvax 4260 涂膜,价格昂贵,操作复杂,包裹效果不尽如人意。新近试验使用的二氧化硅化合物材料包括疏水的 Tullanox 和微亲水的 Cab-O-Sil,二者均可以粉末状包裹在人工种子胶囊外层,操作时只需将胶囊在上述材料中滚动即可完成包被过程,操作简单易行,大量生产还可以机械化操作。最近还报道一种硅酮种衣,它不仅可以抗真菌,而且可渗入水蒸气和氧气,这些材料均还处于试验之中。

人工种子还在继续研究中,目前还不能大面积用于生产,因为还存在着难题:体细胞胚诱导及其可能发生变异;人工种皮还存在缺陷;贮藏、发芽技术尚待解决;人工种子工厂化生产配套设施及种子成本过高等。这些问题一旦解决,人工种子的应用将会展现广阔的前景。

3.6 植物原生质体培养和体细胞杂交

3.6.1 原生质体的分离和纯化

3.6.1.1 原生质体培养的意义

（1）再生植株。由原生质体再生成植株,不论在进行有关细胞生物学或生物合成和代谢的实验研究上,还是在组织培养实践中,都有一定的优点:①可利用均一的分化细胞群体;②因无细胞壁,试剂对细胞作用更为直接,其反应能直接测量,以使反应产物能较快地分离出来;③在理论和实践中,可极大节省空间,如在一个三角瓶就能培养 210 个细胞,但在大田种植需要 4 亩地;④可缩短实验周期,如悬浮培养时仅需 1～2 h。

原生质体培养可在遗传学方面进行基因互补、不亲和性、连锁群和基因鉴定、分析基因的激活和失活水平的研究。在研究分化问题时,用一个均一的原生质体群体可以筛选数以千计的不同分化细胞。通过筛选不同的营养成分和激素浓度,探索诱导单细胞的分化条件等。

（2）用于远缘体细胞融合,进行体细胞杂交。这是一种新的远缘杂交方法,为人们提供新的育种方法。两个亲缘关系较远的植株用一般杂交方法是不容易成功的,而用细胞融合的方法却成为可能。两个原生质体融合形成异核体,异核体再生细胞壁,进行有丝分裂,发生核融合,产生杂种细胞,由此可培养新的杂种。

3.6.1.2 原生质体的分离

原生质体(protoplast)是通过质壁分离与细胞壁分开的部分,是能存活的植物细胞的最小单位。自从 1960 年用酶法制备大量植物原生质体首次获得成功以来,原生质体培养成为生物技术最重要的进展之一。通过大量的试验表明,没有细胞壁的原生质体仍然具有"全能性",可以经过离体培养得到再生植株。原生质体的分离研究较早,1892 年 Klereker 首先用机械的方法分离得到了原生质体,但数量少且易受损伤。1960 年,英国植物生理学家 Cocking 首先用酶解法从番茄幼苗的根分离原生质体获得成功。他使用一种由疣孢漆斑菌培养物制备的高浓度的纤维素酶溶液降解细胞壁。然而,直至 1960 年纤维素酶和离析酶成为商品酶投入市场以后,植物原生质体研究才成为一个热门的领域。至今从植物体的几乎每一部分都可分离得到原生质体。并且能从烟草、胡萝卜、矮牵牛、茄子、番茄等 70 种植物的原生质体再生成完整的植株。此外,原生质体融合、体细胞杂交的技术也得到广泛的应用。

分离方法有以下几种:

1. 机械法分离

1982 年,Klercker 第一次用机械方法从 *Stratiots aloides* 中获得原生质体。他们的做法是首先使细胞发生质壁分离,然后切开细胞壁释放出原生质体。

2. 酶解法分离

（1）酶的种类及特点 构成植物细胞壁的 3 个主要成分是:纤维素类,占细胞壁干重的 25%～50%;半纤维素类,平均约占细胞壁干重的 53%;果胶类,一般占细胞壁的 5%。因此,分离原生质体最常用的酶有纤维素酶、半纤维素酶和果胶酶。也有崩溃酶,一种粗制酶;蜗牛酶,主要用于分离小孢子的原生质体。

纤维素酶是从绿色木霉中提取的一种复合酶制剂,主要含有纤维素酶 C_1,作用于天然的和结晶的纤维素,具有分解天然纤维素的作用,还含纤维素酶 C_x,作用于定形的纤维素,可分解短链纤维素,另含有纤维素二糖酶、木聚糖酶、葡聚糖酶、果胶酶、脂肪酶、磷脂酶、核酸酶、溶菌酶等,总体作用是降解纤维素,得到裸露的原生质体。

果胶酶是从根霉中提取的,使细胞间的果胶质降解,把细胞从组织内分离出来。半纤维素酶制剂可以降解半纤维素为单糖或单糖衍生物。此外,还有蜗牛酶,主要用于花粉母细胞和四分体细胞。

ZA3-867 纤维酶是上海植物生理研究所从野生型绿色木霉中提取制成的,粗制品是多种酶的复合物,含有纤维素酶(包括 C_1、C_x、B-葡萄糖苷酶等)、果胶质、半纤维素酶等,分离细胞壁的效果较好。这种复合酶使用时不需加半纤维素酶和果胶酶等,就可以分离出植物原生质体。

日本产的 Onozuka 纤维素酶常和果胶酶结合使用,可先用果胶酶降解果胶,使细胞分开,再用纤维素酶处理降解细胞壁,即二步法降解。

(2)酶液的配制 按已确定使用的酶和稳定剂的量称取酶和各种稳定剂,并把它们逐步溶解,配制成酶液,之后,酶液用孔径为 0.45 μm 的微孔滤膜过滤灭菌后备用。

①酶的配比及浓度 用来分离植物原生质体的酶制剂主要有纤维素酶、半纤维素酶、果胶酶和离析酶等,酶解花粉母细胞和四分体小孢子时还要加入蜗牛酶。纤维素酶的作用是降解构成细胞壁的纤维素,果胶酶的作用是降解连结细胞的中胶层,使细胞从组织中分开,以及细胞与细胞分开。

大多数植物分离原生质体时,纤维素酶浓度在 1%～3%,果胶酶在 0.1%～1%,但也有很多例外。

②渗透稳定剂及 pH 值 植物细胞壁对细胞有良好的保护作用。去除细胞壁之后如果溶液中的渗透压和细胞内的渗透压不同,原生质体有可能涨破或收缩。因此在酶液、洗液和培养液中渗透压应大致和原生质体内的相同,或者比细胞内渗透压略大些。渗透压大些有利于原生质体的稳定,但也有可能阻碍原生质体的分裂。

因此,在分离原生质体的酶溶液内,需加入一定量的渗透稳定剂,其作用是保持原生质体膜的稳定,避免破裂。常用的两种系统为:a.糖溶液系统,包括甘露醇、山梨醇、蔗糖和葡萄糖等,浓度在 0.40～0.80 mol/L。本系统还可促进分离的原生质体再生细胞壁并继续分裂。b.盐溶液系统,包括 KCl、$MgSO_4$ 和 KH_2PO_4 等。其优点是获得的原生质体不受生理状态的影响,因而材料不必在严格的控制条件下栽培,不受植株年龄的影响,使某些酶有较大的活性而使原生质体稳定。另外,添加牛血清蛋白可减少或防止降解壁过程中对细胞器的破坏。近年来多采用在盐溶液内进行原生质体分离,然后再用糖溶液作渗透稳定剂的培养基中培养。此外,酶溶液里还可加入适量的葡聚糖硫酸钾,它可提高原生质体的稳定性。这种物质可使 RNA 酶不活化,并使离子稳定。

酶溶液的 pH 值对原生质体的产量和生活力影响很大。用菜豆叶片作培养材料时,发现原始 pH 值为 5.0 时,原生质体产生得很快,但损坏较严重,并且培养后大量破裂。当 pH 值提高到 6.0 时,最初原生质体却产生少,但与 pH 值为 5.0 时处理同样时间后相比,原生质体数量显著增加。原始 pH 值提高到 7.0 时生活的原生质体数量进一步增加,损伤的原生质体也少得多。

(3)分离原生质体　①两步分离法;②一步分离法。

分离原生质体时,首先要让酶制剂大量地吸附到细胞壁的纤维素上去,因此,一般先将材料分离成单细胞,然后分解细胞壁。采用将酶液减压渗入组织,或将组织切成薄片等方法,都可增加酶液与纤维素分子接触的机会。

酶处理目前常用的多是"一步法",即把一定量的纤维素酶、果胶酶和半纤维素酶组成混合酶溶液,材料在其中处理一次即可得到分离的原生质体。植物材料须按比例和酶液混合才能有效地游离原生质体,一般去表皮的叶片需酶量较少,而悬浮细胞则用酶量较大。每克材料用酶液 10~30 mL 不等。

由于不同材料的生理特点不同,在研究游离条件时,必须试验不同渗透压浓度的细胞,找出适宜的渗透浓度。例如,游离小麦悬浮细胞的原生质体的酶液中需加入 0.55 mol/L 甘露醇,游离水稻悬浮细胞的原生质体的酶液中只加 0.4~0.45 mol/L 的甘露醇,两者差别较大。

酶解处理时把灭菌的叶片或子叶等材料下表皮撕掉,将去表皮的一面朝下放入酶液中。去表皮的方法是:在无菌条件下将叶面晾干,顺叶脉轻轻撕下表皮。如果去表皮很困难,也可直接将材料切成小细条,放入酶液中。对于悬浮细胞等材料,如果细胞团的大小很不均一,在酶解前最好先用尼龙网筛过滤一次,将大细胞团去掉,留下较均匀的小细胞团时再进行酶解。

酶解处理一般地在黑暗中静止进行,在处理过程中偶尔轻轻摇晃几下。对于悬浮细胞、愈伤组织等难游离原生质体的材料,可置于摇床上,低速振荡以促进酶解。酶解时间几小时至几十小时不等,以原生质体游离下来为准。但是,时间过长对原生质体有害,所以一般不应超过24 h。酶解温度要从原生质体和酶的活性两方面考虑。对于这几种酶来说,最佳处理温度在40~50℃,但这个温度对植物细胞来说太高,所以一般都在 25℃ 左右进行酶解。

若用叶片作为材料,取已展开的生活叶片,用 0.53% 次氯酸钠和 70% 酒精进行表面灭菌,然后切成 2 cm 见方的小块。把 4 g 叶组织置于含有 200 mL 不加蔗糖和琼脂的培养基500 mL 三角瓶中。在 4℃ 黑暗条件下培养 16~24 h,以后叶片转入含有纤维素酶、果胶酶、无机盐和缓冲液的混合液中,pH 值为 5.6,通常在酶液中使用的等渗剂为 0.55~0.6 mol/L 甘露醇。然后,抽真空使酶液渗入叶片组织。在 28℃ 条件下,40 r/min 的旋转式转床上培养 4 h后,叶片组织可完全分离。若用悬浮培养细胞,可不经过果胶酶处理,因为悬浮细胞液主要由单细胞和小细胞团组成。取悬浮细胞放入 10 mL 的酶液中(3% 纤维素酶,14% 蔗糖,pH 值5.0~6.0),在 25~33℃ 条件下酶解 24 h。原生质体-酶混合液用 30 μm 的尼龙网过滤,通过低速离心收集原生质体。

在分离原生质体时,渗透稳定剂有保护原生质体结构及其活力的作用。糖溶液系可使分离的原生质体能再生细胞壁,并使之能继续分裂,其缺点是有抑制某些多糖降解酶的作用。盐溶液系统作渗透稳定剂时对材料要求较严格,且使原生质体稳定,使某些酶有较大活性。但是易使原生质体形成假壁,同时分裂后细胞是分散的。

3.6.1.3　原生质体的纯化和活力测定

1. 原生质体的纯化

(1)离心沉淀法　在分离的原生质体中,常常混杂有亚细胞碎片、维管束成分、未解离细胞、破碎的原生质体以及微生物等。这些混杂物的存在会对原生质体产生不良影响。此外,还需去掉酶溶液,以净化原生质体。

原生质体纯化常用过滤和离心相结合的方法,步骤大致如下:

①将原生质体混合液经筛孔大小为 $40\sim100\ \mu m$ 的滤网过滤,以除去未消化的细胞团块和筛管、导管等杂质,收集滤液。

②将收集到的滤液离心,转速以将原生质体沉淀而碎片等仍悬浮在上清液中为准,一般以 $500\ r/min$ 离心 $15\ min$。用吸管谨慎地吸去上清液。

③将离心下来的原生质体重新悬浮在洗液中(除不含酶外,其他成分和酶液相同),再次离心,去上清液,如此重复 3 次。

④用培养基清洗一次,最后用培养基将原生质调到一定密度进行培养。一般原生质体的培养密度为 $10^4\sim10^6/mL$。

(2)漂浮法　应用渗透剂含量较高的洗涤液使原生质体漂浮于液体表面。

(3)界面法　选用两种不同渗透浓度的溶液,其中一种溶液的密度大于原生质体密度,一种溶液的密度小于原生质体密度。

2.原生质提活力的测定

(1)形态识别　形态上完整,含有饱满的细胞质,颜色新鲜的原生质体即为存活的。

(2)染色识别　在原生质体培养前,常常先对原生质体的活性进行检测。测定原生质体活性有多种方法,如观察胞质环流、活性染料染色、荧光素双醋酸酯(FDA)染色等。这些方法各有特点,但现在一般用的是 FDA 染色法。FDA 本身无荧光,无极性,可透过完整的原生质体膜。一旦进入原生质体后,由于受到脂酶分解而产生有荧光的极性物质荧光素。它不能自由出入原生质体膜,因此有活力的细胞便产生荧光,而无活力的原生质体不能分解 FDA,因此无荧光产生。FDA 染色测活性的方法如下:取洗涤过的原生质体悬浮液 0.5 mL,置于 10 mm× 100 mm 的小试管中,加入 FDA 溶液使其最终浓度为 0.01%,混匀,置于室温 5 min 后用荧光显微镜观察。激发光滤光片用 QB24,压制滤光片用 JB8。发绿色荧光的原生质体为有活力的,不产生荧光的为无活力的。由于叶绿素的关系,叶肉原生质发黄绿色荧光的为有活力的,发红色荧光的为无活力的。

3.6.2　原生质体的培养

将有生活力的原生质体在适当的培养基和培养条件下培养,很快就开始出现细胞壁再生和细胞分裂的过程。1~2 个月后,通过细胞的持续分裂,在培养基上出现肉眼可见的细胞团。细胞团长到 2~4 mm,即可转移到分化培养基上,诱导芽和根长成完整的植株。

原生质体是去掉细胞壁的裸露的植物细胞,因此比较娇嫩,对外界环境刺激的反应比较敏感。这一点是考虑一切培养条件的前提。如在培养基所用的试剂方面要求的纯度要高一些,光线的刺激即光照问题等等也要考虑。总的来说,虽然很多方面原生质体培养与一般组织培养的方法有相似之处,但它仍然存在许多专门问题。

3.6.2.1　培养基

分离纯化后获得的新鲜而健康的原生质体在适合其发育所需的培养条件下方可重新形成细胞壁,进行细胞分裂,形成细胞团,此后通过器官发生或胚胎发生的过程形成完整植株。培

养原生质体用的培养基成分主要模仿细胞组织培养的基本要求制定的。但没有细胞壁的原生质体的生理功能和细胞有显著的差异。原生质体从酶液中清洗纯化后，还是裸露的，因此要求培养基必须维持高渗状态。所用的渗透稳定剂种类基本与分离所用的相仿。Ga^{2+} 对维持和加强原生质膜稳定性有利，原生质体培养基中仍然需要较高的 Ca^{2+} 浓度。有关原生质体培养所用的培养基通常是细胞培养基的改良配方。这些培养基被修改来适应原生质体的特殊需要。但培养基的成分仍然包括矿质盐(大量及微量元素)、有机物质和维生素以及激素和必不可少的碳源。

1. 氮源

许多研究指出，NH_4^+ 浓度太高的培养基，不能用作原生质体培养基。NH_4^+ 对许多植物如烟草(*Nicotiana tabacum*)、马铃薯(*Solanum tuberosum*)原生质体有毒害作用，它将抑制原生质体的生长。降低培养基中 NH_4^+ 浓度可能对原生质体的存活、细胞再生及持续分裂都有利。近年来很多研究支持这些结果，并认为合适浓度的谷氨酰胺对原生质体的细胞再生、分裂和生长都起到良好的作用。另外，还有很多实验发现硝酸盐对原生质体的有毒害作用。比如 D2a 培养基(李向辉等，1981，这一培养基根据 DPD 修改而成，适应性广)的硝酸盐的含量明显低于细胞培养常用的 MS 培养基的用量。

2. 激素

生长素与细胞分裂素对诱导细胞壁的形成和细胞分裂通常是需要的。但不同的原生质体对培养基中激素的需求是不同的。有些植物材料如苜蓿(*Medicago sativa*)的原生质体，无论培养基中有无激素，生长状况都表现一样，而有些植物，在原生质体培养早期，需要一定浓度的激素来启动分离，如爬山虎(*Parthenocissus tricuspidata*)等。另外还有一些植物的原生质体不能在含有生长素和细胞分裂素的培养基中生长分裂。所以，在不同的实验条件下及不同的培养基上，人们往往乐于采用多种不同的生长激素配比或浓度来促进再生细胞分裂。如在 MS 或 B5 培养基中加入少量生长素即可在禾本科作物的原生质体培养方面获得满意的结果。造成激素需求差异的原因可能是由于植物原生质体或细胞本身合成激素能力的差异。比如氨基酸等一些化合物在培养过程中会释放和渗漏一样，激素也会向外界环境中释放和渗漏。不同的植物激素合成的能力不一样，向外界环境中释放或渗漏的速度也不会一样。由于内源激素的渗漏，提高了整个激素的浓度，某些材料可能忍受较高的激素浓度，对进一步分裂无明显影响，而另一些材料可能不能忍受，从而进一步分裂增殖就会受到抑制。有研究发现：一旦生长素转运受到抑制，渗漏减少后，原生质体自己就能够满足其生长素的要求。在 D2a 培养基中，除了 6-BAP(0.6 mg/L)及 NAA(1.6 mg/L)以外，还增加了生长抑制剂三碘苯甲酸(0.5 mg/L)以利于不同植物原生质体的再生、分裂。另有报告指出，在原生质体或细胞不断分裂过程中，有时还有降低外源激素浓度的必要。

3. 碳源

在原生质体培养基中，糖的需要是根据细胞材料的来源和培养条件而定的。在碳源方面，一般认为葡萄糖较好，而且也是最可靠的碳源，在葡萄糖与蔗糖相互配合的培养基中，生长也良好，但如单独使用蔗糖，效果不尽如人意。在有些培养基中，核糖或者别的戊糖也可作为辅助碳源添加。在 D2a 培养基中是以葡萄糖(0.4 mol/L)为主、蔗糖(0.05 mol/L)为辅的组成，这样的组合有利于原生质体形成细胞过程的需要,这一需要包括新的再生细胞壁和进行细胞分裂的碳源和能源,还有在消耗葡萄糖的过程中能保持再生细胞合适的渗透压。当再生细胞形成细胞系后进入旺盛分裂时,除去葡萄糖并及时为 D2a 培养基补充蔗糖,以便满足细胞分裂时对碳源的大量消耗,这对快速生长形成愈伤组织有良好作用。

4.钙、镁

许多研究者在原生质体培养基中增加钙浓度到正常植物细胞培养所用量的 2～4 倍。在 D2a 培养基中,对 Ca^{2+}、Mg^{2+} 的需求都比 MS 成倍增加。这些离子的增加可能增强原生质体的稳定性,同时也会明显改变细胞质内外的离子交换。有人发现增加 Ca^{2+}、Mg^{2+} 的含量可明显提高原生质体的分裂频率,推测这可能和再生细胞壁有关。

5.渗透压

原生质体培养中渗透压也是一个值得注意的问题。最常用的渗透剂是甘露醇和山梨醇,二者可以单独使用,也可以配合使用。现在很多人用葡萄糖代替糖醇。由于原生质体培养基是一种高渗溶液,当原生质体再生细胞壁并开始分裂后,必须逐步降低渗透压,直到与细胞培养基同样的水平,一般研究者采用过渡的方法,以避免原生质体或细胞在渗透压降低时受太大的冲击。做法是事先配好原生质体及细胞两种培养基。当第一次分裂开始就可以加入由少量的细胞培养基和多量的原生质体培养基组成的新鲜培养基。然后在不断加液时,逐步加大细胞培养基成分,降低原生质体培养基成分,直到最后全部由细胞培养基来替代。

6.pH 值及灭菌

各种组织细胞进行培养时,都需要有一个适当的 pH 值。培养基中的 pH 值是造成外源生长素是否产生毒害的一个因素,换句话说,培养基的 pH 值往往能影响原生质体对营养成分的吸收。一般 pH 值以 5.6～6.0 为宜。有研究发现,pH 在 5.6 或 6.0 时,培养基中 2,4-D 浓度超过 1 mg/L 时对低密度培养物是有毒害的。但是 pH 在 6.4 时,2,4-D 浓度即使到 30 mg/L 还可使细胞团持续分裂,在 D2a 培养基中,由于主要碳源是葡萄糖,高温高压灭菌就会使葡萄糖变酸,颜色变黄,pH 值降低 0.5～1.5,使培养基 pH 值降低,而不利于原生质体的再生。因此,要采用醋酸纤维微孔滤膜过滤灭菌,以免除这种不利变化。此外,在有机成分中的一些成分如叶酸、赤霉素等在高温下会分解变质,所以也要在微孔滤膜中过滤,效果才好。

7.几种常用的植物原生质体培养基

人们在进行植物原生质体培养时,已设计并完善了各种培养基。纵观现有的原生质体培养基,它们都具有各自的特点。其中有些适应性较广。目前,植物原生质体培养基中常用的培养基有 NT 培养基(Nagara & Takebe,1971),它最适合于烟草原生质体培养;还有 DPD 培养基(DFurand 等,1973)、D2a 培养基、MS 培养基(Murashige & Skoog,1962)和 B5 培养基(Bamborg 等,1968);为了适应低密度培养或某些材料的特殊需要也设计了一些复杂的加富培养基,例如 KM 培养基(Kao & Michayluk,1975)。这种培养基的特点是富含各种有机成分如氨基酸、有机酸、椰乳等,由这种培养基及其衍生的培养基上已使至少 50 余种植物原生质体获得了愈伤组织。在这一培养基基础上修改的 V-KM 培养基(Bindig &

Nehls,1978),是现在适应范围较广的原生质体培养基,据统计,在这种培养基上至少已试验培养了 200 种以上的植物原生质体。下面列出了几种常用的原生质体培养基(表 3-2、表 3-3),以供参考。

表 3-2　几种原生质体培养基　　　　　　　　　　　　　　　　　mg/L

成分	培养基类型		
	NT	DPD	D2a
NH_4NO_3	825	270	270
KNO_3	950	1 480	1 480
$CaCl_2 \cdot 2H_2O$	220	570	900
$MgSO_4 \cdot 7H_2O$	1 233	340	900
KH_2PO_4	680	80	80
$FeSO_4 \cdot 7H_2O$	27.8	27.8	27.8
Na_2-EDTA	37.3	37.3	37.3
$MnSO_4 \cdot 4H_2O$	22.3	7.2	5.0
$ZnSO_4 \cdot 7H_2O$	8.6	1.5	1.5
KI	0.83	0.25	0.25
H_3BO_3	6.2	2.0	2.0
$Na_2MoO_4 \cdot 2H_2O$	0.25	0.1	0.1
$CuSO_4 \cdot 5H_2O$	0.025	0.015	0.015
$CoCl_2 \cdot 6H_2O$	0.03	0.01	0.01
肌醇	100	100	100
烟酸	—	4.0	4.0
叶酸	—	0.4	0.4
生物素	—	0.04	0.04
盐酸硫胺素(维生素 B_1)	1	4.0	4.0
盐酸吡哆醇(维生素 B_6)	—	0.7	0.7
甘氨酸	—	1.4	1.4
NAA	3	—	1.5
2,4-D	—	1.3	—
6-BA	1	0.4	0.6
椰子汁	—	—	5%
2,4,5-T	—	—	0.5
蔗糖	10 000	17 100	17 100
葡萄糖	—	—	0.4 mol/L
甘露醇	127 520	55 000	—
pH 值	5.8	5.8	5.7

注:NT,Nagata & Takebe,1971;DPD,Durand 等,1973;D2a,李向辉等,1981。

表 3-3　原生质体培养的两种加富培养基　　　　　　　　mg

成分		KMP$_8$	V-KM
无机盐	KNO$_3$	1 900	725
	NH$_4$NO$_3$	600	288
	CaCl$_2$·2H$_2$O	600	685
	MgSO$_4$·7H$_2$O	300	560
	KH$_2$PO$_4$	170	68
	KCl	300	—
	MnSO$_4$·4H$_2$O	10.0	10.0
	KI	0.75	0.75
	CoCl$_2$·6H$_2$O	0.025	0.025
	ZnSO$_4$·7H$_2$O	2.0	2.0
	CuSO$_4$·5H$_2$O	0.025	0.025
	H$_3$BO$_3$	3.0	3.0
	Na$_2$MoO$_4$·2H$_2$O	0.25	0.25
	Na$_2$-EDTA	37.3	37.3
	FeSO$_4$·7H$_2$O	27.8	27.8
糖类	葡萄糖	68 400	68 400
	蔗糖	250	250
	果糖	250	250
	核糖	250	250
	木糖	250	250
	甘露醇	250	250
	鼠李糖	250	250
	纤维二糖	250	250
维生素	山梨醇	250	250
	抗坏血酸	2	2
	氯化胆碱	1	1
	泛酸钙	1	1
	叶酸	0.4	0.4
	核黄素	0.2	—
	对氨基苯甲酸	0.02	0.02
	生物素	0.01	0.01
	维生素 A	0.01	0.01
	维生素 D$_3$	0.01	0.01
	维生素 B$_{12}$	0.02	0.02

续表 3-3

	成分	KMP$_8$	V-KM
有机酸	柠檬酸	40	40
	苹果酸	40	40
	反丁烯二酸	40	40
	丙酮酸钠	20	20
有机添加物	椰子乳	20(mL)	20(mL)
	酪蛋白氨基酸	250	250
生长调节剂	2,4-D	0.2	0.2
	6-BA	0.5	0.5
	NAA	1	1
pH 值		5.6	5.7

注:KMP$_8$,Kao & Michayluk,1975;V-KM,Binding & Nehl,1979。

3.6.2.2 培养方法

1.液体浅层培养法

液体培养法是在培养基中不加凝胶剂,原生质体悬浮在液体培养基中,常用的是液体浅层培养法,即含有原生质体的培养液在培养皿底部铺一薄层。这种方法操作简便,对原生质体伤害较小,亦便于添加培养基和转移培养物,是目前原生质体培养工作中广泛应用的方法之一。其缺点是原生质体在培养基中分布不均匀,容易造成局部密度过高或原生质互相粘连而影响进一步的生长发育,并且难以定点观察,很难监视单个原生质体的发育过程。

微滴培养法是液体培养的一种方式。将悬浮有原生质体的培养液用滴管以 0.1 mL 左右的小滴接种在无菌且清洁干燥的培养皿上,由于表面张力的作用,小滴以半球形保持在培养皿表面,然后用 Parafilm 封口,防止干燥和污染。如果把培养皿翻转过来,则成为悬滴培养。由于小滴的体积小,在一个培养皿中可以做很多种培养基的对照实验。如果其中一滴或几滴发生污染,也不会殃及整个实验。同时也容易添加新鲜培养基。其缺点也是原生质体分布不均匀,容易集中在小滴中央。此外由于液滴与空气接触面大,液体容易蒸发,造成培养基成分浓度的提高。解决蒸发问题最简单的办法就是在液滴上覆盖矿物油。

有些研究工作需要进行单个原生质体培养。如选择出特定的原生质体和经融合处理后数量很少的融合体等。已有实验证实,单个原生质体的单独培养的关键在于培养基原体积要特别小。如油菜单个的原生质体需培养在 50 mL 的培养基中,这种比例相当于每毫升培养基有 2×10^4 个原生质体,在这种条件下,原生质体的再生细胞可以持续分裂直到形成愈伤组织。这样小体积的微滴,是极易蒸发的,为此,Koopt 设计了一个特殊的装置:首先,在一个长度为 3 350 μm 并绝对洁净的盖玻片上滴 50 滴 2.0 mol/L 蔗糖小滴,每滴 1 μL,分布成 10 行,每行的距离为 3.4 μm。然后把盖玻片在硅溶液中浸一下,使得蔗糖小滴占领的圆点外的全部盖玻片被硅化。硅化的目的是防止以后的矿物油滴相互连通。硅化后,用水小心地把蔗糖液滴洗去,然后使盖玻片干燥并灭菌。在原来蔗糖液滴占领的圆点区域加上 1 μm 的矿物油滴,再把已悬浮有原生质体的培养液用注射器注到矿物油滴中。这样制备好的盖玻片放到一个双环培

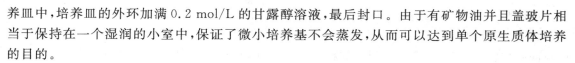

养皿中,培养皿的外环加满 0.2 mol/L 的甘露醇溶液,最后封口。由于有矿物油并且盖玻片相当于保持在一个湿润的小室中,保证了微小培养基不会蒸发,从而可以达到单个原生质体培养的目的。

2. 平板培养法

即琼脂糖包埋培养。低熔点的琼脂糖可在约 30℃ 融化与原生质体混合而不影响原生质体的生命活动。混合后含有原生质体的培养基铺于培养皿底部,封口后进行培养。具体做法是:取 1 mL 原生质体密度为 $4×10^5$/mL 悬浮液,与等体积已溶解的含有 1.4% 低熔点(40℃)琼脂糖的培养基均匀混合后,置于直径为 6 cm 培养皿中,此时密度为 $2×10^5$/mL,待凝固后,将培养皿翻转,置于四周垫有保湿材料的直径为 9 cm 培养皿内。其优点是可以跟踪观察单个原生质体的发育情况,易于统计原生质体分裂频率。缺点是操作要求严格,尤其是混合时的温度掌握必须合适,温度偏高则影响原生质体的活力,温度偏低则琼脂糖凝固太快原生质体不易混合均匀。

3. 悬滴培养法

将含有一定密度原生质的悬浮液,用滴管或定量加液器,滴在培养皿的内侧上,一般直径为 6 cm 培养皿盖滴 6～7 滴,皿底加入培养液或渗透剂等液体以保湿,轻而快地将皿盖盖在培养皿上,此时培养小滴悬挂在皿盖内,待其固化后向其中添加 3 mL 液体培养基并于摇床上低速旋转培养。培养过程中,通过调整液体培养基的渗透压来调节培养物的渗透压以利于其进一步的生长和发育。这种方法由于改善了培养物的通气和营养环境,从而促进了原生质体的分裂和细胞团的形成。

4. 双层培养法

在培养皿的底部铺一层琼脂糖固体培养基,再将原生质体悬浮液滴于固体培养基表面,为固体培养和液体培养相结合的方法。其优点是固体培养基中的营养物质可缓慢释放到液体培养基中,如果在下层固体培养基中加一定量的活性炭,则还可以吸附培养物产生的一些有害物质,促进原生质体的分裂和细胞团的形成。但是也有不易观察细胞的发育过程的缺点。

5. 饲喂层培养法

培养方法是将饲喂层的细胞用培养基制作平板,此平板即"饲喂层"。

3.6.2.3　培养条件

培养温度保持在 25～27℃,光照 16 h/d 左右,静置为主,但为了不使细胞集聚,最初几天需经常轻轻摇动,以助通气。

3.6.2.4　原生质体存活率、密度及产量的测定

采用双醋酸盐维生素(FDA)活性染色。方法:20 mL 原生质体的悬浮介质中加入 10 μL FDA 母液,混匀后即为 FDA 活性染色液。

(1)原生质体存活率　存活率=存活原生质体数/总原生质体数×100%。

(2)原生质体密度　原生质体的密度(个/mL)=(原生质体数/区域)×10^4×稀释倍数。

(3)原生质体产量　指每克鲜重材料制备所得存活原生质体量(个)。

3.6.2.5　原生质体发育和植株再生

(1)细胞壁的再生　原生质体培养数小时后开始再生新的细胞壁,一至数天内便可形成完整的细胞壁。电镜观察发现,原生质体培养数小时后新壁开始形成,先是质膜合成形成细胞壁主要成分的微纤维,然后转移到质膜表面进行聚合作用产生多片层的结构,以后在质膜与片层

之间或在膜上产生小纤维丝,逐渐形成不定向的纤维团,最后形成完整的细胞壁。

(2)细胞分裂和生长 一般原生质体培养 2～7 d 后开始第一次分裂,但开始第一次分裂的时间随植物的种类、分离原生质体的材料、原生质体的质量、培养基的成分和培养条件而异。一般用幼苗的下胚轴、子叶、幼根、悬浮培养细胞、未成熟种子子叶等为材料分离的原生质体,比用叶分离的原生质体容易诱导分裂,第一次分裂出现的时间较快。

(3)愈伤组织形成 通常原生质体培养 2 周后,形成多细胞的细胞团,3 周后形成肉眼可见的小细胞团,约 6 周后形成直径 1 mm 的小愈伤组织。原生质体培养 7～10 d 后需及时添加新鲜培养基,否则形成的细胞团不继续生长。待小愈伤组织长至约 1 mm 时应及时转移到固体培养基上。

(4)植株再生 原生质体形成的愈伤组织直接转移到分化培养基上可一步成苗。但越来越多的试验证明,两步成苗法更适合大多数植物原生质体再生植株。即首先将愈伤组织培养于含低浓度生长素培养基上,让其增殖和调整状态,再将其转移到分化培养基上分化成苗。

3.6.2.6 影响原生质体培养的其他因素

1.原生质体的密度

培养时原生质体的密度对它能否在进一步培养中再生分裂起一定的作用。一般液体培养基中常用的原生质体密度为 10^4～10^5 个原生质体/mL,平板培养时采用 10^3～10^4 个原生质体/mL 的密度,在微滴培养中至少也要保持 10^5 个原生质体/mL 左右。使用下层经 X 射线照射过的原生质体的饲养层培养法,可促使低密度即 5～10 个原生质体/mL 的烟草及其他种的原生质体发育成细胞团。一般来讲,培养时原生质体的密度过高或过低都不利于再生细胞的分裂。密度过高,有可能造成培养物的营养不足;而密度过低,细胞代谢物有可能扩散到培养基中,从而妨碍培养物的正常生长。更重要的应根据原生质体再生细胞的发育状态和需要,调节各发育时期的营养和碳源的成分。特别是那些难以再生分裂的禾谷类植物原生质体培养。

2 光照条件

光照条件是绿色植物生长发育的重要条件。大多数植物的原生质体分裂的诱导并不需要光,有些甚至是光敏感型的。如有人将普通番茄的原生质体进行培养,在相同温度下(29℃),黑暗时植板率为 22%,而光照 1 000 lx 时,植板率降为 8%。一般在原生质体再生的初期给以较低的光照不影响发育,但进入分化前就要加强光照(2 000～10 000 lx),进一步发育后,光照条件应达到 30 000 lx 的照射度,以满足大量叶绿体发育的需要。光照条件的长短也应该根据植物的光周期加以区分。

3.温度条件

在原生质体培养时,应根据不同的植物类型调节合适的温度。一般温带植物如烟草、矮牵牛等,在 24～28℃就可以满足发育的需要。温度是否适宜,将影响原生质体的植板率。有人曾经做过这样一个实验,将某番茄品种在相同光照条件下观察不同温度对原生质体的影响。结果发现,在 29℃时该原生质体的植板率为 38%,而在 27℃条件下植板率降为 26%,25℃以下温度时,原生质体不分裂。

3.6.3 原生质体融合与植物体细胞杂交

由于目前已能成功地分离大量健康的原生质体,并且能尽可能使之完成植株的再生,使人们有可能进行植株体细胞融合的尝试,并在原生质体融合进行体细胞杂交方面获得成功,使研究者能超越有性杂交过程的局限性,扩大遗传重组范围,克服远缘种间的不亲和性,并创造新物种。

3.6.3.1 历史和意义

所谓原生质体融合(protoplast fusion),也就是体细胞融合(somatic fusion),它是相对有性杂交而言的,它是指把两种不同种或不同属、不同科生物体细胞的原生质体分别分离出来,再用一定的技术融合成一个新的杂种。植物细胞融合一般包括两个过程,首先是两个去壁的细胞融合成一个完整的细胞,其次是由杂种细胞经过细胞的分裂和分化,最终发育成完整的杂种植株。很多研究者提倡用此方法来代替有性杂交,以克服生殖隔离的障碍,特别是克服合子前的不亲和性,这一方法为实现远缘杂交提供了新的可能性。

植物原生质体的融合始于 20 世纪初,早在 1909 年,Kusten 将洋葱(*Allium cepa*)根和伊乐藻放在硝酸根溶液中,由于质壁分离产生亚原生质体,当质壁分离复原时看到了亚原生质体的融合,也偶然看到游离原生质体融合,以后 Plowe(1931)用针插入到原生质体可使液泡膜和质膜融合。Michels(1937)观察到亚原生质体、同种不同细胞原生质体以及不同原生质体间融合。但 20 世纪 60 年代以前主要用机械法制备原生质体,难以进行大量的试验研究。60 年代后由于酶法分离植物原生质体的成功,使植物原生质体培养和融合研究有了迅速的发展。

1960 年,英国诺丁汉大学的 Cocking 首先采用纤维素酶从番茄幼苗根尖中分离原生质体成功,开创了酶法大规模分离原生质体的新时期,同时也打开了利用原生质体作为实验材料的许多重要研究领域。1970 年,Power 等设计了控制条件,用硝酸钠做诱导剂,可使燕麦(*Avena sativa*)、玉米(*Zea*)等根原生质体有较大量的融合。1971 年,Takebe 等从分离的烟草(*Nicotiana tabacum*)叶肉原生质体用固体平板法培养再生成完整植株,首先证明了高等植物原生质体具有全能性,从而奠定了植物体细胞杂交的基础。1972 年,Carlson 等在了解粉蓝烟草(*Nicotiana glauca*,2n=24)和郎氏烟草(*N. langsdorffii*,2n=18)以及此两种的肿瘤杂种双二倍体(2n=42)原生质体生长特性的基础上设计了筛选细胞杂种的程序,从而通过选择、愈伤组织分化和嫁接得到了第一个体细胞杂种(somatic hybrid)"超性杂种"。1973 年 Keller 等发展了高 pH 值高钙溶液诱导原质体融合方法,之后,Kao 等(1974)、Wallin 等(1974)开始应用聚乙二醇(PEG)诱导原生质体融合,并将 PEG 法与高 pH 高钙溶液洗涤相结合诱导植物原生质体融合,从而显著地提高了融合效率,这为加速植物细胞杂种的出现奠定了基础。1978 年,Melchers 等通过诱导番茄(*Lycopersicon esculentum*)和马铃薯(*Solanum tuberosum*)原生质体的融合得到了第一个属间细胞杂种再生植株。80 年代,Zimmermann 等(1981)发展起了电融合技术,它基本上解决了诱导融合剂的毒性问题,且融合率高,重复性好、方法简单。进一步促进了植物原生质体融合和体细胞杂交工作的研究和发展。

虽然 60 年代以后,植物原生质体融合技术有了很快的发展,然而由于种种原因,迄今为止,这一技术只在很少几种植物细胞的杂交中获得某种程度的成功。在短期内若将此技术用于新品种的培育难度很大,有很多问题需要解决。所以目前很多研究都集中在一些细胞组织培养技术已比较成熟的植物种属,如烟草属、茄属等中,主要研究方面是在种间杂种中转移个别染色体或基因,或通过胞质杂种获得中间材料,以供育种应用。在体细胞杂交中可以产生广泛的遗传重组。在远缘植物种间除了形成核杂种,还有具双亲细胞质的胞质杂种,另外,还会出现随机丢失一亲本染色体或细胞器等现象。这样通过体细胞融合不仅可以综合各种遗传信

息,还可像动物细胞杂交那样,揭示各种基因的作用。所以这一技术对植物育种具有实践意义,并成为体细胞遗传学和遗传工程研究的有力手段。

3.6.3.2 原生质体的选择

正确选择和分离植物原生质体是原生质体融合成败的关键。经验表明,只有采用那些既能方便融合、杂种筛选,又能形成稳定遗传重组体,并能再生的原生质体亲本组合,才能期望获得有效的研究结果。一般用于融合的原生质体需考虑以下几个方面:

(1)在进行原生质体融合之前,根据目的慎重地选择亲本,若是以育种为目的,两亲的亲缘关系或系统发育关系不应过远。

(2)分离出大量的有活力的、遗传上一致的原生质体,而且双亲之中至少有一方具有植株再生的能力。

(3)选择的亲本在原生质体融合后,应带有可供识别核体的性状,如颜色、核型及染色体差异等。

(4)在异核体(heterokaryon)发育中有能选择杂种的标准性,如各种有互补作用的突变体,或对某药物敏感的亲本原生质体。

(5)根据需要,可以选择含有部分遗传信息或部分染色体的一个亲本的亚原生质体和另一个亲本的正常原生质体融合。

(6)也可以采用物理方法处理某亲本原生质体,使其细胞核失活,用只含有该亲本胞质的原生质体与另一亲本原生质体融合。

3.6.3.3 原生质体融合的方法

经去壁后的原生质体有一定的自发融合的倾向,可形成两个或多个异核体,有时这种自发融合的产物尚可分裂分化乃至形成植物。这种原生质体自发融合的频率一般可在8%～30%之间。经由性母细胞(如小孢子母细胞)分离出的原生质体的自发融合频率特别高。从培养细胞分离出来的原生质体要比从叶肉分离出来的原生质体出现自发融合的频率更高些。

不同来源的原生质体融合需要诱导才能实现。分离的原生质体完全是球形,接触面很小。必须引进一种处理使原生质体膜之间紧密接触。诱导融合是一个循环进行的过程。首先,使亲本原生质体双方互相接触,进而使两者质膜紧密结合,然后逐步扩大质膜的融合面,形成一个具有共同质膜的异核体;最后在培养过程中进行核的融合技术。最早应用于促进植物原生质体融合的因素是 $NaNO_3$ 之后,还试验过各种不同的处理,例如使用病毒、明胶、高 pH 高钙离子、PEG、植物凝血素抗体、聚乙烯醇、电刺激等进行融合。但在这些众多的研究中,只有 $NaNO_3$、高 pH 高钙离子、PEG 和电融合得到了广泛的应用。

1. $NaNO_3$ 诱导融合

早在 19 世纪末期,德国有人用机械法分离得到了少量原生质体,并使用各种化学药剂来诱导原生质体的融合,发现 $Ca(NO_3)_2$ 最有效。Kuster(1909)曾证实,在一个发生了质壁分离的表皮细胞中,低渗 $NaNO_3$ 可引起两个亚原生质体的融合。Cocking(1960)提出可用 0.2 mol/L $NaNO_3$ 来作诱导剂,Power 等(1970)设计了控制条件,以 $NaNO_3$ 为诱导剂,使燕麦(*Avena sativa*)、玉米(*Zea*)等根原生质体融合。利用这一融合剂,Carlson(1972)首选在植物中获得了第一个体细胞杂种。但这一方法的缺点是异核体形成频率不高,尤其是当用于高度液泡化的叶肉原生质体时更是这样。因此目前几乎不再使用。

2. 高 pH 值高 Ca^{2+} 诱导融合

用钙盐[$CaCl_2$、$Ca(NO_3)_2$]做融合剂开始得很早（Kuster，1909），但形成这一方法主要还是受了动物细胞融合研究的启发。在探讨生物膜构型时，诱导集聚与融合的机理时都涉及 Ca^{2+} 的作用。以后又发现人与鼠的细胞杂交显著地受 pH 影响。37℃和高 pH、高 Ca^{2+} 能诱导红细胞的融合，既然生物膜有共性存在，动物细胞的融合与植物原生质体的融合首先都要经过膜融合，而且它们之间可能也存在着某些相同的现象。1973 年，Keller 和 Melchers 研究发现，当强碱性（pH 10.5）和高浓度 Ca^{2+}（50 mmol/L $CaCl_2 \cdot 2H_2O$）溶液在 37℃下处理两个烟草品系的叶肉原生质体时很容易彼此融合。应用这一方法，Melchers 和 Labib（1974）及 Melchers（1977）在烟草属中获得了种内和种间杂种。

3. PEG 诱导融合

这是目前较常应用的方法。1974 年 Kao 和 Michayluk 开辟，即用聚乙二醇（PEG）来融合植物细胞，使原生质体融合频率明显提高。他们把 PEG 和高 Ga^{2+}、高 pH 液结合起来使用，使大豆（*Glycine max*）和粉蓝烟草（*Nicotiana tabacum*）的原生质体融合率达到 10%～35%。Clebe 等用此法获得了烟草种间体细胞杂种植株。1980 年李向辉等用稍加修改的 PEG 法获得了烟草和曼陀罗（*Datura stramonium*）的属间杂种。根据融合试验的要求，一般常采用培养细胞或愈伤组织细胞为一方，另一方则多用叶片或有色的组织细胞。培养细胞的原生质体与绿色原生质体具有明显区别的形态和颜色，可作为识别异源融合体的理想标记。这里列出目前较广泛使用的 Kao 等（1974）建立的 PEG 融合法的一般步骤：

（1）几种溶液的制备

①酶洗液　溶解 0.5 mol/L 山梨醇（9.1 g）、5.0 mmol/L $CaCl_2 \cdot 2H_2O$（75 mg）到 100 mL 体积的水中，pH 为 5.8。

②PEG 融合液　溶解 0.2 mol/L 葡萄糖（1.8 g）、10 mmol/L $CaCl_2 \cdot 2H_2O$（73.5 mg）、0.7 mmol/L KH_2PO_4（4.76 mg）到 50 mL 的水中，pH 值调到 5.8，再加入 25 g 的 PEG 溶解。

③高 Ca^{2+}、高 pH 液　溶解 50 mmol/L 甘氨酸（375 mg）、0.3 mol/L 葡萄糖（5.4 g）、50 mmol/L $CaCl_2 \cdot 2H_2O$（735 mg）到体积为 100 mL 的水中，用 NaOH 滴定到 pH 为 10.5。

（2）PEG 融合程序

①先制备融合亲本的原生质体，再将高密度的亲本双方原生质体（仍停留在酶溶液中）各取 0.5 mL 混合在一起，加 8 mL 酶洗液，1 000 r/min 离心 4 min。

②吸去酶液，如上再重复洗一次，将沉淀的原生质体悬浮于 1.0 mL 原生质体培养液中。

③放一滴液态硅于 60 mm×15 mm 培养皿中，再放一片方形载玻片（22 mm×22 mm）于液态硅滴之上。

④滴 3 滴混合双亲的原生质体于上述载玻片上，静置 5 min，让其在载玻片上形成薄薄的一层。

⑤缓缓小心地加入含相对分子质量在 1 500～1 600 的 PEG 的融合液 0.45 mL 于上述的原生质体小滴的中央，盖上培养皿盖。

⑥让在 PEG 融合液中的原生质体在室温下静置 10～20 min。

⑦用移液管轻轻加入 2～3 滴高 Ca^{2+}、高 pH 液于中央，静置 10～15 min。

⑧以后每隔 5 min 加入高 Ca^{2+}、高 pH 液，每次滴数逐增，共加 5 次，总共加入高 Ca^{2+}、高 pH 液 1 mL，然后在离心管中离心，吸去上清液，用原生质体培养液洗 4～5 次。

⑨加入原生质体培养基 0.3～0.5 mL,这样重悬后的原生质体及杂种细胞以微滴形式进行培养,用双层封口膜封养培养皿的边缘,在倒置显微镜下观察细胞并计算融合率。

PEG 作为融合剂已在植物、动物以及微生物的细胞融合研究中得到广泛使用,使细胞融合跨出了分类的目内界限。目前所使用的 PEG 相对分子质量在 1 540～6 000,使用的浓度为 25％～30％,加上高 pH 值及 Ca^{2+},融合率最高时可达 100％。PEG 法融合率虽高,但一些植物种原生质体由于质膜性质、原生质体强弱不一,常出现对 PEG 敏感而破碎的现象,所以要研究材料的发育状况。此处所用 PEG 的分子量大小,浓度高低的使用不当也可影响融合的效果。浓度高易破碎原生质体;太低的浓度作用小,降低融合效率。另外要注意的是要求能有充分互相接触的原生质体的密度,在悬浮液沉后能处于同一水平面,否则处理时异源原生质体不易接触融合。

目前对 PEG 诱导融合的机制还不完全清楚。但是由于 PEG 带有阴电荷的醚键,可能是大量带阴电荷的 PEG 分子和原生质体表面阴电荷间,在 Ca^{2+} 连接下形成共同的静电链,从而促进异源质体的黏着和结合。在用高 Ca^{2+}、高 pH 液处理下,钙离子和与质膜结合的 PEG 分子被洗脱,导致电荷平衡失调并重新分配,使原生质体的某些阴电荷与另一些原生质体的阴电荷连接起来,形成具有共同质膜的融合体。采用聚乙酸乙烯酯(PVA)或聚乙烯吡咯烷(PVP)也能产生和 PEG 相似的效果。

4. 电融合法

虽然 PEG 法诱导频率较高,但容易引起产生细胞毒性。20 世纪 80 年代初 Zimmermann 等(1981)发展起来的电融合技术,基本解决了诱发融合剂的毒性问题,它融合率高,重复性好,方法简单。该法融合过程是:将悬浮原生质体先置于电融合仪的非均匀交变电场中,使之发生电泳而进入电场强反应的区域;同时,又使得原生质体发生极化而形成偶极子,这样它们会自动聚集并粘连成串珠链,此外再外加一方波电脉冲,即可导致膜接触面的击穿和融合。因此该法融合的过程包括"粘连—电击—融合"3 个步骤。同样原理,被称为微电极的两个彼此靠近的原生质体表面接触,然后通过短直流电脉冲,使之由点粘连到面粘连,继而发展为球体间的融合。电融合法也可达到很高的融合率。上述的 3 步法融合过程甚至可以在显微镜下直接观察到。为了减少电脉冲可能导致的物理损伤,1984 年 Chapel 等提出了改良电融合法,该法首先用精胺处理原生质体,使先发生自动粘连,再加电脉冲即可诱导融合。若将实验参数调整至最适值时,可获得多个成对原生质体的融合,融合率高达 50％。应用电融合技术,现已成功地诱导了包括烟草、蚕豆和大麦等植物在内的原生质体的融合。但是,电融合法常常影响杂种细胞再生植株。所以有必要进一步研究此法。

5. 微滴培养与单细胞融合技术

微滴培养(drop culture)是 1987 年 Schweiger 等发展的融合技术,它对真正实行 1∶1 的异源融合的频率是一个很大的进步。这一技术的原理是:在一个微滴培养基(约 50 μL)上覆盖一层矿物油,每微滴培养一个原生质体,这就相当于通常的 2×10^4/mL 的原生质体密度;如将异源的两个原生质体移到低离子强度的融合培养基微滴中,用一直径为 50 μm、长 10 mm 的白金电极,在倒置微镜下定位后进行融合操作;再将电融合产物移到微滴中进行培养。该技术获得了初步成功。

3.6.3.4　融合体的形成和发育

1.融合体的形成

在上述几种融合法诱导融合的过程中,除了产生双亲原生质体配对融合的异核体外,还能形成含有双亲不同比例的多核体,同源原生质体融合的同核体,以及不同源来源的异胞质体(共质体)。异胞质体多半是由无核的亚原生质体和另一种有核原生质体融合形成的。这种亚原生质体可能在分离原生质体或融合处理过程中产生。也可以人工 X 射线去核,或用细胞松弛素 B 去核产生无核原生质体。这些不同类型的融合体在培养条件下有着不同的发育后果。其中以双核或三核的融合体进一步发育的几率高。不同类型的融合体含有不同遗传组成,是形成各种各样的体细胞杂种或同源多倍体的遗传基础。

2.膜融合与核融合

通过以上介绍的几种融合方法,都可以使植物原生质体间发生融合。原生质体融合过程首先是发生膜的融合,膜融合可分成接触、诱导、融合和稳定 4 个时期。膜融合完成之后,融合原生质体中就含有双亲的全部核、质遗传物质。

膜融合后是核融合,这是原生质体融合的关键一步,核融合并不像膜融合那么简单,因为所有具有膜结构生物的细胞膜都有共性,然而不同生物的核相却差异很大,融合双方原生质体由于在核相、分裂周期等方面的差异可能导致核融合的失败或融合核发育上的不正常。由于这些情况,融合体发育受到一定的影响,并大多在早期停止发育而最终完成发育的可能产生如下植株。

(1)亲和细胞杂种　　这种杂种含双亲全套染色体和质基因,为异源双二倍体。Carlson 首次得到的第一个细胞杂种属于这一类。

(2)部分亲和的细胞杂种　　这类杂种含有一个亲本的全套染色体组,而另一亲本染色体组中有少量或个别染色体重组于这一亲本的染色体组中,进入了同步分裂。

(3)胞质杂种(cybrid)　　融合细胞在发育过程中亲本之一的染色体组全部被排斥掉,细胞核中只有一个亲本的全套染色体,但细胞质是双亲的。例如在矮牵牛(*Petunia hybrida*)和爬山虎(*Parthenocissus tricuspidata*)冠瘿瘤融合细胞发育中,完全排斥了矮牵牛的染色体。

(4)异核质杂种(heterokaryocyte)　　上面 3 种情况中,虽然细胞核的情况不同,但细胞质是双亲的。而由具有双亲细胞核和细胞质的异核体有时也可能分离出另一种类型,即具有一个亲本的细胞核和另一个亲本细胞质的异核杂种。在烟草属中就见到了这种情况。

(5)嵌合体(chimera)　　融合细胞在核融合发生之前就产生了新的核膜,并在两个子核周围形成细胞壁,以后再继续分裂进而形成嵌合体。

3.影响融合体发育的因素

从理论上来讲,任何两种植物的细胞均应可不受限制地融合在一起,但是,在实际应用时却发现:不少融合后的原生质体不能培养成株,大多数的体细胞杂种植物的染色体数目不稳定,包括种内体细胞杂种也是如此,还会产生多种非整倍体的体细胞杂种,有的甚至还是回交也不易在育种中应用的非整倍体,和远缘杂交后代常有不亲和性相似,体细胞杂种即使在成株下,有的也常常不能开花,甚至是不育的。

(1)亲缘关系　　用于原生质体融合二亲本的发育周期的同步程度和系统发育关系的远近,将决定异源融合体能否进一步形成异源核融合或异源质融合,并同步分裂发育成完整植株。一般在融合早期,不论亲缘关系远近,都能在有效的融合处理下形成各种融合体及异核体。然

而在第二次分裂之后就有了分歧,已有的试验表明,在种内和亲和的种间植物原生质体融合的异核体多数能经过细胞团分化、再生形成具有两套染色体组的体细胞杂种植物。然而不亲和的远缘属、科间植物原生质体融合,虽然也能形成异核体初期分裂,如大豆(*Glycine max*)和粉蓝烟草(*Nicotiana tabacum*),小麦(*Triticum*)和矮牵牛(*Petunia hybrida*)等都可以产生融合细胞分裂,但在第二次分裂以后,就会出现诸如核融合失败、染色体丢失及染色体重排或形成嵌合体。即使像马铃薯(*Solanum tuberosum*)和番茄(*Lycopersicon esculentum*)那样在属间原生质体融合形成杂种植株,也往往由于败育而得不到可发育的种子。像大豆和烟草科间植物原生质体融合虽然能形成杂种细胞,但是很难再生植株。更远的像人的 Hela 细胞和胡萝卜(*Daucus carota var. sativus*)原生质体融合后,胡萝卜核发生退化现象。由此可见,通过质生质体融合产生体细胞杂种并不是随心所欲的。亲本间系统关系越远,越难使融合体发育成杂种植株。表 3-4 是亲缘关系远近与融合体的发育关系。

表 3-4 亲缘关系远近与融合体的发育(摘自胡含等,1988)

亲缘关系	形成异核体	形成细胞系	染色体组	形成植株	育性
种内	异核体	细胞系	稳定	杂种	可育
种间	异核体	细胞系	稳定	杂种植株	可育
种间(不亲和)	异核体	细胞系	不稳定	杂种植株	可育
属间	异核体	细胞系	不稳定	杂种植株	不育
科间	异核体	细胞系	不稳定		
界间	异核体	核退化			

(2)培养基 除了用于融合的两亲本的亲缘关系,培养基也对融合体的发育有一定的影响。一般培养基对哪一亲本原生质体更为适合,则该亲本原生质体的发育就更快。有人曾研究了科间融合体的发育情况发现,将含有异源胞质的杂种细胞团转移到含有生长激素的诱导分化培养基上时,可以得到绿色的类胚体。而大部分异源胞质有所丢失,没有发生核互补的细胞团在诱导分化培养基上,均未能得到绿色愈伤组织或类胚体。如此看来,在脱分化培养基中,即使不发生核互补,但异源胞质具有保持融合细胞分裂的能力,但是当转移到分化培养基上后,进一步的发育需要另一种染色体组,有胞质是不够的,只有两种染色体组都具备的杂种细胞才能进一步分化。

3.6.3.5 杂种细胞的确定和选择

经过融合诱导因子处理以后,在合适的培养基中,融合的原生质体可再生壁,经过异核体的阶段,再进行核融合和 DNA 的复制,然后开始杂交细胞的第一次分裂。一般地,只有两个异质原生质体的融合所产生的杂种细胞才是有价值的,因此首先要将这种杂种的细胞与亲本细胞区分开来,利用双亲的细胞形态和色泽的差异识别融合体是挑选杂种的一种简便办法,但是大多数挑选都基于隐性基因遗传互补的原理并配合以适当的培养条件。所以,可以利用自然存在的遗传、生理和生化上有差异的物种;也可以人工诱导具有遗传标记的突变体,如核的或胞质的各类突变体,抗病、抗药、营养缺陷型等,以构成一次选择或多级选择。

1.互补选择

(1)激素自养型互补选择 1972 年,Carlson 首次成功地应用遗传互补法选出了生长素自養的体细胞杂种。他将两个烟草种的不同细胞(每种细胞均要求在培养基中含有一个不同的生长激素才能分裂生长)的原生质体,混合在一起进行融合处理,然后在无生长素的培养基上选择生长素自给的杂种细胞获得了成功。但是这个方法是在事先已知双亲的有性杂种具有这一特点的基础上进行的,有很大的局限性。

(2)白化体和野生型互补选择 该法即用叶绿素缺失突变体进行体细胞杂种的筛选。1974 年 Melchers 将两种突变白化苗的细胞经融合互补后产生绿苗选择出曼陀罗(*Datura stramonium*)、矮牵牛(*Petunia hybrida*)、烟草(*Nicotiana tabacum*)等的种间体细胞杂种。此外,有人观察到,如用一正常深绿色植物中叶肉原生质体与白化苗原生质体融合,往往产生淡绿色的苗。后来,Cocking 也成功用该法选择杂种,他用的材料一方是在限定培养基上生长分化的有叶绿体的矮牵牛,另一方是在此限定培养基上不能发育成大的细胞团的拟矮牵牛,融合后,在限定培养基上选择绿色愈伤组织或幼苗杂种。形态和细胞学的观察表明具有杂种特点。此法可以不靠事先的有性杂交知识,能广泛用于不同亲缘关系的种间融合。

(3)白化生长自主细胞的利用 20 世纪 80 年代初发展了一种能广泛使用的选择体细胞杂种的方法。主要是利用自然存在的或人工诱导的白化冠瘿瘤细胞和任一野生型植物原生质体融合。它主要是综合了白化、生长互补及对生长的反应三者在一起,而且可以根据瘤细胞的遗传标记进行杂种鉴定。李向辉等 1981 曾以一种生长激素自主的无植株再生能力的烟草冠瘿瘤细胞 B_6S_3 为一亲本,它含有 Lgsopin 脱氢酸(LpDH)。另一亲本是矮牵牛 W_{43},它具有与烟草 B_6S_3 完全相反的特性,即生长需要生长激素,不含 LpDH 酶,能再生完整植株,且细胞能转变成绿色。二者融合后在 D2a 培养基形成细胞团后,先淘汰掉白色小细胞团——有可能是由烟草冠瘿瘤 B_6S_3 原生质体发育来的。把绿色细胞团转到不含生长激素的选择培养基上,再选择绿色而且能继续生长的愈伤组织。由选出的 7 块愈伤组织,分化出 34 株绿色杂种植株,其中 6 株含有 LpDH 酶,外形倾向矮牵牛,认为是杂种植株。另外一个成功的例子是,Wullems 烟草 B_6S_3 和烟草抗链霉素突变体原生体融合,在含有链霉素而不含生长激素的培养基上选出了绿色能分化的植株,含有章鱼碱,为杂种性质。鉴于冠瘿瘤在很多双子叶植物中存在,因此它可能被广泛地用于融合和转化试验。这种选择方法不需要特殊的突变体。

(4)营养缺陷型互补选择 营养缺陷型是最有吸引力的材料,可以在细胞培养的早期阶段选择杂种细胞。它是微生物中广泛应用的方法,由于在高等植物中能够互补的代谢缺陷的突变体的获得比较困难,因此这一方法的应用受到限制。但是这一技术还是可行的,特别是在低等植物中。如 1976 年,Schieder 用地钱的两个营养缺陷型进行原生质体融合。他用需要烟酸的(♂)和叶绿体缺陷型并要求葡萄糖的(♀)两种原生质体融合,得到的杂种细胞能在缺少烟酸的培养基上自养生长而被选择出来。核型鉴定表明是杂种。

(5)非等位基因互补选择 该法是利用由非等位基因控制的不同突变体之间的互补进行选择。例如,烟草有 S 和 V 两个光敏感叶绿体缺失突变体,在正常光照下,生长缓慢,叶色淡绿。但有性杂交的 F_1 杂种则能正常生长。将两个突变体原生质体融合,形成的绿色愈伤组织放在 1 000 lx 强光照下,杂种叶片呈暗绿色,而同时对照的烟草 S 和 V 表现为淡色。这个方法要求有互补的突变体及对二者的有性杂种的认识。

(6)抗性互补选择 如果有抗性突变体或抗药性有差异的材料就可能用于互补选择杂种。例如,拟矮牵牛原生质体在限定培养基上只能分裂成小的细胞团,且不受 1 mg/L 的放线菌酮的限制,而矮牵牛在适当的培养基中能分化成植株,然而在上述浓度的放线菌酮的培养基中不能分裂。将两种原生质体融合后,在上述培养基中选出了抗放线菌酮的愈伤组织并发育成植株,分析表明有杂种性质。Maliga 曾用抗卡那霉素但失去再生植株再生能力的 *N. sylvestris* 突变体和有生长愈伤组织能力的但从未形成过植株的 *N. knightiana* 野生型烟草原生质体融合,在含有卡那霉素的培养基上恢复了再生植株的能力,形成了杂种性质的植株。这种选择方法对育种家有重要价值。

2.机械分离杂种细胞法

在前面已经介绍了几种选择杂种细胞的方法。它们虽然各有优点,然而在植物上目前还不像在微生物中有许多突变体可供利用,即使能获得突变体,但有些突变体不易再生。因此发展了另一类分离杂种细胞的方法。

(1)天然颜色标记分离法 该法原则上是选择那些在显微镜下能区别的两类细胞为亲本。常用的是含有叶绿体或其他色素质体的组织细胞,如叶片、茎、花等为一方;另一方则选用悬浮培养的或固定培养的细胞,它们具有明显的胞质和胞质体,不含其他色素。在异源原生质体融合后能明显识别。如用含叶绿体的绿色的叶肉细胞与含淀粉粒的白体的原生质体融合,只要当融合一旦发生便马上可检出其融合产物。初期可以见到一半绿色而另一半白色的产物。具体方法是利用两种原生质体形态色泽上的差异,在融合处理后分别接在带有小格的"Cuprak"培养皿中,每个小格中有 2~3 个原生质体。在显微镜下可以找出异源融合体,标定位置长大后转移到培养皿中培养,测定染色体数目的变化,比较同工酶的差异。Kao 用这种方法观察到大豆和烟草杂种细胞。Gleba 用上法选出了拟南芥(*Arabidopsis thaliana*)和油菜(*Brassica napus*)的融合产物。然而这种方法要求具有适于低密度原生质体培养的有效培养基。

(2)显微操作分离杂种细胞 Menczel 等用显微操作技术分离原生质体,然后逐对进行融合,选出一个异核体细胞,然后在小滴中进行微滴培养,再用处于迅速分裂状态白化细胞做看护培养,最后导致杂种细胞再生植株。此法可较广泛地用于各种物种间的融合。能严格地由一组试验分离出各种单个杂种细胞克隆,明显地有利杂种和其后代的遗传学分析。此法比其他方法发现杂种细胞早,可以避免杂种细胞在群体培养中因野生型细胞竞争而受到抑制。但该法费时,选择量少。

(3)荧光素标记分离法 该法是利用非毒性荧光素标记亲本原生质体选择杂种细胞,它适合于任何类型的细胞。其选择原理是:先在两亲本的原生质体群体中分别导入不同荧光的染料,诱导融合后,根据两种荧光色的存在可以把异核体与双亲和同核体区别开来。

(4)荧光活性细胞自动分类器分离法 Alexanda 等建议的荧光活性细胞分类装置,已用于植物原生质体融合体的选择,它能在很短的时间内选择与分类几千个细胞。虽然该技术还处于试验阶段,但它是一种非常有前途的方法。其原理是用不同的荧光剂标记双亲的原生质体,经融合处理后,异源融合体应同时含有两种荧光标记,当混合细胞群体通过细胞分类器时,产生的微滴中只有单个原生质体或融合体,用电子扫描确定微滴的荧光特征并作分类。该仪器昂贵,结构和操作复杂,应用此法的还不多。

3.分子杂交法

近年来重组 DNA 技术已被用来作为鉴定杂种的手段。由于每个种都有典型的限制性内切片段长度多型性的指纹图谱,因此选择一个同源的 DNA 序列作为探针,与 DNA 内切片段杂交以后,就可以根据物种特异的图谱鉴定出杂种。1987 年 Ye 等用烯醇或丙酮酰莽草酸-3-磷酸合成酶(ERPSPS)的基因作探针,根据内切片段长度多态性的图谱证明了杂种中存在着双亲的基因。这种分子杂交的方法还可以估计不对称杂种中供体核基因的多少,是一个较敏感的方法。

3.6.3.6 体细胞杂种植株的特征

1. 杂种细胞的发育和遗传特点

正像前面谈的,随着原生质体的融合,可产生许多遗传本质不同的产物。同质或异质的核融合体一般均能分裂,但多核融合的产物,却一般不能分裂,同质两个核融合有可能形成多倍体,异质两个核融合可形成杂种细胞。若异质核体不融合而分离出来,则有可能产生胞质杂种。由杂种细胞发育而来的杂种愈伤组织,也有可能在一定条件下经过精心培养,发展成为含有两个亲本细胞遗传成分的无性杂种植株。有时在融合体的发育过程中,核及质部分都会发生较复杂的重组现象。由于杂种细胞在分裂分化时,仅有少数杂种细胞系能维持两种染色体的一定时间的共存,某一亲本的染色体会不同程度地出现染色体消除现象,就出现了多种形式的非整倍体细胞,造成遗传多样化现象,形成的体细胞杂种含有双方不同比例的遗传信息。

2. 体细胞杂种的特征

迄今为止,所获得的结果均表明,体细胞杂种与有性杂种一样会出现新的性状,有性杂交的杂种与体细胞杂交的杂种之间可以进行直接的比较。但是由于在体细胞杂交时,亲本细胞的细胞质合并,导致在再生的体细胞杂种植株的群体中,各种性状具有更大的变异性,而且在很多情况下,其总的变异幅度(以变异系数为代表)可以超过有性杂种的后代。

(1)性状表现 体细胞杂种植株的一个突出特点是在不同的杂种植株中,各种性状都可以产生很大的区别。许多形态学上的特征是介于两亲本之间的,如叶片大小和形态、叶表毛状体密度、叶柄大小、花形状、花大小和颜色以及种子的形态和结构等。可以说,几乎所有的由多基因控制的性状均是介于双亲之间的。

(2)同工酶分析 研究者发现,一般来自不同亲本的两种同工酶均有不同的谱带,而杂种都具有两亲谱带的总和。有时还出现新的谱带。Wetter 等在粉蓝烟草(*Nicotiana tabacum*)和普通烟草(*N. tabacum*)的体细胞杂种植株中发现存在天冬氨酸酶,而在有性杂种中也有这种酶类存在,但在亲本中不存在。这表明体细胞杂种植株增生了新的多肽,形成酶蛋白。另外,一些种间和科间的杂种细胞中有明显不同的同工酶的酶带,或丢失部分亲本酶带。曾有人做过一有趣的试验发现,当粉蓝烟草和杂种细胞再融合后,在回交的杂种细胞中又恢复了丢失的亲本酶带。细胞学分析表明,烟草的染色体又增加了。当然,值得一提的是,由于植物在不同的发育阶段,在不同的组织中,同工酶谱带本身可以有较大的差异,因此进行有关这方面的比较时,取样的部分和时间要求严格一致。

(3)染色体观察 染色体的数目,也往往是体细胞杂种的一个重要特征,体细胞染色体的数目有时是两亲的染色体数目之和。如格蓝氏烟草($2n=24$)与普通烟草($2n=48$)的杂种染色体数目 $2n=72$。另外,染色体形态上也具有两亲的特点。如 $2n=24$ 的格蓝氏烟草有多对大染色体和 1 对中部着丝点染色体;普通烟草是小染色体,有 9 对中部着丝点染色体;在他们的体细胞杂种中则不但有小染色体,也有大染色体,另外共有 10 对中部着丝点染色体。但在大多数的体细胞杂种的不同细胞中,常常还发生多种的非整倍体细胞,还有染色体消除现象等。

(4)花粉生活力和育性 体细胞杂种的生活力和育性常常不正常或受到某种程度的破坏,

这往往是由用于体细胞杂种的两亲之间亲缘关系远近来决定的。一般认为,要解决育性问题就应在杂种植株后代中培养出双多倍体。

体细胞杂种具有变异幅度大的特点,大概是由以下原因造成的:①一般通过体细胞杂交实验时,所采用的两亲本的亲缘关系常常比有性杂交时更远一些;②从原生质体融合后再培养成植株,培养的时间很长,培养过程可能伴随发生染色体突变,产生非整倍等;③由于远缘染色体的识别或互斥,可能在培养过程中丢失部分染色体,甚至有时还会丢失某一亲本的整组染色体,这样这些染色体上的基因或基因上所携带的遗传信息就可能跟着消失了;④融合后,曾经一度合为一体的细胞质或核的遗传因素可能发生重组与分离,即随着杂种体细胞的不断分裂,可以不断发生新的重组现象。

3.6.3.7 体细胞杂种植株的实例

原生质体融合开辟了植物体细胞遗传学的一个新领域。通过融合,把两个不同细胞的原生质体融合。杂种细胞的形成并再生植株,可能产生体细胞杂种,根据亲本细胞遗传关系的远近,可将体细胞杂种植株分为以下几大类。

1. 种内杂种

目前绝大多数体细胞杂交产生的植株都是种内杂种(intraspecific hybrid),而且其中多数为烟草种内杂种,少部分属于曼陀罗种内杂种及低等生物(如苔藓)的种内杂种。它们在细胞学上表现为双二倍体或多倍体,非整倍体,在形态上也有一些变化。这些在有性杂交也可能实现。但在有性杂交过程中,很难像体细胞杂交那样得到核质杂种,而体细胞杂交为由胞质控制的特性转移到另一亲本细胞提供了有用途径。

2. 种间杂种

近缘种间杂种(interspecific hybrid)的研究获得杂种植株的,主要集中于烟草属、曼陀罗属、矮牵牛属、胡萝卜属。在烟草属中,如最早的体细胞杂种植株是 1972 年 Carlson 获得的粉蓝烟草和郎氏烟草的杂种植株,另外还有其他许多种间杂种。在曼陀罗属中有 *Datura inxia* 分别和 *D. Candida*,*D. discolor* 等种间体细胞杂种植株。它们的细胞遗传特征除少数为双二倍体外,多数为非整倍体,体细胞杂种后代的遗传表现也很复杂,但它们的不少亲本之间仍是能通过有性杂交并能产生有性杂种植株。还没有产生出有生产价值的杂种植物。

3. 属间杂种

人们企图跨越生殖隔离的界限,使不能进行有性杂交的植物通过原生质体融合而产生杂种。虽然在进行属间体细胞融合时,缺乏选择体系和杂种不易分化等困难,但是还是获得了一些杂种植株。如 1978 年德国的 Melchers 首次获得了番茄(*Lycopersicon esculentum*)和马铃薯(*Solanum tuberosum*)的属间杂种(intergeneric hybrid)后代"Potamato",它的外形倾向于番茄植株,然而花、叶具有杂种特点,并结有小的畸形的果实,没有结籽。1979 年 Gleba 等又得到了另一个属间杂种,这就是拟南芥和油菜的体细胞杂种植株。除此之外,还有胡萝卜(*Daucus carota* var. *sativus*)和羊角芹(*Aegopodium*)、烟草瘤 BoS_3 和矮牵牛 W_{43} 的属间体细胞杂种植株等。这些属间融合杂种的获得,意味着原生质体融合技术可以使原来不亲和的种属产生体细胞杂种,在远缘杂交方面又开辟了新途径,是值得研究的。

3.6.3.8 体细胞杂交及杂种植物的遗传和利用

通过体细胞杂交技术,使育种中可利用的材料来源扩大了,在有性杂交过程中不可能的事变成了现实。

1.克服生殖融离,创造双二倍体

体细胞杂种与有性杂交及其亲种有很多不同之处。首先,它常常能克服生殖隔离。目前,鉴于取材方便及应用效果,大多数的体细胞杂交试验是以两个二倍体细胞来进行融合。通过这一途径,进行有性杂交所不能进行的远缘杂交,如果在融合过程中没有发生染色体的消失现象,就有可能得到通过有性杂交所不能得到的、有应用前景的双二倍远缘杂种,这在育种上是有现实意义的。

2.体细胞杂交与细胞质遗传

在体细胞杂交过程中,由于原生质体的融合,可将双亲的包括线粒体和叶绿体在内的细胞质内的遗传信息结合在一起。也就是说,将双亲类型的细胞合为一体。这种细胞质的结合,使某些可遗传的因子能够遗传下去。在植物育种过程中,雄性不育性具有十分重要的经济价值。而且已有很多研究证明,大部分雄性不育性是由细胞质基因控制的,所以通过原生质体的融合,能够将雄性不育性从一个品种转移到另一个品种中。由于在杂种细胞的发育过程中,有可能发生不同程度的双亲的细胞质基因交换和细胞质基因的分离,这样就与有性杂交中细胞表现为母性遗传不同,在体细胞杂种中有关细胞质的基因可以表现双亲的,也可以表现父本或母本单亲的。曾有人发现不同的体细胞杂种的细胞质是具有异质性的。如在不同的烟草($N. tabacum$ 和 $N. debnegi$)的体细胞杂种植株中含有两个亲本的 RuBP 羧化酶大亚基,这种变异可在受精后通过母本而传递给后代。但有的体细胞杂种在细胞分裂时细胞质成分不表现为随机分离,而有时只有一个亲本的细胞质成分可以保存下来。另外,还有一些体细胞杂种的细胞质中,发现有线粒体 DNA 或叶绿体 DNA 分子重组现象。这里更值得一提的是,体细胞杂交过程中,在融合前把供体原生质体进行核的纯化处理,可以得到细胞质杂种,也可以得到细胞器 DNA 的重组体和从一个亲本来的线粒体及从另一个亲本来的叶绿体组成的混合体杂种。

3.体细胞杂交创造非整倍体和多倍体

在将两个亲本的原生质体接触培养之后,在融合剂诱导的作用之下,会发生融合现象,融合的结果,不仅包括两个亲本细胞的异核体,它们有可能发育成双二倍体;另外,也会发生多细胞的融合现象,产生多异核体,这些多异核体有时会继续发育形成杂种植株,它们可以是异源多倍体。在大部分种内或种间体细胞融合形成的杂种中,细胞染色体数目大体上没有偏离双亲染色体数目的总和,最终有些杂种植株中还会出现异源非整倍体,而且,它们可能在融合后再生的植株中还占多数,由于用于融合的双亲亲缘关系的远近不同,在融合产生的杂种植株中倍性的变化也很复杂。如胡萝卜($Daucus carota$ var. $sativus$)和羊角芹($Aegopodium$)两个不亲和的属间杂种植株的染色体与双亲偏差很大,往往发生染色体数目接近双亲的总和,但也出现三重融合的 6 倍染色体数,在粉蓝烟草($Nicotiana tabacum$)和矮牵牛($Petunia hybrida$)体细胞杂种中,发现大量非整倍体。所以通过体细胞杂交产生各种多倍体和非整倍体是可能的。

4.外源染色体及基因的转移

在体细胞杂交过程中,有时异核体的核并不随原生质体融合而融合。核融合常常是在融合的原生质体进入了第一次有丝分裂时才发生的。如果初期没有发生融合,而在以后杂种细胞的不同时期中产生了核融合,就有可能出现嵌合体。如果核不能融合,双亲就会发生分离。在进一步发育过程中,有可能会造成杂种细胞含有一个亲本的核,但又含有另一亲本部分的或全部的质的现象。这样,在原生质体融合后所产生的当代植株中,有可能产生很多遗传上有差

别或不均衡的杂种。其中,有的可能含有一个亲本的较多的染色体,而有的可能只含有另一亲本的个别染色体或染色体片段或甚至是个别基因。例如,Dudits 等在 1980 年得到具有某些羊角芹基因的胡萝卜,Hoffmann 等在 1981 年得到带有某些油菜基因的拟南芥。

3.7 细胞的大规模培养

3.7.1 悬浮细胞的培养

3.7.1.1 细胞悬浮培养的概念和意义

植物细胞悬浮培养(cell suspension culture)的名词术语很多,有悬浮培养、细胞悬浮培养、细胞培养等。确切的含义应当是指将植物的细胞和小的细胞聚集体悬浮在液体培养基中进行培养,使之在体外生长、发育,并在培养过程中能保持很好的分散性。这些细胞和小聚集体来自于愈伤组织、某个器官或组织,甚至幼嫩植物的植株,通过化学或物理方法而获得的。

细胞悬浮培养是一种十分有用的实验方法,是在液体培养愈伤组织的基础上发展起来的。这个实验方法使细胞可以不断增殖,形成高密度的细胞群体,适于大规模培养;还能够提供大量较为均匀的细胞,为研究细胞的生长、分化创造方法和条件。

3.7.1.2 细胞悬浮培养的方法

1. 选择培养基

对于用愈伤组织制备的悬浮细胞培养的培养基以原愈伤组织继代时的培养基除去琼脂为好。为了提高细胞的分散度,对于生长素和细胞分裂素的比例需要进行一些调节。比如,增加生长素浓度,加快细胞分裂和生长速度。

2. 培养细胞的起始密度及细胞记数

(1)最低有效密度的概念   在悬浮细胞培养中,使悬浮培养细胞能够增殖的最少接种量称为最低有效密度或者临界的起始密度。

最低有效密度由于培养材料、原种培养条件、原种保存时间长短、培养基的成分不同而有差异,一般为 $10^4 \sim 10^5$ 细胞/mL。

(2)细胞记数   要保证细胞培养的最低有效密度,在细胞游离后要对分离的单细胞进行记数,可用血球记数板。

(3)活细胞测定   除测定细胞密度外,尚需要测定活细胞率以作为测定起始密度的参考。

活细胞率=(5 个视野中的活细胞数/5 个视野中的细胞总数)×100%

活细胞测定的方法:

①醋酸酯荧光素(FDA)染色法   FDA 本身无荧光,无极性,可自由通过原生质体膜进入细胞内部,进入后由于受到活细胞内脂酶分解,而产生有荧光的极性物质荧光素,不能自由出入原生质体膜,在荧光显微镜下观察到荧光的是有活力的,反之无活力。具体操作:取 0.5 mL 细胞悬浮液放入到小试管中,加入 FDA 溶液,使最后浓度达到 0.01%,混匀,室温下作用 5 min,荧光显微镜观察。

②酚藏红花染色法   先配制 0.1%酚藏红花溶液,溶剂为培养液。检查时将悬浮细胞取

一滴放在载玻片上,滴一滴 0.1% 酚藏红花,盖上盖玻片,染成红色的是死细胞,无色的是活细胞。

3.悬浮培养细胞数目的增殖变化

细胞生长各个时期的特点:

滞后期(延迟期):细胞很少分裂,其长短与接种量大小和继代时原种细胞所处的生长期有关;

对数生长期:细胞分裂活跃,细胞数目增加,增长速率保持不变;

直线生长期:细胞生长和发育最明显的时期;

缓慢期:生长逐渐缓慢,培养液消耗将尽,有毒代谢物质增多,氧气减少;

静止期:生长几乎处于停止状态,细胞数目增加极少甚至开始死亡。

4.细胞生长的测定

对于任何一个建立的细胞悬浮系都应该进行动态的测定,以掌握其生长的基本规律,为继代培养或其他研究提供依据。

(1)细胞记数　由于悬浮培养的细胞并不会呈游离单细胞,因此通过培养瓶中直接取样很难进行可靠的细胞记数。可用 5%～8% 铬酸或 0.25% 的果胶酶对细胞团进行处理。

$$生长速率\ P=(\ln X-\ln X_0)/t$$

式中:X 为 t 时间的细胞密度;X_0 为起始细胞密度。

(2)细胞大小的测定技术　使用显微测微计测量。

(3)细胞体积　将一定量的细胞悬浮液加入 15 mL 刻度离心管中于 20 000 r/min 离心 5 min。以每毫升培养液中细胞体积的毫升数来表示。

(4)细胞的干重和鲜重　将一定量的细胞悬浮液加到预先称重的尼龙布上,用水冲洗并抽滤除去细胞黏着的多余水滴,然后称重,两者差就是细胞的鲜重。干重一般是将离心收集的细胞转移到预先称重的滤纸片上,然后在 60℃ 烘 12 h,在干燥器中冷却后称重。细胞的干重和鲜重一般以每毫升悬浮培养物的重量表示。

(5)有丝分裂指数　在一个细胞群体中,处于有丝分裂的细胞占总细胞的百分数称为有丝分裂指数,指数越高,分裂进行的速度越快。一般用孚尔根染色法,先将组织用 1 mol HCl 在 60℃ 水解后染色,常规镜检,统计 500 个细胞,计算。

5.一个成功的悬浮细胞培养体系必须满足的 3 个条件

(1)悬浮培养物分散性良好,细胞团较小,一般在 30～50 个细胞以下,在实际培养中很少有完全由单细胞组成的植物细胞悬浮系。

(2)均一性好,细胞形状和细胞团大小大致相同。悬浮系外观为大小均一的小颗粒,培养基清澈透亮,细胞色泽呈鲜艳的乳白或淡黄色。

(3)细胞生长迅速,悬浮细胞的生长量一般 2～3 d 甚至更短时间便可增加 1 倍。

6.影响悬浮细胞生长的因素

(1)起始愈伤组织的质量　松散性好、增殖快、再生能力强。其外观一般是色泽呈鲜艳的乳白或淡黄色,呈细小颗粒状,疏松易碎。

(2)接种细胞密度　接种初期的细胞密度过低往往使延迟期加长,悬浮细胞的起始密度一般在 $(0.5～2.5)×10^5$ 个细胞/mL,低于这一密度则会使细胞生长延迟。

(3)培养条件　方式、温度、继代周期。

3.7.1.3 悬浮细胞的同步化

细胞同步化是指通过一定的方法使同一悬浮培养体系的所有细胞都同时通过细胞周期的某一特定时期。同一培养体系中,细胞不同步使悬浮细胞的分裂、代谢以及生理、生化状态等更趋复杂化,所以人们一直希望通过一定的技术途径,使同一培养体系中的细胞能保持相对一致的细胞学和生理学状态。工作中常用的处理方法如下。

1. 物理方法

(1)分选法　通过细胞体积大小分级,直接将处于相同周期的细胞进行分选,然后将同一状态的细胞继代培养于同一培养体系中。

培养的植物细胞在形态和大小上是不规则的,并常聚集成团,这些差异使根据植物细胞的体积进行选择十分困难,但是根据细胞聚集的大小来选择是可行的。Fujimura 等(1979)在胡萝卜细胞悬浮培养中,将悬浮细胞在附加 0.5 μmol/L 2,4-D 的培养基中继代培养 7 d 后将悬浮细胞先经过 47 μm 的尼龙网,除去大的细胞聚集体,后再经过 31 μm 网过滤收集网上的细胞和细胞团,用等体积的液体培养基悬浮,后将 1 mL 悬浮液加入到含有 10%～18% 的 Ficoll 不连续密度梯度(含 2% 蔗糖)的离心管中于 1 800 r/min 离心 5 min,分别收集不同层次的细胞到各离心管中,加入 10 mL 培养液离心收集细胞,并用培养基洗涤 3 次,除去悬浮液中的 Ficoll。通过这种分离的细胞是匀质的,经转移到幼胚培养基上 4～5 d 即可产生同步胚胎发生,同步化达到 90%。

(2)冷处理法　低温处理可以提高培养体系中细胞同步化的程度。而低温处理的原理,目前认为可能是由于以下原因:不同的温度对细胞的有丝分裂有极明显的影响,在一定范围内,温度下降使细胞分裂速度减慢,细胞周期延长,从而相应地延长了分裂期的时间,使分裂指数提高,细胞同步化率升高。

在胡萝卜细胞悬浮培养中,Okamura 等(1973)使用冷处理和营养饥饿相结合的方法使细胞同步化。首先将培养悬浮细胞在摇床上于 27℃ 培养至静止期,继续培养 40 h,然后在 4℃ 下冷处理 3 d,再加入 10 倍的经 27℃ 温育的新鲜培养基,在 27℃ 下培养 24 h,重复冷处理 3 d,之后在 27℃ 下培养,经 2 d 后细胞有丝分裂频率的数目增加。

2. 化学方法

(1)饥饿法　悬浮培养细胞中,若断绝供应一种细胞分裂所必需的营养成分或激素,使细胞停滞在 G_1 或 G_2 期,经过一段时间的饥饿之后,当在培养基中重新加入这种限制因子时,静止细胞就会同步进入分裂。这其中包括营养饥饿法和生长素饥饿法。

营养饥饿法(nutritional deficiency)是指根据悬浮培养物必需的营养物消耗完后,就会使细胞生长进入静止期,重新加入新鲜培养基后,或在完全培养基中继代培养会使细胞恢复生长并达到同步化的原理而设计的方法。饥饿导致的细胞分裂受阻常常使细胞不能合成 DNA,或不能进入 M 期,即细胞分裂不能进行。通过这个方法可获得处于 G_1 期和 G_2 期的同步化细胞。例如,氮饥饿时,获得 G_1 期的同步化细胞;磷和碳饥饿时,获得 G_1 和 G_2 期同步化细胞。

生长素饥饿法(auximone deficiency)是指用饥饿并重新加入生长素和细胞分裂素使细胞同步化生长的方法。

(2)抑制剂法　通过一些 DNA 合成抑制剂处理细胞,使细胞停留在 DNA 合成前期,当解除抑制后,即可获得处于同一细胞周期的细胞。常用的抑制剂有 5-氟脱氧尿苷、5-氨基尿嘧啶、羟基脲等。

5-氟脱氧尿苷已用于大豆、烟草、番茄等悬浮培养细胞的同步化试验,小麦、玉米等用羟基脲处理来达到同步化。

（3）有丝分裂阻抑法（mitotic inhibition） 是指在细胞悬浮培养时,加入抑制有丝分裂中纺锤体形成的物质,使细胞分裂阻止在有丝分裂中期,以达到同步化培养的方法。其中秋水仙素是最有效的抑制剂。用秋水仙素处理指数生长的悬浮培养物,浓度一般控制在 0.2%,处理时间以 $4\sim6$ h 为宜。无论何种细胞同步化处理,对细胞本身或多或少都有一定的伤害。如果处理的细胞没有足够的生活力,不仅不能获得理想的同步化效果,还可能造成细胞的大量死亡,因此在进行同步化处理之前,细胞必须进行充分的活化培养。用于处理的细胞系最好处于对数生长期。

3.7.2 细胞的固定化培养

固定化细胞培养技术是将植物悬浮细胞包埋在多糖或多聚化合物（如聚丙烯）制成的网状支持物中进行无菌培养的技术。固定化是植物细胞培养方法中最新的培养技术,而且是一种最接近自然状态下的培养方法。由于固定化的结果,促使细胞以多细胞状态或局部组织状态一起生长。特别重要的是,由于细胞可处于静止状态,这样所建立的物理和化学因子就能对细胞提供一种最接近细胞体内环境的环境。

细胞固定化培养技术按照其支持物不同可以分为两大类:包埋式固定化培养系统,支持物多采用琼脂、琼脂糖、藻酸盐 b、聚丙烯酰胺等;附着式固定化培养系统,支持物采用尼龙网、聚氨酯泡沫、中空纤维等材料。

目前,植物细胞固定化培养常用的细胞反应器有以下两种。

（1）平床培养系统 本系统由培养、液罐和动泵等构成。新鲜的细胞被固定在床底部由聚丙烯等材料编织成的无菌平垫上。无菌液罐被紧固在培养床的上方,通过管道向下滴注培养液。培养床上的营养液再通过动泵循环送回。本系统设备较简单,比悬浮培养体系能更有效地合成次生物质。不过它占地面积大,累积次生代谢物较多的滴液区所占比例不高;而且在这密封的体系中氧气的供应时常成为限制因子,经常还得附加提供无菌空气的设备。

（2）立柱培养系统 本方法将植物细胞与琼脂或褐藻酸钠混合,制成一个个 $1\sim2$ cm³ 的细胞团块,并将它们集中于无菌立柱中。这样,下滴的营养液流经大部分细胞,亦即"滴液区"比例大大提高,次生物质的合成大为增强,同时占地面积大为减小。

这一技术的优点在于:细胞位置的固定使其所处的环境类似于在植物体中所处的状态,相互间接触密切,可以形成一定的理化梯度,有利于次生产物的合成;由于细胞固定在支持物上,培养基可以不断更换,可以从培养基中提取产物,免除了培养基中因含有过多的初生产物对细胞代谢的反馈抑制,也由于细胞留在反应器中,新的培养基可以再次利用这些细胞生产初生产物,从而节省了生产细胞所付出的时间和费用;正是由于细胞固定在一定的介质中,并可以从培养基中不断提取产物,因此,它可以进行连续生产。可以较容易地控制培养系统的理化环境,从而可以研究特定的代谢途径,并便于调节。

植物细胞固定化培养时必须考虑以下几个问题:

（1）所选用的植物细胞的次生代谢产物的产量是否很高,细胞生长速度是否较慢并能维持较长时间的生活能力;

（2）所选用的固定支持物对细胞的存活是否有影响，对产物的合成是否有阻碍；

（3）终产物是否能释放到培养基中，如果产物不释放到培养基中，是否能采用物理（电击）或化学（离子渗透法）方法使其释放而又不影响细胞生活力。

3.7.3　细胞大规模培养反应器及参数调控

反应器是指用于生物细胞批量化培养的装置及其相应的控制系统。包括机械搅拌式反应器、非搅拌式反应器、光生物反应器。

1.机械搅拌式生物反应器

用于植物细胞培养的搅拌式反应器（stirred-tank bioreactor）是在微生物培养使用的机械搅拌式发酵罐的基础上改进而来的。其原理是利用机械搅动使细胞得以悬浮和通气。该反应器有较大的操作范围，混合程度高，适应性广，在大规模生产中广泛使用。其优点是搅拌充分，供氧和混合效果好，反应器中的温度、pH及营养物的浓度较容易调节，并可借用微生物培养的经验进行研究和控制。

搅拌罐中产生的剪切力大，容易损伤细胞，直接影响细胞的生长和代谢，特别对于次级产物生成影响极大。搅拌转速越高，产生剪切力越大，对植物细胞伤害越大。耐受性强的细胞如烟草细胞可采用这种传统搅拌罐。对于有些对剪切力敏感的细胞，传统的机械搅拌罐不适用。为此，对搅拌罐进行了改进，包括改变搅拌形式、叶轮结构与类型、空气分布器等，力求减少产生的剪切力，同时满足供氧与混合的要求。

2.非搅拌式生物反应器

相对于传统搅拌式反应器，非搅拌式反应器（non-stirred bioreactor）所产生的剪切力较小，结构简单，因此被认为适合植物细胞培养，其主要类型有鼓泡式反应器、气升式反应器和转鼓式反应器等。

通过对培养紫苏细胞的生物反应器比较发现鼓泡式反应器优于机械搅拌式反应器。但由于鼓泡式反应器对氧的利用率较低，如果用较大通气量，则产生的剪切力会损伤细胞。研究表明，喷大气泡时，湍流剪切力是抑制细胞生长和损害细胞的重要原因。较大气泡或较高气速导致较高剪切力，从而对植物细胞有害。

气升式反应器广泛应用于植物细胞培养的研究和生产。通过胡萝卜细胞培养研究发现，比较搅拌罐、气体喷射罐和带通气管的气升式反应器，最高细胞浓度和最短倍增时间可从气升罐中得到。气升式反应器用于多种植物细胞悬浮培养或固定化细胞培养，但其操作弹性较小，低气速时，尤其高度和直径之比（H/D）大，高密度培养时，混合性能欠佳。过量供气，过高的氧浓度反而会影响细胞的生长和次生代谢产物的合成。将气升式发酵罐与慢速搅拌结合使用可弥补低气速时混合性差的弱点，采用分段的气升管，也有利于氧的利用与混合。

转鼓式反应器用于烟草细胞悬浮培养的研究发现，与有一个通风管的气升式反应器相比，相同条件下转鼓式反应器中生长速率高，其氧的传递及剪切力对细胞的伤害水平方面均优于气升式反应器。

3.7.4　细胞大规模培养应用及发展前景

初级代谢物是保持植物自身存活所必需的化合物，如碳水化合物、蛋白质和脂质。而次生代谢产物不是植物基本生活所必需的。一些次级代谢物是用于抵抗微生物和动物的。

在制药工业中使用的次级代谢产物,可作为调味剂、染料和香水。次生代谢产物,包括萜类、强心苷、甾体类化合物、生物碱等。

植物次生代谢产物在医药、食品、轻化工业等领域具有重要意义。李时珍(1593)在《本草纲目》中所开列的 1 892 种药物绝大多数是植物药物,目前仍有约 25% 的法定药品来自植物。其药物的有效成分均为次生产物。

许多植物次级代谢产物是优良的食品添加剂和名贵化妆品原料。有些是生物毒素的主要来源,可以用于杀虫、杀菌,而对环境和人畜无害,是理想的环保产品。如从胡萝卜、万寿菊提取色素,从黄菊提取芳香油,从栀子提取果酸。果酸含有大量的维生素,如维生素 C、柠檬酸等,主要用作食品的调味剂,化妆行业用于制作护肤品和洗发香波等,美容院用作换肤液。

规模化细胞培养是生产植物次生产物的理想途径。

3.7.5 次生代谢产物的生产

提高细胞次生代谢产物的途径如下:

3.7.5.1 明确植物细胞生长与产物合成的关系

(1)生长偶联型 产物合成与细胞生长成正比。如长春花属植物中的长春花碱的合成、烟草细胞的烟碱合成、薯蓣属植物中的薯蓣皂苷的合成等。

(2)中间型 产物仅在细胞生长下降时合成,细胞处于指数生长期或停止生长产物都不合成。蒽醌类物质合成的植物细胞、托品类生物碱类合成的植物细胞等属于此类型。

(3)非生长偶联型 产物合成在细胞生长停止以后,如紫草宁的合成。

3.7.5.2 选择适宜的起始材料

首先必须选择能够高效合成目的产物的植物种类。在此前提下,起始培养材料还应考虑器官和组织特异性,通常选取自然状态下能够积累次生产物的部位,这样的细胞经过培养后常具有合成目的产物的能力,或比较容易诱导合成目的产物。同时要筛选高产、稳产的细胞株系。

3.7.5.3 选择合适的培养基成分

一般来说,增加培养基的 N、P、K 的浓度能促进细胞生长,而适当增加糖浓度有利于次生产物的合成。培养基的成分以及培养条件,要通过一定的实验才能选择出既有利于细胞大量生长繁殖又有利于次生代谢产物大量产生的培养基。

3.7.5.4 前体

前体是指处于目的代谢物代谢途径上游的物质。前体饲喂,通常便宜并可自由利用,次生代谢物的产率可以增加。前体被转换为完整的植物中使用相同的生物合成途径中的产物。但是,有时细胞培养转换的前体不是植物中发现的新化合物。元英进等(1997)研究东北红豆杉悬浮细胞培养时发现加入前提物质苯丙氨酸和乙酸钠对紫杉醇的生产均有明显的促进作用,且在一定范围内,随前体物浓度的增加促进作用加强。

3.7.5.5 激发子的应用

植物细胞次生代谢除了自身的遗传或发育基础外,通常还与诱导因子有关。在一些不良环境或有微生物侵入的情况下,细胞次生代谢活动显著增强。因此,人为合理地应用这些诱导因子,就有可能提高目的产物的产量。

激发子也称诱导子,是指能够诱导植物细胞中一个反应,并形成细胞特征性自身防御反应

的分子。分为两类：①非生物激发子,如辐射、金属离子等；②生物激发子(外源激发子,多来源于微生物；内源激发子,来源于植物本身的物质),如降解细胞壁的酶类、细胞碎片、寡聚糖等。

3.7.5.6　培养技术的选择

包括对反应器的选择和对培养方式的选择,就目前的技术基础来讲,固定化培养是植物细胞规模化生产较为理想的系统。

1.两阶段培养

为了同时满足细胞生长和产物合成的需要,通常需要在不同阶段使用不同的培养基,即两阶段培养。第一阶段使用适合细胞快速生长的培养基即生长培养基,用来达到最大的生物量；当细胞生长处于指数生长的后期时及时转入第二阶段培养。第二阶段培养使用适合次生代谢物合成的培养基即生产培养基。在实际中,调整两阶段的培养条件,让生长和代谢均在最适宜条件下进行,能较好地调节好生长和代谢,从而提高目的产物的产率。

2.两相培养

为了解决产物对合成的反馈抑制可以采用两相培养技术,两相培养法是指在植物细胞培养液中加入对细胞无毒性的吸附剂和萃取剂,及时将次生代谢物分离出来,防止代谢物积累造成反馈抑制,以提高代谢物产率的培养方法。两相指培养相和分离相。

液-液系统：分离相常用的有液体石蜡、烷类化合物、甘油等。

液-固系统：分离相常用的有活性炭、硅酸镁载体、沸石、蚕丝、树脂等。

一般来说,提取相的选择目标是具有较大的分离能力,同时没有毒副作用,不影响产物的化学稳定性。

复习思考题

1.离体快繁能适用生产取决于哪些条件？

2.植物离体快速无性繁殖主要适用于哪些范围？

3.快速繁殖中,芽的增殖途径有哪几种？

4.何谓繁殖系数和实际增殖系数？

5.离体快速繁殖一般可分为哪几个阶段？ 简述其操作过程的一般程序。

6.试管苗移植中应注意哪些方面的问题？

7.用生物学防治植物病毒病共有哪些方法？ 各有何特点？

8.简述茎尖分生组织培养脱毒的一般方法。

9.影响茎尖分生组织培养去除病毒的因素都有哪些？

10.何谓光自养培养？

11.光自养微繁殖技术与常规离体快繁有何不同？

12.已知满天星某品系的繁殖系数(t)为 6,有效繁殖系数(K)为 3,诱导生根苗的指数(a)为 3,试求一个满天星试管苗经 10 代微繁殖后,理论上能获得多少株试管苗；当 t 为 6,K 为 5,a 为 1 时,一个试管苗经 10 代微繁殖后,理论上又能获得多少株试管苗？

13.何谓植物细胞培养？ 何谓细胞悬浮培养？

14.细胞悬浮培养有何意义？

15. 何谓最低有效密度的概念？有何意义？

16. 简述细胞计数方法。

17. 何谓分批培养？分批培养有何特点？

18. 分批培养中细胞的生长可分为哪几个时期？

19. 何谓连续培养？连续培养有几种方法？

20. 在开放式连续培养中,遵守的两个原则是什么？如何恒定？

21. 何谓同步培养？目前实现悬浮培养细胞同步化主要有哪几种方法？

22. 何谓看护培养？

23. 何谓平板培养？如何制作细胞平板？

24. 何谓植板率？如何降低平板培养细胞的起始密度？

25. 何谓植物细胞固定化培养？为什么要进行植物细胞的固定化培养？

26. 简述植物细胞的几种固定化方法。

27. 简述植物体细胞胚胎的概念。

28. 简述植物体细胞胚胎的发生途径。

29. 什么是人工种子？

30. 人工种子是如何分类的？

31. 目前研制的人工种子结构是怎样的？

32. 控制胚性细胞同步化的方法有哪些？

33. 人工种子繁殖体如何处理？人工种子的制备要点有哪些？

34. 何谓原生质体？原生质体作为遗传突变和生理生化研究的材料有何特点？

35. 简述酶法分离植物原生质体的原理和步骤。

36. 简述两步法分离植物原生质体的程序。

37. 如何纯化分离植物原生质体并鉴定其活力？

38. 与其他组织、细胞培养相比,原生质体培养有何特点？

39. 何谓体细胞杂交？

40. 与有性杂交相比,体细胞杂交子代有何特点？

41. 原生质体融合有哪几种主要方法？

42. 何谓亲和细胞杂种、部分亲和细胞杂种、胞质杂种、异核质杂种？它们是怎样形成的？

43. 以激素自养型互补、营养缺陷型互补和抗性互补为例,说明利用互补选择杂种的原理和方法。

44. 一个好的悬浮细胞系有哪些特征？用于建立悬浮细胞系的愈伤组织有何要求？

45. 建立悬浮细胞系的关键技术有哪些？

46. 简述悬浮细胞系在继代培养中其群体生长规律。

47. 细胞大规模培养有哪些培养系统？

48. 简述植物细胞规模培养与次生产物生产前景及需要研究解决的问题。

第4章

生殖细胞离体培养

4.1 花药和花粉培养

4.1.1 花药培养与花粉培养的概念与意义

1.概念

花药培养:将一定发育期的花药接种到人工培养基上进行离体培养,以形成花粉胚或愈伤组织,进而分化成植株的技术。就培养方法和技术来讲,属于器官培养的范畴。

花粉培养:将处于一定发育阶段的花粉从花药中分离出来,进行离体培养,以形成花粉胚或愈伤组织,进而分化成植株的技术,也称为小孢子培养。从培养方法和技术方面来讲,属于细胞培养范畴。

2.花药培养和花粉培养的意义

花药和花粉培养所获得的单倍体植株,广泛应用于植物品种改良和新品种选育,具有重要的应用价值。

(1)克服后代分离,缩短育种年限。常规育种中,杂交 F_2 代起会出现性状分离,到 F_6 代才开始选择,育成一个品种需要 8～10 年。单倍体育种将 F_1 或 F_2 代花药进行培养,对所获得的单倍体植株进行加倍处理,获得稳定纯合的二倍体,下一代性状基本稳定,育种只需 3～5 年。

(2)选择效率高,有利于隐性基因控制性状的选择。杂交育种中,等位基因中的隐性基因被显性基因掩盖,不易显现出来,单倍体育种中隐性基因被加倍而纯合,利于选择。

(3)快速获得自交系的超雄株,利于异花授粉植物杂种优势的利用。

(4)提纯复壮、远缘杂交。主要指不育系和恢复系的提纯,对不能结实的远缘杂种花粉培养加倍克服不亲和性。

(5)遗传学研究中,构建永久性分离群体——双单倍体系(doubled haploid),用于基因定位。

(6)获得异源附加系、代换系和易位系。例如通过远源杂交结合花粉培养,利用花粉培养过程中能进行配子选择的特点,选取非整倍性双倍体和染色体加倍处理的非整倍性单倍体,将山羊草染色体导入普通小麦,创建小麦-山羊草异源附加系。

4.1.2　花药培养与花粉培养的程序

4.1.2.1　花药培养程序

1. 取材

选取花粉处于合适发育时期的花药是离体培养获得成功的关键因素,花粉发育时期包括四分体→单核花粉→双核花粉→三核花粉这 4 个阶段(图 4-1)。各种植物最适合的时期,依植物种类品种的不同而异,其中小孢子到单核花粉这一时期为最适取材时期,大多数植物花药培养,取单核期或单核中晚期的花药容易获得成功。花粉发育时期的判断,可根据花药内花粉发育期的进程与花蕾大小、外观形态和色泽的相关性找到花粉发育相应的外部形态指标。如对水稻来说,一般叶枕距为 5～15 cm,颖片淡黄绿色、雄蕊长度接近颖片长度的 1/2 时可能为单核靠边期的花粉。压片染色法是检测花粉发育时期另一简便有效方法,常用染色剂为醋酸洋红。

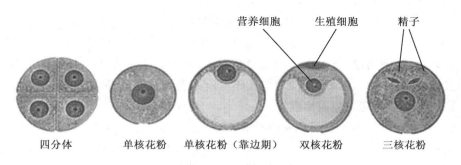

营养细胞　　生殖细胞　　精子

四分体　　单核花粉　　单核花粉(靠边期)　　双核花粉　　三核花粉

图 4-1　雄配子的发育

2. 材料处理与灭菌

选取花粉发育期合适的花蕾,对花蕾首先进行低温冷藏预处理,一般采取 3～5℃低温处理 3～10 d,低温处理可以提高花粉的诱导率。接着用 70%酒精消毒几秒钟,再用 0.1%的升汞灭菌 10 min,或者用 10%的漂白粉消毒 20 min,最后用无菌水冲洗 3～5 遍。

3. 接种培养

在无菌条件下用镊子剥去花瓣,将花药均匀接种于培养基上,剔除花丝、瘪粒花药和镊子夹伤的花药。常用的培养基为 MS、N6、B5 培养基,蔗糖浓度 5%～10%,附加一定比例的生长素和细胞分裂素,如 BA、KT 等分裂素与 IAA、NAA、2,4-D 等生长素配合使用。培养温度为 20～30℃,光照 12 h,可固体培养也可液体培养。

4. 发育过程与植株再生

(1)花粉离体培养的发育途径　A. 花粉按正常方向发育,即小孢子进行正常的第一次有丝分裂,不对称分裂,形成一个大的营养细胞和小的生殖细胞,接着进行第二次分裂,可分以下几种分裂类型:①营养细胞发育,生殖细胞经过 2～3 次分裂后排列成菱形或新月形,被挤到花药壁的一边,最终退化。而营养细胞则多次分裂,形成胚状体或愈伤组织(A-V 途径)。②生殖细胞发育,生殖细胞经多次分裂形成单倍体或愈伤组织,营养细胞不分裂(A-G 途径)。③生殖细胞与营养细胞同时发育,两类细胞独立分裂,形成两类愈伤组织(E 途径)。B. 小孢子第一次有丝分裂形成两个均等细胞,进行对称分裂,细胞相似于营养细胞,体积较大,染色质分散,着色较浅。继续分裂后发育成胚状体或愈伤组织,这是离体培养下雄核发育的普遍途径。C.生殖细胞与营养细胞同时发育,核融合形成胚状体。

(2)植株再生途径　A.愈伤组织分化形成再生植株,需要转入降低生长素与蔗糖浓度、提高分裂素浓度的分化培养基;B.胚状体形成植株,需要转入降低无机盐和蔗糖浓度的胚状体萌发培养基。

5.影响花药诱导频率的因素

(1)基因型的差异　不同种和品种的花药,在离体培养条件下的反应能力有明显的差异。通过对矮牵牛的研究表明花药反应能力是与非单个基因控制的遗传性有关。

(2)花粉发育时期是影响培养效果的重要因素　在诱导花粉进行雄性发育(指小孢子沿孢子体途径发育成花粉植株)过程中,不同物种花粉最适的发育时期不同,对多数植物来说,单核中期或晚期的花粉最容易形成花粉胚或花粉愈伤组织。

(3)花药供体植株的生长条件对花药培养反应的影响　不同生长季节、栽培环境、生长部位的花蕾,花粉诱导频率有明显差异。甜椒杂种一代单核早期和双核期花粉,在冬季有较低诱导率,但春季的诱导率为零;水稻、小麦、大麦等禾本科植物,主茎穗比分蘖穗花药愈伤组织的诱导率明显提高,同步化程度高;植株的生长年龄对花药培养也有重要影响,一般采幼龄期植株的花药比成年期的花药诱导频率高。

(4)培养基是花药培养中影响花粉启动和再分化的重要条件　我国科学工作者对水稻、小麦的花药培养基做了改进,研制出 N6 培养基。在 N6 培养基上,水稻花粉的出愈率大幅度提高。N6 培养基的特点是铵离子浓度较低。随后,进一步降低铵盐和硝酸盐浓度,同时附加生物素,研制出 C17 和 W14 培养基,它们可以大幅度提高小麦的花药出愈率。马铃薯提取液为基本成分的马铃薯培养液,现在被广泛地应用于小麦花药培养,效果良好。

(5)培养基中的植物生长物质的种类会影响花粉发育的途径　一般在禾本科植物中,常用 1～5 mg/L 2,4-D 或 NAA 诱导花粉愈伤组织形成,再将愈伤组织转移至降低或去除生长素或补加细胞分裂素类物质的分化培养基上,以诱导器官分化和再生植株形成。

(6)低温预处理　有研究表明低温预处理可能改变了小孢子第一次有丝分裂的轴向,促使小孢子发育启动,或者延长了小孢子的生活力而提高诱导率,或者使多数花粉保持存活完成诱导,这些研究结果可以总结为低温处理使小孢子改变了原来的发育方向,转向胚胎发生和孢子体发育。

4.1.2.2　花粉培养程序

花粉培养与花药培养在材料的选择时期、材料的预处理、消毒、所用培养基几个方面存在相似性,不同之处是花粉培养需要将花粉从花药中分离出来收集好,再进行培养,且花粉培养方式与花药存在不同。花粉培养和花药培养相比具有以下优点:①排除了药壁、药隔、花丝等体细胞组织的干扰,获得的再生植株都是来源于单倍体的小孢子;②花药培养中,有时会因花药中的某些物质而影响小孢子的启动分裂,而小孢子培养则不存在这种问题;③小孢子培养中,由于小孢子是游离的单倍体细胞,除不受等位基因影响外,能均匀地接触外部环境条件(如化学、物理诱变),因此是研究转化和诱变的理想材料;④便于系统观察小孢子在离体条件下的生长发育过程,是研究发育极好的材料体系;⑤小孢子培养从每个花药中能获得更多的再生植株。

1.花药的预培养

取合适的花蕾置浸有滤纸的培养皿中,5℃培养几天,之后进行灭菌,取出花药放培养基上培养几天。对花药进行预培养能够促进小孢子的启动发育,因为花药中的药壁组织为花粉提供了必要的营养物质,通过药壁组织可以吸收、贮存、转化培养基中的外源物质,药壁起着花粉代谢库的作用。

2.花粉的培养

(1)花粉的分离　经预培养的花药转入烧杯中,用玻璃棒挤压花药,释放出花粉,用尼龙网过滤收集花粉溶液,再对花粉溶液进行低速离心,收集花粉粒沉淀,经过新鲜液体培养基洗涤和稀释两次,获得纯净的花粉粒群体(图 4-2)。

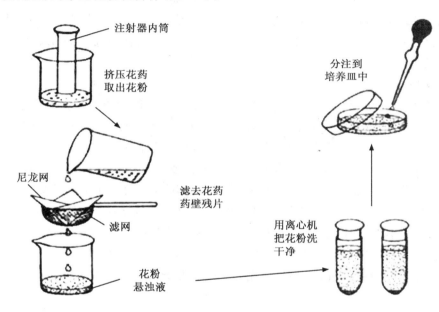

图 4-2　花粉挤压分离法(引自竹内正幸等,1996)

(2)花粉的预处理　低温处理,与上述花药预处理条件一样,或者单核后期离心预处理。

(3)花粉的培养

平板培养:将花粉置琼脂固化的培养基上培养,诱导产生胚状体,进而分化成植株。

液体浅层培养:将花粉粒悬浮在液体培养基,花粉密度为 10 000~100 000 个/mL,向直径 5 cm 的培养皿中加 2.5 mL 的花粉悬浊液进行培养。该法具有通气好、有害代谢物易扩散、便于观察、便于更换新鲜培养基等优点,是花粉的主要培养方法。

双层培养:花粉置固体-液体双层培养基上进行培养。

看护培养:配制好花粉悬浮液和固体培养基后,将完整的花药或花药的愈伤组织放在花药培养基上,将圆片滤纸放在花药或愈伤组织上,然后将花粉置于滤纸上方进行培养。

悬滴培养:将含一定密度的花粉悬浮液滴在培养皿盖内侧上,皿底加入培养液,使培养小滴悬挂在皿盖内,每滴接种 50～80 粒花粉。该法具有用材少、培养液消耗少、利于通风和观察等特点,是主要的花粉培养方式。

4.1.3 花药与花粉培养操作实例

4.1.3.1 水稻花药培养过程

我国水稻花药培养始于 1970 年,1975 年天津农科院育成了世界上第一批水稻花培品种花育 1 号、花育 2 号,随后中国农业科学院选育的中花 8 号、中花 9 号和中花 10 号种植面积曾达到 2 万 hm²,黑龙江省农科院选育出了龙粳系列品种。经过几十年的努力,我国已经有一大批花培获得的品种产生,现简单介绍水稻花药培养操作程序。

1.取材及消毒

取合适发育期的水稻花穗,旗叶鞘用 70%酒精擦洗一遍,剥去旗叶鞘,取出稻穗,用 10%的漂白粉消毒 10 min,再用无菌水冲洗 3 次。取材要注意不同品种基因型间的差异,一般粳稻培养效果好于粳籼杂交后代,籼稻培养效果最差。当然同为粳稻或者粳籼杂交后代,不同基因型间培养效果也存在差异。

2.接种及培养

用镊子取花药,放入无菌培养皿中,用接种环将花药接种到诱导培养基上,培养 5 d,花药变褐,20 d 后花药裂开,长出淡黄色的花粉愈伤组织,将愈伤组织转入分化培养基,先分化出芽,再生根,形成幼苗。粳稻花药培养一般用 N6 培养基,籼稻花药适合用合 5 培养基,粳籼杂种适合用 SK3 培养基,M8 培养基则适用范围较广。水稻花药培养所需蔗糖浓度范围在 3%～6%,附加的激素包括 2,4-D、NAA、6-BA、KT,一般愈伤组织诱导阶段主要附加一种或两种生长素,几种激素配合使用要比单一使用 2,4-D 效果好,分化培养基则降低生长素浓度,增加分裂素浓度,也有研究表明使用 PAA(苯乙酸)不影响愈伤组织诱导率,但是能提高籼稻品种愈伤组织的分化率。以上介绍的是两步法成苗,也可以通过诱导出胚状体,形成直接可以移栽的绿苗,即一步成苗法,但该法受基因型影响较大,在育种实践上应用较少。

4.1.3.2 羽衣甘蓝游离小孢子培养过程

1.取材

取初花期至盛花期主花序,长度为 3～5 mm,确定小孢子发育时期,单核靠边期至双核早期容易获得成功,判断小孢子发育时期的形态指标是花瓣与花药长度之比为 4/5～7/6,选择圆形小孢子占绝大多数的花蕾进行培养较合适。4℃低温预处理花蕾可以提高小孢子胚诱导率。

2.消毒

70%酒精消毒 30 s,0.1%的升汞消毒 10 min,最后用无菌水冲洗 3 次。

3.小孢子的分离

花蕾放入试管中,加入不含激素 B5 液体培养基(蔗糖浓度为 13%),用玻璃棒碾压,挤出小孢子,用漏斗过滤,过滤收集的小孢子溶液用 B5 液体培养基洗涤离心 2 次,转速为 800～1 000 r/min,5 min。最后沉淀用 NLN 培养基重悬,分装到培养皿,密度为 1 花蕾/mL。

4.热激处理

在 32℃条件下黑暗培养 24～48 h。高温处理可以改变小孢子发育方向,使其由配子体发育途径转向孢子体发育途径,并使小孢子维持较高的活细胞频率,促进细胞分裂。

5.胚状体的诱导

采用液体浅层培养,基本培养基为 NLN-13,附加一定浓度的 6-BA、NAA,纯化后的小孢子用 NLN-13 培养液稀释到密度为(1～2)×10⁵ 个/mL,直径为 60 mm 的培养皿每皿装入 2.5 mL 小孢子悬浮液,25℃黑暗培养 2～3 周,可以观察到胚状体后转至摇床 25℃、60 r/min 震荡培养 1～2 周。

6.再生植株

将不同发育时期的胚状体转移至 B5 或 MS 固体培养基萌发成苗,蔗糖浓度为 3%,经多次继代培养后进行移栽驯化。

7.移栽驯化

室内锻炼 2～3 d 的小苗洗净根部培养基,移栽到蛭石为基质的塑料杯中浇透水,注意保湿,室温培养 1 周后试管苗缓苗完成,可以移除覆盖物,移栽到大田。

4.2　胚胎培养

4.2.1　胚培养

4.2.1.1　概念

将植物的胚胎与母体分离,培养在人工培养基上形成幼苗的过程,包括幼胚培养、成熟胚培养、胚乳培养、胚珠培养以及子房培养。

4.1.1.2　胚培养的意义

(1)克服种属间受精障碍、杂种胚的败育,获得稀有杂种(胚挽救)。如程贵琴等(2000)通过离体胚培养成功获得了纤毛鹅观草和 5 个四倍体小麦品种的属间杂种植株,克服了纤毛鹅观草和四倍体小麦品种杂种胚发育小的问题。

(2)打破种子休眠。种子休眠的原因很多,包括种胚发育不全、有抑制物质的存在、种皮柔韧坚硬、未完成后熟。由于种胚发育不全或者抑制物质抑制种胚发芽而造成的休眠可以通过幼胚培养来打破。如未经层积处理的花白蜡完整种子,使用各种方法都不能提高种子的发芽率,但将种子浸泡 24 h 后,取出胚进行离体培养,胚的萌发率高达 90% 以上,证明离体胚培养可以解除种子休眠。

(3)缩短育种周期。一些多胚植物常常产生不定胚,常规杂交育种中,不定胚干扰了对有性胚的识别,如果不定胚生长势过强,会影响杂交育种的结果,利用离体胚培养技术则可以使合子胚正常发育成植株。

(4)克服种子生活力低下和自然不育。一些植物种子生活力低,经过冷藏处理也难萌发,如早熟桃"京早 3 号",在 2～5℃冷处理,60 d 后播种,出苗不整齐,冷处理后取出胚离体培养,5～7 d 就萌发,20～30 d 就长成 6 cm 左右的小苗。

83

(5)种子生活力的测定。休眠种子生活力测定,需要做萌发试验,时间比较长,一些木本植物种子需要层积处理来打破休眠。离体培养条件下未经层积处理的种胚和经层积处理的种胚萌发速率一致,可以用此法快速测定种子的生活力。

(6)植物种质保存。幼胚具有超低温保存所要求的原生质浓、无液泡化、细胞壁较薄等有利条件,因此用幼胚进行种质超低温保存效果较好。

(7)对植物界物种进化有重要意义。

4.2.1.3　胚培养的基本程序

1.成熟胚的培养

成熟胚一般指子叶期后至发育完全的胚。它培养较易成功,在含有无机大量元素和糖的培养基上,就能正常生长成幼苗,一般不需要外源激素,但激素能促进休眠胚的萌发。由于种子外部有较厚的种皮包裹,不易造成损伤,易于进行消毒,因此,将成熟或未成熟种子用70%酒精进行几秒钟的表面消毒,再用无菌水冲洗3~4次,然后在无菌条件下进行解剖,取出胚并接种在适当的培养基上培养。成熟胚培养所需pH值范围在5.2~6.3,光温条件为12 h光照25℃,有些植物温度要求较高,如热带兰花杂交种胚需要30℃。成熟胚培养主要用来繁殖不易萌发植物、研究胚发育过程形态建成、生长物质的作用或研究胚和胚乳及子叶的关系。

2.幼胚的培养

幼胚是指子叶期以前的幼小胚,包括胚龄处于原胚期、球形胚期、心形胚期、早鱼雷胚期的幼胚(图4-3)。由于胚越小就越难培养,而且剥离技术要求也高,使用成熟胚培养方法很难成功,主要采用胚珠预培养的方法。幼胚培养在远缘杂交育种上有极大的利用价值,近些年其研究和应用越来越深入和广泛。随着组织培养技术的不断完善,幼胚培养技术也在进步,现在可使心形期胚或更早期的长度仅0.1~0.2 mm的胚生长发育成植株。

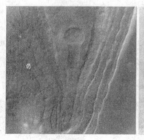  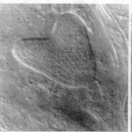 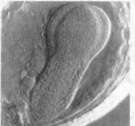

A.原胚　　　　　　B.球形胚　　　　　　C.心形胚　　　　　　D.鱼雷胚

图 4-3　幼胚发育的 4 个时期

(1)取材　确定授粉后天数与胚胎发育的相应关系,对远缘杂种胚,要在其夭折前培养。取子房进行常规表面灭菌,高倍解剖镜下取胚珠、去珠被、取出完整的幼胚,操作时要特别细心,不要损伤幼胚。如果采用胚珠预培养法首先将授粉后的子房剥出,进行表面灭菌,在无菌条件下切取胚珠进行预培养,培养一段时间后,再将胚从胚珠中剥出,培养裸露的胚。在幼胚培养中,带有胚柄结构有利于幼胚的生长,因为胚柄能够促进生长活性,这种活性在心形早期最高。而且保留胚柄可以减少对胚的直接损伤。由于胚柄太小,一般较难与胚一起分离出来。

（2）培养基　胚的发育对营养要求有两个阶段：异养阶段，幼胚完全依赖胚乳和周围母体组织提供营养；自养阶段，这一时期胚能吸收培养基中的无机盐和糖，经过自身代谢合成其生长必需的物质，在营养上已完全独立，幼胚发育至心形期转入自养生长。成熟胚已经能够自养，对培养基要求不高，而发育早期幼胚处于异养阶段，对培养基要求较高，除了一般无机盐成分外，还要加入微量元素和各种生长辅助物质，胚龄越小，要求的培养基越复杂。为提高幼胚成活率，可以用胚乳进行看护培养，这样可以提供更合适的营养成分及活性物质。常用的幼胚培养基有 MS、B5、Nitsch。幼胚需要较高的蔗糖浓度，以提供较高的渗透压，一般为 8%～10%。由于幼胚在自然条件下赖以生存的是无定形的液体胚乳，并具有较高的渗透压，所以人工培养基中要创造高渗透压的条件，使它可以调节胚的生长，并能抑制中早熟萌发中的细胞延长，以及抑制胚的萌发，避免把细胞的伸长状态转化为分裂状态。随着胚的发育渗透压逐渐降低，如向日葵不同发育时期的胚对渗透压要求有着明显的差异（表 4-1）。

表 4-1　向日葵不同发育时期胚所需渗透压

（参考巩振辉、申书兴《植物组织培养》，2007）

胚长度/μm	蔗糖浓度/%	胚长度/μm	蔗糖浓度/%
1 000～1 100	17.5	5 000～5 500	12.5
2 000～2 500	16	10 000（接近成熟）	6

（3）生长调节物质　不同植物的胚培养需要的生长物质不同，如 IAA 可明显促进向日葵胚的生长。IAA、KT 的共同作用可促进荠菜幼胚的生长。一般认为 IAA 可使胚的长度增加，加入 BA 可提高胚的生存机会。但激素浓度不宜过高，否则易导致幼胚脱分化形成愈伤。

对荠菜胚的培养可以在一种简单的渗透压未调整的无机盐培养基中进行，用生长调节物质或增加蔗糖或主要盐类的浓度，不但可以诱导更小的胚的生长，而且还可以暗示渗透压与生长调节物质的复杂作用。显然，高渗透压的控制和生长调节物质的化学调节，应通过某种方式联系起来。另外在平衡的激素控制系统中，一种或几种成分的活性，依次被高浓度的蔗糖或高浓度盐所控制，即可通过渗透过程阻止细胞伸长。

（4）有机附加物　椰乳对胚培养有一定的促进作用，如番茄胚在含有 50% 椰乳的培养基中可维持生长，另外椰乳对胡萝卜幼小子叶阶段的离体胚培养，也有促进作用。大麦胚乳、酵母提取物、水解酪蛋白等都能促进幼胚生长的能力，可能是植物激素的细胞分裂物质和一些有机氮化合物作用的结果。除甘氨酸外，可以添加谷氨酸、天冬氨酸、谷氨酰胺、天冬酰胺等氨基酸，有利于幼胚培养；核酸及其水解物如腺嘌呤、胞嘧啶、尿嘧啶等也能促进胚胎生长。

（5）温光条件　对于大多数植物的胚来说，在 25～30℃ 为宜，但是，早熟果树如桃的种胚，必须经过一定的低温春化阶段才能正常萌发生长，而马铃薯胚以 20℃ 为好。由于胚在胚珠内发育是不见光的，一般认为在黑暗或弱光条件下培养幼胚比较适宜。光照对胚胎发育有轻微

抑制作用,在离体条件下,应根据植物不同来确定具体光照条件。光照可以促进某些植物胚的转绿,利于胚芽生长,而黑暗则利于胚根生长。因此以光暗交替培养较为有利。例如棉花,胚先在黑暗中培养,然后转入光照下培养,子叶的叶绿素生成很慢,而转入弱光下培养的幼胚,很容易产生叶绿素。再如芥菜,胚培养以每天 12 h 光照比全暗条件好。

(6)其他条件　在胚培养中除要求有较高的蔗糖浓度、高渗透压以外,培养基酸碱度对胚性发育也是非常重要的。通常胚培养所需要的 pH 值范围为 5.2～6.3,因植物的不同会有所差异,荠菜、曼陀罗、番茄、桃等植物胚培养所需的 pH 值见表 4-2。

表 4-2　6 种植物幼胚培养所需的 pH 条件

(参考殷红《细胞工程》,2006;李胜、李唯《植物组织培养原理与技术》,2007)

植物名称	胚培养所需 pH 值范围	植物名称	胚培养所需 pH 值范围
荠菜	5.4～7.5	桃	5.8
曼陀螺	5.0～8.1	水稻	5.0
番茄	6.5	大麦	4.9

(7)幼胚发育途径　在幼胚的培养中,常见有 3 种明显不同的生长方式,一种是继续进行正常的胚胎发育,维持"胚性生长",完成胚胎发育的全过程,最后萌发成苗。另一种是在培养后幼胚越过正常的胚胎发育阶段,在未达到生理和形态成熟的情况下,迅速萌发成幼苗,通常称为"早熟萌发"。早熟萌发产生的幼苗一般表现畸形,甚至不能存活,因此在幼胚培养中防止早熟萌发是非常重要的。一般可以采取提高渗透压的方法解决,如提高糖浓度、提高无机盐浓度、加入甘露醇以维持胚性生长。但是无机盐浓度不能过高,加入 NaCl 的浓度一般为 0.2%～0.4%,超过 0.8% 就会对胚有毒害作用。甘露醇使用浓度一般为 1.1%～5.5%,可以部分代替蔗糖,使幼胚在等渗条件下继续胚性发育。第三种是在很多情况下,胚在培养基中能发生细胞增殖形成愈伤组织,并由此再分化形成多个胚状体或芽原基,再生形成小植株。

4.2.2　胚乳培养

植物胚乳可分为两大类:被子植物胚乳和裸子植物胚乳。在被子植物中它是双受精的产物,由极核和雄配子结合成的三倍体组织,培养胚乳的首要目的也是为了直接获得三倍体植株。但是一些植物胚囊类型特别,可能产生其他倍性的胚乳,如待宵草型胚囊只有一个极核和精细胞融合,胚乳核为 $2n$;贝母型胚囊两个极核的染色体数目分别为 n 和 $3n$,与精细胞融合后胚乳核为 $5n$;椒草型胚囊中有 8 个极核,与精细胞融合后胚乳核为 $9n$。裸子植物很特殊,它的胚乳在受精前就已形成。裸子植物的胚乳为是单倍体。目前仅 40 多种植物进行了胚乳培养,20 多种获得再生植株,如大麦、玉米、水稻、苹果、柚、桃、梨、马铃薯、枸杞、荷叶芹等,多存在混倍现象。

4.2.2.1　胚乳培养的概念

是指将胚乳从母体上分离出来,在无菌的环境条件下培养,使其生长发育形成幼苗的过程。

4.2.2.2 胚乳培养的意义

(1)胚乳培养可得到三倍体植株,产生无籽果实,或加倍形成六倍体植株进行育种。

(2)胚乳培养可得到倍性不同的愈伤组织,可分离和筛选各种类型的非整倍体植株。

(3)利于揭示胚和胚乳的关系及胚乳组织的功能。

(4)为研究淀粉、蛋白质和脂类代谢途径提供条件。

(5)胚乳培养获得再生植株证明了细胞全能性理论。

4.2.2.3 胚乳培养的基本过程

1. 取材及消毒

胚乳较大的种子,直接对种子进行消毒,去除种子外皮即可培养;胚乳被流质层包裹的植物,不好取出胚乳,可先将种子表面灭菌,无菌条件下剥开种皮,去掉黏性流质层,取出胚乳;带果实的种子取授粉4~8 d后的幼果,常规消毒后,在无菌条件下切开果实,取出种子,小心分离出胚乳。应该注意取材时间,发育早期的胚乳,接种不方便,愈伤组织的诱导频率很低;处于旺盛生长期的胚乳,离体条件下最易诱导产生愈伤组织;接近成熟或完全成熟的胚乳,愈伤组织诱导频率很低。双受精后的胚乳核,先分裂形成游离核,这一时期称为"游离核期",继续发育后形成细胞壁,即形成许多小的细胞,这一时期称为"胚乳细胞期"。以"游离核期"的胚乳为材料离体培养很难成功,而"细胞期"的胚乳为材料离体培养容易获得成功。植物不同,授粉后胚乳进入细胞期的时间不同,几种植物胚乳双受精后进入细胞期的时间见表4-3。

表 4-3　5 种植物胚乳双受精后进入细胞期时间

(参考巩振辉、申书兴《植物组织培养》,2007;李胜、李唯《植物组织培养原理与技术》,2007)

植物名称	胚乳双受精后进入细胞期时间/d	植物名称	胚乳双受精后进入细胞期时间/d
梨(锦丰、早酥)	20	大麦	5~8
黑麦草	8~10	黄瓜	7~10
小麦	8~11		

2. 接种及培养

接种在 WT、MS、White 等培养基上,一般植物生长素与细胞分裂素搭配使用效果会更好,加入 2,4-D 或 NAA 0.5~2.0 mg/L,BA 0.1~1.0 mg/L。但有些植物只需要特定一种激素就可成功,如大麦只需附加一定浓度 2,4-D,猕猴桃只需附加一定浓度的玉米素。也有植物对激素要求不严,如枣,任何一种生长素均可获得成功。蔗糖浓度 5%~8%,可以附加一些天然提取物,如椰乳、番茄汁、水解酪蛋白等。多数植物胚乳培养 pH 值范围在 4.5~6.5,如玉米 pH 值范围在 6.1~7.0,苹果 6.0~6.2,麻疯树 5.2,蓖麻 5.0。在 24~28℃和黑暗条件或散射光下培养,6~10 d 胚乳开始膨大,再培养形成愈伤组织。将愈伤组织转到分化培养基上培养,分化培养基可加入 0.5~3.0 mg/L 的 BA 及少量的 NAA。待愈伤组织长出芽后,切下不定芽,插入生根培养基中,光下培养 10~15 d,切口处可长出白色的不定根。大麦、水稻、玉米、马铃薯胚乳都是通过这种不定芽发生途径再生植株。胚乳也可以由愈伤组织诱导分化出胚状体,直接培养成苗,如柚、柑橘和枣。

胚对胚乳的培养具有促进作用。旺盛期的未成熟胚乳,在诱导培养基上无须胚的参与,就能形成愈伤组织;完全成熟的胚乳,生理活动很弱,在诱导脱分化前,必须借助原位胚的萌发,使其活化。推测胚在萌发时可能产生某种物质"胚因子",外源 GA_3 能部分取代胚因子的功能。

3.胚乳植株染色体数目的检测

胚乳愈伤组织及再生植株很少有三倍体,存在二倍体,多数为混倍体,即同一植株往往为不同倍性细胞的嵌合体,染色体倍性混乱。造成这种结果的原因是胚乳为多倍性细胞嵌合体。根据发育形式胚乳分为核型胚乳和细胞型胚乳,核型胚乳是被子植物普遍的发育方式,初生胚乳核第一次分裂和以后分裂不伴随细胞壁的形成,胚乳核游离在胚囊中。核型胚乳在游离核发育时期,发生有丝分裂、核融合及异常有丝分裂。细胞型胚乳从初生胚乳核分裂开始,产生细胞壁,形成胚乳细胞。因此对胚乳培养获得的再生植株必须进行染色体数目检测。

检测步骤:

(1)取根尖、幼叶或愈伤组织;

(2)0.2%～0.5%秋水仙素碱溶液在25℃浸泡 4～8 h;

(3)流水冲洗 5～10 min;

(4)卡诺氏液或 FAA 液固定;

(5)1 mol/L 盐酸,60℃水浴 8～10 min;

(6)染色、压片、镜检、计数。

4.2.3　胚珠和子房培养技术

4.2.3.1　胚珠培养的概念

指将胚珠从母体上分离出来,在无菌的人工环境条件下培养,使其生长发育形成幼苗的过程。根据胚珠是否受精分为两类:受精胚珠的培养和未受精胚珠的培养。

4.2.3.2　胚珠培养过程

1.胚珠的获取

培养受精胚珠,摘取授粉时间合适的子房,取材时间在授粉后 1～120 d,较晚时期有利于胚的发育;如培养未受精胚珠,则在授粉前摘取子房,一般取材时间开花前 1～6 d。

2.表面灭菌及接种

按照常规灭菌技术对子房或外表组织进行消毒灭菌,剖开子房壁,取出胚珠或带胚珠的胎座接种,胎座组织的存在对胚珠中胚的生长发育有重要作用。

3.培养

White、Nitsch、MS 固体培养基,附加一定生长调节剂,对受精胚珠来说,细胞分裂素对胚的发育通常有促进作用,而未授粉胚珠,则不同植物对激素要求不同,如向日葵,附加外源激素不利于孤雌生殖,矮牵牛未授粉胚珠培养则不需要激素,其他植物需要适当加入一定激素。胚珠培养所需蔗糖浓度一般为 3%～12%,通常为 5%,高浓度利于孤雌生殖。添加一定有机附加物可以促进授粉胚珠的发育,培养基中附加胚乳有利胚珠的培养。胚珠培养环境条件为室温 26℃,50%～60%相对湿度,光照 18 h。

4.胚珠的发育

对于受精胚珠,一是形成种子,二是从幼胚或珠心组织形成愈伤组织。芸香科易产生珠心胚,培养胚珠产生大量的珠心胚,用以品种复壮、快繁和获得无病毒苗。对于未受精胚珠则形成单倍体植株。

4.2.3.3　子房培养的概念

将子房从母株上摘下,放在无菌的人工环境条件下,让其进一步生长发育,以至形成幼苗的过程。根据培养的子房是否授粉分为授粉子房培养和未授粉子房培养两类(图4-4)。

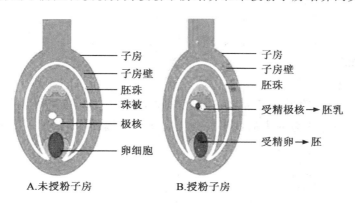

A.未授粉子房　　　　B.授粉子房

图4-4　未授粉子房和授粉子房结构示意图

4.2.3.4　子房培养过程

1.子房的获取及灭菌

未授粉子房在开花前1～5 d摘取子房,接近成熟的胚囊易于成功,授粉子房在授粉后摘取花蕾,去除花萼、花冠和雄蕊,表面消毒后接种。禾谷类幼穗表面用70%酒精擦拭即可,双子叶花蕾漂白粉液灭菌,其他植株暴露的子房须严格消毒,无菌滤纸吸干。

2.子房的培养

N6、MS培养基,固体和液体培养均可,如果是固体培养基,直插培养优于平放培养。培养温度26℃,50%～60%相对湿度,光照16 h。蔗糖浓度多在3%～10%,因不同植物材料而异,一般是诱导培养阶段蔗糖浓度要高一些,分化培养时蔗糖浓度要低一些。附加激素可以单独使用2,4-D,也可以2,4-D和6-BA、KT等分裂素配合使用。

3.子房的发育

子房性细胞(卵细胞、助细胞、极核、反足细胞)可经过愈伤组织或胚状体途径最后形成单倍体植株,子房体细胞(珠被、子房壁)经过愈伤组织或胚状体途径形成二倍体植株。授粉子房培养可以形成成熟果实和种子,未授粉子房培养可以形成小的无籽果实。培养未授粉的子房形成单倍体应注意选择合适的基因型材料和合适胚囊发育阶段的子房,不同植物及不同品系诱导产生单倍体植株的频率有很大差异;培养基中生长调节物质也会影响单倍体的诱导,合适的激素浓度既可诱导孤雌生殖,又不至于使体细胞增殖产生愈伤组织;蔗糖浓度也会影响单倍体的诱导效果,如向日葵未授粉子房培养对蔗糖浓度变化非常敏感;冷冻预处理或高温预培养也能促进子房单倍体植株的诱导。

4.2.3.5 胚珠和子房培养的应用

（1）授粉子房、受精胚珠培养。打破种子的休眠；挽救胚的发育，以获得杂交种。在四季橘、凤仙花、洋葱等植物获得成功。

（2）未授粉子房、胚珠培养。诱导孤雌生殖，获得雌性单倍体植株。在西葫芦、莴苣、百合等植物获得成功。

（3）为试管授精提供基础技术。

4.2.4 离体受精

包括器官水平的离体授粉和细胞水平的离体受精两个层次。

4.2.4.1 离体授粉

1．离体授粉的概念

在无菌条件下培养离体的未受精雌蕊或胚珠和花粉，使花粉萌发产生的花粉管进入胚珠，完成受精过程而获得有活力种子的技术。分为离体柱头授粉、离体子房授粉、离体胚珠授粉3种类型（图 4-5）。

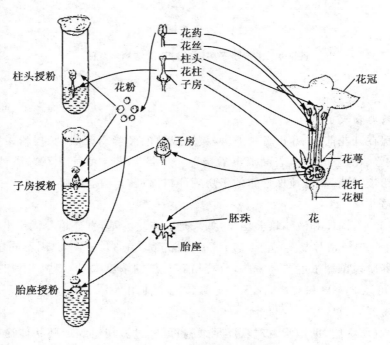

图 4-5　离体授粉 3 种方式示意图（引自 Razdan，1993）

离体柱头授粉：是指通过雌蕊的离体培养，使无菌花粉授于（未受精的）柱头上，得到含有可育种子和果实的技术，又称为雌蕊离体授粉。通常是在花药尚未开裂时切取母本花蕾，消毒后在无菌条件下用镊子剥去花瓣和雄蕊，保留萼片，将整个雌蕊接种于培养基上，当天或第二天在其柱头上授无菌花粉。离体柱头授粉接近于自然授粉，并在玉米、小麦、烟草等植物获得成功。

离体子房授粉:在离体条件下,通过人工方法把无菌花粉直接引入子房,使花粉粒在子房腔内萌发,并进行正常受精,最后获得有生活力的种子。可以克服柱头或花柱授粉不亲和性障碍。花粉粒引入子房的方法一是可以用锋利刀片在子房壁或子房顶端上开一切口,把花粉从切口送入子房。二是可以采用注射法,配制花粉粒悬液,每滴悬浮液含 $100\sim300$ 个花粉粒,在子房两侧彼此对应的位置钻两个小孔,用注射器由一个小孔注射花粉粒悬液,子房内空气由另一个小孔排出。悬浮液要注满子房腔,直到另一小孔流出悬液为止。把花粉直接送入子房,实现受精作用是克服受精前障碍的有效途径。离体子房内授粉法在油菜和甘蓝的种间杂交获得成功。

离体胚珠授粉:是指离体培养未受精胚珠,并将无菌花粉授到胚珠上,最终在试管内结出正常可育种子的过程。可以克服柱头及子房壁受精障碍。离体胚珠授粉包括将胎座上切下的单个胚珠(裸露胚珠)接种在培养基上,然后散播花粉于胚珠表面,实现受精;将带有完整胎座或部分胎座的胚珠接种在培养基上,并撒播花粉进行受精。用离体胚珠授粉技术成功进行了甘蓝与大白菜的种间杂交。

这 3 种离体授粉方法活体子房内授粉适用于子房较大的植物,因为它能使花粉萌发后不经过柱头和花柱组织进入子房,克服柱头和花柱上出现的两性不亲和性。但这种方法对子房易脱落的植物不适用。离体柱头授粉解决了子房脱落和因胚乳发育不良使胚败育等问题,但整个受精过程是通过柱头进行的,不能克服柱头和花柱造成的不亲和性障碍。离体子房和胚珠授粉有较大优越性,因为这两种方法直接将花粉授于子房或胚珠上,既可排除柱头和花柱组织对于受精的障碍,又可克服活体子房的脱落。

2. 离体授粉的意义

远缘杂交中花粉与花柱、柱头存在不亲和性,造成受精障碍,具体表现在花粉在柱头上不能萌发、花粉管不能进入胚珠、花粉管在花柱中破裂,以上都属于受精前(合子形成前)障碍。离体授粉技术特别是离体子房授粉和离体胚珠授粉,则可以消除柱头和花柱造成的受精前障碍,把花粉粒直接送入子房,让花粉直接与胚珠接触,从而实现受精并使种子发育成熟。此外还可以通过暴露的胚珠,用远缘物种的花粉进行离体授粉,获得单倍体植株。这就是离体授粉的意义。

3. 离体授粉操作过程

(1)材料的选择 在离体授粉时,最好选择子房较大并有多个胚珠的植物,如茄科、石竹科植物。这些植物胎座上胚珠数量大,可以分离到许多完好的胚珠,授粉后容易发育。这些植物的花粉也容易在胚珠上萌发。对玉米、小麦、水稻等单子叶植物,多保留母体花器官组织有利于离体授粉的成功。如小麦离体授粉中,保留颖片有利于子粒发育。

(2)制备无菌子房或胚珠 确定开花、花药开裂、授粉、花粉管进入胚珠受精的时间点,用做母本的花蕾必须在开花之前去雄并套袋,开花之后 $1\sim2$ d 将花蕾取下,去掉花萼、花瓣,在 70% 酒精中浸泡几秒钟,再用适当杀菌剂进行表面消毒,最后用无菌水冲洗 $3\sim4$ 次,去掉柱头和花柱,剥去子房壁,使胚珠露出。接种时,可将长着胚珠的整个胎座进行培养。在离体柱头授粉时,对雌蕊进行表面消毒时要注意不能使消毒液接触到柱头,否则会影响花粉在柱头的萌发。单子叶植物每朵花为一个子房(胚珠),如玉米可将果穗切成小块,每块带有 $4\sim10$ 个子

房,获得大量无菌胚珠进行离体授粉。

(3)制备无菌花粉 把尚未开裂的花药从花蕾中取出,置于无菌培养皿直到花药开裂;如已经开花则需要对花药进行表面消毒再放到无菌培养皿,直到花药开裂。

(4)胚珠或子房试管内授粉 花药开裂后将散出的花粉在无菌条件下授于培养的胚珠、子房、柱头上。如果胚珠表面有水分,则会抑制花粉管的生长,胚珠接种后,如培养基表面有水分,应用滤纸吸干,再进行授粉。离体授粉成功的标志是授粉后能由胚珠或子房形成有生活力的种子。

(5)授粉后的培养 授粉后的胚珠、子房可以在适宜的培养基上培养,光照条件为1 000 lx,光照时间为10～12 h/d。受精后的胚,有的可以发育成种子,如烟草、矮牵牛等,有的是胚进行萌发,授粉一段时间后,子房上直接长出植株。

(6)离体授粉中影响结实的因素

①柱头和花柱 对一些柱头、花柱存在受精障碍的植物,必须要去除柱头和花柱,但切除会影响种子的形成。如烟草保留柱头和花柱受精后结实率较高,如果彻底切除柱头和花柱子房结实率会很低。

②胎座 子房或胚珠上带有胎座,有利于离体受精的成功,目前获得成功的例子多数使用带胎座的子房或胚珠。多胚珠子房离体受精也容易成功。

③胚珠剥离时间 开花后1～2 d剥离的胚珠比开花当天剥离的胚珠结实率高。玉米果穗进行离体授粉的适宜时期是抽丝后3～4 d。雌蕊授粉后但花粉管进入子房之前取材,能增加授粉成功机会,因为花粉在柱头上萌发,花粉管穿越花柱影响子房代谢,刺激子房特异蛋白合成。如烟草授粉后剥离的未受精胚珠比未授粉剥离的胚珠离体授粉结实率要高。因此剥离胚珠的时间选在授粉后至花粉管未到达子房这个阶段成功率高。

④培养基 常用离体授粉的培养基有 Nitsch、White、MS,主要作用一是促进花粉萌发和花粉管伸长,二是促进受精胚珠的正常发育,但是子房和花粉对培养基要求并不一致。研究表明 Ca^{2+} 具有刺激花粉萌发和花粉管生长的作用。对有些离体条件下花粉难以萌发的植物,可以将胚珠在适当浓度的 $CaCl_2$ 溶液蘸一下,接着用花粉进行授粉,授粉后胚珠转入培养基,获得具有萌发力的种子。培养基中蔗糖浓度一般为 4%～5%,玉米为 7%。有机附加物如水解酪蛋白、椰子汁、酵母提取液经常用于离体子房或胚珠培养,一定浓度的生长素、激动素有利于提高子房结实率。

⑤花粉的灭菌 离体受精是在无菌条件下进行的,所以花粉需要进行灭菌,才能授粉。用花蕾浸渍灭菌,再剥出花粉使用,容易产生粘连,影响花粉散播,如果等药囊自行裂开后再用,不能保证花粉的萌发率和受精率。紫外线照射灭菌法灭菌效果和受精率存在矛盾,需要在灭菌率、发芽率、受精率三者之间筛选最适宜的照射时间。

4.2.4.2 离体受精

1.离体受精的概念

离体受精即单个雌雄配子的体外受精,指在离体环境中完成被子植物的精、卵融合而且利用受精所产生的"离体合子"培养再生植株,做到整个受精与胚胎发育过程完全在离体条件下完成。离体受精是 20 世纪 90 年代植物生物技术领域一项里程碑式的进展。

92

2.离体受精的意义

(1)在生殖生物学基础研究上有重要意义。如配子识别中糖蛋白的作用机理、膜融合过程中多精入卵的探索、胞质融合过程中精细胞质如何全部进入卵细胞、核融合过程中的信号问题。

(2)用于遗传育种中可以克服那些以花粉-柱头或花粉-花柱相互作用为基础的远缘杂交不亲和性障碍,用于作物遗传改良。

(3)克服自交不亲和性。育种工作中经常遇到自交不亲和现象,为了自交繁殖,保持纯种,可以用离体受精的方式来克服自交不亲和性。如矮牵牛自交不亲和性用离体受精能够很好地解决。

(4)离体培养合子是基因工程的理想受体,外源基因可直接导入,无须使用对人类和生态环境有害的选择标记基因。

3.离体受精过程

(1)植物雌、雄细胞的分离　从严格意义上讲,性细胞是指直接参加受精作用的雌雄配子,即精细胞与卵细胞。但对被子植物来说,精细胞与卵细胞的分离往往要从花粉与胚囊的分离入手,而且花粉与胚囊作为参与整个受精过程的单位具有明显性的特征,故将其纳入广义性细胞的范畴。禾本科和十字花科植物花粉中含有一个营养细胞和两个游离在营养细胞的细胞质中的精细胞,为三细胞花粉,可直接从成熟花粉中分离精子;茄科和百合科植物花粉中有一个营养细胞和一个生殖细胞,为二细胞花粉,花粉萌发后,生殖细胞在花粉管分裂形成两个精子,需要先进行花粉离体培养,待精子形成后,再从花粉管中分离精子。

花粉原生质体的分离:①化学脱壁法,用氧化剂、酸、碱等多种化学试剂处理花粉外壁,此法容易导致原生质体受伤;②非酶法脱壁,有研究表明,用 NaCl 溶液滴加菜豆成熟花粉,能迅速释放出原生质体,但脱壁是否彻底并不是很清楚;③酶法脱壁,这是目前效果最好的途径,花粉原生质脱壁不同于体细胞原生质体脱壁,因为花粉壁包括内壁和外壁,外壁的基本成分是孢粉素,性质坚固,目前尚无酶能够降解。内壁的成分与体细胞壁成分相同,容易被常规细胞壁降解酶降解。因此,外壁是分离花粉原生质体的主要障碍。目前针对不同类型植物花粉可以采用一步酶解法、水合-酶解二步法、萌发-酶解二步法、花药预培养酶解法来分离花粉原生质体。一步酶解法将花粉置于酶液中,通过水合膨胀,使外壁裂开,内壁大面积暴露,与酶液接触,释放原生质体。水合-酶解二步法只是将一步酶解法分成两步进行,第一步只进行水合,使外壁裂开;第二步转入酶液,降解内壁,获得原生质体。用以上方法仍不能酶解的花粉可以采用萌发-酶解二步法,先将成熟花粉进行培养,待花粉萌发,长出短花粉管时,进行第二步酶解,酶液可降解花粉管尖端部分,再进入降解内壁,释放原生质体。花药预培养法首先分离低温处理后的花药进行液体培养,培养过程中破裂释放花粉,继续培养花粉外壁破裂,将外壁破裂的花粉转入酶液降解内壁,释放原生质体。

三细胞花粉精细胞的分离:①渗透压冲击法,将花粉置于含有一定浓度渗透压调节剂介质中,利用低渗溶液促使花粉粒或花粉管尖端破裂,从而释放出精细胞,经低速离心,得到精细胞。该法的优点是花粉壁碎片大,易于过滤清除;缺点是花粉发育时期与生理状态对渗透压冲击效果有很大影响。②机械分离法,对一些抗低渗、不易破碎的花粉,将成熟花粉悬浮于适当溶液中,用玻璃匀浆器或其他装置轻轻研磨,使花粉破裂但不损伤精细胞。该法的优点是操作简单,不过分依赖花粉成熟度,适合于在低渗溶液中不易破碎的花粉;缺点是研磨需要手工技

细胞工程

巧,研磨后的花粉壁碎片比较小,不易清除。

二细胞花粉精细胞的分离:①花粉离体培养法,首先使花粉在液体培养基中培养萌发,形成精细胞后,用渗透压冲击或研磨使花粉管破裂。该法的缺点是人工萌发的花粉管在精细胞形成上不同步,分离的精细胞中混杂尚未分裂的生殖细胞,使精细胞纯度降低。②活体-离体法,比较适宜的方法,先将花粉授在柱头上,切下花柱插入培养基,待众多花粉管中已经形成众多精细胞,花粉管自花柱切口长出,然后用渗透压冲击或酶法促使花粉管尖端破裂。该法的优点是分离的精细胞纯度高,接近受精前的发育状态。

胚囊的分离:卵细胞与中央细胞位于胚囊内,胚囊又位于胚珠内,被珠心与珠被包围(图4-6),胚珠外方还有子房壁包围,可先分离胚囊,从中分离卵细胞,也可以直接从胚珠中分离卵细胞。胚囊的分离程序先进行人工解剖,除去子房壁,分离出胚珠,再由胚珠中分离出胚囊。胚囊的分离一般采用酶解震荡法,将胚珠置于含纤维素酶、半纤维素酶、果胶酶、蜗牛酶或崩溃酶的酶液中酶解,使珠被与珠心细胞离散,露出胚囊,在此过程中辅助机械处理,如震荡、解剖等,提高分离效果(图4-7)。

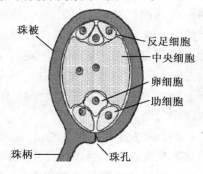

图 4-6　胚囊结构示意图

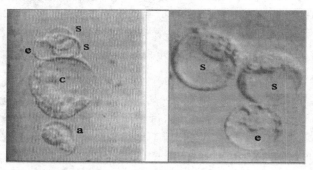

图 4-7　烟草胚囊细胞的分离
a.反足细胞　c.中央细胞　e.卵细胞　s.助细胞

卵细胞、合子与中央细胞的分离有 3 种方法:①酶解法,以酶解为主要手段,辅以机械方法,在胚囊酶解分离的基础上延长胚囊酶解时间,使胚囊壁降解,可以分离出卵细胞、合子和中央细胞。该法的优点是操作简单,适合分离大量胚珠;缺点是分离率低,影响材料生活力,适合于胚珠小而数量多、珠心薄或者胚囊部分裸露的材料。②显微解剖法,单独用显微镜解剖技术,横断胚珠,卵细胞与合子保持原位,直接从胚珠中分离卵细胞等。该法优点是操作准确度高,分离率高,无酶解伤害,易保持材料生活力;缺点是技术要求高,分离速度慢,主要用于禾本科作物,如玉米、大麦等。③酶解-解剖法,胚珠先进行酶解,再做显微解剖,兼具了酶解和解剖法的优点,分离率较高,在许多植物获得成功,但是酶解若过度或清洗不彻底,会对后期合子培养产生不利影响。除上述 3 种方法外,还有酶解压片法,即酶解胚珠后再轻压挤出卵细胞。3 种方法优缺点比较见表 4-4。

(2)植物雌、雄性细胞离体融合　精卵自发融合率很低,可以采用电击融合、钙离子诱导的融合和 PEG 诱导的融合 3 种方法。电融合具有融合率高的优点,一般融合率可达 85%,利用该法玉米离体雌雄配子的融合率高达 90%,并在融合之后 86 d 之内长成完整植株。但电融合依赖于特制的仪器设备,应用不广泛。钙离子和 PEG 可以促进精卵细胞的特异融合,不需要昂贵的仪器设备,但操作较为复杂。

94

表 4-4　3 种卵细胞分离方法比较

分离方法	优点	缺点	适用性
酶解法	操作简单,可分离大量胚珠	对植物材料有毒害	胚珠小、数量多、珠心薄的植物
显微解剖法	操作准确度高,无伤害,易保持活性	技术要求较高	胚珠较大、数量较少、珠心较厚的植物
酶解-解剖法	以解剖为主,兼有酶解的优点	可能对后期合子培养有影响	多种植物上获得了成功

（3）合子的培养　采用微室饲养培养,将电融合后的受精卵置于一个直径 12 mm 的微型培养皿中,培养皿底部由透明半透膜制成,皿内装 0.1 mL 培养液中。将这个微型培养皿构成的微室置入含 1.5 mL 饲养细胞悬浮液的直径 30 mm 的小培养皿中,通过微室底部微孔滤膜吸取周围饲养细胞释放的营养物质,促进发育（图 4-8）。所使用的饲养细胞可以是未成熟胚悬浮细胞或小孢子细胞,这些细胞旺盛分裂产生能够促进培养细胞分裂、生长的生长促进因子（GPF）。目前已经成功获得了玉米离体融合合子培养而来的再生杂种植株,从离体受精到植株开花需要约 100 d,形成的籽粒具有正常发育的胚和胚乳。

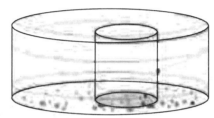

图 4-8　微室培养示意图
（参考王蒂《植物组织培养》,2004）

4. 离体受精研究现状

（1）性细胞形态与体积对离体融合的影响　①形态的影响,一般去壁的卵细胞即为原生质体,呈现圆球形,而分离的精子则有两种形态:圆形和蝌蚪形。两种形态的精子与卵细胞融合表现出一定的差异,圆形精子与卵细胞粘连后通常停滞一段时间才开始真正细胞融合;而蝌蚪状精子一经与卵粘连即很快完成融合,且融合成功率几乎为 100%。②体积的影响,不同类型的细胞间融合频率各不相同,精子和中央细胞间、生殖细胞与中央细胞间的离体融合频率大于精、卵的离体融合频率,而精、卵的离体融合频率又大于生殖细胞与卵细胞的融合频率。产生这种结果的原因可能是融合双方细胞体积比。有研究表明融合双方体积比对融合起到重要调节作用,当融合双方体积悬殊,足够小的原生质体可迅速进入大的原生质体,速度快且效率高,但目前尚不明白其机理。

（2）融合过程的细胞膜动态　①膜表面特点,对高等植物配子膜表面特征的研究主要集中于对膜表面糖蛋白及其他凝集素受体的分离与标记。一些实验结果表明,受精会引发卵细胞表面蛋白的重新排布等现象。②融合过程膜重组的方式,不同的体外受精系统中性细胞融合的原理不同,因而膜重组的方式也不同。电融合情况下精、卵细胞膜接触点被电脉冲击穿,精细胞质很快进入卵细胞,精细胞膜参与了受精卵细胞膜的重组。PEG 诱导融合和 $CaCl_2$ 诱导融合比较相似。PEG 诱导的融合过程膜的动态及重组分 3 种情况:一是大小相似的两性细胞间融合,这类融合中两细胞的细胞膜都参与形成了融合细胞的细胞膜;二是大小悬殊的两性细胞间的融合,当紧密粘连的两细胞融合时,两细胞在接触点处已贯通,小细胞质进入大细胞,这样大小细胞膜均参与形成融合体的细胞膜;三是小如核质体的细胞与大细胞的融合,这种情况下小细胞整体进入大细胞,小细胞膜不参与融合产物细胞膜的形成。

(3)卵细胞对多精入卵的反应　在玉米精卵融合实验中,在第一次精、卵融合后 10～45 min 内,第二个精子不能与受精卵融合。进一步研究显示,电融合或 PEG 诱导的融合中,一定条件下也存在受精卵再次与精子融合的困难,只有当两个精子彼此靠得足够近时双精入卵才易成功。

(4)融合过程细胞质动态　①融合对细胞质活动的影响,精-卵融合引发的一个重要生理变化是卵细胞质内游离钙的瞬时增加,在融合一段时间后受精卵胞质游离钙才恢复到原初水平。研究表明配子融合激活了细胞膜钙通道,使之开放,引起钙流。这一结果表明高等植物受精卵的激活很可能与动物的类似,钙信号传导系统起重要作用。②受精卵中胞质重组,在自然受精过程中,有部分被子植物的精细胞质未能进入卵细胞,而在离体受精时,精细胞质则全部进入卵细胞,但雌、雄配子细胞质汇合的时间进程因不同的融合方法、融合组合以及细胞状态而不同。在电融合时,由于电脉冲将粘连处的膜击穿,精细胞质随即进入卵细胞中,但两性细胞质并未立刻相容而重组,直至精核游离入卵细胞质被卵细胞质包裹而不易追踪时,才可以认为受精卵细胞质开始重组。胞质重组完成的形态学标志是分别来自两个细胞的大液泡合二为一,形成新的中央大液泡。

(5)融合过程细胞核动态　①雄核在雌性细胞中的迁移,在烟草 PEG 诱导的精子与中央细胞融合时,可发现雄核有两种运动形式:一是雄核进入中央细胞立刻向一侧滚动数微米后停止,几秒后又突然向前运动;二是雄核缓慢从中央细胞内侧作向心的缓慢匀速运动。这两种运动都与中央细胞内细胞器状颗粒运动相似,由此推测雄核的运动可能是被动的随胞质的流动而动。②核融合的生活动态,通过对烟草中央细胞离体受精研究发现分离后中央细胞内含物以多种形式快速运动,显示出旺盛的生活力,离体受精过程中精核首先与一个极核融合,再与另外一个极核融合,核融合过程非常快,室温条件下仅以秒记。融合过程与 PEG 诱导的一般细胞融合过程相似。而且在融合过程始终可见两性核仁,证明烟草中央细胞的受精属于有丝分裂前期。

(6)精、卵融合的亲和性　离体受精产生的杂交合子多数不能存活,说明在离体受精条件下进一步证实了远源杂交在配子融合过程中的不亲和性,离体受精能解决的应该是那些以花粉-柱头或花粉-花柱相互作用为基础的不亲和障碍。

(7)分子水平研究　利用离体受精系统研究受精与早期胚胎发生过程相关基因的表达,是离体受精今后的研究热点,可以构建 cDNA 文库进行基因表达谱分析,确定与受精紧密相关的重要基因,也可以利用显微注射技术将外源基因导入卵和合子,揭示相关基因的功能。

4.3　单倍体育种

4.3.1　单倍体育种的概念及优越性

1.单倍体育种的概念

采用花药离体培养的方法获得单倍体植株,再人工诱导染色体加倍,使其成为纯合二倍体。从中选出具有优良性状的个体,直接繁育成新品种,或选出具有单一优良性状的个体,作

为杂交育种的原始材料。

2.单倍体育种的优越性

(1)缩短育种年限。在常规杂交育种中,由于杂种后代各性状的不断分离,要育成一个遗传稳定的新品种一般需要 8~10 年的时间。应用单倍体育种,无论花药或是未授粉子房获得的单倍体,经自然或人工染色体加倍可以得到纯合二倍体,因此可以大大缩短育种年限。常规杂交育种与单倍体育种比较见图 4-9。

(2)获得优良纯种。

(3)染色体的转移。

(4)突变体的选育。

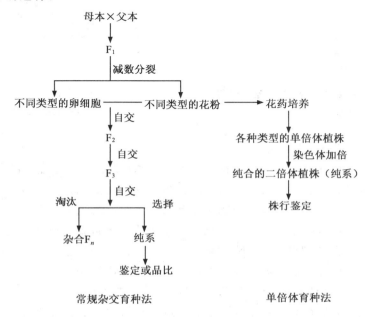

图 4-9 常规杂交育种与单倍体育种程序比较

4.3.2 单倍体育种的应用举例

我国在单倍体育种领域虽然起步较晚,但是发展十分迅速,在 1974 年就成功培育出世界上第一个作物新品种"单玉 1 号"烟草品种,随后又培育出中花 8 号、11 号水稻新品种和京花 1 号小麦新品种。近些年,单倍体育种技术在辣椒、大白菜、茄子等蔬菜作物以及小麦、玉米等大田作物新品种选育方面也取得了很大成就,特别是利用游离小孢子培养技术培育出一系列综合性状优异的新品种。

1.利用大白菜游离小孢子培养技术选育早熟新品种"豫新 5 号"

"豫新 5 号"是由河南省农业科学院生物技术研究所采用游离小孢子培养双单倍体育种技术选育的一代杂种,该品种生育期为 60 d,表现早熟、抗病、耐热、耐抽薹,适合全国大部分地区早熟或晚熟栽培。该品种是由河北地方品种"石特 1 号"和日本品种"夏阳 50"经游离小孢子培养后进行染色体加倍分别获得双单倍体纯系,经田间鉴定筛选出主要性状互补、亲缘关系较远、配合力较强的双单倍体纯系"ZY15-1"和"XY50-3",两者杂交产生 F_1 代杂种即为"豫新

5 号"(图 4-10,图 4-11)。

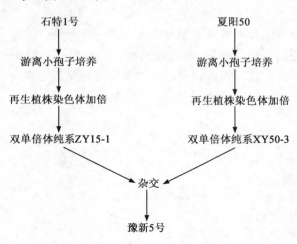

图 4-10 大白菜新品种"豫新 5 号"培育过程
（耿建峰等，2003）

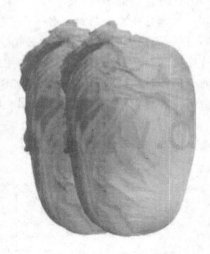

图 4-11 利用游离小孢子培养技术选育出的白菜新品种"豫新 5 号"

2. 小麦新品种花培 5 号的选育

花培 5 号是国内第一个采用杂交 F_1 花药培养技术选育的国审冬小麦新品种,由河南省农科院培育而成,具有高产、稳产、抗寒、抗旱、抗病、广适应性等优点,属于优质中筋专用小麦品种。该品种选育过程见图 4-12,首先由郑州 761 和偃师 4 号杂交选育出豫麦 18 号,鲁麦 1 号和豫麦 2 号杂交之后再与周 13 杂交,取 F_1 花药离体培养并进行染色体加倍育成花 4-3,接着由豫麦 18 号和花 4-3 杂交,选择 F_1 花粉发育至单核中晚期的花药进行离体培养,经愈伤组织诱导培养、绿苗分化培养和壮苗培养 3 步培养程序培养成苗,随后用秋水仙素对花粉植株进行染色体加倍处理,对 H_1 代收获的 252 个植株在 H_2 代分单株种植,进行选择、鉴定,H_3 代进行产量比较试验,再经过区域试验、生产试验,最后通过国家品种审定委员会的审定。

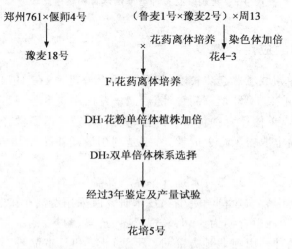

图 4-12 花培 5 号选育图谱（海燕等，2008）

虽然我国目前在单倍体育种领域取得了很大的成就,但同时也应该看到仍有许多问题需要解决,如单倍体育种技术不能打破不良基因的连锁;基因间重组几率较低;单倍体诱导频率仍然不够高;染色体加倍具有一定的困难,多数情况只能达到 15％～25％。未来的工作应该集中于进一步完善单倍体诱导体系、提高单倍体诱导率、提高单倍体加倍技术几个方向。另外应该将单倍体育种和其他育种手段如分子育种、转基因技术有机结合起来,使单倍体育种技术发挥更大的作用。

复习思考题

1. 名词解释

花粉培养,看护培养,胚培养,早熟萌发,离体受精,单倍体。

2. 简述花药培养与花粉培养之间的异同。

3. 如何确定花粉的发育时期?

4. 花粉培养的发育途径有哪些?

5. 胚培养的作用有哪些?

6. 分析胚珠培养和子房培养的发育途径。

7. 简述离体授粉的概念及类型。

8. 离体授粉中影响结实的因素有哪些?

9. 如何分离植物精、卵细胞?

10. 离体受精研究的价值有哪些?

11. 单倍体的获得途径有哪些?

12. 染色体的加倍的方法有哪些?

13. 简述我国在单倍体育种方面取得的成就及存在的问题。

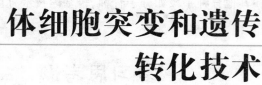

第5章 体细胞突变和遗传转化技术

5.1 体细胞无性系变异

按照细胞全能性学说,植物的每一个体细胞都具有相同的遗传信息,所以由它们分化再生的植株应当在遗传上是完全相同的,但研究人员发现当从愈伤组织中诱导出不定芽时或通过体细胞诱导植株再生时,常会产生一些异常的再生植株也即突变体。后来各种试验分析已证明,有相当数量的突变体是可遗传的。无性系变异产生的突变体可作为遗传学、生物化学和生理学基础研究的良好材料,同时随着人工诱变和突变体筛选技术的建立和发展,为植物遗传育种也提供了新的途径和选择材料,因而体细胞无性系变异在植物品种改良和生物学基础研究领域中也具有很高的应用价值。

5.1.1 体细胞无性系变异的概念

早期人们把来源于愈伤组织和原生质体的再生植株称为愈伤组织无性系(calliclones)和原生质体无性系(protoclones)。后来,Larkin 和 Scowcroft(1981)对再生植株变异的相关研究结果进行了总结,并提出了体细胞无性系的概念,即由任何形式细胞培养所得的再生植株统称为体细胞无性系(somaclones),而将这些植株所表现出来的变异称为体细胞无性系变异(somaclonal variation)。Larkin 的观点只指出了再生植株的变异,而事实上离体培养的细胞和愈伤组织也会发生很多的变异,这些细胞和愈伤组织本身的形态结构、分化能力以及染色体变异都属于无性系变异的范畴,许多学者把这些变异也称为体细胞无性系变异。随着植物原生质体、细胞和组织培养技术的迅速发展,体细胞无性系变异也日益引起了人们的广泛重视,并对体细胞无性系变异有了更深入的认识。因此,体细胞无性系变异(somaclonal variation)是指在离体培养条件下,植物细胞、器官、愈伤组织、原生质体和再生植株等培养产生的无性系变异统称为体细胞无性系变异。

体细胞无性系变异的频率可高达 30%~40%,有时甚至高达 100%,但某一具体性状的突变率很低,仅为 0.2%~3%。

5.1.2 体细胞无性系变异的遗传基础

体细胞无性系变异可分为可遗传的变异(heritable variation)和后生遗传变异(epigenetic variation)。其中,可遗传变异在有性和无性繁殖世代都可以稳定地保持变异特性;而后生遗传变异则很难稳定地保持其变异性状。一般认为可遗传的变异有其遗传学基础。离体培养的体细胞变异,从本质上来说是细胞对环境压力应答机制的调整,有学者认为实现这一机制调整的出发点是放弃了自然条件下的细胞学控制程序,这种程序重建的结果导致了染色体结构和数量的改变。

5.1.2.1 体细胞变异的细胞遗传学基础

1.外植体中预存的变异

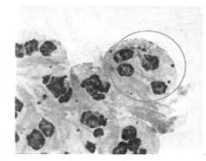

在自然界中,正常生长植物体的某一些组织内,会不同程度地存在着自发产生的变异细胞。这些外植体中预存的变异是导致培养细胞遗传基础不一致的根本原因之一。如图 5-1 芸薹类的绒毡层中就有这种多核细胞。

2.染色体数目变异

目前认为染色体数目变异是引起体细胞无性系变异的重要原因之一,也是体细胞培养及其再生植株染色体畸变

图 5-1 芸薹类绒毡层多核细胞

中发生频率最高的一种变异。染色体数目变异包括整倍体变异和非整倍体变异。正常植物的生长环境和植物离体培养的环境因素差别很大,所以在离体条件下,会很容易引起有丝分裂过程中染色体的异常分裂行为。目前在胡萝卜、烟草、欧当归(*Levisticum officinale* Koch)和大蒜等许多植物的组织培养中都观察到了有丝分裂异常现象,主要是产生多核、多极纺锤丝、无丝分裂及其他纺锤体异常现象。在一个分裂旺盛的细胞中如果出现三极或多极纺锤体时,必然将导致染色体的不均衡分离和后期染色体数目的变异,其结果将会直接引起子细胞中染色体的数目变异。另外,培养细胞中存在的无丝分裂也是染色体数目变异的重要原因。图 5-2 为欧当归离体培养并再生成植株过程中核的变化情况。

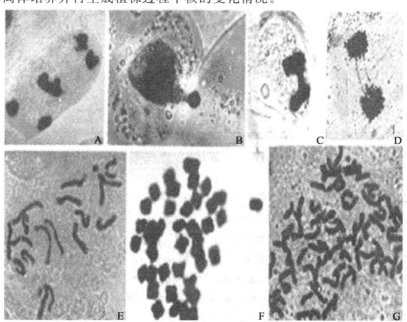

图 5-2 欧当归离体培养过程中核的变化情况(引自 Enapte 等,2008)
A.多核 B.核穿壁 C.无丝分裂 D.染色体桥 E. $2n=22$ F,G.多倍体染色体

早在 20 世纪 60 年代,人们就注意到了愈伤组织细胞中染色体整倍性和非整倍性变异的现象。目前已经在大麦、石刁柏、水稻、小麦和玉米等农作物当中,通过愈伤组织培养法获得的再生植株中都观察到了非整倍体变异,其中染色体数目有增加的也有减少的,甚至还有混倍体的现象,见表 5-1。

表 5-1　一些植物愈伤组织或悬浮细胞的染色体数目变异

(摘自朱至清《植物细胞工程》,2003)

物种	供体染色体数目	培养物	培养物染色体数目	参考文献
Arabidopsis thaliana	10	愈伤组织	10～60	Negrutiu 等,1978
Haplopappus gracilis	4	悬浮细胞	4～16	Singh 等,1975
Hordeum vulgare	14	愈伤组织	26～51	Orton,1980
Hordeum jubatum	48	愈伤组织	20～30	Orton,1980
Lolium perenne	14	悬浮细胞	18～50	Norstog,1969
Oryza sativa	24	愈伤组织	12～60	Guha,1980

(1)整倍性变异　在多数情况下,体细胞再生植株具有正常的 $2n$ 染色体,但是如果染色体发生了异常的有丝分裂,就可能会出现倍性嵌合体,在同一个体上除 $2n$ 细胞外,还会有 $4n$、$6n$ 甚至 $8n$ 的多倍体细胞存在(表 5-2)。离体培养条件下,细胞异常有丝分裂的类型主要是因为 DNA 核内重复复制所致,具体有如下几种情况:

表 5-2　硬粒小麦胚轴培养过程中 DNA 值的变化

培养天数	不同 DNA 值细胞比例/%			
	$<2c$	$2～4c$	$4～8c$	$\geqslant 8c$
0		88.3	11.7	
5		80.7	16.8	2.5
13	4.8	79.5	6.6	9.1
17	9.7	81.5	7.9	0.9

第一种类型是一些中间类型倍数性的形成,这种现象可能是由于 DNA 经过重复复制后,在以后的复制中出现了非同步复制,有丝分裂失败或者进行无丝分裂,其结果是形成两个游离核,两个游离核可能会出现核融合现象。例如第一次 DNA 复制没有发生分裂的 $4n$ 核,在以后的分裂过程中,与正常分裂的 $2n$ 核发生融合,从而形成了六倍体。

第二种类型是 DNA 在核内重复复制但细胞质不发生分裂,其结果是染色体组数增加,形成同源多倍体。如果这种 DNA 复制多次发生,则细胞内 DNA 含量就会不断上升。

第三种类型是核内再复制现象,即核内染色体中的染色线连续复制而染色体并不分裂,其结果是形成了多线染色体。如果蝇的唾腺多线染色体中每条染色体中的染色线可多达 500～1 000 条,其长度和体积分别比其他细胞的染色体长 100～200 倍,大 1 000～2 000 倍,也称为巨型染色体。

近年来研究显示,DNA 核内重复复制的发生和细胞分裂周期调控有关。一些进入了 S 期的细胞,在完成 DNA 复制后不进入下一阶段的分裂,从而使细胞内 DNA 值和染色体倍性增加。例如根据玉米胚乳和子叶发育研究结果显示,DNA 重复复制可能与 M 期的不同 CDK 活性有关,Larkins 等认为,这一机制可能是 DNA 核内重复复制的主要调控途径。现有资料显示,DNA 核内重复复制可能与一些细胞周期调控基因的开启和关闭有关。

在体细胞无性系再生植株中,染色体畸变越多,植株的损伤也就越严重,生长势就越弱,在育种当中的实际利用价值就越低;但是发生了染色体变异的细胞,再生植株后就成了变异株,进而就会发生形态、生理生化特性和农艺性状的变化,这也为某些植物的改良带来了难得的机遇。据李竞雄等报道,采用常规方法几乎无法能够让甘蔗染色体加倍,可是利用组织培养的手段就获得了多倍体甘蔗。

(2)非整倍性变异 离体培养中,染色体除了整倍性变异外,还可观察到大量的非整倍性变异,这种愈伤组织往往分化能力低下,再生植株多数生长不正常,其后代有性繁殖的遗传稳定性差,原因之一可能是纺锤体形成异常使得有丝分裂不能正常活动所致。非正常有丝分裂包括多极纺锤体形成和核裂。在这种离体培养的材料中,有丝分裂中期通常会产生异常的纺锤体。

首先,在正常的植物细胞有丝分裂中期,细胞的两极会出现纺锤体,这样可以在后期迁移姐妹染色单体进入到细胞的两极,形成二分体。但是在有丝分裂中期如果出现多极纺锤体,则必然会导致染色体的不均衡分离,后期染色体分别移向了三个或更多的纺锤极,当细胞分裂完成后就会产生 3 个以上的子细胞,每个子细胞中的染色体数目均少于正常的二倍体数目,从而造成了染色体数目的丢失和减少。据 Sunderland(1973)报道,单冠毛菊的组织培养细胞中经常可以观察到三极纺锤体的形成,伴随三极或多极纺锤体的形成,常常可以观察到落后染色体,在细胞分裂时,落后的染色体留在了一个子细胞中,因此,也造成两个子细胞染色体数目分配不均,从而产生非整倍体和亚倍体。其次,非整倍体的出现有可能是多倍体细胞在有丝分裂期之间染色体发生错配所致,最终出现了 $2n+1$、$2n-1$、$2n-2$ 等非整倍性变异结果。第三,中间着丝粒染色体横裂产生两个端着丝粒染色体。如桃叶风铃草、小花紫露草、吊竹梅等都是通过染色体横裂产生的。第四,离体培养中有时核裂可能会导致双核与多核细胞的出现。例如在红花菜豆的胚培养愈伤组织中,70% 的双核细胞有核裂现象。多倍体、亚多倍体和非整倍体细胞在核裂频率高的材料中,出现的几率也会相应增加。因而通过不正常的核直接分裂,也是创造单倍体、多倍体和非整倍体的途径之一。如图 5-3 所示。

3. 染色体结构变异

染色体结构变异是体细胞变异的另一个重要类型,它不仅在愈伤组织细胞中会发生,还可以出现在再生植株中,甚至再生植株的有性后代中也能观察到染色体结构的变异现象。发生变异的主要原因有如下几个方面:第一,有丝分裂中期染色体各个着丝点不能整齐地排列在赤道板上,因而当细胞分裂进行到后期时,必然会出现落后的染色体和染色体桥等现象(图 5-4,图 5-5,图 5-6)。第二,在细胞有丝分裂进行到后期可能会出现染色体断裂,两条异源染色体之间因为有断头存在,可能会发生染色体的融合,从而出现多着丝点染色体和染色体片段(图 5-7,图 5-8),而多着丝点染色体则会进一步发生结构变异,无着丝点的片段则最终会消失在细胞质当中。第三,发生体细胞配对现象,即在愈伤组织细胞的有丝分裂当中,在特殊的环境条件下,有时会出现同源染色体之间的配对,非姐妹染色单体间会出现易位现象,以上几种情况最终在体细胞中发生缺失、重复、倒位和易位等多种类型的结构变异现象,这是造成无性系变

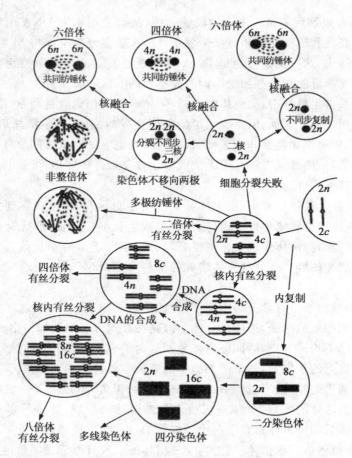

图 5-3　离体培养物细胞异常有丝分裂的各种类型（引自朱至清，2003）

异的真正原因之一，这些异常行为发生的频率因不同株系而异，即使来自于同一株系内的不同株系之间出现异常的比例也有明显差异。

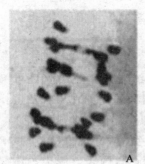
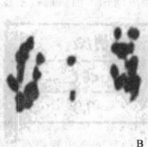

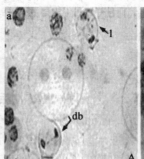
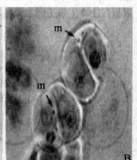

图 5-4　向日葵不对称体细胞杂种后代细胞分裂中染色体非正常行为

（引自 Binsfeld 等，2000）

A. 染色体桥　B. 落后染色体

图 5-5　石刁柏再生植株花粉母细胞减数分裂异常现象

（引自 Pontaroli 和 Camadro，2005）

A. 细胞质分裂期 Ⅰ 落后染色体

B. 减数分裂后期 Ⅰ 双着丝点染色体桥

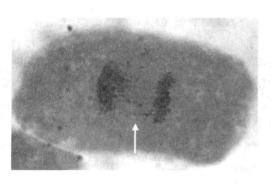

图 5-6 甘薯根尖染色体结构变异(染色体桥)
(引自浙江大学遗传组,2005)

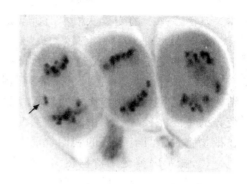

图 5-7 芦笋体细胞变异
(引自李玉芸等,1999)

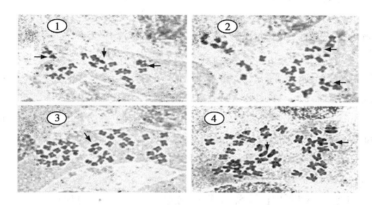

图 5-8 大黄体细胞变异(引自 Minters 等,2003)

近年的研究认为,染色体断裂与 DNA 甲基化程度有关。增加 DNA 甲基化,可能会引起染色体断裂。甲基化程度的增加会抑制 DNA 的复制效率,使得 DNA 复制不能同步,从而造成后期产生桥的和染色体断裂现象。染色体的断裂和重组不仅能够使该位点处的基因及功能丢失,而且还能使邻近的部分基因的功能发生变化,或使未能表达的沉默基因得以表达。因此,由于染色体的断裂重组造成了基因连锁群的重排,最终使得某些生物学性状发生了改变。因此以保存种质资源为目的的离体培养,应尽可能避免这种变异发生,以免造成基因资源流失。

染色体结构变异现象已经在烟草、还阳参(*Crep scapollaris*)、黑麦草、大麦、小麦、水稻、西藏长叶松(*Pinus roxburhii*)、柳杉(*Cryptomeria japonica*)和向日葵等植物的愈伤组织中,以及在石刁柏再生植株花粉母细胞减数分裂后期 Ⅰ 观察到了染色体桥和微核现象,这说明染色体结构变异是的确存在的。据研究,棉花体细胞培养获得的每一个再生植株几乎都存在一定程度的变异。

5.1.2.2 体细胞无性系变异的分子遗传学基础

如果从利用体细胞无性系变异的角度看,染色体变异大多是一些畸形变异,真正可利用的染色体变异非常有限。与此相反,基因水平上的变异在表型上大多只是个别性状的改变,不会影响再生植株的正常生长发育,因此,从再生植株的这些变异中就有可能筛选出有益的突变

105

体。基因水平上的变异从根本上讲就是 DNA 水平上的碱基突变或是修饰状态的改变。

1.基因突变

基因突变是指 DNA 碱基序列中单个或多个碱基对发生的变化,导致由一种遗传状态转变为另一种遗传状态,包括碱基序列替换、插入、缺失等。若突变碱基的 DNA 序列正好处于结构基因的位置或调控序列的位置,就可能导致遗传状态的改变。碱基突变是产生体无性系变异的重要途径之一。由于基因突变产生的变异较小,一般不会影响植物体的生长发育,所以在植物育种中具有重要的利用价值。

(1)核基因突变 植物组织和细胞经离体培养后,常会引起基因发生突变,而且变异范围很广,包括数量性状、质量性状、生化特性变化等,一般以数量性状变异为主。核基因突变在组织培养过程中可以高频率发生,从而引起体细胞无性系变异。对于单基因控制的遗传性状,大多数碱基突变可以稳定遗传,而且符合孟德尔遗传分离规律,组织培养可引起体细胞无性系发生单碱基突变。目前这种现象已经在番茄、拟南芥、小麦、烟草、大豆种子、玉米和水稻等植物的离体培养再生植株当代和后代中,均发现了一些单基因性状的碱基突变,表现出了典型的孟德尔遗传。

(2)细胞质基因突变 通常情况下,植物细胞质内的叶绿体和线粒体基因组是比较稳定的,在大多数体细胞无性系突变体中,叶绿体 DNA 也是稳定的,但离体培养条件可以使一些植物线粒体 DNA 环状构象和分子结构发生变化,以及花药愈伤组织再生植株的叶绿体基因组部分丢失。目前,已经发现在小麦、野生烟草和水稻等愈伤组织培养获得的再生植株中都存在着细胞质 DNA 发生变异,如线粒体、叶绿体基因组 DNA 的缺失等。

2.DNA 序列的选择性扩增与丢失

基因扩增是指细胞内某些特定基因的拷贝数专一性地大量增加的现象,是细胞在短期内为满足某种需要而产生足够的基因产物的一种调控手段。在离体组织培养条件下,植物基因组会发生扩增和丢失,从而导致性状改变,表现出变异。

早在 20 世纪 80 年代 Larkin 和 Scoworoft 就提出,DNA 序列的扩增与丢失也是体细胞无性系变异的原因之一。在植物基因组研究中,即使是在自然条件下,不同生长环境和不同发育阶段均可能发生 DNA 成分和基因组体积的变化。当 DNA 的 C 值以整倍性形式增加或减少时,其变化与染色体倍性的变异是一致的。然而,有些 DNA 值的变化却与倍性没有直接联系。研究发现,这种变化多半是由于 DNA 序列的选择性扩增或部分序列丢失所致。离体培养下 DNA 序列的选择性扩增包括两种情况:一是重复序列的扩增,在许多植物中均观察到,DNA 分子中一些重复序列在培养条件下发生了扩增;二是基因的选择性扩增。

另外,在离体培养条件下,以及经组织培养再生的植株,甚至在这些植株的后代中,有时会发生 DNA 序列丢失的现象。DNA 序列丢失多发生在 rDNA 及其间隔序列,某些重复序列 DNA 区域也易发生丢失。目前已在马铃薯、亚麻、大麦、小麦、小黑麦、棉花及水稻的培养再生植株中均检测到了核 DNA 的减少或丢失现象。DNA 的减少不仅发生在核 DNA 中,甚至发现叶绿体基因组中也有丢失现象。一些 DNA 序列的减少只发生在愈伤组织形成阶段,再生植株过程中又恢复到正常状态,目前还不清楚这种变化的生物学意义。

3.DNA 碱基修饰

有的植物细胞经过离体培养后,基因组中的碱基会发生某种化学修饰,如甲基化,从而影响细胞的基因表达。DNA 甲基化是指由甲基转移酶介导,以 S-腺苷-*L*-甲硫氨酸为甲基供体,在胞嘧啶(C)5 位碳原子上加入了一个甲基基团,使之变成 5-甲基胞嘧啶的化学反应。通常认为 DNA 碱基的甲基化或去甲基化与基因的转录失活有关,尤其是转基因(transgene)的失活、转座子(transposon)的转移失活等现象关系密切。自然条件下,生物体不仅能通过 DNA 甲基化和去甲基化来调控基因的表达与关闭,以控制生物的发育过程,还可以通过 DNA 甲基化途径,来适应环境对生物体的压力。目前甲基化研究主要利用 HpaⅡ和 MspⅠ两种甲基化敏感的限制性核酸内切酶进行比较分析。利用两种酶切片段的差异即可分析 DNA 甲基化的变化。

目前,离体培养再生植株的甲基化已经在油棕、玉米、胡萝卜、番茄、马铃薯、棉花和烟草细胞悬浮系等多种植物的培养细胞或再生植株中,均报道发现因 DNA 甲基化改变而产生的体细胞无性系变异。除了 DNA 甲基化程度的增加外,离体培养中的某些变异还来自于 DNA 甲基化程度的降低。

4. 植物转座子的活化

转座子(transposon)首先是由 McClintock 在玉米中发现的,现已证实它是引起许多遗传不稳定现象的重要原因。1981 年,Larkin 和 Scowcroft 首先提出,转座因子的活化可能是体细胞无性系变异的原因之一。转座因子根据其转座机理可分为两大类:第一类是经典意义上的转座子,包括玉米 Ac/Ds、Spm、Mu 因子和金鱼草的 Tam 因子等,转座子也就是跳跃基因(jumping gene);第二类是逆转座子(retrotransposons)。在组织培养过程中这两类转座子都有可能被激活,从而发生转座和插入,引起体细胞无性系变异。利用转座子活化可以解释无性变异的一些特点。首先,转座子还可以使多拷贝的基因中那些不表达的拷贝活化,提高基因的表达强度,进而导致表型变异。其次,转座子可使不活跃的结构基因活化,说明无性系变异中出现频率较高的是显性突变。第三,可以解释无性系变异频率高的原因,在高等植物中已发现20 余种转座子和不活化的逆转座子,其活动可以造成基因表达的广泛变化。如利用 Ds 转座子系统进行异源转化,在一些作物中成功观察到了转座子插入的体细胞突变,从而证明了转座子确实诱导了体细胞变异。研究者认为,在离体培养过程中由于存在染色体结构变异,导致在断裂部位的 DNA 修复过程中,属于异染色质部分的转座子发生去甲基化而被激活,引起一系列的结构基因活化、沉默及位置变化,造成无性系变异。目前已在玉米、苜蓿、小麦等作物组织培养中均检测到了因转座子活化所引起的变异现象。

5. 基因重排

在植物离体培养过程中,也可发生由基因重排而引起无性系变异。基因重排是指 DNA 分子内部核苷酸顺序的重新排列。基因重排起源于 DNA 复制过程中同源染色体的重组、缺失、倒位和插入。Das 等(1990)在玉米栽培系 A188 的培养细胞中发现,玉米储藏蛋白基因中有高频率的基因重排出现;也有研究发现,在离体培养的植物细胞线粒体中发生了基因重排。

6. 细胞器 DNA 的变化

研究发现,DNA 的减少不仅发生在核 DNA 中,也有发生在叶绿体基因组中。植物进化过程中,细胞质的叶绿体和线粒体基因组是比较稳定的。甚至大多数体细胞无性系突变体中,对叶绿体 DNA 的研究也发现稳定是基本规律。但是在小麦花药培养中经常出现大量的白化苗(图 5-9),对这些白化苗和正常植株叶片的叶绿体 DNA 分析,发现叶绿体基因丢失可高达80%(Day 和 Ellis,1984)。无性系再生植株的线粒体 DNA 变异也有一些报道(Brettell 等,1980;Kemble 等,1982;Negruk 等,1986;Schmidt 等,1996)。图 5-10 为茶树叶色突变体。

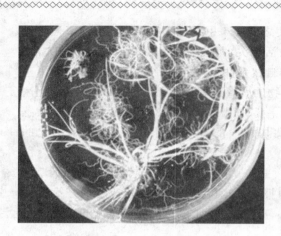

图 5-9　小麦花药培养白化苗

图 5-10　茶树叶色突变体

5.1.3　体细胞无性系变异的类型

体细胞无性系变异总体上分为可遗传变异和非遗传变异两种情况。

1. 遗传变异

遗传变异(genetic variation)是组织培养中发生的一种普遍现象,变异通常是稳定的,变异性状可以通过无性或有性繁殖传递给子代,这种情况往往是由于基因的连锁群或 DNA 序列发生了根本性的变化而引起的。到目前为止,大量的实验在细胞学水平上已经证明了基因突变、染色体结构与数目变异、有丝分裂重组是可以稳定遗传的变异。在植物愈伤组织培养和细胞悬浮培养过程中,细胞在有丝分裂期间产生的核内有丝分裂、多极纺锤体、无丝分裂等异常现象均有可能会导致体细胞无性系变异发生。在分子水平上,DNA 甲基化会改变基因活性,并可通过有性繁殖传递给子代,但在某些特殊环境的刺激下可以发生逆转,如组织培养、春化作用、真菌感染等。还有研究认为在基因的 DNA 序列没有发生改变的情况下,基因功能也可发生可遗传的变化,并最终导致了表型的变化,在此期间并未发生基因结构的变化,这种情况被称为后生遗传变异或者是表观遗传变异。后生遗传变异在细胞水平上是可遗传的,在诱发条件消除后,也能通过细胞分裂在一定时间内继续存在,但不能通过有性生殖传递给后代,也不能继续表现在再生植株的二次培养物中。因此,离体培养过程中产生的各种遗传变异是一条获得新种质的有效途径。如陈天子等研究结果表明,在棉花转基因并利用下胚轴对同一个品种进行组织培养过程中,会诱发体细胞无性系变异,这些变异发生在棉花组织培养植株再生的各个时期,且分布于棉花的不同性状上。图 5-11 为部分转基因植株发生变异的性状。这些 T_0 植株在育性、花器官、株型、株高、叶片大小、叶形、叶色、棉桃等均表现出明显的差异。

2. 非遗传变异

非遗传变异包括 DNA 扩增、转位因子激活、外遗传变化等。在烟草属植物、水稻、亚麻和小麦的再生植株和愈伤组织中 DNA 含量会发生变化,出现重复序列选择性扩增,而有些植物的重复序列会出现下降现象,如马铃薯。一些基因和染色体的突变虽然涉及遗传信息的变化,但这种可遗传的变异是不稳定的,如扩增和转座。外遗传变异是植物对外界环境的一种生理适应性,这种变异会随着特定外界因素的改变而消失,其根本原因还是由于培养环境因素引起的基因表达变化,虽然可以在植物生长中持续很长的时间,但不能通过有性繁殖传递给子代。

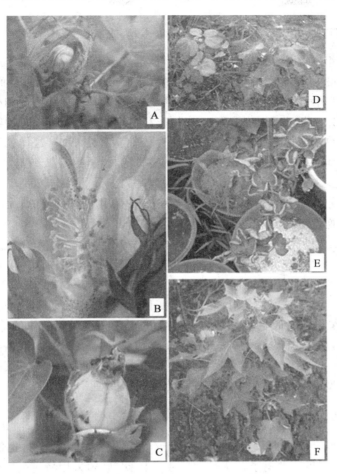

图 5-11 棉花转基因 T_0 植株变异（引自陈天子，2009）
A.花冠卷缩变异 B.长柱头变异 C.小棉铃变异 D.矮小株型变异
E.卷叶突变 F.叶片缺刻加深变异

例如，硝酸盐的存在能够引起培养细胞的硝酸还原酶活性增强，但当硝酸盐不存在时，细胞中硝酸盐还原酶活性又恢复到了以前的水平。

5.2 突变体的筛选

细胞突变体是指将植物细胞培养在附加一定化学物质的培养基上，用生物化学的方法诱导细胞遗传物质的改变，从细胞水平上大量筛选拟定目标突变体。细胞突变体的诱导和筛选是一个研究比较活跃的领域，在植物的遗传改良、遗传研究和遗传资源的拓宽方面得到了广泛应用。自 Carlson（1970）等在烟草及矮牵牛的细胞培养中筛选出了抗性突变体以来，如今，科研工作者们已在不少于 20 科 49 个种的植物细胞中筛选出了 100 个以上的植物细胞突变体或变异体，主要包括抗病性、抗逆性、抗除草剂、抗氨基酸和氨基酸类似物突变体筛选等。

5.2.1 突变体筛选的意义及目标

一般突变和重组在自然条件下就可以发生,但自发突变频率很低,在自然界发现适合我们人类需要的性状突变是很难的,即使出现了大多数也是嵌合体,很难利用,而单细胞培养,不仅提高了突变率,也可利用细胞的全能性分离培养获得突变体。通过物理和生物化学诱变植物的细胞或组织也可以产生突变,在细胞水平上诱发单细胞进行突变,通过筛选所需要的突变体,然后使细胞分化成植株,再通过有性世代使遗传性状稳定下来,这样就可以有目的地选育具某种抗性的突变体,从而为植物抗性育种提供宝贵的材料,这是从细胞水平来改造植物的一种途径。体细胞突变的范围较广泛,单基因或少数基因变异的情况较多,因此适合于用来对现有品种进行有限的修饰与改良,可以为基因工程提供有用的基因资源,尤其是在改良作物品质、提高抗病性、抗逆性方面具有重要意义。

根据人们的需求,世界各国在突变体筛选方面已有不少成功的例子,已筛选出了营养缺陷型细胞突变体、抗病突变体(如抗野火病的烟草、抗玉米小斑病的玉米、抗茎点霉病的油菜、抗晚疫病的马铃薯、抗花叶病毒的甘蔗无性系等)、抗盐细胞突变体(如水稻、甘蔗、燕麦、烟草、芦苇等几十种植物)、抗除草剂的白三叶草细胞突变体等,其应用前景十分诱人。突变体在植物的遗传与代谢、农作物性状改良研究等方面具有重要意义。对突变体的筛选应该注意到,第一,在离开选择压力后,细胞继代培养多次,突变体应该都是稳定的。第二,再生植株形成后,不管细胞水平选择出来的表现型能否在植株水平表达,但从再生植株产生的愈伤组织应当表达选择出来的表现型。第三,再生植株有性稳定传递突变型。

5.2.2 突变体筛选的原理

通过单细胞培养会产生大量突变体,其中绝大多数是有害的,但是也能产生有益的突变体,通过选择有可能获得一些有益的无性突变系。因此,必须采用特定的方法将发生突变的细胞从正常型细胞中分离出来。突变体的筛选原理是建立在有区别地杀灭正常型细胞的基础上,而有选择性地保留突变体。通常是在单细胞的继代培养中,根据种质资源改造的目标,有目的地改变培养基的成分或培养条件,对产生的单细胞系植株进行筛选。单细胞培养可以使大量细胞在小规模的实验室内得到选择或鉴定,而且由于细胞培养不受环境季节变化的影响,筛选可以周年进行。很多植物体细胞无性系变异所涉及的性状与工农业生产密切相关,并且相当数量的植物体细胞无性系变异是可遗传的。利用有效的技术方法进行突变体的分离和筛选为农业生产服务,是获得目的变异的关键。

离体培养再生植株的自发变异比自然条件下的变异要高得多,一般可高出几百倍甚至上千倍。体细胞无性系自发变异频率既与培养物的遗传背景、外植体类型及培养类型有关,同时也受到培养时间、培养基成分等因素的影响。通常情况下,长期营养繁殖的植物、培养时间较长或继代次数多等原因,容易出现较高的变异率。另外,培养类型中,原生质体、细胞、愈伤组织培养等出现的变异频率高于组织和器官培养的变异频率。

通过离体筛选培养出的突变体植株还应该和常规育种方法相结合。体细胞无性系突变体筛选可以缩短育种时间,提供广泛的种质材料,提高育种效率。但是以往经验证明,要获得生产中实际应用的品系,最终还要与常规育种相结合,必须改变只重实验室工作而忽视常规育种及大田生产的错误思路。

5.2.3 突变体筛选的方法

体细胞变异广泛存在,在细胞培养的过程中会有或多或少的变异发生,关键是采用什么方法检测出突变体。对离体培养物的筛选,根据检测指标或除去正常型细胞,从而保留有用目标性状方式的不同,突变体筛选的方法可分为直接筛选法和间接筛选法以及后来发展起来的"绿岛"法。

5.2.3.1 直接筛选法

直接筛选法能够在预先设计好的环境条件下,可以使得培养细胞或者再生植株得到外部性状上最直接的差别,所以能够将突变体和非突变体直接区别开。

1.田间直接观察鉴定法

将再生植株种植在田间,通过田间观察鉴定来发现和选择株高、穗型、早熟性、抗病、抗逆及营养成分等农艺性状好的突变株系。该方法工作量虽大,但得到的结果能直观表现性状变化,利于对改良性状做出直接判断,目前育成的有关品种多是采用这种方法获得的,也最适合于实验条件较差的一些育种单位。贾敬芬等以小麦幼胚愈伤组织为材料,在含有 1.4% NaCl 的 N6 培养基上直接筛选出了小麦耐盐系。梁竹青等从小麦未成熟胚诱导的愈伤组织获得再生植株,从这些植株中选择出大量的无性变异株系,选育出了早熟小麦新品种"核组一号"。

2.细胞学检测法

细胞学压片检测染色体形态和数目,和正常的个体进行比对,看染色体数目增加了还是减少了;同时再结合核型分析检测突变体的染色体结构是否发生了变异,染色体是缩短了还是增长了,该法用来鉴定突变体,准确而且直观。图 5-12 为野大麦染色体压片法检测结果,图 5-13 为核型分析模式图。

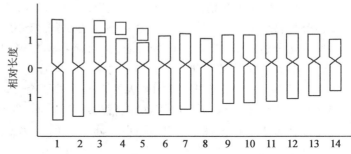

图 5-12 野大麦染色体显微照相　　　　图 5-13 核型分析

3.核 DNA 相对含量和倍性检测法

对于突变体来说,一般细胞核内 DNA 含量等会发生变化,因此,可以检测细胞内的 DNA 含量和染色体的数目,与正常的细胞相互比较,看是否有差别,可以直接从细胞学上判断愈伤组织细胞或再生植株是否为真正的突变体。

经典的方法是采用细胞压片的方法,目前可借助于更加高级的细胞学检测仪器。如流式细胞仪(Flow cytometer,FCM),也称为荧光激活细胞分类仪(FACSC),能够快速测量细胞的物理或化学性质,如大小、内部结构、DNA、RNA、蛋白质、抗原等并可对其分类收集。结果如图 5-14 所示。

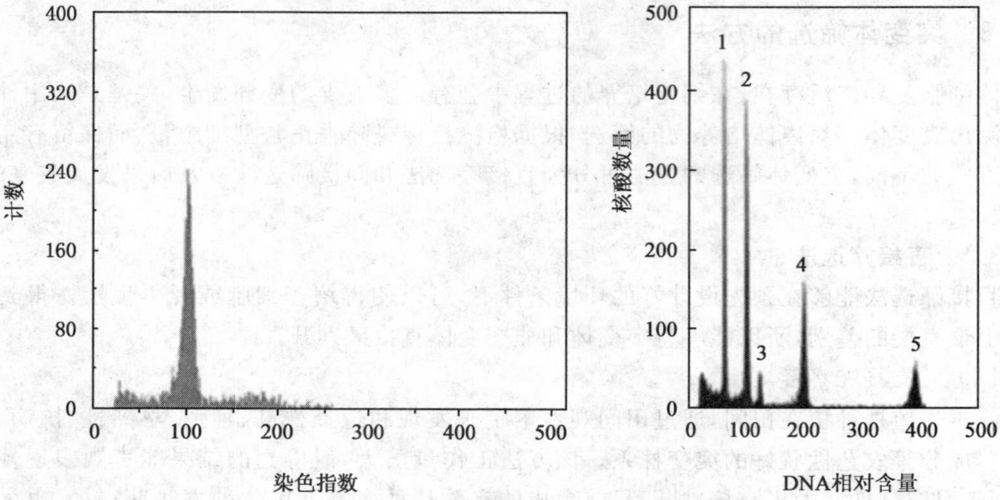

图 5-14 DNA 含量检测结果

4. 体细胞变异的分子生物学检测法

近年来,通过不同的分子标记检测,已在许多植物离体培养的愈伤组织和再生植株中检测到广泛的变异,这些标记包括 RAPD、AFLP 以及 SSR 等,一些标记的多态性还与表型有一定联系。对于大多数的分子生物学检测手段主要通过无性系的酶谱、RFLP 多态性、SSR 和 RAPD 多态性变化来检测变异的存在。

(1) AFLP 技术　也用来检测体细胞无性系 DNA 多态性变化的研究,如 Pontaroli 和 Camadro(2005)对由长期愈伤组织培养获得的 43 株石刁柏再生植株基因组 DAN 进行 AFLP 多态性分析,发现有 2.94% 的 AFLP 多态性的变异。ISSR 也被用来检测体细胞无性系 DNA 多态性变化分析。Thomas 等(2006)应用 ISSR 技术检测到了茶体细胞无性系 DNA 的变化。

(2) DNA 多态性的变化　RAPD 技术是 20 世纪 90 年代发展起来的分子生物学新技术。近年来,RAPD 技术被应用于体细胞无性系变异的研究。Soniya 等(2001)对番茄叶片愈伤组织诱导获得的再生植株基因组 DNA 进行 RAPD 检测,结果发现存在 RAPD 多态性的变异,说明体细胞再生植株无性系发生了 DNA 水平上的变化。图 5-15 为 RAPD 技术检测香蕉突变体的结果。

5. 培养基筛选法

在愈伤组织培养阶段,确定了选择方向后,向培养基中加入选择压,例如加入高浓度盐类、碱类、除草剂、抗生素、真菌酶素、重金属和特定代谢物等化学物质,或采用低温、高温等物理处理,人工模拟特定生长环境,在此培养基上只有突变细胞能够生长,而非突变细胞不能生长,被选择的细胞群体中有部分正常细胞在选择压力的作用下遭到淘汰,而有一些耐受选择压力的抗性愈伤组织或抗性细胞系可以生长,选择出有用的抗性细胞系,然后通过再生获得抗性突变植株,可以直接筛选出突变体。这种方法适用于对抗性突变体的选择,如抗病、抗除草剂、抗盐碱、抗干旱细胞突变体的筛选,都可以直接在培养基中加入一定浓度的抗生素、除草剂、氯化钠等能够增加细胞渗透压的物质。如今利用这种方法,已经从多种植物中筛选出了可以利用的体细胞突变体,而且这也是植物种质资源的另一种创新方法。

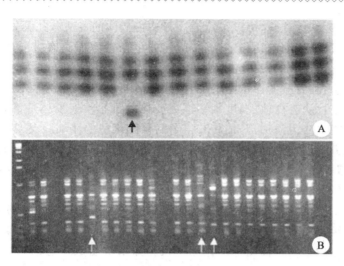

图 5-15　RAPD 技术检测香蕉突变体(引自 Plant Cell,Feuser 等,2003)

通常情况下培养基筛选法还可进一步划分为两个类型,即正选择法和负选择法。正选择法是指在离体培养基中加入对正常细胞有害的化学物质,使得正常细胞死亡而突变细胞可以生长,从而将其分离出来,应用正选择法时,可采用一步选择法或多步选择法。一步选择法筛选压可一次性地消灭正常细胞,对单基因性状的抗性选择非常方便。而多步选择法则是先加入低剂量的选择剂,使得一部分细胞不能正常生长,从而选择出生长较好的细胞,然后再逐步加大剂量,进行多步筛选,最终可以得到能够耐受最高选择剂浓度的突变细胞团,有时为防止对选择依赖的非突变型细胞产生,还需要在选择一定时期后,将培养物转入到选择压力的继代培养基上进一步淘汰掉依赖细胞。它多用于遗传背景不详,且可能是多基因突变细胞的筛选。

负选择法是使用特定营养成分的培养基,使正常型细胞能够生长,而突变体细胞处于抑制不分裂呈现休眠状态,然后用一种能毒害正常生长细胞而对不分裂的突变体细胞无害的药物,淘汰生长正常的细胞。该方法主要应用于营养缺陷型或温度敏感型突变体的筛选,现在常用5-溴去氧尿苷等某些核苷酸类似物、亚砷酸盐和高氯酸盐负选择系统。通过控制培养基营养成分,使生化过程有缺陷又不能合成某种代谢必需物质的细胞突变体处于不能分裂状态,然后用药物杀死正常型细胞,再添加相应的营养物质使突变细胞恢复生长。

因此,在实践中需要根据研究目的确定分析重点。例如,在植物快速繁殖中,为保证品质的稳定性,对于再生植株的变异情况需要通过多种分析全面检测,包括倍性分析、分子标记检测、甲基化变异程度分析等。如果研究目标是要获得多倍体,则重点对于倍性变化进行分析。如果研究重点是观察离体中的有关遗传变异,则检测重点应该是甲基化程度和转座子活化位点的检测。随着植物组织细胞培养技术的不断成熟,应用该技术人工创造变异已经成为植物育种和功能基因组研究的重要手段之一。

5.2.3.2　间接筛选法

间接筛选法是一种借助于和突变表现型有关的性状作为选择指标的方法,利用选择压选择有用细胞突变体。在农业生产试验中,由于种质资源宝贵等多种原因,有些性状在植株生长期间是无法直接测定的,在这种情况下当缺乏直接选择表型指标或直接选择条件对细胞生长

不利时,为防止造成破坏性试验,可以采用简介筛选突变体的方法。如脯氨酸作为植物体内的一种渗透调节物质,在维持细胞膜稳定性、细胞水分平衡等方面具有重要生物学意义,且耐寒和耐旱植物品种体内往往能够积累较多的脯氨酸。当植物遇到如干旱、盐碱、高温、冷害、冻害等逆境条件时,细胞内脯氨酸的含量会增加,因此可以通过测定细胞脯氨酸含量鉴定抗逆突变体。该方法主要用于抗病突变体、温度敏感型突变体及抗旱性突变体等的筛选。Dorffling 等以脯氨酸类似物羟脯氨酸为添加剂,最终获得了耐羟脯氨酸的体细胞突变体,该品系抗寒性远超过亲本。在抗病突变体的筛选过程中,由于在离体培养中直接接种病原物会严重影响细胞生长,因此可以在培养基中加入一定浓度的病原物类毒素来增加选择压力,只有抗病材料才得以生长。陆维忠等(2003)据此原理,培养出了抗赤霉病小麦新品种"宁 962390"。

抗病突变体的筛选也常常采用间接筛选的策略。对于多数植物病害来说,抗性是由多基因控制的,因此,在组织培养中不易观察到。然而在有些情况下,植物病菌的毒素对组织、细胞或原生质体的毒害作用与对整体植株的作用一致。如果植物毒素是致病的唯一因素,那么就有可能以毒素为选择压力,在离体条件下对抗病细胞进行直接选择。Carlson(1973)经过化学诱变剂甲基磺酸乙酯(EMs)处理烟草原生质体,从中选出抗甲硫氨酸磺肟(MSO)的细胞系,其再生植株对烟草野火病的抗性有显著提高。这些研究证实了在离体培养中选择抗毒素的细胞或植株的可能性。目前采用该法已在小麦、甘蔗、玉米、马铃薯、胡麻、辣椒、烟草、水稻、大豆等农作物上获得了抗病新品种,而且在生产上进行了大面积的推广。

如果在田间条件下进行抗除草剂表现型的选择,就必须施加高强度而又均匀一致的选择压,而且试验规模大,不易做到。然而在细胞水平上筛选突变体,不仅效率高,而且十分方便。利用体细胞无性系变异和细胞筛选的方法,在番茄、苜蓿、柑橘、水稻、芦苇和小黑麦等植物上均得到稳定的抗盐细胞系和再生植株。以重金属离子作为选择剂,获得了多种植物耐铝、耐镉、耐铜或耐汞的突变体。

5.2.3.3 "绿岛"法

许多重要的基因在培养细胞处于无组织、无器官的分化状态时并不表达,因此无法在培养基中通过某种表现型筛选这些基因突变体。Calson(1978)在烟草上采用活体和离体相结合的方法筛选烟草细胞突变体,提出了具有一定特色的细胞突变体筛选的方法,即"绿岛"法。是在整体的植株水平上,用某种化学物质作用于植株叶片,使细胞发生突变,叶片局部呈现绿色斑点,切下这部分细胞进行组织培养,通过培养细胞的再分化,使抗性细胞分化成完整植株。对于某些病毒抗性细胞突变体的筛选,可以采用这种方法,如一些除草剂只作用于绿色光合细胞,对无叶绿体的培养细胞无法作用,可以在整个植株叶片上用除草剂使得叶片细胞发生突变并制造选择压力,使抗性细胞存活下来,形成局部绿色斑点,即"绿岛",然后切下该部位细胞进行培养,再分化形成抗性植株。

单个检测手段都是依据形态水平、细胞水平、生理生化、遗传学特性中的某种指标而设置的,局限性不言而喻。因此,在条件允许的情况下,各种检测技术的充分利用是最终获得目标突变株系的保证。初筛的目的是去除明显不符合要求的大部分细胞株系,而复筛的目的是确认符合生产要求的细胞株。初筛的工作以量为主,应尽可能采用快速、简单的方法;复筛是以质为主,应精确测定每个生产株系的遗传稳定性和农艺性状及生产指标。因此,将初筛和复筛工作相结合,甚至连续进行多次筛选,直到获得较好的突变体为止。

114

5.2.4 突变体筛选的程序

1.材料选择

单细胞或原生质体是用于突变体筛选的最理想材料。当然也可用茎尖、腋芽等,但容易形成嵌合体,目前使用最多的材料是愈伤组织。

2.预处理和预培养

用物理或化学诱变剂对材料进行处理,经预处理的材料用糖液洗净,如果材料是愈伤组织,需要借助酶处理,经过滤、离心最终得到纯净的细胞悬浮液。

3.确定选择剂的浓度

把培养物接种在含有一系列浓度的选择剂(盐、除草剂、重金属和植物毒素等)培养基上,选择使 90%以上培养物致死的浓度为选择剂浓度。

4.致死浓度筛选

将培养物分批接种在已确定致死浓度的培养基上,筛选存活的培养物,再将其转接到正常培养基上进行扩大繁殖,直到获得再生植株。

5.逐步筛选

在培养基中逐渐增加选择剂的浓度,最后把筛选存活的培养物进行继代增殖。

6.细胞增殖与器官建成

如果使用的材料是单倍体细胞,可在分化培养基上加入秋水仙素,诱导染色体加倍后再培养;如果采用的材料是原生质体,需要先诱导细胞壁再生后再进一步培养;如果采用的材料是愈伤组织,则要诱导愈伤组织进一步分化,形成再生植株。

7.突变细胞的遗传分析和鉴定

筛选得到的突变株系或突变体一般要进行细胞学、生物化学和遗传学方面的鉴定,研究变异的机制和原因,确定变异的遗传学稳定性,为进一步育种奠定基础。这些技术主要包括相关酶活性分析,染色体观察与核型分析,同工酶酶谱分析及分子标记。植株水平上的遗传鉴定是最根本和最有说服力的,一般真实的遗传变异应该具备以下条件:第一,离开筛选压后突变体还能持续稳定地保持突变性状。第二,突变体中具有相应变化的基因产物或生理生化上的代谢差异。第三,突变体能够通过有性繁殖遗传。

5.2.5 突变体筛选的应用

体细胞突变体筛选是细胞水平上的生物技术方法,他具有诱变筛选群体大,定向筛选和效率高的优点。离体培养中遗传稳定性是相对的,但体细胞变异发生是普遍的,离体培养中体细胞可自发变异或诱导变异,而且变异的幅度和范围可以通过培养物的种类、基因型和外植体以及培养条件进行控制,由于在培养过程中给予了培养材料一定的选择压力,如盐类、病菌毒素、除草剂等,在确定所加入抑制剂的浓度条件下,即利用多大剂量的筛选剂较合适,即可使非目标变异体在再培养过程中被淘汰,符合人们需求的变异体就得以保留和表现,起到了定向培育作用,从而使我们能够更好地应用离体培养技术。

体细胞无性系变异为作物改良、生化代谢途径研究,遗传操作选择标记,基因突变位点分析提供了研究资源。近年来,随着生物技术的不断发展,特别是诱变途径的不断完善和分子生物学技术的应用,使体细胞突变体还在许多基础研究中得以广泛应用。

5.2.5.1 创造育种中间材料或直接筛选新品种

在大量的细胞群体中存在各种潜在的变异,如此时在培养基中加入一定浓度的筛选剂,经过几轮筛选,最终获得的突变体在育种中也有重要利用价值。目前,体细胞突变体筛选技术研究主要集中在抗病、抗盐、抗除草剂、抗低温、高温等逆境胁迫的突变体筛选。另外,在提高作物营养物质如蛋白质和赖氨酸含量等以及改变作物品质方面也取得了一定进展。据统计,诱导突变已被用于了小麦、水稻、大麦、棉花、花生和菜豆等农作物的某些性状改良方面。在全世界50多个国家中,已培育出了1 000多个由直接突变获得的或由这些突变体杂交而衍生的品种。

1.创造育种材料或培育新品种

体细胞群体涉及性状较多,但发生在同一突变体中的变异往往是单一或少数性状的变异。因此,体细胞突变技术特别适用于对一些综合性状良好,但个别性状需要改造的作物。在农业领域,体细胞突变体筛选主要集中在直接筛选与高产相关的农艺性状(如千粒重、穗长、株型等)、特定的农艺性状(如高蛋白、优质蛋白等)和抗性品种(如抗旱、抗盐、抗病和抗除草剂等)方面。这既避免有性杂交育种周期长的弱点,又没有转基因引起的安全性顾虑,使其在品种遗传改良中具有独特的优势和特点。品质性状改良是体细胞变异应用较为普遍的一个方面。在世界上通过体细胞诱变技术选育的谷类作物新品种当中,品质得到不同程度改良的占34.3%。

2.利用诱变技术结合定向选择获得抗病细胞突变体

抗病性是保证作物高产稳产的重要性状。通过离体诱导抗病细胞突变体是提高植物抗病性的一个非常可行途径。体细胞在培养过程中会自发产生变异,但为了增加突变频率,需要进行诱变处理。植物毒素有时对组织、细胞或原生质体的毒害作用和对整体植株的作用是一致的,由此就可在离体条件下直接以毒素为选择压筛选抗病细胞突变体。不少研究者以特殊的化学药剂和某种病原菌毒素为选择剂,配合一定的浓度,筛选出了许多抗病突变体。例如,烷化剂甲基磺酸乙醇(EMS)是常用的诱变剂,是植物最有效的化学诱变剂之一。结合特殊的选择剂,目前利用这种策略已成功地应用到了烟草、小麦、大麦、花生、玉米、燕麦、油菜、甘蔗、马铃薯等作物的诱变育种中,而且从细胞培养和愈伤组织诱变中成功获得了抗病体细胞无性系,在再生植株水平上也成功获得了很多具有抗病的植株。图5-16是采用不同浓度的抑制剂处理棉花同种类型的愈伤组织并经过一定时期的培养效果。刘成运(1994)等以白叶枯病菌毒素为选择压,获得了抗白叶枯病突变体。张献龙等(1995)以棉花黄萎病病菌毒素为选择压获得了黄萎病抗性体细胞突变体。据不完全统计,诱变品种中大约有1/4是抗病品种,其中80%为抗真菌品种。以上所提到的作物中已经有大面积成功应用于生产上的实例。其实有些突变体更多的是被用作育种资源,对丰富植物的抗性资源起到了重要的作用。

图5-16 不同抑制剂浓度处理棉花愈伤组织培养效果

3.抗逆细胞突变体

土壤中含盐量或重金属离子含量过高、低温、干旱等都会对植物的生长发育造成危害。因此,提高植物的抗逆性是植物改良品种的一个新的育种目标。以往的研究证明,可以从组织培养中分离出抗逆的突变体。目前,已筛选出了很多耐盐、抗旱、抗寒的中间材料,有的已进入了区域试验,有的已用于了生产。

(1)耐盐突变体的筛选 世界上大面积的盐渍土需要耐盐的作物品种,通过高盐胁迫筛选体细胞变异系被认为是培育耐盐品种的有效途径。由于离体培养可以直接提供适当的高盐碱培养环境,因此这一途径已成为植物耐盐性突变体诱导筛选的主要途径。目前已在包括枸杞、苜蓿、烟草、辣椒、番茄、大豆、甘蔗、小麦、北方牧草、水稻、柑橘、番茄、小黑麦、芦苇和果树等植物上获得了突变体再生耐盐植株,并已获得了大量稳定的育种中间材料。但试验表明,许多耐盐突变系属于生理适应性变异,当将其转入非高盐培养基以后,耐盐性会消失。有的耐盐突变系虽然很稳定,但再生植株很困难。

(2)耐旱、抗低温突变体的筛选 干旱缺水是严重威胁农业生产的重要气候因素。随着淡水资源越来越贫乏,抗旱农作物品种的选育已越来越重要。植物的耐旱性主要由细胞膜的结构和某些酶的活性决定。冻害和冷害不仅影响作物产量,也影响作物的分布,因此,为了尽快适应生产需求,可采用相应的策略筛选耐寒和耐冷体细胞突变体。目前已通过向培养基中加入 PEG、聚乙二醇等方法或是用低温作为诱变剂,用重金属离子等为筛选剂等,已在番茄、高粱、水稻、柑橘等几十个作物中获得了相应的耐寒、耐旱、耐重金属细胞突变体再生植株。

(3)抗除草剂细胞突变体的筛选 以除草剂为选择剂筛选抗除草剂突变体的研究也是一个活跃的研究领域。某些材料通过基因工程难以获得转基因植株时,细胞工程筛选抗除草剂的细胞突变体就具有了重要的实际意义。目前在国际上,抗除草剂棉花、小麦、玉米、大豆、油菜等已成为了研究的热点,并已在上述作物中获得了相应的抗除草剂细胞突变体植株,其中部分品系已进行了较大面积的试种和推广。常见的作为品种或种质资源释放的突变体材料见表5-3。

5.2.5.2 遗传研究

通过离体诱导获得的突变体,可以直接用于基因克隆、功能鉴定和分子标记的筛选。因为突变一旦发生,一般在表型上都与原母体存在着明显的差异,通过 DNA 差异显示或分子杂交筛选,就能快速获得突变位点的 DNA 序列,经过测序与功能鉴定,即有可能获得与突变性状相关的基因。即使通过分析不能获得功能基因,这些 DNA 序列也可作为与突变性状相关的分子标记,用于遗传研究。

突变体用于基因克隆和功能鉴定早已成为模式植物如拟南芥等的常规方法,近年来也已开始在其他作物中广泛应用。特别是与转座子标签插入突变技术相结合,更显现出这一途径的高效性。有些突变体通过 DNA 多态性分析,表现出丰富的遗传变异,通过特定 DNA 标记与性状的连锁关系分析,即可对控制性状的遗传规律进行研究。近年来,利用突变体策略已分离出了一大批功能基因和抗病基因。如玉米乙醇脱氢酶基因 *ADH*、番茄抗病基因和生长素敏感性基因 *AUX1* 和 *AUX2* 等。国内外许多实验室利用 T-DNA 插入突变的途径,建立了包括拟南芥、水稻在内的多种作物的突变体库,通过突变体分离鉴定的功能基因也在日益丰富。

表 5-3　作为品种或种质资源释放的突变体材料(引自郭余龙,2003)

作物	品种/系	改良的性状	作者
水稻	LSBR-33,LSBR-5	抗丝核菌	Xie
小麦	895004	抗赤霉病	沈晓蓉
大豆	9,518,951,695,229,520	高产,虫食率低	母秋华
马铃薯	White baron	去皮后薯块不褐化,椭圆形,芽眼浅	Arihara
红薯	Scarlet	深红薯皮	Moye
番茄	DANP-17（Var）	镰刀菌抗性	Evans
番茄	DANP-9（Var）	可溶性固形物含量增加	Evans
芹菜	UC-TL(CV)	镰刀菌抗性	Heach-Paliuso
辣椒	A-D4(CV)	早熟高产	Xu
芥菜	Pusa jai kisan(CV)	高产,抗果开裂	Katiyare
黑莓	Everthornless	无刺,低酸度	Mcpheeters
Daylily	Yellow Tinkerbell(CV)	矮化、短花絮、雄性不育	Griesbach
女皇树	Somoclonal snowsorm	叶的变化	Marcoirin Giand
Tarenia	Usonn White(CV)	白花,生长紧凑	Brand
天竺葵	Velvet Rose	Z育性恢复,后齿状叶、直立	Skicvin

5.2.5.3　发育生物学研究

植物的个体发育是一个渐进过程,任何一个器官和组织的分化都是一个复杂的调控过程。随着分子生物学技术的发展,作为模式植物的拟南芥和金鱼草,研究者已采用体细胞无性系变异策略,对植物发育的相关基因调控热点问题进行了广泛而又深入的研究,并已分离出了一大批不同发育阶段和组织类型的突变体,包括顶端分生组织、花分生组织、胚胎发育、根和花序等的一系列突变体。通过对这些突变体的研究,研究者不仅建立了器官发育模式,而且分离鉴定了一大批与发育有关的基因,包括维持正常发育状态的基因、促进发育进程的基因以及相关修饰基因。

5.2.5.4　生化代谢途径研究

生物的各种代谢活动涉及一系列酶和相关基因的表达调控。如果调控某一生化代谢过程的关键酶基因发生突变,则会影响到下游代谢链的正常进行。因此,突变体作为代谢活动调控研究的工具,具有十分便利和高效的优势。随着体细胞突变技术的不断成熟完善,研究者可以根据研究需要,建立某一生化代谢途径中任何一个调控点的突变体,也可以根据需要与基因工程相结合,对一些关键调控过程进行修饰和改造,使代谢过程按照人类需要进行,生产出我们想要的物质或产品。近年来,通过体细胞无性系变异研究激素、次生代谢产物等代谢途径的研究已有了许多报道。通过烟草等多种突变体的研究结果显示,两种突变体往往存在着独立的基因位点,而不同位点的基因又可能通过不同的途径控制硝酸还原酶的活性。此外,还可与基因工程技术相结合,对一些关键调控过程进行修饰和改造,实现代谢过程的人工定向调控。因此,离体诱导的体细胞突变体作为代谢活动调控研究的工具,逐渐显示出了巨大的应用潜力和优势。

5.3 遗 传 转 化

5.3.1 遗传转化的受体系统

遗传转化是指利用分子生物学和基因工程技术将外源基因插入到受体的基因组,并使其在后代植株中得以表达的过程。根据感受态的建立方式,可分为自然转化和人工转化两种方式。受体是指用于接受外源 DNA 的转化材料。作为良好的植物基因转化受体系统必须具备高效稳定的再生能力,受体材料要有较高的遗传稳定性,对筛选剂敏感,转化率高,外植体来源方便,如胚和其他器官等。植物遗传转化中基因受体通常有体外培养材料和活体材料两类。利用体外培养材料作为基因受体,也就是通过组织培养和植株再生来实现遗传转化,是目前最主要的方法。此外,使用活体材料作为基因受体,以及利用花粉管通道法或子房注射法等直接将外源基因导入受体植物也取得了成功。

植物受体系统的建立是转移基因的基础,目前建立的各种基因转化方法均是以受体材料的离体培养技术为基础的。由于多种类型的植物离体培养技术的完善,也使转基因受体系统具有了很大的选择范围,从而建立适合不同植物和不同培养技术的转基因方法。然而,由于培养类型的不同,作为转基因受体系统的特性和适用范围也具有一定的差异。20 世纪 70 年代以来,对植物基因转化受体系统的研究已进行了大量的工作,先后建立了多种有效的受体系统。常用的几种植物遗传转化受体系统见表 5-4。

表 5-4 常见的植物转化受体系统

受体类型	转化方法
愈伤组织、茎段和上胚轴等	农杆菌介导法、基因枪法、超声波法
原生质体	电激法、PEG 法、电穿孔法、脂质体法、显微注射法、农杆菌与原生质体共培养法
悬浮培养细胞	基因枪法、超声波法
生殖细胞如花粉、子房或胚珠	花粉管导入法、基因枪法、浸泡法、子房注射法
未成熟胚和分生组织	农杆菌介导法、基因枪法、超声波法
胚状体	农杆菌介导法、基因枪法、电激法
叶盘如叶片、胚轴、茎尖、幼茎、肉质根	农杆菌介导法、基因枪法、电激法
整株活体	农杆菌介导法、子房注射法、花粉管通道法

1. 原生质体受体系统

原生质体是去除细胞壁后"裸露"的植物细胞,它同样具有遗传上的一致性和细胞的全能性,由于没有细胞壁,所以更容易接受各种外来遗传物质,能够直接高效地摄取外源 DNA,甚至细胞核,可用于大片断 DNA 的导入,能够获得基因型一致的克隆细胞,同时能在合适的培养条件下诱导出再生完整植株,所获转基因植株嵌合体少,适用于多种转化方法,因而是应用最早的再生受体系统之一。可是由于许多植物的原生质体培养体系还不成熟,受原生质体培养技术的限制,系统不易制备,转化试验的重复性较差,该系统在很多植物中还处于完善阶段。同时,原生质体的培养周期长,再生困难,变异频率高,也给转基因后代的鉴定和利用带来很多困难,从而也限制了该系统的应用。此外,原生质体还可用于基因瞬间表达系统的研究。原生质体作为瞬间表达系统,特别适合于利用报告基因来研究特定基因 5′和 3′端不同序列在相应基因表达中的作用。

2.悬浮细胞受体系统

悬浮细胞作为遗传转化受体的优点是,被转化的受体细胞是单个独立的细胞,易于操作,性状稳定,为选择遗传均一性的转基因植株提供了可能性。

3.生殖细胞受体系统

以生殖细胞如花粉粒或卵细胞等为受体进行外源基因转化的系统称之为生殖细胞受体系统,也称为种质系统。获得该系统的途径主要有两种:第一,利用组织培养技术进行花药或卵细胞的单倍体培养,诱导出愈伤组织或胚性细胞,从而建立单倍体的基因转化受体系统;第二,直接利用花粉和卵细胞初始受精过程进行基因转化,如花粉管导入法、花粉粒浸泡法、子房显微注射法等。因为生殖细胞本身具有全能性,所以接受外源 DNA 会更容易,一旦将外源基因导入这些细胞,就如同正常的受精过程一样。由于受体细胞是单倍体,所以转化的基因不受显性和隐性的限制,能使外源目的基因得以充分表达,加倍后即可成为纯合的二倍体新品系,再结合育种目标就有可能从中选育出新品种,大大缩短了育种年限,特别是一些多倍体植物,利用这一系统可大幅度提高转化率。由于该受体系统与其他受体系统相比有许多优点,因此近年来发展很快。

4.愈伤组织受体系统

愈伤组织受体系统是外植体材料经过脱分化培养诱导形成愈伤组织,转化(带有目的基因质粒的农杆菌侵染),并通过分化培养获得再生植株的受体系统。该系统外植体来源广泛,繁殖速度快,易于接受外源基因,转化效率高,但是遗传稳定性差,分化的不定芽嵌合体比例高。愈伤组织的外植体通常采用植物叶片、茎段、子叶和上胚轴等。为了提高转化效率和转化后的植株再生,愈伤组织必须保持良好的生长状态,继代培养的愈伤组织,其继代周期不能过长,防止细胞老化。

5.胚状体受体系统

胚状体是指具有胚胎性质的个体。植物的胚状体再生是指在离体培养条件下,单倍或双倍的体细胞未经性细胞融合而直接发育成为新个体的再生途径。选取的外植体材料如叶片、幼茎、子叶、胚轴以及一些营养变态器官等,在适宜的培养技术控制下,均可直接分化出芽。体细胞胚的发生方式可分为直接体细胞胚发生和间接体细胞胚发生两类。直接体细胞胚发生是指外植体细胞不经过脱分化产生愈伤组织阶段而直接分化出不定芽后形成再生植株。在以农杆菌介导的转化系统中,因为受体细胞对农杆菌的感受状态往往直接影响转化效率,所以如果直接使用外植体组织进行农杆菌侵染,应从植物体有丝分裂活跃的生长部位选取外植体,选取植物的茎尖或生长点部位的组织,因此也有学者称为这种方式是直接分化再生系统。而间接体细胞胚发生是指外植体先诱导出愈伤组织,这些愈伤组织再发育成为体细胞胚。该受体系统在培养技术上相对于原生质体要容易,在转化效率上也优于其他的受体系统,所以胚状体是最理想的转基因受体。两者的共同特点是接受外源 DNA 的能力强,是理想的转基因受体,细胞繁殖量大,转化效率高,系统周期短、操作简单,体细胞变异小,遗传稳定性好,嵌合体少,特别对那些生根困难的植物来讲,通过这一途径获得转基因植株更为有利,但是技术含量高,多数植物还是不容易获得胚状体。

6.叶盘受体系统

选取新鲜幼嫩植物的胚轴、茎尖、幼茎、肉质根和叶片作为外源DNA的转化受体,利用外源基因插入质粒作为载体,并与处于感受态的根癌农杆菌混合培养,接种到外植体上,实现基因转化的目的,将转化体培养形成再生植株,对转基因植株采用PCR检测、Southern杂交分析和报告基因检测等分子检测方法,看是否获得了真正的转基因植株。该系统获得再生植株的周期短,操作简单,转基因植株遗传稳定性强,变异小,再生频率高,但出现嵌合体的频率较高。鉴于根癌农杆菌对天然寄主的专一性的原因,该系统对绝大多数单子叶植物如禾谷类作物来说,实现遗传转化的目的基本不适用。但并非绝对,目前水稻利用此法效果也很好。图5-17是采用叶盘法进行外源基因转化的流程。

7.整株活体受体系统

整株活体受体系统是用整株植物作为受体,通过在活体条件下给植物造成新鲜伤口,用携带外源基因的根癌农杆菌感染植株伤口,使外源基因导入受体植物的体系。以后截取从切口处长出的芽就有可能得到转化了的材料,或取切口处的组织进行离体培养,再生出完整植株而获得转基因植物。如今随着技术的不断发展应用,该系统的受体已经采用了如花粉、卵细胞、子房、幼胚、幼穗及种胚等植物生殖系统的细胞,将外源DNA直接注射进完整植物细胞,培养转化细胞,实现再生植株,也达到了遗传转化的目的,也称为生物媒体转化系统。该系统转化的外源DNA可以是裸露的总DNA,也可以是重组质粒DNA,还可以是某些DNA片段,转化过程依靠植物自身的种质系统或细胞结构来实现,不需要细胞分离、组织培养和再生植株等复杂技术,但是转化效率不高。

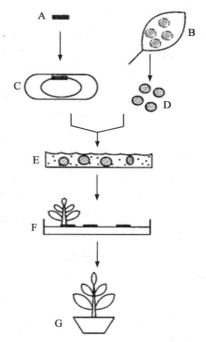

图 5-17 叶盘法基因转化示意图
(引自 Pierik,1987)
A.外源基因 B.叶片 C.外源基因插入根癌农杆菌的 Ti 质粒 D.叶盘或小圆片
E.将小叶圆片放置在根癌农杆菌的悬浮液中 F.转化植株的再生
G.转基因植株的获得

5.3.2 遗传转化方法

利用基因工程技术把外源基因导入植物细胞是现代遗传育种的重要途径。目的基因的导入并整合到受体植物细胞基因组中是植物基因工程的主要环节。目前已经建立了十余种基因转化方法,根据外源目的基因转入植物细胞的方法有直接转化和间接转化两种类型。间接转化法即将目的基因插入农杆菌(*Agrobacterium*)质粒或病毒的 DNA 分子中,随着载体质粒或病毒 DNA 的转移而进入植物受体细胞。目前常用的农杆菌质粒介导法和病毒介导法属于这类方法。直接转化法是通过物理或化学方法将外源基因直接导入植物细胞或原生质体,使之获得表达,并由此获得转基因植株的方法,此方法适用于对农杆菌侵染不敏感的植物,但需要

建立良好的细胞或原生质体培养及再生体系。

5.3.2.1 农杆菌介导法

农杆菌介导的植物遗传转化借助了农杆菌中 Ti 质粒(或 Ri 质粒)的 T-DNA 区可侵染植物这一天然的植物遗传转化体系。其原理就是将外源基因重组进入适合的载体系统,通过载体将携带的外源基因导入植物细胞,整合在核染色体组中并随核染色体复制和表达。土壤杆菌属有 4 个,其中与植物基因转化相关的有两种类型,即含有 Ti 质粒的根癌农杆菌(*Agrobacterium faciens*)和含有 Ri 质粒的发根农杆菌(*Agrobacterium rhizogenes*)。在自然状态下它们能感染植物伤口,分别导致冠瘿瘤(crown gall)和毛状根的发生,它能够感染许多双子叶植物的受伤组织。Ti 质粒是根瘤农杆菌细胞核外存在的一种双链 DNA 分子,其长度大约为 200~250 kb,Ti 质粒上的 T-DNA 转移的全过程包括农杆菌附着植物细胞壁,T-DNA 从 Ti 质粒上被剪切、加工然后穿过农杆菌和植物细胞的细胞壁和细胞膜,最后越过植物细胞的核膜,进入植物细胞核。这一复杂的过程需要农杆菌染色体 Vir 区及 Ti 质粒 Vir 区的多种基因的参与,T-DNA 可以被转移进植物细胞并整合到植物基因组中,在植物中遗传表达;Ti 质粒和 Ri 质粒上都有一段可以发生转移的 DNA 序列,称为转移 DNA(transferred DNA,T-DNA),转化的外源基因多数都符合孟德尔遗传规律。1983 年比利时科学家 Montagu 等和美国 Monsanto 公司 Fraley 等分别将 T-DNA 上的致瘤基因切除(disarmed),并代之以外源基因,首次证明可以通过 Ti 质粒来实现外源基因对植物细胞的遗传转化。至今为止,根癌农杆菌及其 Ti 质粒已发展成为在植物遗传转化中应用最多的和效果较好的遗传转化载体。利用根癌农杆菌这一天然的植物遗传转化系统,现已成功地建立了根癌农杆菌对许多种植物,包括双子叶植物和部分单子叶植物如水稻、玉米等重要粮食作物的遗传转化系统。根据诱导植物细胞产生冠瘿碱的类型不同,可将已知的 Ti 质粒及其相应的宿主菌分为章鱼碱(octopine)型、胭脂碱(nopaline)型、农杆碱(agropine)型和琥珀碱(succinamopine)型等类型。图 5-18 为农杆菌质粒载体 T-DNA 的图谱。T-DNA 区内含耐盐抗旱基因 *bcp* 基因和抗除草剂基因 *bar* 基因。

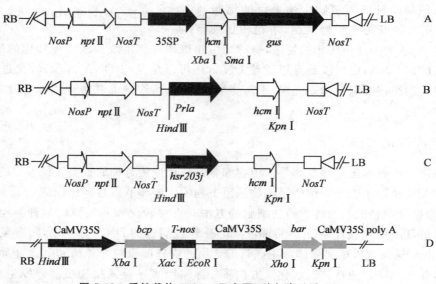

图 5-18 质粒载体 T-DNA 示意图(引自陈天子,2009)

由于野生型 Ti 质粒太大,其限制性内切酶图谱十分复杂,在其 T-DNA 区段上很难找到一种适当的单一的限制性酶切位点,因而很难通过 DNA 重组技术直接向野生型 Ti 质粒引入外源目的基因;同时,由于野生型 Ti 质粒 T-DNA 区存在生长素和细胞分裂素基因,它们在植物细胞中的过量表达很难再生出正常转化植株的冠瘿瘤。因此,在使用根癌农杆菌 Ti 质粒作为外源基因载体进行植物细胞遗传转化前,必须对 Ti 质粒进行改造,使之成为适合植物基因克隆和表达的载体。目前,经过改造的 Ti 质粒载体系统主要分为共整合载体和双元载体两大类。

1.原生质体、悬浮细胞、愈伤组织与农杆菌共培养法

随着 Ti 质粒作为植物基因载体的使用,农杆菌与原生质体"共培养转化"是最早建立的一种转化方法。将根癌农杆菌分别和正处于分化状态的原生质体、悬浮培养细胞和愈伤组织进行共培养一定时间后,将植物材料转移到选择培养基上,诱导出完整植株。由于农杆菌的侵染会增加原生质体培养的难度,因此,利用原生质体为受体最好选用其他转化方法。

2.蘸花法

农杆菌介导的蘸花法(floral dip)是近年来发展迅速的一种遗传转化方法,已成为模式植物拟南芥遗传转化的主要手段。通过这种方式获得的转基因多以孟德尔规律进行遗传,为植物遗传转化的首选方法。该转化方法利用自然繁殖过程和花粉管通道的原理,借助农杆菌介导的 T-DNA 整合特性和优势,避免了采用裸露 DNA 进行转化而使外源基因整合机理不清、遗传不规律和组织培养突变干扰的缺点,无须植株再生的繁琐操作。此法是在作物自花授粉后的当天下午和次日上午,用含有蔗糖和表面活性剂的农杆菌浸泡液滴涂在作物完整或受损的花柱上,使得 T-DNA 转入靶细胞胚珠中,进而收获种子并再繁殖,得到转基因植株。图 5-19 为农杆菌浸蘸棉花柱头的部位示意图及田间转化展示图。

图 5-19 农杆菌浸蘸柱头的部位示意图及田间转化展示图(引自陈天子,2009)

A.农杆菌施用部位示意图(a,c.农杆菌滴涂部位 b.于开花次日抹去
花柱然后施用农杆菌部位 d.于开花当天下午切除柱头
然后施用农杆菌部位) B,C.田间套袋保湿情况

3.叶盘法

叶盘法是在遗传转化中广泛应用的方法,尤其是双子叶植物较为常用,方法简单、有效。具体图示见前面叶盘受体系统(图 5-17)。其基本程序包括:含重组 Ti 质粒的根癌农杆菌的培养,选择合适的外植体,根癌农杆菌与外植体共培养,外植体脱菌及筛选培养,转化植株再生。对这些再生植株进行生化检测和分子生物学鉴定,如目的基因片段的 PCR 扩增、Southern blot、Northern blot 和 Western blot 等,就可确定再生植物是否整合有外源基因及其表达情况。叶盘法重复性好,便于大量培养转化植物,外植体来源广泛,如叶柄、子叶、胚轴、茎段及悬浮培养细胞甚至萌发种子等均可用于和叶圆片(盘)法类似的方法进行转化。此外,采用经活化培养的农杆菌菌液,用注射器针头注射或用锋利刀片切割植物后,将菌液涂抹到受体的敏感组织或器官的活体接种转化法,也是一种非常简单易行的方法。

5.3.2.2　病毒介导法

病毒介导法(virus trans-formation)是以病毒为媒介构建载体,通过病毒对植物细胞的感染而将外源基因导入的一种转基因方法。病毒可以感染植物组织,不受双子叶和单子叶限制,因此病毒 DNA 可以作为载体转化植物细胞。植物病毒能够在被感染的植物寄主细胞中实现复制和表达,因此这些病毒有可能被用做植物细胞内复制和表达外源基因的载体。与 Ti 质粒相比,这类载体比较小,便于在实验室中操作,只要与植物细胞共培养就可以较高效率地感染植物细胞,并在植物细胞中高水平地表达外源基因。病毒侵染寄主细胞的过程与根癌农杆菌的 Ti 质粒相似。目前该项技术应用较为成熟的是花椰菜花斑病毒(CaMV)和番茄金花叶病毒(TGMV)。

5.3.2.3　基因枪转化法

基因枪转化法又称微弹轰击法(microprojectile bombardment),是将带有目的基因的质粒 DNA 附着在微小的金粉或钨粉颗粒上形成微弹,通过高压气体、火药爆炸或高压放电将其射入到待转化的植物细胞或组织当中,通过气压可调整基因子弹的速度,使其获得足够的能量能穿过植物细胞壁但又不能穿过植物细胞,恰好能进入植物细胞内,甚至直接进入细胞核,伴随而入的 DNA 分子释放并随机整合到寄主细胞的基因组上,从而实现基因的转化和表达。根据基因枪的动力来源不同,可将其分为以下几种类型:火药式基因枪、高压放电基因枪(图 5-20)、压缩气体驱动基因枪和粒子流基因枪。

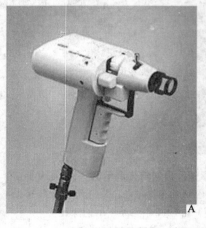

图 5-20　高压放电基因枪

A.枪头　B.主机

基因枪法在转基因植物、转基因药物、生物反应器、转基因动物组织器官移植、供体以及基因治疗和基因免疫方面均有了广泛的应用,基因枪法也是除根癌农杆菌载体介导法之外的第二种主要的遗传转化方法,这种方法无宿主限制,适合于大多数细胞或组织,对单子叶植物和双子叶植物同样有效,不存在基因型专一性,也不受培养类型的限制,可以对原生质体、悬浮培养细胞、愈伤组织进行基因转化,也可以对再生能力较强的成熟和未成熟胚、分生组织、茎尖、花粉细胞、子房、叶盘等原初外植体进行转化,这对于单子叶植物十分重要,因为这可避开原生质体作为基因受体的限制。到目前为止,利用基因枪法已经在棉花、烟草、豆类和多数禾本科农作物、果树花卉和林木等植物上获得了转基因植株。

5.3.2.4 电激法

电激法(electroporation)又称电激穿孔(electro-potation)法,是20世纪80年代初发展起来的一种遗传转化技术。该方法是通过高压脉冲电流导致细胞膜上出现短暂可修复的孔道,为外源DNA进入细胞提供了通道,DNA分子通过这些通道进入细胞内并整合到受体细胞的基因组上。由于质膜具有可修复性,因此外加电压造成的膜穿孔在一定时间内可自动修复,使细胞恢复到正常生理状况。电激法相对于其他转化方法是更适于原生质体的方法,因为其操作快速简单,对原生质体伤害小而有利于原生质体培养。近年来采用电激法进行原生质体遗传转化的报道已有很多。通过电激法直接在带壁的植物组织和细胞如花粉、幼胚及成熟胚等上打孔,然后将外源基因直接导入植物细胞,这种技术又称为"电注射法"。使用该技术可以不制备原生质体,不存在对细胞的毒害问题,转化效率高,转化技术操作简便。

电转化的影响因素有很多,一般可包括以下几个方面:第一,不同基因型对转化条件的要求不一样。第二,原生质体的密度要适中,一般认为,$(2\sim8)\times10^4$ 个/mL 的原生质体密度是适宜的。第三,高 Ca^{2+} 浓度对细胞的电转化率有明显的不利影响。第四,直流高压脉冲是影响转化的一个决定因素。如杨树原生质体电融合研究表明当直流高压脉冲为 1 500 V/cm 时,一对一异质转化频率最高,交变电场强度决定着原生质体"珠串"形成的质量和速度。目前,该法已在棉花、玉米、水稻、马铃薯、番茄、大豆、小麦等作物上获得了转基因植株。图 5-21、图 5-22 为电击法原生质体转化,图 5-23 为交变电场部分。

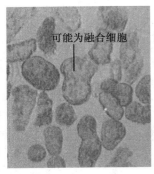
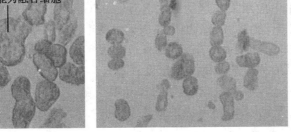
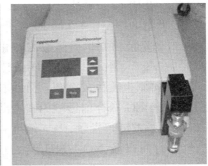

可能为融合细胞

图 5-21 电击法原生质体转化　　图 5-22 原生质体成串(40×)　　　　图 5-23 交变电场部分

5.3.2.5 激光微束法

激光微束法的原理是先将待转化细胞用高渗缓冲液处理,使细胞失水并产生内高外低的渗透压梯度,然后利用激光穿孔仪所放出的激光微束引起细胞壁及其细胞膜穿孔,使外源

DNA 被吸收到细胞内(Topfer,1988)。

5.3.2.6 碳化硅纤维介导法

碳化硅纤维介导法是利用直径为 0.6 mm,长度为 10~80 mm 的碳化硅纤维丝在旋涡引起的运动中,纤维丝将细胞壁、细胞膜穿孔,并将外源 DNA 导入到细胞内。

5.3.2.7 电泳法

电泳法是利用在一定的电场下,DNA 分子由负极移向正极的原理,将 DNA 引入到正极端经过处理的组织细胞中,实现 DNA 的导入。

5.3.2.8 超声波转化法

采用低声强脉冲的超声波所产生的空化作用、机械作用和热作用可将细胞壁和细胞膜击穿或发生可逆性改变,而使外源的 DNA 导入到细胞内。

5.3.2.9 显微注射法

显微注射法(microinjection)是特制的显微注射仪在显微镜下将外源遗传物质直接注射入植物细胞的转化方法。因为植物细胞的细胞壁和原生质体具有弹性,所以使用该方法时需要将植物细胞固定才能注射,一般情况下利用琼脂糖包埋、聚赖氨酸粘连和微吸管吸附单个细胞等方式,将受体细胞(原生质体或生殖细胞)固定,然后将供体 DNA 或 RNA 通过显微注射仪直接注入受体细胞。具有较大子房或胚囊的植株可在田间采用子房注射法或花粉管通道法进行活体操作。据以往的研究结果可知,DNA 直接注射入花粉粒、卵细胞、子房等均可获得较为理想的结果。显微注射虽然操作繁琐耗时,但其转化率很高。Neuhaus 等(1990)已研究出了一套完善的技术,在烟草、油菜、苜蓿等植物的原生质体转化中转化率高达 60% 以上。近年来,科技工作者们已经建立了一套以培养细胞或胚性细胞团为受体的转化技术,该法现已用于多细胞系统,如未成熟胚、悬浮细胞和分生组织等的遗传转化。

5.3.2.10 化学物质诱导法

化学诱导法是以原生质体作为受体,借助于特定的化学物质诱导外源 DNA 直接导入植物细胞的方法。常用的化学物质有 PEG、PLO(多聚鸟氨酸)、PVA(聚乙烯醇)和磷酸钙等。目前应用最多的两种方法即 PEG 介导基因转化和脂质体(liposome)介导的基因转化法。在此主要介绍 PEG 介导法。

20 世纪 80 年代建立的 PEG 介导转化法,是借助于原生质体的 PEG 诱导融合方法演变而来的,也是植物原生质体遗传转化中应用最普遍的方法之一。PEG 是一种细胞融合剂,在高 Ca^{2+}(Mg^{2+}、Mn^{2+})和高 pH 条件下,能够引起细胞质膜表面电荷紊乱,形成分子桥,促进外源 DNA 向原生质体膜沉积,并使质膜发生内吞作用,导致通透性改变从而有助于细胞摄取外源 DNA。PEG 融合的影响因素主要有原生质体的群体密度、PEG 的相对分子质量与含量、Ca^{2+} 浓度和 pH 值、融合液的渗透压和温度、培养时间以及 NO_3^-/NH_4^+ 浓度等。PEG 介导法的原生质体基因转移曾经是禾谷类作物遗传转化的最主要方法,其成本低廉、效果稳定。但是,大多数原生质体培养再生植株困难,再加上原生质体培养周期长,从而使 PEG 法的应用受到了很大的限制。该法目前仍然具有一定的应用价值,特别是对禾谷类作物具有重要作用。目前 PEG 介导法已在水稻、小麦、大麦、烟草和大豆等众多植物的原生质体转化中取得了成功。图 5-24 为烟草叶肉细胞和洋

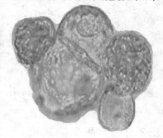

图 5-24　烟草叶肉细胞和洋葱根尖细胞原生质体异源转化

葱根尖细胞原生质体异源转化的效果。

5.3.2.11 花粉管通道法

花粉管通道法(pollen-tube pathway)是由我国学者周光宇等在 1983 年建立并在长期的科学研究中发展和不断完善起来的转基因方法。如今该法经过多年众多科技工作者的不懈努力,已在水稻、小麦等多种作物的后代上用分子方法检测到了外源基因和蛋白的表达,至此,花粉管通道法转基因技术已在多种作物中获得了成功。花粉管通道法由于操作简单,受实验室条件限制较小,因而是目前利用性细胞受体中研究较多的方法,我国研究人员在进行棉花遗传转化时多采用这一方法。其基本原理是利用植物授粉后,花粉在柱头上萌发,形成天然的花粉管通道,此时将花柱上端切去,在切口上滴入(或注射)外源 DNA,使其沿花粉管通道进入胚囊,与受精卵或胚细胞接触,由于卵、合子或早期胚胎细胞在受精前后的一定时期内不具备真正的细胞壁,此时受精卵可作为天然的原生质体,伴随着细胞活跃的 DNA 复制、分离和重组,外源 DNA 片段很容易就被整合到了受体基因组中,最后长成正常的种子,达到了遗传转化的目的。采用花粉管通道法转入外源基因的方法主要有以下几种:第一,胚囊、子房注射法。是指去掉柱头,使用显微注射仪把待转的外源 DNA 溶液注入胚囊或受精子房中,使外源 DNA 进入受精的卵细胞,从而获得转基因植株。该法适用于花器较大的植物。第二,柱头滴加法。这是应用最多的一种方法,在授粉前后,将待转基因的溶液滴加在柱头上,实际操作时一般先切除一半或全部柱头。第三,花粉粒携带法。应用外源 DNA 溶液处理花粉粒,利用花粉萌发时吸收外源 DNA 从而使花粉粒携带外源基因,然后授粉,其子代出现 DNA 供体性状。该法在玉米、水稻和小麦上都有过报道。第四,花粉匀浆涂抹柱头法。应用花粉携带外源 DNA 的原理,是指把不同来源的花粉进行匀浆处理后直接涂抹到柱头上的方法。目前这种方式应用非常广泛。

花粉管通道法建立了以活体植物的生殖细胞为受体,进行外源基因转移的方法,操作简便,省略了组织培养和诱导再生植株等人工培养过程,特别是对那些难以离体再生植株及对农杆菌感染不敏感的植物具有重要的应用价值。花粉管通道法将现代分子育种与常规育种方法紧密结合,为离体再生系统不完善的植物转化提供了另一条有意义的途径。但是这些方法容易受到季节的影响,只能在短暂的开花期内进行,因而使该法应用受到了一定的限制。

由此可知,各种基因转化系统在使用的载体、转化原理、受体细胞、寄主范围、转化率及操作复杂性等方面均存在明显差异,对于不同种类的植物,或者同一种类不同基因型的植物,应当综合考虑多种因素,选择最佳的方法,从而达到理想的效果。

5.3.3 转基因植株的再生及检测

转基因植物(transgenic plant)是指利用重组 DNA 技术将克隆的优良目的基因整合到植物的基因组中,并使其得以表达,从而获得具有新的遗传性状的植物。对转化体的筛选,一般都是使用特异性选择标记基因(selectable marker genes)进行标记,可以有效地选择出真正的转化细胞。对转化体的鉴定,通过筛选得到的再生植株能够初步证明标记基因整合进入了受体细胞,至于目的基因是否真正地整合到了受体核基因组、是否表达,还必须对抗性植株或转化体做出进一步的鉴定。

5.3.3.1 转基因植株的再生

植株再生是基因转化的关键步骤,直接决定能否获得转基因植株。转基因植株的再生一般分为两种形式:一种是愈伤组织再生。转化后的外植体首先产生愈伤组织,然后在分化培养基上诱导出芽直至长成一个完整植株,这是植株再生中最常用的一种方式,筛选和优化植株再生培养基是提高转化效率的一个重要因素。另一种是直接再生,从外植体直接诱导出芽而不经过愈伤组织的分化。转基因植株再生的方式与一般植株再生的方式相同,两者的主要区别在于转基因植株的再生受外源基因、载体系统、受体系统、抗生素、转化过程等的影响。图5-25为转 *bcp* 基因的棉花新陆中 20 号胚性愈伤在 PPT 选择剂筛选下的再生图,加有卡那霉素或 PPT 药剂的培养基,经多次继代培养后获得了高度一致的棉花转基因抗性胚性愈伤,并获得了转 *bcp* 基因植株。

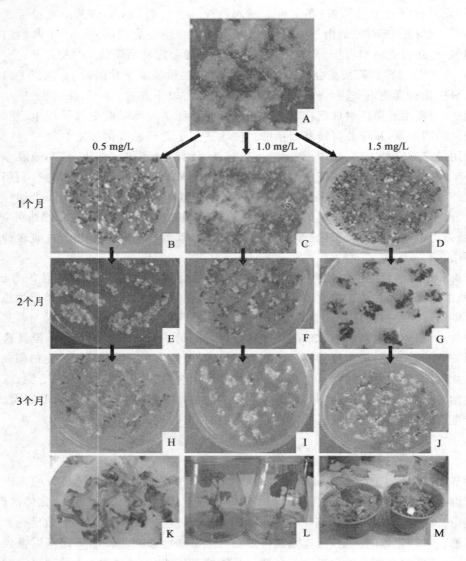

图 5-25 转 *bcp* 基因的棉花新陆中 20 胚性愈伤在 PPT 选择剂筛选下的再生图(引自陈天子,2009)
A.用于转化的胚性愈伤 B,E,H.抗性愈伤在 0.5 mg/L PPT 筛选下的长势 C,F,I.抗性愈伤在 1.0 mg/L PPT 筛选下的长势 D,G,J.抗性愈伤在 1.5 mg/L PPT 筛选下的长势
K,L.抗性胚性愈伤在 MSBF 培养基上发育出苗 M.转基因苗嫁接于温室

5.3.3.2 转基因植株的检测

当带有目的基因的嵌合基因被转入某种受体系统后,必须对转基因植物材料进行分析与鉴定,以确定外源基因是否在转基因植株中正常表达。转基因植株的检测方法很多,一般来说,检测外源基因是否转化成功首先是对标记基因进行检测,其次是对外源目的基因进行检测。外源目的基因有整合和表达两个层次,表达又可分转录和翻译两个水平。整合是指进入植物细胞的外源基因是否整合到染色体上;转录是以 DNA 为模板合成 mRNA 的过程,翻译则是以 mRNA 为模板翻译成蛋白质的过程。因此,除整合鉴定外,外源目的基因表达的检测同样可以在两个水平上进行,一是在转录水平上对 mRNA 进行检测,二是在翻译水平上对所表达的蛋白质进行检测。

1. 报告基因的检测

在植物筛选标记基因中,强调给转化细胞带上一种标记,能够起报告和识别作用,故称为报告基因。报告基因用于植物遗传转化中筛选和鉴定转化的细胞、组织、器官和再生植株,这些基因通常与目的基因构建在同一植物表达载体上,一起转入受体。报告基因能够快速报告细胞、组织、器官或植株是否被转化,它是一个表达产物非常容易被检测的基因。

目前植物遗传转化中常用的报告基因主要有 GUS 基因(β-葡萄糖苷酸酶基因)、氯霉素乙酰转移酶基因、GFP(绿色荧光蛋白基因)、OCS(章鱼碱合成酶基因)、新霉素磷酸转移酶基因、lacZ(半乳糖苷酶基因)、luc(萤火虫荧光素酶基因)、nos(胭脂碱合成酶基因)、npt II(磷酸新霉素转移酶基因)等。它们已成功地用于棉花、小麦、玉米、水稻、谷子和葡萄等植物的遗传转化研究。

(1)GUS 基因的检测 GUS 基因存在于大肠杆菌等一些细菌的基因组内,编码 β-葡萄糖苷酸酶基因。由于绝大多数植物没有检测到葡萄糖苷酸酶的背景活性,因此这个基因被广泛应用于转基因植物、细菌和真菌基因调控的研究中。根据 GUS 基因检测所用的底物不同,可以选择 3 种检测方法:组织化学法、分光光度法和荧光法,其中利用组织化学法可观察到外源基因在特定器官、组织,甚至单个细胞内的表达情况。采用 GUS 方法检测时,在一定条件下转化体会产生蓝色沉淀,既可以用分光光度计法测定,又可以直接观察到植物组织中形成的蓝色斑点。当加入 4-甲基伞形酮基和葡萄糖苷酸时生成 4-甲基伞形酮,能够发出荧光($\lambda =$ 465 nm),因而可以用荧光光谱法测定。由于荧光强度高,成本低,检测容易并能迅速定量,所以采用荧光检测极为灵敏。例如,通过对棉花胚性愈伤分化形成的小苗进行 GUS 染色,结果发现,在小苗的茎、叶和根的部位均有蓝色,表明基因已经转入受体基因组,而且已经表达,如图 5-26 所示。

(2)GFP 基因的检测 GFP 是绿色荧光蛋白,它是 1962 年由诺贝尔化学奖获得者下村修、马丁·查尔菲和钱永健发现的一种荧光报告分子。GFP 是存在于包括水母、水螅、珊瑚等腔肠动物体内的一种发光蛋白质,它的独特之处是发光不需要底物或辅助因子。水母的绿色荧光蛋白稳定且无种属限制,在多种动植物中都可应用。GFP 之所以能够发光,是因在其包含 238 个氨基酸的序列中,第 65~67 个氨基酸(丝氨酸-酪氨酸-甘氨酸)残基,可以自发地形成一种荧光发色团(图 5-27)。

在扫描共聚焦显微镜的激光照射下,GFP 的内源荧光基团会发出明亮的绿色荧光,从而可以精确地定位蛋白质的位置。因此,它可以让科学家在分子水平上研究活细胞的动态过程。利用基因工程技术,将编码 GFP 基因整合于蛋白 cDNA 的 C_2 端或者 N_2 端使其表达融合蛋

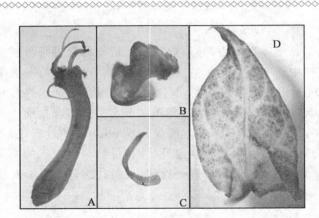

图 5-26 GUS 染色检测基因转基因小苗和叶片（图中组织颜色
较深的点为 GUS 检测阳性）（引自王立科，2009）

A. 胚性愈伤分化发育成的畸形小苗　B. 小苗上畸形叶片
C. 小苗上的根　D. 正常小苗叶片

图 5-27　GFP 绿色荧光蛋白结构图
（引自孙磊，2009）

白，应用荧光显微镜和流式细胞仪可方便地检测到目的基因的表达、筛选出阳性克隆，不需染色，对细胞无毒性。如今，GFP 已被改造而产生出具有不同光谱特性的多种荧光蛋白，如增强型绿色荧光蛋白（EGFP）、黄色荧光蛋白（YFP）和蓝绿色荧光蛋白（CFP）。例如，为了阐明所克隆得到的 *GhCAs* 基因在植物细胞的哪个部位表达并发挥生理作用，孙磊采用基因枪介导的瞬时转化法，将构建好的含有目的基因的植物表达载体轰击进洋葱表皮，经荧光共聚焦显微镜检测，结果表明该基因在细胞膜上发挥其生物功能，同时在核膜上也有分布，如图 5-28。

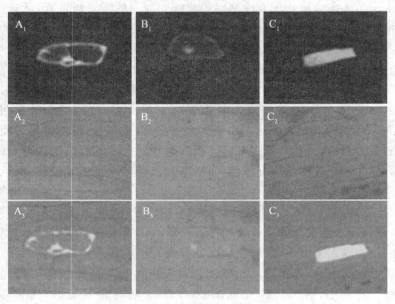

图 5-28　洋葱表皮细胞 GFP 荧光的观察（引自孙磊，2009）
A_1、A_2、A_3. *GhCAs-GFP* 瞬时表达　B_1、B_2、B_3. 质壁分离后的表达
C_1、C_2、C_3. 空载体的瞬时表达

(3)抗性标记基因的检测 通常使用的抗性标记基因有抗生素抗性基因和除草剂抗性基因。将选择标记基因与合适的启动子构成嵌合基因,克隆到质粒载体上,与目的基因同时进行转化。在选择压力下,不含标记基因及其产物的非转化细胞、组织、器官和植株都表现为死亡,而经过转化的细胞、组织、器官和植株由于具有选择标记基因赋予的抗性,不影响其生长,可继续存活,从而将转化细胞选择出来,常用的抗生素抗性基因有 *kan*(抗卡那霉素基因)、*cat*(氯霉抗性基因)、*apt*(抗氨苄基因)、*tcr*(抗四环素基因)、*hyg*(抗潮霉素基因)和 *neo*(抗新霉素基因)等。其原理是抗性基因编码的蛋白质(酶)可对抗生素进行乙酰化、腺苷化、磷酸化等化学修饰或水解,破坏抗生素的作用,使细胞产生抗药性。对抗生素不敏感的植物,可以转入抗除草剂基因作为标记基因进行筛选。其基本原理是将抗除草剂基因和目的基因共同构建到合适的表达载体上,导入到作物中,若转化子表现出了对除草剂有抗性,说明抗除草剂基因已整合到了植物基因组中,也间接说明目的基因整合到了作物基因组中。当转基因后代发生分离时,喷施除草剂可以除掉非转基因植株或假杂种,这一点使抗除草剂基因在植物基因工程中得到了广泛的应用。例如,2009 年陈天子用卡那霉素涂抹棉花叶片,1 周后非转基因植株叶片表现出了黄色斑块,而转基因植株叶片仍为正常绿色,为了进一步验证选择的有效性,再用 Basta 除草剂涂抹 PCR 阳性植株叶片。1 周后,非转基因植株的叶片呈严重的失绿烧枯状,而转基因植株叶片呈正常绿色,没有枯萎症状(图 5-29B)。这说明 *bar* 基因在转基因植株中正常表达,产生了对除草剂的抗性。

图 5-29 转基因植株抗性鉴定结果

A.0.05%(质量浓度)卡那霉素脱脂棉球黏附于棉花叶片 1 周后
(左:转基因植株叶片;右:非转基因植株叶片) B. 0.15%(体积分数)
asta 除草剂涂抹叶片 1 周后(左:转基因植株叶片;右:非转基因植株叶片)

2.目的基因整合水平的鉴定

(1)PCR 检测 在转基因植物中,聚合酶链式反应(polymerase chain reaction,PCR)技术是检测外源基因的常用技术,以外源基因两侧序列设计引物,能在体外快速特异地扩增目的基因 DNA 片段,属于定性检测。PCR 检测可以对特殊序列基因(如遗传标记基因、启动子、终止子)和目的基因进行检测。根据外源基因的特点,设计并合成相应的引物,以转基因植物 DNA 为模板,对样品 DNA 进行扩增,产物经琼脂糖凝胶电泳,再用溴化乙锭染色后很容易观察,可对目的基因是否真正的整合到转基因植株上进行初步判断。如果 PCR 扩增反应产物与外源基因片段相同,表明该样品中含有外源基因。随着 PCR 技术的不断发展,如今国内外许多科研机构已将复合 PCR(multiplex PCR,MPCR)技术应用到了转基因植物检测当中,即在同一反应管中含有一对以上引物,同时针对几个靶序列进行检测,模板可以是单一的,也可以是几

种不同的,其检测结果较普通 PCR 更为可信,同时简化了程序,降低了成本。现在已经利用该技术对棉花、小麦、玉米、番茄、辣椒、葡萄等转基因植物进行了大批量的商业化鉴定,为动植物新品种的审定提供了直接的证据。PCR 检测可分为定性和定量检测两种。图 5-30 为 *npt* Ⅱ 基因、*hcm1* 基因、bar 基因和 bcp 基因的转基因棉花 *PCR* 检测结果。用嫩叶提 *DNA*,以 *PCR* 初步验证转基因的有无,筛选含目的基因的再生苗。从图 5-30 中可以看出选择标记基因和目的基因在大部分苗中都能扩增与质粒阳性对照相同的带,而在非转化植物中均没有目的条带,初步说明 *DNA* 已整合到了棉花基因组中。

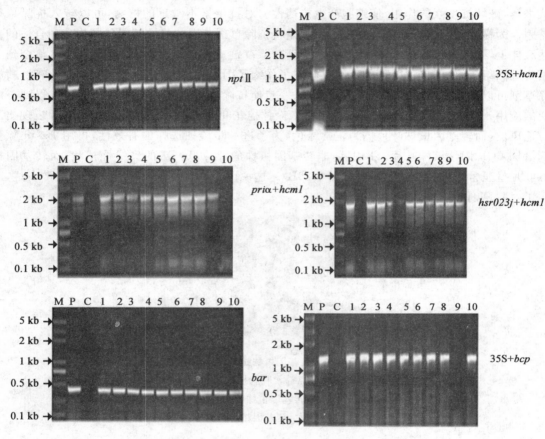

图 5-30　棉花转基因苗 PCR 检测(引自陈天子,2009)

M. DL2 000 分子量 Marker　P. 质粒阳性对照　C. 非转基因对照

泳道 1～10. 来自独立转化系的再生苗

(2)电化学发光 *PCR* 技术检测　电化学发光 *PCR* 方法首次将电化学发光技术(*electro-chemiluminescence*,ECL)、*PCR* 技术和双探针杂交技术结合起来,用于检测 *CaMV*35S 启动子。目前,大约 75% 的转基因植物中使用 *CaMV*35S 启动子。*PCR* 产物与生物素标记的探针杂交,可以起到筛选的作用,与三联吡啶钌标记的探针杂交则可用于电化学发光检测。两种探针同时与转基因样品 *PCR* 产物杂交,使结果进一步避免假阳性的影响。该方法灵敏度高,可靠性强,操作简便,结果准确,有望成为一种高效的转基因检测方法。

(3)HRCA 技术　超分支滚环扩增技术(*hyper-branched rolling cycle amplification*,

HRCA)又称为级联滚环扩增技术(*cascade rolling cycle amplification*,CRCA),其原理是在滚环复制(*rolling cycle amplification*,RCA)的基础上增加一个同锁式探针中部分序列相同的引物序列,即在两个引物存在下产物以超分支形式扩增,可在 1 h 内对 10 个靶分子进行扩增,扩增倍数可达 10 倍以上。研究表明,HRCA 方法完全可以用于转基因植物及其产品的检测,灵敏度高,可靠性强。

(4)Southern 杂交 PCR 检测也存在缺点,由于 PCR 扩增十分灵敏,有时会出现假阳性扩增,因此此检测只能作为初步结果。为了进一步验证转基因整合的真实性,还需对 PCR 阳性植株做更加严格的检测。其中,进一步证明外源基因整合到植物染色体上最安全可靠的方法是 Southern 杂交(*Southern blotting*),属于 DNA 水平的鉴定。只有经过分子杂交鉴定为阳性的植株才可以称为真正的转基因植株。其基本原理是将待检测的 DNA 样品固定在杂交膜上,用外源目的基因序列作为探针,并进行杂交,在与探针有同源序列的位置上会显示出杂交信号。利用 Southern 杂交可以最终确认仅通过 PCR 初步检测为阳性的植株是否为真正的转基因植株,也可以确定外源基因在植物中的整合位置、拷贝数以及转基因植株 F_1 世代外源基因的稳定性等。该技术灵敏性高,特异性强,是当前鉴定外源基因整合及表达的权威方法。根据杂交时所用的方法,核酸分子杂交又可分为印迹杂交、斑点杂交或狭缝杂交和细胞原位杂交等。现 Southern 杂交已在棉花、小麦、油菜、水稻、大豆、玉米、大白菜、马铃薯、杏、烟草等植物中得到了广泛应用。图 5-31 为转基因陆地棉的 Southern 杂交检测结果。杂交所用探针分别为地高辛标记的 516 bp hcm1 基因和 1 114 bp CaMV35S+bcp 基因片段。7 株 hcm1 基因 PCR 阳性植株中,除孔道 5 所示的植株无杂交信号外,其他都有杂交带,并且以单拷贝为主。转 CaMV35S+bcp 植株 Southern 杂交的结果发现所检测的 7 株 CaMV35S+bcp 基因片段 PCR 阳性植株中,植株 1 和植株 6 没有检测到目的基因片段,其他 5 株为转基因植株。Southern 杂交结果表明 PCR 检测呈阳性的植株并不一定成功整合了外源目的基因。检测的 DNA 样品被目的基因片段污染后,由于 PCR 数量级地扩增目的片段会导致 PCR 检测呈假阳性。

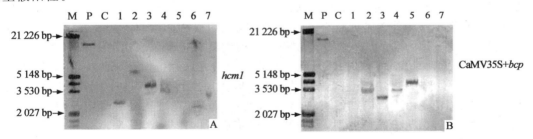

图 5-31 转基因植株 Southern 杂交检测(引自陈天子,2009)

A. 转 hcm1 基因植株以地高辛标记的 516 bp hcm1 基因为探针进行 Southern 检测

B. 转 bcp 基因植株以地高辛标记的 1 114 bp CaMV35S+bcp 基因片段为探针进行 Southern 检测

M. *EcoR*1/*Hind*Ⅲ 酶切 λ-DNA P. 质粒阳性对照 C. 非转基因植株 1~7 PCR 阳性转基因植株(杂交条带的大小代表着不同的基因插入位点)

3. 目的基因转录水平上的检测

(1)Northern 杂交 通过 Southern 杂交可以得知外源基因是否整合到了植物染色体上,但是整合到染色体上的外源基因并不一定都能表达。其表达除了受生理状态调控外,还与其调控序列及整合部位等因素有关。因此,为了保险起见还需要从转录水平上做进一步的检测。

转基因植株中外源基因的转录水平可以通过标记的 RNA 为探针对总 RNA 进行杂交来鉴定，检测基因在转录水平上的表达称为 Northern 杂交。Northern 杂交和 Southern 杂交相比，更接近性状表现，更具有现实意义，被广泛地应用到了转基因植物的检测。现已用于棉花、小麦、水稻、油菜、玉米、杨树、豆瓣菜、马铃薯、草莓、烟草等转基因植物的检测中。Southern 杂交中 RNA 提取条件严格，灵敏度有限，在材料内含量不如 DNA 高，对细胞中低丰度的 mRNA 检出率较低，不适于大批量样品的检测。

例如，通过 Northern blot 来验证棉花 *GhFAnnx* 基因表达效果。分别提取根、茎、叶等各个组织和材料的 RNA 进行该实验。以各组织细胞的总 RNA 作为内标。结果显示，*GhFAnnx* 基因在根、茎组织中表达量较低，在叶组织中表达量最低，而在纤维发育不同时期表达量有所不同（图 5-32）。根据 Northern blot 结果，可以看出 *GhFAnnx* 基因在纤维细胞中表达量高于根、茎、叶组织，另外 *GhFAnnx* 基因的表达集中于纤维发育的起始和伸长时期，到伸长期后期，*GhFAnnx* 基因表达量降低。由此推测 *GhFAnnx* 基因与纤维细胞的起始和极性伸长有密切关系。

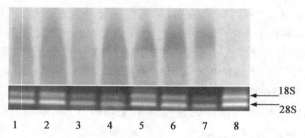

图 5-32　*GhFAnnx* 基因 Northern blot 分析（引自王立科，2009）

1.根　2.茎　3.叶　4.5DPA 胚珠和纤维混合体　5.8DPA 胚珠和纤维混合体
6.11DPA 纤维　7.14DPA 纤维　8.17DPA 纤维　底部泳道为各时期的总 RNA

（2）RT-PCR　在转基因植物检测中，RT-PCR（reverse transcription-PCR，反转录聚合酶式反应）技术常用于检测外源基因是否表达及在不同组织或相同组织不同发育阶段的表达情况，进而研究外源基因的功能。它是从给定组织中检测某特定基因表达的一种不太定量的方法。其原理是以植物总 RNA 或 mRNA 为模板进行反转录，然后进行 PCR 扩增，如果从细胞总 RNA 中扩增出特异 cDNA 条带，则表明外源基因实现了转录。例如，采用 RT-PCR 检测 *GhPEL* 基因在棉花花粉发育时期的表达，结果表明：*GhPEL* 在减数分裂时期开始表达，在四分体时期表达最强，在花粉发育前期、后期和成熟的花粉中不表达（图 5-33）。说明该基因在棉花花粉母细胞减数分裂的四分体时期起作用。

随着技术的不断发展，荧光实时定量 PCR 技术也可用于检测基因表达差异分析，该技术自建立以来，发展迅速、应用广泛，表明其具有强大的生命力。它是在 PCR 体系中加入了荧光团，利用荧光信号积累实时监控 PCR 过程，最后通过标准曲线对未知模板进行定量的分析方法。荧光实时定量 PCR 技术不仅是一种高敏感、高特异的检测核酸分子的定性方法，相比传统的 PCR 技术，荧光定量 PCR 技术能对核酸分子进行精确定量分析。大量的例证表明荧光实时定量 PCR 在确定转基因拷贝数、检测插入外源基因拷贝数、基因芯片分析、结果验证 cDNA 和差异显示 PCR、基因组 DNA 定量以及对农业生产和医学上的重要基因进行实时表达分析等方面，都有很好的应用前景。

为了研究囊泡膜相关蛋白基因在棉花中表达的时空特点，用 RT-PCR 和实时荧光定量

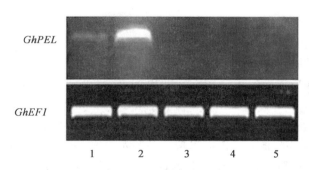

图 5-33　*PEL* 基因在花粉发育各个时期的 RT-PCR

1.减数分裂期　2.四分体期　3.花粉发育前期　4.花粉发育后期　5.开花当天花粉

RT-PCR 研究 *GhVAMP* 基因在陆地棉 TM-1 和陆地棉 7235 根、茎、叶和不同发育时期纤维中的表达。实验表明，*G hVAMP* 在棉花的根、茎中优势表达，在棉花各不同时期的纤维中也表达，并且在 TM-1 和 7 235 的根、茎之间表达存在极显著差异（图 5-34，图 5-35）。

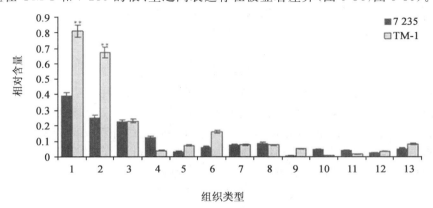

图 5-34　实时荧光定量 RT-PCR 分析 *GhVAMP* 基因在 7235 和 TM-1 不同组织和不同时期纤维中的表达（$p < 0.01$）

1～3.棉花的根、茎、叶　4～8.不同材料胚珠　9～13.不同材料纤维

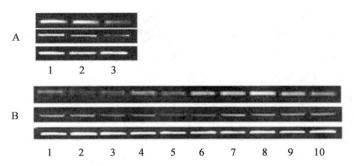

图 5-35　RT-PCR 分析 *GhVAMP* 基因在 7235 和 TM-1 不同组织和不同时期胚珠、纤维中的表达（引自陈天子，2009）

A.*GhVAMP* 基因不同组织中的 RT-PCR 分析　1.根　2.茎　3.叶　B.*GhVAMP* 基因不同时期胚珠和纤维中的 RT-PCR 分析　1～5.不同材料胚珠　6～10.不同材料纤维

4.外源基因翻译水平上的检测

外源基因导入植物基因组中,转录形成的 mRNA 正确翻译成蛋白质,还必须在翻译水平或蛋白质水平上对转基因植物进行分子检测。目前,常用的蛋白质检测方法均以免疫分析技术为基础,主要有酶联免疫吸附法(ELISA)和 Western 印迹法。

(1)ELISA 检测 酶联免疫吸附法(enzyme-linked immunosorbent assay)是研究基因表达的重要方法之一。该法主要是基于抗原或抗体能吸附至固相载体的表面并保持其免疫活性,抗原或抗体与酶形成的酶结合物仍保持其免疫活性和酶催化活性的基本原理,来检测抗原、抗体的技术。在检测时,把受检标本和酶标抗原或抗体按不同的步骤与固相载体表面的抗原或抗体起反应,用洗涤的方法使固相载体上形成的抗原抗体复合物与其他物质分开,最后结合在固相载体上的酶量与标本中受检物质的量有一定的比例,加入酶反应的底物后,底物被酶催化变为有色产物,根据颜色反应的深浅进行定性或定量分析。

20 多年来,ELISA 检测技术在植物学科中的应用得到了长足的发展。但是,由于该技术中用到的主要试剂都是生物制品,如抗原、抗体、酶标记抗原、酶标记抗体等,不同厂家生产的同一种生物制品之间常常存在着差异,极大地影响了实验结果的准确性和精确度。因此在建立合格的标准曲线之后,正式测定某种样品之前,必须要检验所用的 ELISA 的可靠性和安全性。

(2)Western 杂交 为检测外源基因转录形成的 mRNA 能否翻译,还必须进行翻译或者蛋白质水平的检测。其中,Western 杂交(Western blotting)是常用的方法,它是将蛋白质电泳、印迹、免疫测定融为一体的特异性蛋白质检测方法。它具有很高的灵敏性,可以从植物细胞总蛋白中检出最低 1~5 ng 的特异蛋白质。其原理是转化的外源基因正常表达时,转基因植株细胞内含有一定量的目的蛋白。从植物细胞中提取总蛋白或目的蛋白,将蛋白质样品溶液用聚丙烯酰胺凝胶电泳(SDS-PAGE)进行分离后原位转移到固相膜上(如硝酸纤维素膜、尼龙膜)。将膜放在如牛血清蛋白溶液中温育,以封闭非特异性位点,然后加入特异抗体(一抗),印迹上的目的蛋白(抗原)与一抗结合后,再加入能与一抗专一结合的标记的二抗,最后通过二抗上标记物的性质,进行放射性自显影或显色观察。根据检测结果,从而得知被检植物细胞内目的蛋白的表达与否、表达量及相对分子质量等情况。Western 杂交灵敏度高,能检测蛋白质的表达量,最具现实意义。

上述几种分子杂交技术中,Southern 杂交主要用于检测外源基因是否已经整合到了植物基因组中。Northern 杂交主要用于判定外源基因是否能转录。Western 杂交主要用于检测外源基因是否能够翻译。Southern、Northern、Western 杂交分别从整合、转录、翻译水平检测外源基因的表达效果,对某种作物的转基因植株来说,如果经过了这几个水平的考验,说明是真正的转基因植株。

5.其他检测技术

(1)转基因植物的生物学性状检测 当一些有价值的外源基因被转入到植物后,还可通过植株表型性状来鉴定外源基因转入的效果。例如,转化抗病毒基因后,可对转基因植物进行病毒接种,以鉴定其抗病毒能力;转化除草剂基因后,可喷洒除草剂进行检测;如导入的外源基因是抗虫基因,就要对转基因植株进行抗虫性能的研究,从中筛选出高表达的植株,用于农业生产。例如,由中国农科院生物工程中心开发的 Bt 棉对棉铃虫有显著的抗性。与对照相比农药用量减少了 80%,并缩减了用工 150 个/hm²,农药和用工缩减可节约开支 1 500 元/hm² 以上,Bt 转基因抗虫棉很受棉农的欢迎。图 5-36 为转基因抗虫棉种植在长江流域的抗虫效果比较。

图 5-36　转基因抗虫棉抗虫效果比较(引自华中农业大学棉花课题组)
左边 CK 为非转基因棉花品种,右边为转基因抗虫棉

　　(2)基因芯片检测技术　　基因芯片又称 DNA 芯片(或 DNA 微阵列),是指将许多特定的核苷酸片段或基因片段作为探针,有规律地固定于支持物上形成 DNA 分子阵列,然后与待测的荧光标记样品的基因按碱基配对原则进行杂交,再通过激光共聚焦荧光检测系统等对其表面进行扫描即可获得样品分子的数量和序列信息。基因芯片技术具有所需样品用量少、自动化程度高和被测目标 DNA 密度高等优点。目前基因芯片在实际检测中应用并不普遍,主要是受到一些因素的限制,如检测杂交微弱信号的装置和芯片的制作成本比较高,对杂交信号及相关信息、数据的大规模处理和分析的难度较大等。我国首个转基因植物检测基因芯片已在上海博星基因芯片技术公司诞生,用于检测转基因植物及其产品中常用的启动子、终止子、筛选基因、报告基因以及常见的抗虫和耐除草剂基因。图 5-37 为棉花 29K 芯片杂交原始图。

图 5-37　棉花 29K 芯片杂交原始图
图中亮点是基因探针上的荧光标记分子 Cy5 和 Cy3 所发出的荧光

（3）SPR 生物传感器技术　表面等离子体共振（surface plasmon resonance，SPR）生物传感器是将探针或配体固定于传感器芯片的金属膜表面，含分析物的液体流过传感器芯片表面，分子间发生特异性结合时可引起传感器芯片表面折射率的改变，通过检测 SPR 信号改变而监测分子间的相互作用。该方法具有灵敏度高、实时在线、简单快捷、抗干扰能力强、所需分析物量小且对分析物纯度要求不高等特点。

5.3.4　转基因植物的研究成果及安全性

5.3.4.1　转基因植物的研究成果

1946 年，科学家首次发现 DNA 可以在生物间转运。1983 年，世界上第一例转基因植物——含有抗生素药类抗体的烟草在美国成功培植。目前，已有烟草、番茄、马铃薯及裸大麦等 90 余种植物当中成功获得了转基因植株，1994 年，延熟番茄"Flavr Savr"获得美国食品与药物管理局（FDA）批准进入市场，此后，抗虫棉花和玉米、抗除草剂大豆和油菜等 10 余种转基因植物获准商品化生产并上市销售。截至 2012 年，全球转基因作物种植面积达到约 1.7 亿 hm^2。按照种植面积统计，全球约 81% 的大豆、35% 的玉米、30% 的油菜和 81% 的棉花是转基因产品。我国"863"高新技术研究与发展计划及国家科技攻关计划的实施，促进了转基因植物的研究和开发，近年来有 30 余种转基因植物进入了田间试验或环境释放阶段。1994 年，美国食品及药品管理局允许转基因番茄在市面销售。

随着转基因技术的日趋完善，转基因植物在农业、医药、工业及人们日常生活等方面日益显示出独特的优越性和广阔的发展前景，特别是在提高植物的抗虫、抗病、抗逆、抗除草剂等性状以及改善品质、提高产量和作为生物反应器等方面发挥了极其重要的作用。以下介绍近年来转基因植物的主要研究成果。

1．抗除草剂转基因植物

杂草是农作物生产的一大危害，随着新型除草剂产品开发难度的加大和研发成本的提高，利用基因工程培育植物的抗除草剂品种越来越受到了科研人员的重视。抗除草剂转基因植物是最早进行商业化应用的转基因植物之一，也是目前种植面积最大的转基因作物，占转基因植物播种总面积的 80%。从生物体特别是土壤微生物中分离编码除草剂相应靶标的酶，选择适应的载体将其导入作物并使其表达，从而研发出了一系列抗除草剂的新品种。

现已推广种植的抗除草剂作物包括抗草甘膦作物，如大豆、玉米、棉花、油菜、甜菜、水稻、烟草、花生、番茄、小麦、向日葵；抗草胺膦作物，如大豆、玉米、棉花、油菜、甜菜、水稻、甘蔗；抗咪唑啉酮除草剂作物，如玉米、油菜、水稻、小麦；抗磺酰脲除草剂作物，如大豆、烟草、油菜、水稻；抗溴苯腈作物，如棉花、烟草、向日葵。各种抗除草剂作物的选育成功以及在世界各地的大面积推广种植，都给世界农业生产带来一场新的变革。

我国抗除草剂基因工程研究中涉及的基因主要有抗阿特拉津基因（*PSBA*）、抗 *Basta* 基因、抗溴苯腈基因（*BXN*）和抗 2,4-D 基因（*TFDA*）等。2013 年 6 月中国水稻科学家张启发院士发表声明说，中国的转基因水稻国产化科研水平正处于最好水平，仅从技术上说，和美国有得一比，但商业化运作就差远了。现在必须建立强大的种业公司，推进转基因水稻商业化种植。

2．抗虫转基因植物

虫害是农作物生产的重要危害之一，目前的虫害防治还主要依靠农药的使用，尽管带来了巨大的经济效益,但不利于农业的可持续发展。转基因技术的应用为农业害虫的防治提供了一条全新的途径,转基因抗虫植株具有对害虫天敌无毒害、对环境无污染、产生整体抗性等优点,被认为是最有应用前景的虫害防治措施。迄今发现并应用于提高植物抗虫性的基因主要有两类:一类是从细菌微生物中分离出来的抗虫基因,如来自苏云金芽孢杆菌(*Bacillus thuringiensis*)的异戊基转移酶基因(*ipt*)和 Bt 杀虫毒蛋白基因;另一类是从植物中分离出来的抗虫基因,如可抑制昆虫蛋白酶活性的蛋白酶抑制剂基因(*PI*),可干扰害虫消化作用而导致其死亡的淀粉酶抑制剂基因、植物凝集素基因、大豆胰蛋白酶抑制剂基因(*SK-TI*)、豇豆胰蛋白酶抑制剂基因(*CpTI*)、慈姑胰蛋白酶抑制剂基因(*API*)等几类。其中 *Bt* 基因和 *PI* 基因在农业上应用比较广泛。

自 1991 年起,我国转基因抗虫棉研究作为国家"863"计划的重点研究项目正式启动,1992 年合成了单价抗虫基因,将具有不同杀虫机制的两个基因同时导入到了植物当中,有效地延缓了棉铃虫抗性的形成,增强了抗虫棉的抗虫持久性,成为继美国之后第二个独立构建拥有自主知识产权抗虫基因的国家,也显示了我国抗虫棉研究的特色和应用前景。如今科研人员已将不同 Bt 菌株的 Bt 毒蛋白基因转入到了棉花、玉米、水稻、大豆、烟草、番茄、马铃薯、蚕豆、白三叶、菊花、酸果、胡桃、杨树、落叶松、苹果等多种植物当中。其中,棉花是抗虫基因应用最成功的作物之一,抗虫棉的总体抗虫能力达 85% 以上,丰产性、适应性广泛,目前已经有几十个抗虫棉品种通过了审定并进行了大面积的推广应用,深受老百姓的喜欢。

蛋白酶抑制剂基因(*PI*)与 Bt 蛋白相比,抗虫更具广谱性。在植物界,蛋白酶抑制剂根据它们的活性部位的本质和作用机制可分为近 10 个蛋白酶抑制剂家族。其中,与抗虫基因工程关系最密切、研究最深入的是丝氨酸蛋白酶抑制剂。目前,至少已有 20 种不同来源的蛋白酶抑制剂的 cDNA 或基因被克隆,导入了不同植物,其中大部分已获得了对昆虫具有明显抗性的转基因植株。应用最成功的植物有棉花、水稻、油菜、白薯、苹果和杨树等。

植物凝集素是从植物中提取的一种使高等动物红细胞发生凝集作用的一类具有高度特异性糖结合活性的蛋白质。主要存在于植物的种子和营养器官中,在高等植物中有 14% 的植物含有植物凝集素,就绝对含量而言,以豆类种子内最高。在作物抗虫基因工程中应用较为广泛的植物凝集素基因有雪花莲凝集素基因(*GNA*)、豌豆凝集素基因、半夏凝集素基因(*PTA*)及苋菜凝集素基因(*ACA*)。其中 *GNA* 在农作物上应用最为广泛,*GNA* 基因已经成功地导入了烟草、马铃薯、油菜、番茄、水稻、小麦和玉米等农作物当中。

3. 抗病转基因植物

植物抗病基因工程是植物基因工程的一个重要分支,是在植物基因工程和分子植物病理学基础上发展起来的。将克隆的抗病基因应用于抗病育种,具有高效、安全、广谱等特点,而且可以突破种间隔离的限制,避免传统育种在转育抗病基因的同时带来的不良基因等问题。目前,在植物抗病基因工程的许多方面均进行了有益的探索并取得令人瞩目的成就。例如,1992 年,中国首先在大田生产上种植抗黄瓜花叶病毒转基因烟草,成为世界上第一个商品化种植转基因作物的国家。

在抗细菌和真菌类基因研究领域中,将外源葡聚糖酶基因导入植物,可提高植物对病原真菌的抗性,转基因植物体内过表达葡聚糖酶,可增强植株抵御真菌病害的能力。葡聚糖酶和几丁质酶在单独存在或同时存在时,能显著抑制病原真菌的生长。在正常情况下,几丁质酶和葡聚糖酶只在植物体内有较低水平的表达。如今,利用抗病基因工程技术,已经在番茄、油菜、辣

椒、小麦、水稻和棉花上取得了一定的进展;抗菌蛋白是一类新型的抗菌物质,具有广谱抗菌活性、杀菌力强、非特异性杀菌及不易使病原体产生抗性等特点。目前,已经克隆了一些抗菌蛋白基因,并在植物体内得到了表达,被导入的抗病基因有抗白叶枯病基因,抗棉花枯萎病基因,小麦抗赤霉病、纹枯病和根腐病基因等。获得转基因抗病性状的植物有棉花、烟草、小麦、番茄、马铃薯、水稻等。

转基因抗病植物也确实给农民带来了实实在在的好处。美国农业部太平洋区域农业研究中心主任戴尼斯·冈萨弗斯(Dennis Gonsalves)表明,20世纪70年代初,整个地区的木瓜饱受轮点病毒之害,80年代末达到顶峰,当时夏威夷的木瓜减产50%。全美95%的木瓜都在这里种植,美国木瓜产业受到的打击可想而知。1992年,美国已经有了转基因木瓜品种,事实上可以解决病毒带来的问题。1998年,由美国农业部全额出资、冈萨弗斯领衔研发的转基因抗轮点病毒木瓜品种Rainbow,也就是"彩虹"的种子获得在夏威夷大规模商业化生产的许可证。当年5月,夏威夷农民免费领取到了"彩虹",到1999年收获时,美国木瓜产业已免除病毒灾害。在今天的夏威夷农贸市场,没有非转基因木瓜销售,Rainbow或SunUp等抗病毒转基因木瓜品种是农民最常见的选择。

植物病毒是仅次于真菌的病原物,种类多,危害大。传统的防治方法已无法满足现代农业的生产需求。Hamilton于20世纪80年代初首先提出了基因工程保护的设想,在转基因植物中表达病毒基因组序列可能是防御病毒侵染的途径之一。外壳蛋白是形成病毒颗粒的结构蛋白,其功能是将病毒基因组核酸包被起来保护核酸,与宿主互相识别,决定宿主范围,参与病毒的长距离运输等。转基因植物因表达病毒CP基因而获得外壳蛋白基因介导的病毒抗性是研究最早,也是目前比较成功的抗病毒手段。至今利用病毒的CP基因已经成功获得了转基因抗病毒的作物有烟草、玉米、大豆、辣椒、黄瓜、甜瓜、南瓜、番茄、棉花、大麦、燕麦草、小麦、马铃薯、水稻等;植物对病原物如病毒的侵染除了有被动的防御外,一些植物在病毒侵染时还会启动主动防御机制,如过敏性坏死、病原相关蛋白(PR)和活性氧的产生等。目前,人们已从不同的植物中克隆了90多个抗病基因,如番茄中的Tm-1基因,马铃薯的Rx基因等。从植物体中分离获得抗病基因,是今后植物抗病毒基因工程的一个方向。

4. 转基因抗逆植物

多数植物的抗逆性属于多基因控制的数量性状,其生理生化过程是基因间相互协调共同作用的结果,现已开展的主要研究包括两大类:一是成功克隆了与逆境生理调节相关的众多基因,并通过转基因技术将外源基因导入植物的基因组,获得了具有一定抗旱和耐盐性的转基因植物。另一方面研究主要针对在逆境胁迫条件下,植物细胞之间信号传导方面的研究。

植物在渗透胁迫的应答过程中,细胞内会积累一些物质,作用是保持细胞的膨胀和维持渗透压的平衡。在此过程中涉及的基因有脯氨酸合成酶基因、甜菜碱合成酶基因和糖醇类合成基因。研究人员已把CMO(胆碱单氧化物酶)、BADH(甜菜碱醛脱氢酶)、CDH(胆碱脱氢酶)等基因转入许多缺乏甜菜碱合成酶的农作物中,并获得了耐盐较高的作物,甜菜碱合成酶基因是最重要和最有希望的抗胁迫基因之一。截至现在研究人员已将$BADH$基因转入到了烟草、菠菜、胡萝卜、棉花和水稻等作物中,发现转基因植株明显增强了对干旱、低温和盐胁迫的能力;克隆编码与氧化胁迫有关的基因,并通过基因工程手段获得高效表达的转基因植株,提高植物体内的抗氧化酶类活性和增强抗氧化代谢的水平是增强植物耐非生物胁迫性的途径之一。从植物中克隆得到的一些SOD(超氧化物歧化酶)基因已被用来转化不同的植物,最终获得了 SOD 活性增强的转基因植株。在转基因苜蓿、烟草、棉花和土豆叶绿体和线粒体中过量表达 SOD 基因,提高了植株对氧化胁迫的耐性。但目前存在的问题是过量表达单个抗氧化物酶类基因并不能有效提高转基因植物对胁迫的耐受性。

基因转录水平上的调节是植物胁迫应答过程中极为重要的环节。植物中许多重要功能基因的表达受到胁迫诱导或抑制,而转录因子参与了这一过程。研究发现,在拟南芥、油菜、番茄和其他植物中超表达单一转录因子可以明显提高转基因植株的胁迫耐受能力。

5.改良作物营养品质的转基因植物

作物品质改良主要涉及蛋白质的含量、氨基酸的组成、淀粉和其他多糖化合物以及脂类化合物的组成等。利用基因工程技术除了可以培育出高产、抗逆、抗病虫害的新品种外,还可以把有益健康的基因转移到农作物中,培育出品质好、营养高的作物新品种,开发出具有人们所需营养成分的食品。目前有代表性的研究主要有以下几个方面:第一,改良蛋白质的品质,提高蛋白质的含量。植物作为人类饮食及动物饲料的来源,由于缺少特定的必需氨基酸,而使植物蛋白在营养方面不平衡。基因工程技术可以实现在不改变作物其他性状的同时,提高必需氨基酸含量,达到提高作物蛋白质的目的,例如,提高谷物蛋白缺乏的赖氨酸(Lys)及色氨酸(Trp),豆类和多数蔬菜蛋白缺乏的甲硫氨酸(Met)和半光氨酸(Cys)等。同时,近年来的许多研究已经表明,通过转基因技术使大豆、水稻和小麦等作物的蛋白质含量有了很大提高,而且这种变异可以遗传给后代。第二,改善淀粉组成。在稻米中,支链淀粉和直链淀粉含量的高低,会直接影响稻米的食用品质。一般而言,直链淀粉含量越高,稻米口感越差。这些年研究表明,通过转基因技术已将水稻种子的直链淀粉含量明显降低。第三,改良脂肪酸的组成。脂肪酸对人体的健康有着很重要的影响。脂肪酸去饱和酶在很多生物中都存在。通过提高去饱和酶基因的表达水平,可以降低饱和脂肪酸的含量,截至现在获得的转基因作物已经在甘蓝、油菜等作物上的饱和脂肪酸的含量有了明显的改善。第四,培育特殊物质含量的作物。铁和维生素 A 对人类的身体健康至关重要,目前,欧洲科学家已培育出米粒中富含维生素 A 和铁的转基因"金水稻",解决了水稻胚乳不能合成维生素 A 的难题,使人们从水稻的食用中也能获得维生素 A。

6.改变花形、花色的转基因植物

花的颜色是决定花观赏价值的重要因素之一。基因工程技术为花卉的改良提供了全新的思路,利用转基因技术能改变花形、花色以及控制花期。由于花卉为非食用植物,无须考虑其食用安全性,因此转基因花卉的应用前景非常广阔。目前,已分离克隆了大量花色相关基因,在许多重要的花卉植物中都已建立了遗传转化体系,获得了一批转基因花卉,如转基因淡紫色康乃馨、蓝玫瑰、矮牵牛、香石竹、百合、菊花、郁金香等,这些基因工程花卉已经在世界许多地方出售。

7.植物生物反应器

利用转基因植物作为生物反应器生产药用蛋白的研究逐渐受到各国的重视,研究探索的热点之一是利用转基因植物生产口服疫苗。所谓生物反应器一般是指用于完成生物催化反应的设备,可分为细胞反应器和酶反应器两类。目前,世界范围内有 100 多种药用蛋白质和多肽在植物中得到成功表达,主要集中在疫苗、抗体及其片段、细胞因子及生物活性肽等。与细菌生物反应器或者工厂生产相比,在植物中生产的蛋白质和生物分子更加安全,并且可以降低成本,提高效率。在植物生物反应器生产的分子主要包括抗原、抗体、酶等蛋白质分子,多糖类物

质,食用色素以及具有重要药用价值的植物次生代谢物。目前的研究热点主要集中在以下几方面:第一,植物疫苗的研制方面。植物可在当地大面积种植,作为疫苗的任何抗原蛋白都可在植物细胞表达,如果疫苗在蔬菜、水果等可食部分表达,可作为可食疫苗被人们直接食用,省去了运输、注射等环节。因此植物疫苗不仅可在当地生产,常温保存,而且还可减少疫苗或血液污染,提高安全性。近十年来,马铃薯广泛用于植物疫苗的生产及临床应用研究。第二,酶和植物抗体的产生。植物抗体是指人或动物抗体基因或基因片段在转基因植物中表达的免疫性产物,这些抗体能识别抗原并结合抗原。利用基因工程技术,将抗体基因转移进番茄进行大量表达,然后提取,将为抗体生产和制备提供方便。目前,转基因植物产生的抗体已在烟草、大豆、苜蓿、水稻和小麦等作物中得到了高效表达。第三,工业产品的开发方面。利用植物作为生物反应器不仅可以生产蛋白类产品,还可以通过修饰改造植物自身的代谢途径,获得某种代谢产物甚至新颖的生物分子,作为工业上的化学品、原材料等加以使用。莫内林(Monellin)是一种从热带植物果实中分离的甜蛋白,其甜度是蔗糖的10万倍,是一种理想的甜味剂。这种蛋白已经在番茄内得到成功表达,并能维持高甜度,有望开发为新型甜味剂而取代蔗糖。

5.3.4.2 转基因植物的安全性

从20世纪70年代直至今天,转基因作物的安全性在全球范围内引起了激烈的争论,为什么人们难以接受转基因?毫无疑问,担心转基因食品是否安全是最主要的原因。其实这本不该成为问题,因为转基因食品入市前都要经过严格的毒性、致敏性、致畸等安全评价和审批程序。然而反对者认为转基因作物具有极大的潜在危险,可能会对人类健康和人类生存环境造成威胁。关于转基因有种种谣言,如外国人不吃转基因、吃转基因食品会导致绝育致癌、孟山都是美国的秘密武器等,虽然绝大多数都被辟谣,但奈何不了谣言的更易传播。在欧洲,转基因作物曾被一些媒体称之为"恶魔食品"。对转基因作物的安全性争论,国际上有几个典型的事件:Pusztai事件、斑蝶事件、加拿大"超级杂草"事件、中国Bt抗虫棉破坏环境事件、美国转基因玉米"MON863"事件等。这些事件都曾轰动一时,但这些事件的实验结果在科学上都没有说服力。表面上,转基因安全事件层出不穷,但实际上,目前还没有出现一个有力的研究支撑对转基因食品的安全疑虑。事实上,抗虫棉在中国实践多年,深受广大棉农的欢迎。中国、美国、德国、加拿大、比利时、印度等国的科学家已在网上纷纷发表评论,反驳绿色和平组织的观点。转基因作物的研究或许是一个纯粹科学范围的问题,但转基因作物一旦产业化,成为进入千家万户的食品,那问题也就超出了科学的范畴,而成为一个社会性的议题。正是在这个前提下,大众有了介入讨论的正当性。显而易见的是,大众的话语很难与科学话语进行对接。抛开阴谋论本身,公众之所以对转基因作物疑虑重重,不仅仅是因为不懂科学,可能更是因为缺乏对政府-专家系统的信任。争论的实质主要有两点:一是现在转基因作物的安全性已经成了国际贸易的技术壁垒;二是由于某些媒体的炒作,对消费者的心理和转基因作物的产业化已经产生了很大的负面影响。关于转基因植物的环境安全性评价,目前国际上公认应该进行如下研究:一是对环境安全的威胁;二是对人体健康的危害。

1. 转基因食品安全性分析

转基因食品是利用现代分子生物技术,将某些生物的基因转移到其他物种中去,改造生物的遗传物质,使其在形状、营养品质、消费品质等方面向人们所需要的目标转变,从而形成的可以直接食用,或者作为加工原料生产的食品。有关转基因食品安全研究最多的是转基因植物的选择基因和报告基因在食品安全方面的影响。安全评价的主要内容是转基因代谢物可能引起的食品的毒性、过敏性、营养成分、抗营养因子、标记基因转移和非期望效应等。

1994 年美国 Caigene 公司的转基因延熟番茄经 FDA 批准上市,成为第一例通过安全评价的转基因植物食品。转基因食品对人类的可能危害主要有 3 大类:第一,可能含有已知或未知的毒素,对人体产生毒害作用。植物基因工程向植物体内导入基因片段,这种外源基因并非原来亲本动植物所有,可能来自于地球的任何生物,它们可使植物产生新蛋白质。外源基因导入位置不同,可能引发宿主植物中原有的基因发生对消费者有害的基因突变,同时所引发的基因突变引起的基因表达发生改变、酶表达发生改变或植物内未知的生长代谢环节发生改变,这样所产生的转基因食品可能产生或聚合某些有害物质,潜移默化地影响人的免疫系统,从而对人体健康造成隐性的损伤,也可能使转基因植物产生或积累已知或未知的毒素,对人体产生毒害作用。第二,可能含有已知或未知的过敏源,引起人体的过敏反应。由于导入基因的来源及序列或表达的蛋白质的氨基酸序列可能与已知致敏原存在同源性,这样就有可能会产生过量的过敏原,甚至产生新的致敏原,导致过敏发生。第三,食品某些营养成分或营养质量可能产生变化,使人体出现某种病症。外源基因转入宿主植物后,外源基因的来源、导入位点的不同,以及具有的随机性,极可能产生基因缺失、错码等突变,使转基因植物所表达的蛋白质产物的性状、数量及部位发生改变,这种改变有可能朝着并不期望的方向发展,提高一种新营养成分表达的同时也提高了某些有毒物质的表达量。这将有可能导致营养成分构成的改变和产生不利营养因素,使人体出现某种病症。而事实上,转基因是一种技术,这种技术可以作用于不同的对象,不能笼统地判定转基因食品安全与否,而要针对每一个具体的产品进行安全评估。目前,无论是国内还是国外,每一种转基因食品在上市之前都必须经过相当严格的安全评估。这种安全评估不仅涉及食品自身的使用安全评估,还包括该种作物种植可能对环境造成影响的环境安全评估。只有安全性等同或高于非转基因食品的转基因食品才能通过安全评估。换言之,经过审核评估获准上市的转基因食品,安全性跟相应的非转基因产品一样,无须过度担忧。至于有人质疑现有的评估手段不足以检测出转基因食品的潜在问题,这种未知风险不仅转基因食品存在,非转基因食品同样不可避免。

事实上,在转基因食品的安全问题上,欧美之间既有价值观念之差,更有经济利益之争。我们应该滤掉政治、经济因素等利益纠纷,而仅仅从安全、环境、科技、公众健康等角度去分析和看待。

抗生素抗性标记基因的生物安全性问题也是当今研究的热点之一。抗生素抗性标记基因是否能够导致在环境中的传播?目前,转基因作物都使用细菌编码的抗生素抗性基因作为选择性标记。在过去的几年里,越来越多的报道指出细菌可以获得对多种抗生素的抗性。这导致人们开始怀疑转基因植物中的抗性基因是否会转移到细菌中,抗性标记基因产物是否能够使人体产生抗药性。

2.生态环境安全性分析

(1)转基因植物释放引发"超级杂草"和转基因作物本身"杂草化" 目前转入植物的基因以抗除草剂的为多,其次以抗虫和抗病毒,然后是抗逆。如果这些基因通过"基因漂移"方式逐渐在野生种群中定居后,就具有选择优势的潜在可能,成为难以控制的"超级杂草",尤其是抗除草剂基因漂移到杂草上,导致杂草产生抗性,从而更加难以防除。同时,转基因作物本身可能会"杂草化",有些植物种类其本身就具有很强的杂草特性,用这类植物作为遗传转化的受体转入抗虫、抗病、抗除草剂基因获得转基因作物,由于具备了比原来植物更强的生存能力和竞争优势,从而可能会扩大其适应范围。这样,这些转基因作物不但会在原生态区成为杂草,还会入侵新的生态区,造成更严重的草害。鉴于杂草能够产生严重的经济和生态上的后果,转基因作物可能带来的"杂草化"问题便成为最主要的风险之一。然而以上问题目前也只是一个猜测,还没有真正形成有科学价值的定论。其实基因漂移并不是从转基因作物开始。如果没有基因漂移,就不会有进化,世界上也就不会有这么多种的植物和现在的作物栽培品种。举例来说,小麦由 A、B、D 三个基因组组成,它是由分别带有 A、B、D 基因组的野生种经过基因漂移合成的。所以,以此来禁止转基因作物,也是没有道理的。

(2)转基因植物中 35S 启动子的生物安全性 启动子是基因表达所必需的,决定了外源基因表达空间、表达时间和表达强度等,是人们定向改造生物的重要限制因素。最常用的启动子是 35S 启动子,该启动子能够在植物组织中高水平表达。因此已经被引入许多转基因植物中。这里有一个潜在风险问题,就是 35S 启动子内有一重组热点。主要有 3 个方面:第一,如果 35S 启动子插入到隐性病毒基因组旁,可能会重新活化病毒。第二,启动子插入到某一编码毒素蛋白的基因上游,可能会增强该毒素的合成。第三,当转基因植物被动物或人类食用后,35S 启动子可能会插入到某一致癌基因上游,活化并且导致癌变。

作为新世纪的前沿学科和技术,转基因产品的确存在着某些尚不为人所知的不确定因素、非预期效果和未知的长期效应,由此导致人们对转基因产品释放后的生态安全、物种的遗传安全和作为食物的消费安全产生疑虑、争论并不奇怪,但从本质上讲,目前关于转基因的安全性争论已经超越科学的范畴,更多的已发展演变为包括科技在内的社会认识问题、知识产权问题、对外贸易问题,甚至宗教和政治问题,多种因素相互交织,尤为复杂。

5.3.4.3 国外对转基因植物管理的现状

1. 国际组织

2000 年《卡塔赫纳生物安全协定书》62 个国家签署,2001 年《生物安全议定书》130 多个国家签署,2003 年《生物技术食品的风险评估草案》226 个国家表示欢迎。各相关国际组织、发达国家和我国已经开展了大量的科学研究,国内外均认为已经上市的转基因食品不存在食用安全问题。据国际农业生物技术应用服务组织(ISAAA)公布的 2012 年最新年度报告内容表明,按照主要农作物种植面积统计,目前全球约 81% 的大豆、81% 的棉花、35% 的玉米、30% 的油菜都是转基因品种。

2. 美国

1992 年美国公布了转基因作物不需要做市场前评价,除非它引起新的安全性问题。2000 年 4 月,在国会科学委员会下属的基础研究委员会的调查报告中,坚持认为没有科学的证据之前不能将 GMF 作为一个新的食品级别。2000 年 1 月美国政府对转基因玉米的种植颁布了限令,以防止害虫对转基因玉米中毒素形成抗药性。美国环境保护局限令美国大部分玉米产区的农场主应至少种植 20% 的传统玉米,在同时种植玉米和棉花的地区,传统玉米要达到 50%。2001 年 7 月出台的《转基因食品管理草案》规定,来源于植物且被用于人类或动物的 GMF 在进入市场之前至少 120 d,生物工程制造商必须提出申请,并提供此类食品的相关资料,以确认此类食品与相应的传统产品相比具有等同的安全性。美国关于转基因食品的审批和监管非常严格,转基因食品进入大田试验阶段后,相关企业大约需要几年的时间,花 1 000 万~1 500 万美元才能搜集完成所有审批需要的数据。

2004 年美国国家科学院国家研究理事会等机构的十几位科学家联合组成评估与鉴别

转基因食品对人类安全影响委员会,对转基因食品对人类安全的影响进行了全面考察和科学论证,并由国家科学院出版了考察报告。该委员会得出的结论是,与传统遗传育种方式和其他改良方式比较,转基因工程同样安全,并不会对人和动物产生更多或额外危害。但经过改良的食用植物或动物品种,都应逐个加以评估后才能投入生产并食用,个别产品有必要在上市后继续跟踪观察。绝大多数科学家都认为合理利用转基因技术对人类有益,转基因食品是否安全,要根据加入了什么新的基因来进行具体分析,抗虫害的转基因农作物是安全无害的。相反,转基因技术比传统的育种方法更精密,其产品质量更具有可预测性。用科学的方法分离基因后植入新的载体,没有带入其他不需要的附属物,这是对传统育种方式的重要改善。

2013年5月,美国国家科学院院士、著名生物化学教授朱健康和康涅狄格大学转基因植物中心主任李义介绍了美国转基因食品现状、审批及监管程序,以及他们对转基因食品安全问题的看法。美国是转基因农产品生产大国,无论是转基因农作物产量还是市场占有率都居世界首位,美国超市中绝大多数食品都含有转基因成分。

据国际农业生物工程应用技术采办管理局统计,2012年全球转基因农作物种植总面积逾1.7亿 hm²,其中美国种植转基因农作物 6 950 万 hm²,占美国可耕地面积一半以上。截至2013年5月31日,美国食品和药物管理局共批准了137项转基因食品上市,转入的基因主要是抗除草剂和抗虫两大类。目前,美国市场上的转基因食品主要是大豆、玉米、油菜、甜菜、木瓜、南瓜、马铃薯、番茄和水稻等。美国市场上销售的肉禽鱼虾蛋类等没有转基因食品。

美国是第一个将转基因食品作为主粮来消费的国家。美国从1996年就开始将转基因作物应用到商业化生产中,除了用于动物饲料,目前美国人直接食用的配方食品中,有 60%~70%包含转基因成分。

3.欧盟

欧盟对 GMF 持反对态度,1998年提出转基因技术安全性之后,其反对态度更加强硬。他们对转基因技术培育的农作物、家畜以及再加工食品加以抵制,尤其对美国的转基因玉米已终止了进口,然而对于西班牙和德国的转基因玉米却没有采取措施。欧盟的法律有两项,即欧盟理事会 90/220 令,于1990年4月颁布实施,该法令中规定了转基因生物的批准程序。另外一项是1997年5月《新食品法》规定对转基因产品必须加贴标签。由于 WTO 规则允许各国以技术为依据,限制外国产品的进口,即技术壁垒或技术性贸易措施。因此,欧盟市场举起安全性的大旗排斥转基因,是以国家策略阻止美国农产品的大举进攻,保护本国农业和农民的利益,欧盟市场抵制转基因产品也就是抵制美国在此领域的垄断。同时也应看到,虽然近年来欧盟通过制定《新食品法》,对转基因标签做出了越来越严格的规定,大大增加了美国农产品进入欧盟市场的难度,降低了美国农产品在世界消费市场上的竞争力;但是,欧盟迄今已批准18种转基因产品上市销售,并且,欧洲委员会于2003年7月22日在布鲁塞尔宣布,公共机构不能禁止农民种植转基因作物,清楚地表明欧盟将支持农民种植转基因作物。

4.其他国家

日本、澳大利亚、俄罗斯、加拿大、韩国、泰国、巴西的政策基本与国际组织的相同,但是巴西最近宣布在未查清转基因作物对环境的影响之前,暂时停止种植转基因大豆。

发展中国家因为迫切需要解决粮食问题,对于高产的转基因产品表示欢迎,这些国家技术落后,没有相关的转基因成分的检测条件,对于标识问题也只能处于被动地位,基本是按国际

组织的要求和《生物安全议定书》要求执行。

5.3.4.4 我国对转基因食品的对策

作为世界上人口最多和最大的农业生产国,中国必须靠只占世界7%的可耕地来养活世界上1/5的人口。而且,水资源越来越短缺,城市的发展和荒漠化使耕地面积逐年减少;经济加速发展和人口继续增加,环境压力与日俱增;各种疑难疾病和传入的"现代顽症"的严重威胁,使中国比别国更加需要发展转基因技术和其他生物技术,实现新世纪的可持续发展。因此,在对待转基因及其安全问题上,我们必须有自己的认识。截至2013年3月,我国已经进行商业化种植的转基因作物只有棉花和番木瓜。转基因水稻和转基因玉米尚未完成种子法规定的审批,没有商业化种植。中国批准进口用作加工原料的转基因作物有大豆、玉米、油菜、棉花和甜菜。这些食品必须获得中国的安全证书。

2013年6月,中国工程院院士吴孔明直言,我国粮食产出和需求间的突出矛盾,已经不允许我们搁置转基因技术的发展。我们18亿亩耕地,即便在去年九连增的基础上,中国的大豆进口5 800多万t,再算上大米、小麦、大麦、油菜,算下来是8 000万t。如果要播种成土地,就是8亿亩。中国的国情决定了我们不可能像土地资源非常丰富的国家一样,用传统的一些方法来满足我们的需求,我们的出路必须通过现代的高新技术来支撑我们农业的发展。

全球已大规模商业化种植转基因作物17年,没有发现任何不良影响,这也充分说明现有的转基因食用安全评价理论、措施和管理体系是可行的,我国官方一直有着明确态度:"加快研究、推进应用、规范管理、科学发展"。并于2010年启动了转基因重大专项研究科研项目,包括棉花、水稻和小麦等农作物。

由于转基因产品存在一定的生物、生态风险,如转入的外源基因在环境中的扩散、对物种多样性的影响等,因此必须从保障人类健康、发展农业生产和维护生态平衡与社会安全的基础出发,提出一系列具有指导意义的对应策略和行之有效的具体措施。

第一,加强转基因产品的安全性研究。在研究与开发转基因产品的同时,必须加强其安全性防范的长期跟踪研究。第二,制定和完善国家生物技术研究及生物安全管理的法律、法规体系,使我国的转基因生物产业发展和生物安全管理纳入法制化轨道。1993年12月24日,国家科委颁布实施了《基因工程安全管理办法》;1996年7月10日,国家农业部颁布实施了《农业生物基因工程安全管理实施办法》;2001年6月6日国务院颁布了《农业转基因生物安全管理条例》《农业转基因生物标识管理办法》;2002年4月8日国家卫生部颁布了《转基因食品卫生管理办法》。为确保转基因产品进、出口的安全性,必须建立起一整套完善的,既符合国际标准又与我国国情相适应的检测体系,以及严格的质量标准审批制度。有关审批机构应该相对独立于研制与开发商之外,而且也不应该受到过多的行政干预。目前我国仍然缺乏国家级的综合性生物技术及生物安全法律,现有的管理条例和规章存在诸如没有界定适用范围、科学的预见性不够等缺憾。根据我国国情,高屋建瓴地制定和规范生物技术研究及转基因生物管理的相关法律、法规体系已刻不容缓。第三,建立能够让人信任的转基因食品管理和法律体系。第四,加强宏观调控。有关决策层应对转基因产品的产业化及市场化速度进行有序的宏观调控。任何转基因产品安全性的防范措施都必须建立在对该项技术的发展进行适当调控的前提下,否则,在商业利益的驱动下只能是防不胜防。第五,加强对公众的宣传和教育。通过多渠道、多层次的科普宣传教育,培养公众对转基因产品及其安全性问题的客观公正意识,从而培育对转基因产品具有一定了解、认识和判断能力的消费者群体。这对于转基因产品能否获得市场的有力支撑是至关重要的。第六，为公众提供良好的咨询服务。应该设立足够数量的具有高度权威性的相关咨询机构，从而为那些因缺乏专业知识而难以对某些转基因产品做出选择的消费者提供有效的指导性帮助。第七，规范转基因产品市场。必须培育健康、规范的转基因产品市场。转基因产品的安全性决定其在市场中的发展潜力。因此，有关转基因产品质量及其安全性的广告宣传，应该具有科学性和真实性。一旦消费者因广告宣传而受误导或因假冒产品而被欺骗，转基因产品就会因消费者的望而生畏而失去市场。

复习思考题

1. 植物基因转化的受体系统包括哪些？
2. 植物基因转化的方法有哪些？
3. 在哪些水平上可以对转基因植株进行检测？方法如何？
4. 什么是转基因植物？如何对转基因植物进行安全性评价？
5. 体细胞突变体变异鉴定的方法有哪些？
6. 从细胞学和分子水平上如何理解体细胞无性系变异的机制？
7. 外源基因导入植物细胞的方法有哪几种？各有什么特点？

第6章

种质资源库建立

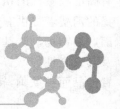

6.1 植物种质资源的常温限制生长保存

6.1.1 常温限制生长保存的概念

常温保存一般指在 20～25℃下进行的种质保存,常结合限制生长的方法如改变渗透压、添加抑制剂、限制营养条件等进行。种质的一般保存是在常规培养条件下对培养物通过不断继代的方式进行的保存。目前,多数植物资源的离体保存仍采用这种方式。采用该方法保存的材料可以随时进行扩繁,因此利用起来很方便,但由于需要不断继代培养,易造成材料的污染、混淆,甚至丢失,并且常会导致遗传变异的发生。但利用降低培养物的代谢活动,使其处于一种无生长或缓慢生长的抑制生长状态是植物离体保藏的一种比较理想的方法,可以在常温下进行,因此叫作常温限制生长保存。例如改变渗透压,添加生长抑制剂,限制营养条件,降低气压,改变光照强度等,使植物生长受限制,使转移继代的间隔时间延长,从而达到较长时间保存种质的目的。

6.1.2 常温保存的方法和原理

1. 高渗保存法

在培养基中添加一些高渗化合物如蔗糖、甘露醇、山梨醇等,也是一种常用的限制生长保存手段。这类化合物能提高培养基的渗透势负值,造成水分逆境,降低细胞膨压,使细胞吸水困难,减弱新陈代谢活动,延缓细胞生长。在 MS 培养基添加 1%～3%甘露醇,百合组培苗保存 10 个月后,存活率为 92%左右,存活的组培苗接种于增殖培养基上,100%正常生长和增殖。绿秆芋茎尖可在 MS＋0.2 mg/L NAA＋4 mg/L BA＋2 mg/L ABA＋20 g/L 甘露醇的培养基上,于 15℃,100 lx 光照的条件下保存 350 d,单芽存活率达 90%以上,且具良好的生长与恢复分化的能力。以芽的叶柄为外植体,在 MS＋0.2 mg/L NAA＋4 mg/L BA 培养基中培养,一代繁殖系数可达 5.5 以上。但过高的渗透压,如甘露醇 5%时,会对植物造成活性下降的影响。不同糖类具有不同的生理效应。蔗糖作为碳源和渗压剂的比例约为 3∶(1～2),即有 1/4～2/5 的蔗糖用于保持培养基的渗透压。甘露醇不易被培养物吸收,可以较长时间作用于种质保存过程中。因此,糖的种类和用量不仅影响培养物生长速度和生长量,而且影响其代谢水平、次生代谢物合成以及细胞的形态和发生。高渗保存法在常温下可以进行,但配合低温效果更明显。如 6～10℃ 低温下，培养基中加 4% 甘露醇，可保存马铃薯 1～2 年，存活率最高可达 90% 以上。

2. 生长抑制剂保存法

生长抑制剂是一类天然的或人工合成的外源激素，如多效唑、矮壮素、高效唑、B₉、脱落酸等，具有很强的抑制细胞生长的生理活性，能起到延长保存时间、提高存活率的作用。试验表明，完善和调整培养基中生长调节剂配比，特别是添加生长抑制剂，利用激素调控技术，不仅能延长培养物在试管中的保存时间，而且能提高试管苗素质和移植成活率。但由于培养物本身的遗传基础、来源、生理状况、内源激素水平以及培养条件（培养基成分、光照、温度等）的差异，植物组织培养物限制生长保存的有关文献中尚无通用的生长抑制剂种类、含量的配方。研究表明，ABA 对草莓试管苗芽增殖的抑制作用随 ABA 使用浓度的增加而明显增强，且均存在显著性差异，从常温保存试管苗的存活率看，以 3.0 mg/L ABA 处理对草莓试管苗保存效果最为理想，保存到 12 个月时，试管苗的存活率最高，为 62.5%，较不使用 ABA 处理的保存时间延长 5 个月以上。

3. 低压保存法

1959 年 Caplin 提出低氧分压用于植物组织培养物保存的设想。1981 年 Bridgin 等采用降低培养物周围的大气压力或改变氧含量来保存植物组织培养物。Do-rion 用矿物油覆盖技术成功地保存了多种植物愈伤组织。但此项技术的研究尚不成熟，尤其有关低氧对细胞代谢功能影响还有待进一步研究。降低培养材料周围气压，达到抑制生长的目的方法分为低气压与低氧压两种，保存原理相似。

4. 营养控制法

培养基的营养控制可以使植物材料的生长减缓。植物生长发育依赖于外界养分的供给，如果养分供应不足，植物生长缓慢，植株矮小。营养控制法可通过去除培养基中某种或几种营养元素，或者降低某些营养物质的浓度，或者略微改变培养基成分，使培养植株处于最小生长阶段。菠萝试管苗在无菌水和 1/4MS 培养基中保存 1 年，存活率分别达 81% 和 100%，且比保存在完全 MS 培养基中的试管苗活力强。美国 Hilo 国家无性系资源圃已采用该技术进行菠萝种质保存。铁皮石斛试管苗在 MS、1/2MS 和 1/4MS 培养基上保存 1 年后，MS 培养基保存效果最差，存活率只有 41.67%，而 1/4MS 和 1/2MS 培养基上的存活率分别为 91.67% 和 100%。

5. 低光照培养法

调节培养光照同样可以影响培养材料的生长。愈伤组织需要在黑暗中保存，植物组织培养物一般在缓慢生长过程中对光照的需要因材料不同，要求不一。一些研究认为，适当缩短光照周期有利于延缓培养物生长；也有的研究认为，强光有利于保存。故适当减弱光照强度，缩短光照时间，从而可以减缓试管苗的生长。

6.1.3　常温保存应用实例

张利平等（1994）以试管繁殖的葡萄品种乍娜、纽约玫瑰、里扎马特、吉峰 18 等为试验材料。用 30 cm×2.5 cm 的试管，分别装入 50 mL 不同浓度（0、0.5、1、2、5、10 mg/kg）多效唑的改良 B5 培养基，每处理 5～10 管，每管转入一个带 2 叶的葡萄茎段，用耐高温塑料薄膜外加一层牛皮纸封管，放在室内自然漫散光下培养，筛选出适于常温保存的多效唑浓度，进行了 32 个

葡萄品种的常温保存试验,取得了良好的结果,其方法和技术可为常温保存植物种质提供参考。

实验结果显示多效唑能明显抑制试管苗地上部的伸长,一般随多效唑浓度的增加抑制程度明显增强,当多效唑浓度达到 5 mg/kg 时,葡萄试管苗的伸长完全被抑制。不同品种被抑制程度有所不同,其中以吉峰 18 最敏感,当多效唑为 2 mg/kg 时即完全被抑制并有致死现象。里扎马特较迟钝,在 5 mg/kg 时还可正常生长,纽约玫瑰和乍娜介于二者之间。

不同基因型葡萄种质常温保存效果与多效唑浓度有关。在所试 32 个葡萄品种中,吉峰 18 和小无核黑用 0.5～1.0 mg/kg 的多效唑处理,保存效果最好。超过 2.0 mg/kg 时,吉峰 18 的根变得异常粗大,但根数少,试管苗很快干枯死亡(16 个月);乍娜、纽约玫瑰和红尼加拉等多数葡萄品种保存的最适浓度为 2.0 mg/kg,在保存 22 个月后仍保持较多的存活节数,其中大多数品种的存活时间在 2 年以上。适于斯普汉宝和格列拉什保存的多效唑最适浓度为 3.0 mg/kg;适于里扎马特保存的最适浓度为 5.0 mg/kg,现已保存 2 年 10 个月。然而这一浓度却是其他基因型葡萄的致死浓度。故多效唑适于葡萄种质的常温长期保存,多数基因型的葡萄试管苗可保存两年以上,以 2.0 mg/kg 的多效唑适用于大多数基因型的葡萄种质保存。

结合使用其他方法可以提高保存效果,如用耐高温塑料薄膜,外加一层牛皮纸封管,可以克服单用微孔塑料薄膜包被棉塞封管造成的培养基易干枯和污染率高的弊病而提高保存效果。与对照相比,经多效唑处理进行常温长期保存的葡萄试管苗,除促进根系发育,提高根冠比外,还改变了叶片的形态结构,叶变小,叶片厚,叶绿素含量高,质膜稳定性提高,同时根系活力提高,从而增加根系吸水能力和地上部的持水能力,这无疑会提高试管苗抗蒸腾能力,从而提高移栽成活率。经多效唑处理常温保存后的葡萄试管苗进行转接繁殖时,茎段生根快,地上部延伸缓慢,再次转接繁殖时,这种现象消失。

多效唑等植物生长延缓剂延长试管苗保存时间的原因主要是它们延缓了葡萄试管苗地上部生长,减少了对营养的消耗,而增加了根吸收表面积,增强了对营养的吸收,维持了试管苗营养物质吸收与消耗的平衡。另外,用高度木质化的褐色茎段转接和在低温季节转管能延长试管苗保存时间,其原因是褐色茎段生根快和茎节延伸缓慢,同时褐色茎段能耐受较高浓度的多效唑。

6.2　植物种质资源的中低温保存

6.2.1　中低温保存的概念

中低温保存是指 0～20℃之间的种质保存,是利用低于植物正常生长的温度来限制其代谢活动,达到低温保存的目的。对于植物而言如果温度低于细胞原生质体所能忍受的临界温度,那么植物会遭受到冻害死亡。低温保存在离体培养的条件下,限制了温度的范围,在植物细胞耐受范围内,进行调节。这种方法简单,存活率高。

6.2.2　中低温保存的方法和原理

中低温保存法利用低温对植物生命活动有抑制作用的原理进行保存,从而达到使继代时间延长的目的。低温保存法是植物组织培养物限制生长保存最常用的方法。利用降低培养温度法保存种质资源已经在茎尖培养物、试管苗、愈伤组织等方面应用。在低温保存过程中,选择适宜低温是保存后高存活率的关键,不同植物乃至同一种植物不同基因型对低温的敏感性不一样。通常认为,耐寒物种可在 0～5℃下保存,甚至 -3℃下保存;而亚热带物种一般保存在 10℃左右;热带植物则必须保持在 15～20℃。实际应用中常常是几种方法配合使用,主要有低温高渗法保存、低温并添加生长抑制剂保存、低温且弱光保存等。

6.2.3　中低温保存实例

兰芹英等(2004)用蒙自凤仙花(*Impatiens mengtzeana* Hook. f.)做材料进行了中低温保存方法研究,他们用其无菌试管苗在添加 BA 0.01 mg/L、NAA 0.1 mg/L、蔗糖 3%、琼脂 0.7%、pH (5.8±0.1)的 MS 培养基上培养,温光条件为 24℃、2 000 lx(10 h/d),培养 2 周后,取试管苗茎尖(1±0.1) cm(具 3～4 片小叶)做离体保存实验。保存培养基为甘露醇浓度 0、1%、3%、5%的 MS 基本培养基。保存温度为 12℃、18℃、24℃。每个处理接种 32 个茎尖,放置于 8 瓶培养基(40 mL/瓶)中,用聚丙乙烯膜封口,橡皮筋捆扎,光照强度 2 000 lx,光周期 10 h/d。结果显示,当保存温度为 12～24℃时,对照的每个外植体新梢数随着温度的降低而减少。说明腋芽的萌动和生长需要较高的温度。低温(如 12℃)则明显地抑制腋芽的萌动和生长。

在甘露醇对保存植株的伸长以及对叶片和根生长的影响上,在相同温度下,随着甘露醇浓度的升高,植株的茎长度、叶片数和根数明显下降,即茎的伸长生长、叶片和根的形成受到明显抑制。如温度为 24℃时,甘露醇的浓度由 0 增加到 5%,芽长由 6.71 cm 降为 1.18 cm,根数由 12 条/株降为 5.54 条/株,叶片由 13.63 片/株降为 4.25 片/株。

实验也表明适宜的温度和甘露醇浓度,能使凤仙花离体保存寿命延长,存活率增加。12℃、甘露醇 3%的保存效果最好,对照保存 10 个月存活率为 71.43%,12 个月为 21.43%;而甘露醇浓度为 1%、3%、5%,保存 12 个月,存活率分别为 77.8%、100%、66.67%。保存 12 个月后,存活的小植株或其茎尖接种于 MS＋BA 0.5 mg/L＋NAA 0.1 mg/L 培养基中,温度 24℃,光照度 2 000 lx(10 h/d)下培养,能正常生长(叶片大小及茎节的长度和保存前一样),增殖和生根恢复率达 100%。

6.3　植物种质资源的超低温保存

6.3.1　种质资源超低温保存的发展概况

超低温保存也叫冷冻保存,指在 -196℃的液氮超低温下使细胞代谢和生长处于基本停止的状态,在适宜条件下可繁殖,再生出新的植株,并保持原来的遗传特性。在 1897 年、1899 年和 1925 年分别有了用液态空气、液态氢、液态氦处理植物种子的尝试。这样的尝试一直延续了几十年,这些实验很大程度上是为了满足人类的好奇心,并不是为了利用超低温来实现植物种质资源的长期贮藏,还不能算是真正意义上的超低温保存。

由于最初用超低温处理种子的实验大都比较容易地取得了成功,植物种子经超低温处理

后发芽率没有发生明显的改变,也由于当时还缺乏对顽拗性种子的认识,致使人们误以为所有植物种子理所当然的都能够经受超低温处理,导致植物种质资源超低温保存方面的研究长期裹足不前。顽拗性种子对低温和脱水都敏感,而且在种子的发育和萌发之间没有明显的静止期。虽然很早 Becquerel 和 Adams 就分别报道了用液态空气处理高含水量种子是致命的,但直到近半个世纪后才有人研究种子含水量与超低温处理后种子存活的关系。

现代意义上的植物种质资源超低温保存研究得益于低温生物学在动物学和医学方面的发展,同时植物低温驯化和冻害研究方面的工作也功不可没。Polge 等采用添加防冻保护剂,慢速降温,然后转移到液态氮中的方法,实现了人和多种动物精子的超低温保存。这一技术逐步发展和完善,成为超低温保存的传统方法,也称作二步法,这也是植物材料超低温保存最早使用的方法。根据材料的特点和研究的目的,目前植物超低温保存有如下几个主要方面的研究和应用:①重要实验用细胞株系的保存,如放线菌、短杆菌、花叶病毒等;②优良农作物品系的保存,如柿品种"禅寺丸"、"品丽珠",葡萄,马哈利樱桃等;③遗传育种材料的保存,如水稻胚性悬浮细胞、野生稻愈伤组织、杂交水稻恢复系花粉、水稻单倍体不定芽、烟草悬浮细胞等;④保护生物学方面植物多样性种质资源的保存,如杜仲和秤锤树的花粉、银杏的胚和花粉等。

6.3.2 种质资源超低温保存的方法和原理

生物材料在低温下,活细胞内的新陈代谢和生长活动几乎完全停止,处于"生机停顿"(suspended animation)状态,因而可使植物材料在该温度下不会发生遗传性状的改变,但细胞活力和形态发生的潜能可保存,这就有可能极大地延长储存材料的寿命,避免细胞和组织的染色体数目因长期继代而发生的变化和离体材料在长期无性繁殖过程中可能造成的退化和病虫侵害,从而有效、安全地长期保存那些珍贵稀有的种质。同时,它还有利于国际上进行种质交换,为遗传育种和理论研究提供较好的材料。

低温冰冻过程中,如果生物细胞内水分结冰,细胞结构就遭到不可逆的破坏,导致细胞和组织死亡。植物材料在超低温条件下,冰冻过程中避免了细胞内水分结冰,并且在解冻过程中防止细胞内水分次生结冰而达到植物材料保存目的的。植物细胞含水量大,冰冻保存难度大,投放液氮中易引起组织和细胞死亡,故须借助于冷冻防护剂,防止细胞冰冻或解冻时引起过度脱水而遭到破坏,保护细胞。

6.3.3 超低温保存的程序

超低温保存的基本操作程序为:①选择适宜年龄和生长状态的冷冻材料。②对生物材料进行预处理,主要是提高分裂相细胞的比例和减少细胞内自由水的含量,使材料达到最适于超低温保存的生理状态。③将材料装入试管或其他保存容器中,放入冰浴中。在冰浴条件下加入 0℃预冷的冷冻保护剂,冰浴放置 30～45 min。④采用不同的降温冰冻方式进行冷冻,直至最后放入液氮中,并在液氮中停留至少 1 h。⑤保存后的化冻,一般采取在 37～40℃温水浴中快速化冻。⑥材料化冻后的活力鉴定,进行再培养,观察恢复生长的速度及植株的再生能力,分析冻后材料或再生植株的遗传性状。

6.3.3.1 材料准备

由于植物的基因型、抗冻性以及器官、组织和细胞的年龄、生理状态等因素对超低温保存的效果有较大的影响,因此,在进行超低温保存前,材料的选择十分重要。一般来说,当培养细胞处于旺盛的对数分裂期,具有丰富稠密的细胞质未液泡化,细胞壁薄的幼龄培养细胞比老龄细胞抗冻力强,成活率高,因此取生长延滞后期或指数生长期的细胞进行冷冻能得到较高的成活率,冻后细胞的恢复生长依赖于保持分裂能力的细胞密度,高密度细胞是细胞存活力的重要指标;茎尖生长点、愈伤组织等培养物,解冻后只有具有上述特征的细胞才能存活。而较大的植物材料,如茎尖、胚或试管苗等,由于高度液泡化的细胞易受损伤,冷冻后只有分生细胞能够重新生长。此外,细胞团体积大小对冷冻保存效果也有影响。

6.3.3.2　材料预处理

1. 继代培养

研究结果表明,处于有丝分裂前后的细胞抗冻能力强,处于该时期的细胞超低温保存后具有较高的成活率。通过继代培养可以增加有丝分裂细胞的数目,提高细胞分裂与分化的同步化频率,从而提高超低温保存的存活率。

2. 低温锻炼

低温锻炼可以激活植物体内的抗寒机制,如提高膜磷酸酯的不饱和程度,诱导抗冻蛋白的产生等,进而提高冷冻后的成活率。在对苹果、梨和樱桃茎尖进行超低温保存时,将材料放在低温下(4°C)保存一段时间,可以大大地提高成活率。紫花苜蓿的悬浮细胞在2°C下低温锻炼10 d后的冷冻存活率大大提高。但对于一些热带作物来说,由于它们对低温十分敏感,因此在进行低温锻炼时,对温度和时间的选择要慎重。

3. 预培养/加冷冻防护剂

预培养的目的是增加细胞分裂与分化的同步性,减少细胞内自由水的含量,提高细胞的抗冻性,使材料冷冻后仍能保持较高的生活力。目前应用最广泛的是在预培养基中加入冷冻保护剂或诱导抗寒力的物质,如蔗糖、山梨醇、聚乙二醇、丙二醇、二甲基亚砜(DMSO)、脱落酸(ABA)等,以提高材料的存活率。该方法在许多植物中获得成功。冷冻保护剂可以降低冰点温度,促进过冷却和玻璃化的形成。在玻璃化状态下,能提高细胞溶液的黏滞度,阻止冰晶的生长,防止细胞因脱水而瓦解,维持大分子物质的结构。作为冷冻保护剂的物质需要具备以下特征:①易溶于水;②在一定浓度下对细胞无毒;③化冻后容易从组织细胞中清除。目前冷冻保护剂的种类很多,按其是否渗透到细胞内,分为渗透性保护剂(如 DMSO、甘油、丙二醇、乙酰胺等)和非渗透性保护剂(如蔗糖、葡萄糖、聚乙二醇等)。不同材料对冷冻保护剂的反应不同。如在柑橘茎尖的超低温保存过程中,用山梨醇预培养未能提高成活率,而用质量分数5%的 DMSO 预培养则可大幅度提高超低温保存后的成活率。因此根据不同的冷冻材料要选择不同的冷冻保护剂。预培养时间对成活率具有决定性的影响,未成熟的春小麦合子胚在含0.5 mg/L ABA 的半固体培养基上预培养 10 d 后,不用加冰冻保护剂便能得到高成活率。

6.3.3.3　降温冷冻及超低温保存

常用的降温方法主要包括快冻法、慢冻法、分步冰冻法、逐级冰冻法、干燥冰冻法、脱水冰冻法、玻璃化法、包埋脱水法和最新发展起来的包埋玻璃化法。

1. 快冻法

以超过 40°C/min 的速度降温,或将材料直接放入液氮或其蒸汽相中。该方法较简单,不需要复杂昂贵的设备,可使细胞内的水还未来得及形成冰晶,就降到-196°C的安全温度。此法适用于那些高度脱水的材料,要求细胞体积小、细胞质浓厚、含水量低、液泡化程度低,如种子等。到 20 世纪 90 年代,传统的快冻法已被玻璃化法取代。

2. 慢冻法

采用逐步降温的方法,以 0.5～2℃/min 的降温速度,从 0℃降到 -30℃,-35℃ 或 -40℃,随即投入液氮,或者以此降温速度连续降温到 -196℃。逐步降温过程可以使细胞内水分有充足的时间不断流到细胞外结冰,从而使细胞内水分含量减少到最低限度,达到良好的脱水效果,避免细胞内结冰。这种方法适合于液泡化程度较高的植物材料,如悬浮细胞、原生质体等。

3. 分步冰冻法

在有些情况下,在 -30～-40℃ 预冻一段时间,然后才浸入液氮,此方法称之为两步冰冻法或分步冰冻法。Brison 等采用两步冰冻方式,保存两个桃砧木品种离体生长的茎尖,再生率分别为 69% 和 74%。这种方法需要程序降温器,步骤较为繁杂。

4. 逐级冰冻法

植物材料经过冷冻保护剂 0℃ 预处理后,逐级通过 -10℃、-15℃、-23℃、-35℃、-40℃ 等,每个温度停留 10 min 左右,然后浸入液氮。

5. 干燥冰冻法

将样品在含高浓度渗透性化合物(如甘油、糖类物质等)培养基上培养一段时间,或者经硅胶、无菌空气干燥脱水数小时,或者用褐藻酸钙液包裹样品,无菌风进一步干燥,然后直接投入液氮;或者用冷冻保护剂处理后吸除表面水分,密封于金箔中进行慢冻。只要脱水足够,细胞内溶液浓度即可达到较高水平因而易进入玻璃化状态。这种方法对某些植物的愈伤组织、体细胞胚、胚轴、胚、花粉、茎尖及试管苗等较合适,但对大多数对脱水敏感的材料不适用。

6. 脱水冰冻法

将植物材料先用含有甘油和糖类的冷冻保护剂进行渗透脱水,再置于 -20～-30℃ 的冷藏库内冻结脱水,然后立即投入液氮中迅速冷冻。

7. 玻璃化法

玻璃化超低温保存是指在液氮中保存植物组织的一种方法。一般是以足够快的降温速度,使植物液相固化成无定形的状态而非尖锐的冰晶形式,即所谓的玻璃化状态。玻璃化状态是一种透明的"固态",没有冰晶和溶液效应对细胞造成损伤,植物的物质代谢、生命活动几乎完全停止,而细胞活力和形态发生的潜能得以保存。这种保存方法,保持了培养物的遗传稳定性,是植物种质保存的有效方法,近年来受到国内外学者的广泛关注。

玻璃化法超低温保存原理是利用高浓度的复合保护剂[如 PVS2:plant vitrification solution 2,其组成是:30%(质量浓度)甘油+15%(质量浓度)乙二醇+15%(质量浓度)DMSO+0.4 mol/L 蔗糖]等处理植物培养物一定时间后立即投入液氮,以足够快的降温速度,使细胞连同保护剂本身在快速降温中都进入玻璃化。玻璃化超低温保存的关键在于脱水过程的控制以及保护剂对细胞渗透以减轻化学毒性和溶液效应。玻璃化法超低温保存的基本程序为:①材料的选择;②材料预处理;③冰冻保护剂处理;④投入液氮;⑤化冻、洗涤;⑥活力鉴定、再培养;⑦遗传性状的分析。

8. 包埋脱水法

包埋脱水法是参照人工种子技术,结合低温保存的需要,将包裹和脱水结合起来,应用于超低温保存中。包埋脱水法最早出现在法国学者保存马铃薯茎尖的研究中。此方法的基本程序是:①选择适宜的材料;②用褐藻盐包埋茎尖;③在含渗压剂(如蔗糖、山梨醇、甘油等)的培养基中预培养;④通风橱或硅胶脱水;⑤立即投入液氮中;⑥保存后的快速化冻;⑦材料的恢复培养。包埋脱水法的优点是容易掌握,缓和了脱水过程,简化了脱水程序,而且被保存的样品体积可以较大,同时还避免了一些对细胞有毒性的冰冻保护剂如 DMSO 的使用。因此这种方法应用于悬浮细胞、体细胞胚和茎尖等材料。

用藻酸盐包埋茎尖,在含高浓度蔗糖的培养基中预培养后,在通风橱中处理 2～6 h 或用硅胶处理,通过空气蒸发脱水,然后进行超低温保存。此方法一次能处理较多材料,避免了使用一些对细胞有毒性的冰冻保护剂,但在一些植物中,成苗率低,与玻璃化法相比,组织恢复生长较慢,脱水所需时间长。Niino 等利用包埋/脱水方式在液氮中保存苹果、梨及桑树离体生长的茎尖 5 个月,存活率达 80% 以上;将这 3 种材料胶囊化,再经过一个脱水过程(含水量在40% 左右),放入 −135℃ 下保存 5 个月,几乎都能再生成芽。

9. 包埋玻璃化法

为了克服玻璃化法和包埋脱水法的缺点,有人将两者的优点结合起来,建立了包埋玻璃化法。以山葵菜和百合的茎尖分生组织为材料,在含 0.3 mol/L 蔗糖的培养基上 25℃ 预培养1 d,然后包埋在含 2 mol/L 甘油和 0.4 mol/L 蔗糖的海藻酸钠丸中,包埋的茎尖分生组织在PVS2 中处理 100 min(0℃)后,直接投入液氮保存。结果表明,山葵菜的茎尖分生组织在 3 d内恢复生长,成苗率达 95%,比包埋脱水法高 30%,因此认为包埋玻璃化法保存效果好,易于操作,脱水时间较短,成苗率高,是温带作物茎尖分生组织超低温保存的一种好方法。Phunchindawan 等将辣根芽原基胶囊化后,在 0.5 mol/L 蔗糖的 MS 培养基中培养 1 d,再用高浓度的玻璃化溶液 PVS2 脱水 4 h,直接放入液氮中保存 3 d,69% 存活。Matsumoto 等将玻璃化与胶囊化方法结合起来,在液氮中保存山葵(*Wasabi japonica*)茎尖分生组织,也取得了60% 以上的存活率。

6.3.3.4 解冻

快速解冻法是指将液氮中保存的材料直接投入到 37～40℃ 温水浴中进行解冻的方法。解冻的升温速度为 500～750℃/min,大多数植物材料可采用此种方法。

慢速解冻法是将液氮中保存的材料先置于 0℃ 低温下解冻,再逐渐升至室温下进行解冻的方法。适宜细胞含水量较低的材料,如木本植物的冬芽。

一般认为,快速化冻能使材料迅速通过冰熔点的危险温度区,从而防止降温过程中形成的晶核对细胞造成损伤。贮藏于液氮中的材料,缓慢升温时细胞内会再次结冰,必须快速通过冰晶生长区,避免细胞内再次结冰而造成伤害,因而快速化冻比慢速解冻效果要好。解冻后一般可用 TTC 法(氯化三苯基四氮唑还原法)、FDA 染色法(二醋酸酯荧光素染色法)、色谱分析法、细胞学变化、生化稳定性及遗传性分析等对保存的材料进行活力分析与检测,以了解种质超低温保存的效果,再进行后续的培养工作。

6.3.3.5 再培养

再培养指将已解冻的材料重新置于培养基上使其恢复生长的过程。再培养是检验冷冻保存效果或确定保存方法是否合适的最根本方法。通过再培养可观测到成活率、生长速度、植株的再生以及各种遗传性状的表达。选择冻后合适的培养基成分十分重要,Kuriyama 等发现,铵离子对未冷冻的水稻细胞生长有促进作用,但对冷冻后的水稻细胞则有害。

6.3.4 超低温保存实例

百合种质超低温保存的最佳技术方案(陈辉,2005)。

1. 低温锻炼

选用继代 45～60 d 左右的试管苗置于 4℃ 1 周以上。

2. 预培养

在无菌条件下剥取带有叶原基的茎尖分生组织(直径约 1～2 mm),在添加了 0.1～0.3 mol/L 蔗糖的液体培养基中培养 1～2 d。

3. 玻璃化保护剂处理

将材料先用 MS＋0.4 mol/L 蔗糖＋2.0 mol/L 甘油溶液处理 20 min,之后在 0℃ 下用冰冻保护剂 PVS2 处理 60～120 min。

4. 材料的冷冻保存

将材料装入冷冻管中,加入新鲜的 PVS2 冰冻保护剂,直接投入液氮保存。

5. 材料的化冻洗涤

冻存后的材料在 40℃ 水浴化冻,用 MS＋1.2 mol/L 蔗糖溶液洗涤 10 min。

6. 成活率检测

将材料转移至 MS＋6-BA 0.5 mg/L＋NAA 0.1 mg/L＋GA 30.0 mg/L＋蔗糖 30.0 g/L＋琼脂 7.0 g/L 的再生培养基中常温下暗培养 2 周,之后转移至正常光照下培养,其存活率可达到 50.0％ 以上。记录成活率及恢复生长的时间。成活率＝玻璃化超低温保存后成活的茎段数/保存的总茎段数×100％。

复习思考题

1. 何谓植物种质和植物种质资源?

2. 什么是种质保存? 一般有哪些方式?

3. 何谓常温限制生长保存? 常用的有哪些方法?

4. 举例说明中低温保存方法。

5. 试述种质资源超低温保存的原理和一般程序。

第7章

动物细胞培养

7.1 体细胞体外培养技术

动物体细胞体外培养是用无菌操作的方法将动物体内的组织或器官取出，模拟动物体内的生理条件，在体外进行培养，并观察细胞的生长、发育及衰老等生命现象的技术。动物体细胞体外细胞培养具有很多优越性，能直接观察细胞生长、发育过程及细胞内结构（如细胞骨架）；可以人为控制培养条件，包括 pH 值、温度、氧气和二氧化碳等；可以研究各种物理、化学等外界因素对细胞生长发育和分化的影响。但与正常动物体内细胞相比，仍存在一定的差距。

7.1.1 细胞培养方法

原代培养（primary culture）即第一次培养，是将组织细胞放置在体外生长环境中持续培养，中途不分割培养物的培养过程。其特点是细胞或组织刚离开机体，生物性状尚未发生很大的改变，一定程度上反映了它们在体内的状态，表现出原组织或细胞的特性。一般在原代培养时期适合于做药物测试、细胞分化等方面的研究。细胞的来源多样，培养方法也各不相同，凡是来源于胚胎、组织器官及外周血，经特殊分离方法制备而来的原初培养的细胞称之为原代细胞。原代细胞经分散接种之手段称为传代。凡能经传代方式进行再次培养的细胞称为传代细胞。

7.1.1.1 原代细胞的分离和制作

1. 悬浮细胞的分离方法

组织材料若来自血液、羊水、胸水或腹水的悬液材料，最简单的方法是采用 1 000 r/min 的低速离心 10 min，若悬液量大，可适当延长离心时间，但速度不能太高，延时也不能太长，以避免挤压或机械损伤细胞，离心沉淀用无钙、镁 PBS 洗 2 次，用培养基洗 1 次后，调整适当细胞浓度后再分瓶培养，若选用悬液中某些细胞，常采用离心后的细胞分层液，因为经离心后由于各种细胞的比重不同可在分层液中形成不同层，这样可根据需要收获目的细胞。

2. 实体组织材料的分离方法

对于实体组织材料，由于细胞间结合紧密，为了使组织中的细胞充分分散，形成细胞悬液，可采用机械分散法（物理裂解）和消化分离法。

（1）机械分散法　所取材料若纤维成分很少，如脑组织、部分胚胎组织可采用剪刀剪切、用吸管吹打分散组织细胞或将已充分剪碎分散的组织放在注射器内，使细胞通过针头压出，或在不锈钢纱网内用钝物压挤(常用注射器钝端)使细胞从网孔中压挤出。此法分离细胞虽然简便、快速,但对组织机械损伤大,而且细胞分散效果差。此法仅适用于处理纤维成分少的软组织。

(2)消化分离法　组织消化法是把组织剪切成较小团块(或糊状),应用酶的生化作用和非酶的化学作用进一步使细胞间的桥连结构松动,使团块膨松,由块状变成絮状,此时再采用机械法,用吸管吹打分散或电磁搅拌或在摇珠瓶中振荡,使细胞团块得以较充分地分散,制成少量细胞群团和大量单个细胞的细胞悬液,接种培养后,细胞容易贴壁生长。

3.原代细胞的培养方法

原代细胞的培养也叫初代培养,是从供体取得组织细胞在体外进行的首次培养,是建立细胞系的第一步,是一项基本技术。原代培养方法很多,常用的方法有组织块培养法、消化培养法、悬浮细胞培养法和器官培养。

(1)组织块培养法　组织块培养是常用、简便易行和成功率较高的原代培养方法,也是早期采用培养细胞的方法,故原先被称为组织培养。其方法:将剪成的小组织团块接种于培养瓶中,瓶壁可预先涂以胶原薄层,以利于组织块黏着于瓶壁,使周边细胞能沿瓶壁向外生长,方法简便,利于培养,部分种类的组织细胞在小块贴壁 24 min 后细胞就从组织块四周游出,然后逐渐延伸,长成肉眼可以观察到的生长晕,5～7 d 后组织块中央的组织细胞逐渐坏死脱落和发生漂浮,此漂浮小块可随换液而弃去,由组织块周围延伸的贴壁细胞也逐渐形成层片,可在显微镜下观察形态和用于实验研究。图 7-1 是组织块培养法流程图。

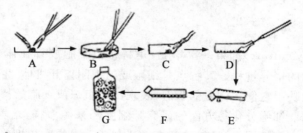

图 7-1　组织块培养法(司徒镇强,1996)

A.取材修剪冲洗　B.剪切成 1 mm³ 小块　C.移入培养瓶　D.分布组织小块间距 5 mm

E.翻转培养瓶并加培养液 37℃静置 1～2 h　F.翻正培养瓶进行培养　G.原代细胞生长

(2)消化培养法　该方法是采用前述的消化分散法,将妨碍细胞生长的细胞间质(包括基质、纤维等)去除,使细胞分散形成细胞悬液,然后分瓶培养。

胰蛋白酶(trypsin)是目前最常用的一种消化试剂,它作用于与赖氨酸或精氨酸相连接的肽键,除去细胞间黏蛋白及糖蛋白,影响细胞骨架,从而使细胞分离。其分解细胞的过程见图 7-2。

(3)悬浮细胞培养法　对于悬浮生长的细胞,如白血病细胞、淋巴细胞、骨髓细胞、胸水和腹水中的癌细胞和免疫细胞无须消化,可采用低速离心分离,直接培养,或经淋巴细胞分层液分离后接种培养。

(4)器官培养　器官培养是指从供体取得器官或组织块后,不进行组织分离而直接在体外的特定环境条件下培养,其特性仍保持原有器官细胞的组织结构和联系并能存活。器官培养的目的和技术均与单层细胞培养不同,但可利用器官培养对器官组织的生长变化进行体外观

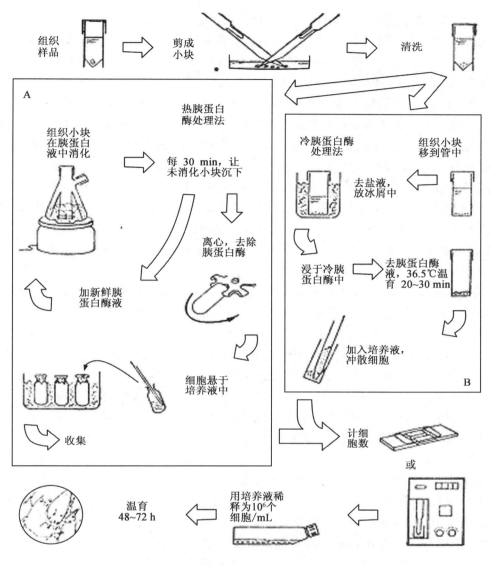

图 7-2　胰蛋白酶分解细胞法
A. 36.5℃法　B. 4℃法

察,并研究不同培养条件对器官组织的影响。器官培养可保持器官组织的相对完整性,可用于重点观察细胞间的联系、排列情况和相互影响,以及局部环境的生物调节作用。体外器官培养为临床上的器官移植创造了便利的条件。器官培养的条件与细胞培养不同,有特殊的要求。

7.1.1.2　原代培养和传代培养

1. 原代细胞的培养与维持

（1）原代细胞培养

①静置贴壁细胞(包括半贴壁细胞的培养)　凡经消化液处理实体组织来源的细胞要通过充分漂洗,以尽量除去消化液的毒性,细胞接种时浓度要稍大一些,至少 5×10^8 细胞/L,培养基可用 Eagle(MEM)或 DMEM,小牛血清浓度为 $10\% \sim 80\%$,有条件的应在 37℃ 5% CO_2

的培养箱中培养,在起始的 2 d 中尽量减少振荡,以防止刚贴壁的细胞发生脱落、漂浮。若原代贴壁细胞不是用于长期培养,只是用于分离繁殖或测定病毒之用,其细胞浓度可以加大,尽量贴成厚层以利病毒的效价提高和测定结果(如空斑)更加明显、准确,待细胞基本贴壁伸展并逐渐形成网状,此时的 pH 值若有明显变化,应将原代细胞换液,即倒去旧液,换入新鲜的培养基,以便除去衰老、死亡的细胞和陈旧的培养基,使贴壁细胞能获得充足的营养。

若用骨髓或外周血中的悬浮细胞经静置培养 1 周时,可有少量的肌样纤维间质细胞或基质细胞开始贴壁生长,为了利于该贴壁细胞充分贴壁和生长,此时换液应将细胞悬液经低速离心后,按半量换液方式弃去旧液加入新液,然后再将细胞悬液放入原瓶中继续培养,经反复几次换液后,贴壁肌样细胞逐渐形成网状,此时换液可将原悬浮细胞和培养基移入另一新瓶,然后分别补加新鲜培养基(也按半量换液方式分别对半加入新液)继续培养,原瓶的贴壁细胞逐渐长成单层,而新瓶中又会出现二次贴壁细胞,经几次换液也会逐渐长成单层,在此类细胞培养时,培养基中往往需加入少量的维生素 D_3、bFGF、地塞米松、小牛血清(浓度要在 20% 以上),以利细胞贴壁生长。

②悬浮细胞的培养　凡来自外周血、胸腹水、脾脏、淋巴结、骨髓的淋巴细胞、造血干细胞以及白血病细胞,在原代培养时要尽量去除红细胞。若作用于试验的短期培养,可在含 10% 小牛血清的 RPMI 1640 培养基中进行培养,细胞浓度可在 $(5\sim8)\times10^9$ 细胞/L 范围内,然后进行分瓶试验。若要将淋巴细胞及白血病细胞进行长期培养,淋巴细胞中要加入生长因子,白血病细胞中要加入少量的原患者血清,以利细胞生长,待细胞开始增殖甚至结成小团块,培养基中 pH 值变酸,说明细胞生长繁殖良好,一般每隔 3 d 需半量换液 1 次(换液时尽量使细胞不丢失),待细胞增殖加快,浓度明显增加,pH 值发生明显变化时,此时可考虑传代。但千万不能急于传代,一定要待细胞密度较高时才能进行,以防传代失败。

(2)原代细胞的维持

①贴壁细胞　贴壁细胞长成网状或基本单层时,由于营养缺乏,代谢产物增多,变酸,不适宜细胞生长,此时细胞还未长成单层,未达到饱和密度,仍需继续培养,因此,需采取换液方式来更新营养成分以满足细胞继续生长繁殖的需要。其换液方法比较简单,即弃去旧液,加入与原培养液相同的等量完全培养基。若希望细胞能在较长时间内维持存活,但不需增殖,此时要换成含 2% 小牛血清的维持液。贴附生长是大多数细胞在体内生长的基本存在方式。

②悬浮细胞　凡经培养后只在细胞培养基中悬浮生长而不贴壁的细胞,需在倒置显微镜下方可观察到细胞的形态和生长现象,淋巴细胞的短期培养无须换液,但加入生长因子或有丝分裂源(PHA、PMA、PWM、LPS 等)后,细胞不仅会发生转化而且会发生分裂繁殖,此时培养基中的营养成分并不能维持细胞的营养需求,加之代谢产物增多,pH 值变小,细胞不适宜生长,需进行换液。白血病细胞或淋巴瘤细胞体外长期培养时,都需换液培养,待达到饱和密度时才能传代。换液时,只能采用半量换液的方式,千万不能采取倒去旧液加入新液的方式进行换液。半量换液的方法如下:将原培养瓶竖起,在 30 min 内,若细胞沉于瓶底,可用吸管轻轻吸去一半上清弃去,再加入等量的新鲜完全培养基。若细胞不能沉于瓶底,可吸出细胞悬液,采用低速离心(1 000 r/min 10 min)弃去一半上清后加入等量的新鲜完全培养基,混匀后再转入原瓶继续培养。悬浮生长细胞如血液白细胞、淋巴组织细胞、某些肿瘤细胞、杂交瘤细胞、转化细胞系等,这类细胞的胞体始终是球形,密度较高,培养效率高,易大规模生产。

2.原代细胞培养的首次传代

原代培养后由于悬浮细胞增殖,数量增加甚至达饱和密度,贴壁细胞相互汇合,使整个瓶底逐渐被细胞覆盖,细胞难以继续生长繁殖,需要进行分瓶培养,这种使原代细胞经分散接种的过程称之为传代。每进行一次分离再培养称之为传一代,传至5～10代以内的细胞通常称为次代培养细胞,传至10～20代以上的细胞,通常确定为传代细胞(或称传代细胞系)。然而,传代细胞系的建立,关键是初代培养的首次传代。应注意如下几点:①细胞生长密度不高时,或未能达到覆盖整个瓶底时不能急于传代。②原代培养的贴壁细胞多为混杂细胞,形态各异,往往是上皮型细胞和成纤维型细胞并存,采用胰蛋白酶消化时要掌握好消化时间,因成纤维细胞易于脱壁,上皮细胞不易脱壁。因此,可根据需要选用适当的消化时间及时终止消化。在早先传代时,其消化时间比一般已建系的细胞相对长一些。③吹打已消化的细胞要轻巧,既不能听到有明显的吹打声,又不能有大量泡沫在悬液中形成,以尽可能减少对细胞的机械损伤。④首次传代时细胞接种数量要多一些,以利于细胞的生存和繁殖。如果消化分离的细胞悬液有组织块,也一并传入到培养瓶,尽量减少细胞损失。⑤首次传代培养时的 pH 值不能高,宁可偏低一些。此外,小牛血清浓度可适当加大至15%～20%。

3.传代细胞的传代培养

原代细胞经传代后所形成的传代细胞,细胞增殖旺盛,当传代10～50次后,细胞增殖缓慢,以致完全停止。可根据不同细胞采取不同的方法进行细胞传代。贴壁生长的细胞用消化法传代,部分贴壁的细胞用直接吹打或用硅胶软刮的刮除法传代。悬浮细胞可采用加入等量新鲜培养基后直接吹打分散进行传代,或用自然沉降法加入新培养基后再吹打分散进行传代。后两种传代方法比较简单,唯有贴壁细胞的消化法传代比较复杂一些。现将具体方法(图7-3)介绍如下:

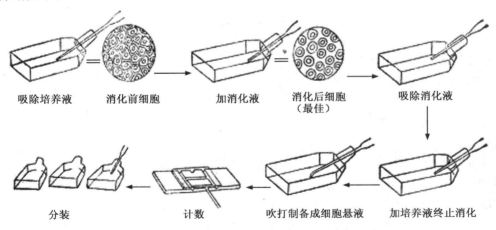

吸除培养液　消化前细胞　加消化液　消化后细胞(最佳)　吸除消化液

分装　计数　吹打制备成细胞悬液　加培养液终止消化

图 7-3　消化法传代培养示意图(鄂征,2004)

(1)吸除旧的培养液。

(2)用无钙、镁的 PBS 液洗涤细胞1～2次。

(3)根据细胞贴壁的牢固程度可分别选用0.08%、0.125%、0.25%的胰蛋白酶-EDTA 溶液,其用量为1 mL/25 cm²、2 mL/75 cm²、37℃作用数分钟,与倒置显微镜下观察,当细胞将要分离而呈现圆粒状时,终止消化。

（4）吸除胰蛋白酶-EDTA溶液,加入适量的含血清的新鲜培养液终止胰蛋白酶作用,离心后再吸除上清液。

（5）轻拍培养瓶使细胞自瓶壁脱落,加入适量的新鲜培养液,用吸管吸打数次分散细胞团块,混合均匀后,按合适的比例稀释转入新培养瓶培养。

4.传代细胞的建系和维持

原本为圆形的细胞一经贴壁就迅速铺展,然后开始有丝分裂,并很快进入对数生长期。一般数天后就可铺满生长表面,形成致密的细胞单层。这种方法易于观察细胞生长状况,适宜于实验室研究。但是如需继续培养,需将单层细胞再分散,稀释后再重新接种,进行传代培养。再进入衰退期。每一代的培养细胞群体都会经过 4 个生长阶段(图 7-4)。

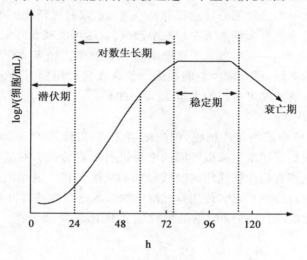

图 7-4　细胞生长曲线

贴壁生长的细胞一般生长过程是:

（1）游离期　接种的细胞在培养液中呈悬浮态,由于细胞质的回缩,各种形状的细胞都开始变圆。

（2）吸附期　细胞类型不同,贴壁时间有所差异。单个细胞、传代细胞较快,组织块、较大细胞团较慢。一般多数细胞都可在 24 h 内贴壁,平均贴壁时间大约 5～20 min。而细胞状态不好及濒死细胞、培养基偏酸或偏碱、培养瓶不洁等不利条件都不利于细胞贴壁。

（3）繁殖期　圆形悬浮细胞贴壁后延展成极性细胞,此时虽有细胞运动,却无细胞分裂。经过一段停滞,开始分裂。随着细胞数量的增多,细胞间开始接触并连接成片,这时细胞的运动及分裂都会停止。这种由于细胞间的接触而发生抑制的现象称之为接触性抑制。

（4）退化期　细胞长满培养瓶壁达到一定密度后,随着营养物的消耗和代谢物的积累,细胞开始退化。细胞轮廓变强,细胞内有膨胀的线粒体颗粒堆积。如不及时传代,细胞会从瓶壁上脱下来。

5.大规模培养技术

动物细胞是一种无细胞壁的真核细胞,生长缓慢,对培养环境十分敏感。采用传统的生物化工技术进行动物细胞大量培养,除了要满足培养过程必需的营养要求外,有必要建立合理的控制模型,进行 pH 值和溶氧(DO)的最佳控制。细胞生物反应器可通过微机有序定量地控制加入动物细胞培养罐内的空气、氧气、氮气和二氧化碳 4 种气体的流量,使其保持最佳的比例来控制细胞培养液中的 pH 值和溶氧水平,使系统始终处于最佳状态,以满足动物细胞生长对 pH 值和溶解氧的需要。如为提高或达到一定的溶氧水平可改变通入培养罐内气体中氧气和氮气的比例来实现控制 DO 值的目的。采用二氧化碳/碳酸氢钠(CO_2/$NaHCO_3$)缓冲液系统来控制培养液的 pH 值是一种较好的方法。

随着动物细胞培养技术在规模和可靠性方面都不断发展,且从中得到的蛋白质也被证明是安全有效的,因此人们对动物细胞培养的态度已经发生了改变。许多人用和兽用的重要蛋白质药物和疫苗,尤其是那些相对较大、较复杂或糖基化(glycosylated)的蛋白质来说,动物细胞培养是首选的生产方式。20 世纪 60 年代初,英国 AVRI 研究所在贴壁细胞系 BHK21 中将口蹄疫病毒培养成功后,从最初的 200 mL 和 800 mL 玻璃容器开始,很快就放大到 30 L 和 100 L 不锈钢罐的培养规模。使用的是基于 Eagles 配方的培养基,补充 5% 成年牛血清和蛋白胨。1967 年以后,Wellcome(现为 Cooper 动物保健)集团分布于欧洲、非洲和南美洲 8 个国家的生产厂商,应用此项技术工业规模化生产口蹄疫疫苗和兽用狂犬疫苗,已掌握了 5 000 L 的细胞罐大规模培养技术。

大规模培养常用方法:根据动物细胞的类型,可采用贴壁培养、悬浮培养和固定化培养等 3 种培养方法进行大规模培养。

(1)贴壁培养(attachment culture)　是指细胞贴附在一定的固相表面进行的培养。

(2)悬浮培养(suspension culture)　是指细胞在反应器中自由悬浮生长的过程。主要用于非贴壁依赖型细胞培养,如杂交瘤细胞等;是在微生物发酵的基础上发展起来的。无血清悬浮培养是用已知人源或动物来源的蛋白或激素代替动物血清的一种细胞培养方式,它能减少后期纯化工作,提高产品质量,正逐渐成为动物细胞大规模培养的研究新方向。

(3)固定化培养(immobilization culture)　是将动物细胞与水不溶性载体结合起来,再进行培养。具有细胞生长密度高、抗剪切力和抗污染能力强等优点,细胞易与产物分开,有利于产物分离纯化。制备方法很多,包括吸附法、共价贴附法、离子/共价交联法、包埋法、微囊法等。

7.1.2　细胞的冷冻保存和复苏

由于细胞在培养过程中会发生不断的变化,为防止变异和保持活力,以便长期利用,将细胞冷冻保存非常重要。目前,广泛应用的细胞保存方法是低温冷冻保存法,一般保存于液氮中。

一般在原代或传代 2~10 次内即大量冻存,作为原种(stock cells),取一支细胞进行传代繁殖,用毕再冻存,这样可保证长期使用和延缓衰老。

细胞冻存和复苏的基本原则是慢冻快融。如果缓慢冷冻,可使细胞逐步脱水,细胞内不致产生大的冰晶,从而减少细胞内冰晶对细胞的损伤;相反,形成的结晶很大,大结晶会造成细胞膜、细胞器的损伤和破裂。在培养液中添加保护剂,如二甲亚砜(Dimeethylsulfoide,DMSO)、甘油,可使细胞免受低温冰晶形成及渗透压改变而导致的物理损伤。

1.细胞冻存方法

预先配制冻存液:含 20% 血清培养基,10% DMSO(DMSO 液用培养液配好,避免因临时配制产热而伤害细胞);然后取对数生长期细胞,经胰酶消化后,加入适量冻存液,用吸管吹打制成细胞悬液[$(1 \sim 5) \times 10^6$ 细胞/mL];最后加入 1 mL 细胞于冻存管中,密封后标记冷冻细胞名称和冷冻日期。

2.悬浮细胞复苏方法

从液氮取出冻存细胞,立即投入盛有 38℃温水的容器内,摇动冻存管,使其内容物在 20～60 s 内完全融化成悬液。无菌下打开冻存管,接种于培养瓶中,加入新鲜培养液,37℃孵箱培养 24 h 更换培养液去除冻存液,继续培养。

7.1.3 体外培养动物细胞的生物学特性

7.1.3.1 生物学特性的两重性

1.基本生物学特征与体内细胞相似

体外培养的细胞不仅存在细胞和基质的相互关系,而且细胞和细胞之间在形态和机能上还存在着相互依存关系。例如,在结构上,上皮细胞仍见有桥粒;在生理活动上单个细胞虽能生长、增殖,但不如群体细胞的增殖能力强。

2.差异性

细胞离体后,失去神经和体液调节以及细胞间的相互影响,在体外培养条件下可能会出现分化现象减弱,在形态功能趋于单一化,生存一定时间后衰亡死亡,出现无限生长的连续细胞系或恶性细胞系等现象。因此,在体外培养的细胞可视为一种在特定条件下的细胞群体,它们既保持着与体内细胞相同的基本结构和功能,也有不同于体内细胞的性状。

7.1.3.2 培养细胞分化状态的变化

1.分化

在个体发育中,细胞后代在形态结构和功能上发生稳定性差异过程称为细胞分化,也可以说,细胞分化是同一来源的细胞逐渐发生各自特有的形态结构、生理功能和生化特征的过程。细胞经体外培养后,其原有的功能可能会迅速改变或消失,但其分化能力并未完全丧失。细胞是否分化,关键在于是否存在使细胞分化的条件,把表皮细胞放在气液界面上培养,可分化成含大量角蛋白的角质细胞,但这种能力会随着培养时间的延长逐渐丧失。如果是用胚胎细胞进行体外培养,上述分化能力随培养时间减弱的现象将更加明显。若从成体或老年个体中取材,则细胞在体外生存的时间也随之缩短,呈现着与体内组织明显的相关性,即衰老分化过程。因此,培养细胞和体内组织一样,仍然是个整体,存在着相互依存关系和调控细胞分化过程。

2.去分化

去分化也叫脱分化,是指各种分化细胞逐渐失去各自的形态与功能个性,表现出某种趋同性的过程。如成纤维细胞,在适当刺激下,可去分化为间充质细胞,成纤维细胞是结缔组织中最常见的细胞,由胚胎时期的间充质细胞分化而来。

7.1.4 细胞系的演化

7.1.4.1 细胞系的建立

1.建立细胞系的要求

关于什么样的体外培养细胞群,可被确认为是已被鉴定的细胞(certified cells),国际上也尚无统一的规定,一般依具体情况而定。在只用作初代的培养细胞,只要供体性别、年龄等均

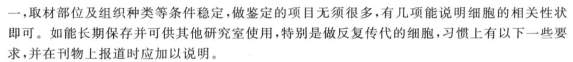

一,取材部位及组织种类等条件稳定,做鉴定的项目无须很多,有几项能说明细胞的相关性状即可。如能长期保存并可供其他研究室使用,特别是做反复传代的细胞,习惯上有以下一些要求,并在刊物上报道时应加以说明。

(1)组织来源 应说明细胞供体所属物种,来自人体、动物或其他;供体的年龄、性别、取材的器官或组织;如系肿瘤组织,应说明临床病理诊断、组织来源以及病例号等。

(2)细胞生物学检测 应了解细胞一般和特殊的生物学性状,如细胞的一般形态、特异结构、细胞生长曲线和分裂指数、倍增时间、接种率;特异性,如为腺细胞有否特殊产物包括分泌蛋白或激素等;如为肿瘤细胞,应力求证明细胞确系来源于原肿瘤组织而非其他,并仍保持致瘤性,为此需做软琼脂培养、异体动物接种致瘤性和对正常组织浸润力等实验。

(3)培养条件和方法 各种细胞都有自己比较适应的生存环境,因此应指明使用的培养基、血清种类、用量以及细胞生存的适宜 pH 值等。

2.培养细胞的命名

各种已被命名和经过细胞生物学鉴定的细胞系或细胞株,都是一些形态比较均一、生长增殖比较稳定的和生物性状清楚的细胞群。因此凡符合上述情况的细胞群也可给以相应的名称,即文献中常称之为已鉴定的细胞。细胞的命名无严格统一规定,大多采用有一定意义缩写字或代号表示。但不论什么形式,均不宜太长,以便记忆和了解,现略举以下几种代表性的细胞名称供参考。

HeLa:为供体患者的姓名(来源于宫颈癌);

CHO:中国地鼠卵巢细胞(Chinese hamster ovary);

宫-743:宫颈癌上皮细胞,1974 年 3 月建立;

NIH3T3:美国国立卫生研究所(National Institute of Health)建立;每 3 d 传代,每次接种 3×10^5 细胞/mL。

3.已建立细胞系或株的鉴定、管理和使用

按国际惯例,当一个细胞系或细胞株建成后,研究者需认真负责地把有关资料在杂志或刊物上报道,详细介绍上述各项目即可。建立细胞系后,还要对细胞系进行维持。要做到以下几点:记录好细胞系档案;注意保持其规律性;细胞系传代要防止交叉污染;每一种细胞系有冻存储备。

7.1.4.2 细胞系的演化

目前,用于疫苗和转基因产品的生产的细胞基本有 3 类,即原代细胞、二倍体细胞株及传代细胞系。经过几十年的研究和发展,目前我国已经拥有了可以进行大规模疫苗生产的动物原代细胞、二倍体细胞和 Vero 细胞等生产技术,用于生产多种人用、动物疫苗。其中二倍体细胞(如我国 20 世纪 70 年代建立的人胚胎二倍体细胞株 KMB17 和 2BS)对多种病毒具有广泛的敏感性,用其制备病毒性疫苗可以克服使用原代细胞时在其培养物中可能存在的各种潜在致病因子的危险,是当前病毒性疫苗生产较为理想的细胞基质。Vero 细胞是 1962 年由日本 Chiba 大学的 Yasumura 等从成年非洲绿猴肾中分离获得的,是一种贴壁依赖性成纤维细胞,核型为 $2n=60$,高倍体率约为 1.7%,可持续地进行培养,不含任何污染因子。该细胞可用于多种病毒的增殖,已被 WHO 批准广泛用于人用、动物用疫苗生产。

根据细胞系的生存期不同,可分为有限细胞系和永久细胞系。细胞系的生存期有限即为有限细胞系(finite cell line);已获无限繁殖能力持续生存的细胞系,称永久细胞系或连续细胞系或无限细胞系(infinite cell line)。原代培养经继代培养后即成为有限细胞系。大多数细胞系在有限的代数内以不变的形式增殖,当超过有限世代后,它们可能有两种情况:一是衰老死亡;二是发育成永久细胞系或称连续细胞系。有限细胞系转换成永久细胞系的过渡期称为转换期(crisis),其转换过程在动物细胞培养中称为体外转化(in vitro transformation)。永久细胞系有如下特征:细胞形态变化,如细胞变小,黏附性减少,具有较高的核质比;生长速率增加,倍增时间缩短;对血清的依赖性减小;贴壁依赖性降低;细胞异倍体和非整倍体增加,细胞接种到体内后,生癌率上升。

7.1.5　体外培养细胞的去分化

细胞分化是生命进程中的一个极为复杂的过程,其中基因差别表达是细胞分化过程的关键环节,但不能简单地归结为专一基因群的稳定开放或关闭。事实是调节细胞分化过程的环节要涉及基因表达的各个水平和细胞生命活动的许多方面。

7.1.5.1　细胞质在细胞分化中的决定作用

胚胎正常发育是起始于卵母细胞贮存信息(因源于母本又称母本信息)表达,此信息在细胞中定位分布,通过各种途径调节蛋白质合成并进一步调节晚期基因表达。

1. 细胞分化

母本信息又称决定子,决定细胞分化方向,其本质是 mRNA 卵母细胞阶段已合成大量 mRNA。动物的卵母细胞中含有 2 万～5 万种不同核苷酸序列的 mRNA,每种有 600 拷贝之多,且定位分布,并随卵裂进入不同子细胞,指导细胞分化方向。例如果蝇性细胞决定子:果蝇受精卵后端有一部分称为生殖质的细胞质,决定生殖细胞分化。果蝇卵在受精后 2 h 内,只进行核分裂,细胞质不分裂,随后核向卵边缘迁移并包上细胞质。每个核都具有全能性,既可分化为性细胞,也可指导分化为体细胞,其分化命运决定于核迁入的细胞质区。如核迁入生殖质则最终分化为生殖细胞;如用紫外线破坏生殖质,则发育成无生殖细胞的不育个体;如把生殖质注入卵前端,则前端细胞也可分化为生殖细胞。且无母本信息受精激活与翻译调控机制,卵母细胞阶段只有少量 mRNA 被激活,多数 mRNA 处于非活状态,而受精可激活大量 mRNA,使受精卵的发育在翻译水平上受调控。如隐蔽 mRNA(与专一性蛋白结合不能被核糖体识别的 mRNA)在受精后几分钟则开始翻译。

2. 晚期基因的差别表达

各种特化细胞的核含有该物种的完整基因组,具全能性。但任何时间细胞基因组中只有少数基因在活动,单一顺序基因进行表达的只占基因组中 5%～10%。这些基因可分为持家基因(维持细胞生存必需)与奢侈基因(不同细胞中差别表达的基因)。细胞分化关键是细胞按照一定程序发生差别基因表达,开放某些基因,关闭某些基因,真核生物差别基因表达要在基因表达链各个水平受到调节。

(1)DNA 水平调节　DNA 水平调节是真核生物基因差别表达的一个次要和辅助手段。

①以基因重排来调节不同基因表达　例如哺乳动物免疫蛋白各编码区的连接。免疫球蛋白包括两条相同轻链与重链,分别包括可变区、恒定区以及二者间连接区,重链还含一歧化区。这些区域都由位于同一染色体不同位置 DNA 片段编码。

②DNA 甲基化与去甲基化　真核生物 DNA 2%～7% 的胞嘧啶(C)存在甲基化修饰,甲基化的基因不表现活性,而未甲基化的表现出基因活性。利用 5-氮胞苷可人为造成去甲基

化,用它处理细胞,可以改变基因表达与细胞分化状态。

(2)转录水平调节　基因差别表达的关键是合成专一 mRNA 从而合成专一蛋白质。人的血红蛋白的珠蛋白基因定位于不同染色体上,ξ 和 α 基因位于 16 号染色体上,ε、γ、δ 和 β 基因位于 11 号染色体上,在不同发育阶段,它们互相配合,有秩序开放或关闭。其差别基因转录要受若干因子影响,如专一性蛋白质、激素等。

(3)转录后加工调节　多肽键氨基酸顺序信息的直接来源是 mRNA,而基因的转录物为 nRNA(核内 RNA)。经研究发现,nRNA 种类与长度都要大于 mRNA,nRNA 核苷酸顺序只有 10%～20% 进入细胞质,成为成熟 mRNA。经研究其原因有:大多数 nRNA 在核内被迅速分解,原因不明;mRNA 能否进入细胞质还要看核酸酶降解情况以及穿越细胞核膜的能力;nRNA 差别加工,即同一 nRNA 会由于加工不同而产生不同的 mRNA。例如抗体基因表达,前体 RNA 均含有可变区(抗原结合区)和 μ(IgM)及 δ(IgD)的恒定区编码的顺序,中间隔有内含子。进入细胞质的成熟 mRNA,如切去 δ 外显子,则编码为 IgM;如切去 μ,则编码为 IgD。

(4)mRNA 翻译调节　调节方式主要有:①专一 mRNA 降解,例如哺乳动物成红细胞的分化过程中,早期细胞合成了若干种 mRNA(包含珠蛋白 mRNA),但到后期几次细胞分裂中,只有珠蛋白 mRNA 被保留,其他种类的 mRNA 均分解。②翻译调节,例如 α 珠蛋白 mRNA 与 β 珠蛋白 mRNA 竞争与起始子的结合,以达到按比例合成(细胞内含 4 个 α 珠蛋白基因、2 个 β 珠蛋白基因)。

3. 细胞间相互作用

细胞间相互作用亦可影响细胞分化方向。对于多细胞生物,其细胞群间必然要建立起相互协调关系,才能形成具有形态正常和生命活动协调的个体。

(1)胚胎诱导　胚胎发育到一定时期,一部分细胞会影响相邻细胞使其向一定方向分化。如蛙胚发育到 22 d 时,前脑两侧向外凸出形成视泡,视泡将诱导与其接触的上方外胚层上皮形成晶状体。如将视泡切下,移到头部任何部位,都可诱导其接触的上方外胚层发育为晶状体。

(2)激素作用　激素对细胞分化的影响可看作远距离细胞间相互作用。激素调节作用是通过使某些基因开放,合成特异性蛋白实现的。如甲状腺激素可加速两栖类变态。

4. 高等动物细胞分化的位置效应

位置信息对高等动物细胞分化有明显影响。如鸟类肢体发生,鸟类四肢由胚胎躯体两侧同时发生的肢芽分化而来,前肢芽分化为翅,后肢芽分化为腿。胚芽早期为舌状突起,表面覆外胚层表皮(具分化为鳞片或羽毛两种潜能),内部为中胚层来源的间叶组织,决定外胚层表皮分化方向。如将后肢芽(腿)的间叶组织移到肢芽(翅)的外胚层表皮下方,则在分化为翅的部分长出腿,且长出鳞片与爪。

7.1.6　培养细胞常规检查和特性鉴定

7.1.6.1　培养细胞的生物学鉴定

由于体内和体外环境不同,培养细胞的生物特性有所不同。在培养细胞期间,要对细胞进行常规性检测,包括细胞形态、细胞生长状况、营养液、微生物污染等方面进行检查。一旦细胞生长成形态上单一的细胞群或细胞系后,还要做一系列的细胞生物学检测以了解细胞性状,包括细胞形态、生长、遗传学和细胞转化及恶性程度检查等。

1.细胞形态观察

细胞形态是最重要的观察指标。主要观察细胞的一般形态,如大体形态、核浆比例、染色质和核仁大小、多少等以及细胞骨架微丝微管的排列状态等。一般生长状态良好的细胞,在显微镜下观察时透明度大,轮廓不清,只有用相差显微镜才能看清细胞的细微形态。在细胞机能不良时,轮廓增强,胞质中常出现空泡、脂滴和其他颗粒状物,细胞之间空隙加大,细胞形态可以变得不规则甚至失去原有特点,如上皮细胞变成成纤维类细胞等。只有状态良好的细胞才能进行实验。通常采用 HE 染色法进行细胞染色。

HE 染色法是采用两种染料即碱性染料苏木精(Hematoxylin)和酸性染料伊红(Eosin)分别与细胞核和细胞质发生作用,使细胞的微细结构通过颜色而改变它的折射率,从而在光镜下能清晰地呈现出细胞图像。该法能提供良好的核浆对比染色,是细胞化学染色方法中最常用的一种染色方法。培养细胞的 HE 染色过程与组织切片的染色过程基本相同,包括样品制备、染细胞核、染细胞质、脱水、透明和封固等步骤。但培养细胞的样品制备有其特点,贴壁生长的细胞常用盖玻片培养法制备;悬浮生长的细胞可用离心甩片机制备。

2.细胞生长情况

主要检测细胞生长曲线、细胞分裂指数、接种存活率、细胞周期时间、细胞的活力等。

(1)细胞生长曲线　细胞生长曲线是观察细胞生长基本规律的重要方法。只有具备自身稳定生长特性的细胞才适合在观察细胞生长变化的实验中应用。因而在细胞系细胞和非建系细胞生长特性观察中,生长曲线的测定是最为基本的指标。标准的细胞生长曲线近似"S"形。一般在传代后第一天细胞数有所减少,再经过几天的潜伏适应期,然后进入对数生长期。达到平台期后生长稳定,最后到达衰老。

在生长曲线上细胞数量增加一倍时间称为细胞倍增时间,可以从曲线上换算出。细胞倍增的时间区间即细胞对数生长期,细胞传代、实验等都应在此区间进行。细胞群体倍增时间的计算方法有两种:一是作图法,在细胞生长曲线的对数生长期找出细胞增加一倍所需的时间,即倍增时间;二是公式法,按细胞倍增时间计算细胞群体倍增时间。常用细胞生长曲线的测定方法有:

①细胞计数法

A.取生长状态良好的细胞,采用一般传代方法进行消化,制成细胞悬液。经计数后。精确地将细胞分别接种于 21～30 个大小一致的培养瓶内(常用 10 mL 培养瓶,亦可用 24 孔培养板)。每瓶细胞总数要求一致,加入培养液的量也要一致。细胞接种数不能过多,也不能太少,太少细胞适应期太长,数量太多,细胞将很快进入增殖稳定期,要求在短期内进行传代,曲线不能确切反映细胞生长情况。一般接种数量以 7～10 d 能长满而不发生生长抑制为度。同种细胞的生长曲线先后测定要采用同一接种密度,这样才能做纵向比较;不同的细胞接种细胞数也要相同,才能进行比较。

B.酌情每天或每隔 1 d 取出 3 瓶细胞进行计数,计算均值。一般每隔 24 h 取一瓶,连续观察 1～2 周或到细胞总数有明显减少为止(一般需 10 d 左右)。培养 3～5 d 后常要给未计数的细胞换液。

C.以培养时间为横轴,细胞数为纵轴(对数),描绘在半对数坐标纸上。连接成曲线后即成该细胞的生长曲线。

细胞计数法虽然为常用,但有时其反映数值不够精确,需结合其他指标进行分析。现在很多实验室利用培养板采用四唑盐(MTT)法来进行生长曲线测定,较为简便。

②四唑盐(MTT)比色试验　四唑盐比色试验是一种检测细胞存活和生长的方法。试验所用的显色剂四唑盐是一种能接受氢原子的染料,化学名3-(4,5-二甲基噻唑-2)-2,5-二苯基四氮唑溴盐,商品名是噻唑蓝,简称为MTT。活细胞线粒体中的琥珀酸脱氢酶能使外源性的MTT还原为难溶性的蓝紫色结晶物(甲瓒,Formazan)并沉积在细胞中,而死细胞无此功能。二甲基亚砜(DMSO)能溶解细胞中的紫色结晶物,用酶联免疫检测仪在490 nm波长处测定其光吸收值,可间接反映活细胞数量。在一定细胞数范围内,MTT结晶物形成的量与细胞数成正比。该方法已广泛用于一些生物活性因子的活性检测、大规模的抗肿瘤药物筛选、细胞毒性试验以及肿瘤放射敏感性测定等。它的特点是灵敏度高、重复性好、操作简便、经济、快速、易自动比,无放射性污染。与其他检测细胞活力的方法(如细胞计数法、软琼脂克隆形成试验和^{3}H-TdR掺入试验等)有良好的相关性。

③CCK-8试剂盒检测法　使用的试剂是CCK-8试剂盒,其全称是Cell Counting Kit-8。可用于简便而准确的细胞增殖和毒性分析,其基本原理为:该试剂中含有WST-8,其化学名称为2-(2-甲氧基-4-硝基苯基)-3-(4-硝基苯基)-5-(2,4-二磺酸苯)-2H-四唑单钠盐,相对分子质量为581。WST-8是一种类似于MTT的化合物,它在电子载体1-甲氧基-5-甲基吩嗪鎓硫酸二甲酯(1-Methoxy PMS)的作用下被细胞线粒体中的脱氢酶还原为具有高度水溶性的黄色甲瓒染料(Formazan dye)。生成的甲瓒物的数量与活细胞的数量成正比,细胞增殖越多越快,则颜色越深。因此可以通过观察检测生成的甲瓒物的数量来确定活细胞的数量。

CCK-8的原理跟MTT其实是相同的,不同之处在于CCK-8法生成的黄色甲瓒染料是水溶性的,不需要再吸出培养液加入有机溶剂溶解这个步骤,因此可以减少一定的误差。其他优点就是重复性、灵敏度优于MTT;对细胞毒性小。

(2)细胞分裂指数　体外培养细胞生长、分裂繁殖的能力,可用分裂指数来表示。分裂指数指细胞群体中分裂细胞所占的百分比,即细胞群的分裂相数/100个细胞。一般要观察和计算1 000个细胞中的细胞分裂相数。获得分裂相数值后,可以绘制成细胞分裂指数曲线。一般细胞分裂指数曲线与生长曲线趋势一致,但细胞增长进入停滞期后,细胞数值很大,而分裂相完全消失。

其操作步骤为:①消化细胞,将细胞悬液接至内含盖玻片的培养皿中。②放入CO₂培养箱中培养48 h,使细胞长在盖片上。③取出盖片,用PBS漂洗3 min→固定液(甲醇:冰醋酸=3:1)中固定30 min→Giemsa液染色10 min→自来水冲洗(Giemsa染液配制:称Giemsa粉末0.5 g,加几滴甘油研磨,再加入甘油(使加入的甘油总量为33 mL)。56℃中保温90～120 min。加入33 mL甲醇,置棕色瓶中保存,此为Giemsa原液。使用时按要求用PBS稀释(一般稀释10倍)。)④盖片晾干后反扣在载玻片上,镜检。⑤计算,分裂指数=分裂细胞数/总细胞数×100%。

在操作过程中需要注意:操作时动作要轻,以免使盖片上的细胞脱落。镜下观察分裂相并计数时,应掌握好标准,其中主要是确定好划分前期和末期的界限,当两人以上观察时更须如此,并始终一致,否则会发生人为出入。其次,细胞在盖片上的密度常不均匀,细胞数多的地方与细胞稀少区,细胞分裂相多少可能不同,观察时要选择密度近似区,以减少误差。

(3)细胞接种存活率　当细胞被制成分散的悬液后,接种到底物上能贴壁并能存活生长的细胞百分数值称为接种存活率,用以表示细胞群的活力。接种存活率和细胞活力成正比,其公式为：

$$细胞接种存活率＝贴壁存活细胞数/接种细胞数×100\%$$

如果细胞冻存复苏后接种再培养时，常测定细胞接种存活率，接种存活率和贴附率是同步的。向底物上接种单细胞悬液，贴壁后能形成细胞群或克隆的细胞百分数称为接种率。一般在接种后到一周末时进行检查，每个细胞群数量达到 15～50 个细胞时才能算做成一个克隆。接种率也表示细胞活力，接种密度和克隆形成率有一定的关系，其表示方法如下：

$$接种率＝形成克隆率/接种细胞数×100\%$$

（4）细胞周期　可利用培养细胞来研究细胞动力学、细胞的 DNA 合成代谢和有丝分裂。每一细胞增殖过程都要经过一个周期来进行，包括一个间期和一个 M 期，这个生活周期即称为细胞周期。细胞周期与细胞群体倍增时间是不同的两个概念，倍增时间是指在对数生长期细胞数量增加一倍所用的时间，这一时间内一般有些细胞参与分裂，有些细胞可能不分裂，有些可能分裂两次或数次，但细胞总数量增加一倍。细胞周期是指细胞第一次分裂结束到第二次分裂结束所经历的全过程。一般细胞周期都短于细胞倍增时间。细胞周期的时间测定有两种方法：

①同位素标记自显影法　应用同位素标记自显影法可以进行细胞周期时间的测定。在细胞进入增生期时，可以用 ^{3}H 标记的胸腺嘧啶核苷处理 30 min 后，每间隔 30 min 取材处理，到 48 h 为止。主要观察和计算细胞分裂相出现的时间、高峰和消失分裂相数，绘制成图进行分析。

②流式细胞仪测定法　选择对数生长期细胞，消化法制成细胞悬液，要使细胞成为单个细胞，不能成团。然后根据流式细胞仪的检测步骤进行操作。最后通过计算机分析结果计算出细胞周期。

（5）细胞活力的检测　常采用染料排除法进行检测。当细胞损伤或死亡时，某些染料可穿透变性的细胞膜，与解体的 DNA 结合，使其着色。而活细胞能阻止这类染料进入细胞内。借此可以鉴别死细胞与活细胞。常用的染料有台盼蓝、伊红 Y 和苯胺黑等。以下分别介绍染色方法。

①台盼蓝排斥试验　台盼蓝排斥试验方法简单，是最常用的细胞活力检测方法。死细胞被染成淡蓝色，而活细胞拒染，从而达到区别培养细胞活力的目的。

②伊红 Y 排斥试验　本法与台盼蓝排斥试验类似，但用伊红 Y 染色后，活细胞与死细胞的对比度不如台盼蓝排斥试验。

③苯胺黑排斥试验　本法在文献中报道的较少。试验结果为死细胞被染成黑色，活细胞不被染色。

7.1.6.2　培养细胞种属鉴定的方法

1. 荧光抗体染色鉴别细胞的种属

常采用间接荧光抗体染色技术，其步骤为采用兔产生的特异性抗血清标记待测细胞和阳性细胞、阴性细胞。加标记有荧光染料异硫氰酸荧光素（fluorescein isothiocyanate，FITC）的山羊抗兔免疫球蛋白抗体。后加上的荧光抗体将结合到已标记有兔抗体的靶细胞上；借助荧光即可看到抗原-抗体复合物。该方法可以鉴别出 10 000 个细胞中有一个细胞污染。

2.同工酶谱系鉴别细胞种属

通过确定 3 种同工酶系统(6-磷酸葡萄糖脱氢酶(glucose-6-phosphate dehydrogenase,G6PD)、乳酸脱氢酶(lactate dehydrogenase,LDH)和核苷磷酸化酶(nuleoside phosphorylase,NP))的垂直淀粉胶电泳的迁移率,可以鉴定细胞系的种属来源。该法有高度的可靠性,简单、重复性好。G6PD、LDH、NP 的电泳迁移率差异不仅可用来鉴别细胞系所属种属,还可查出种内细胞的交叉污染。根据同种异体同工酶的表型和正常人群体的表型频率资料,可以估计出一特定细胞系遗传特征出现的频率。

3.染色体分析

检测核型特点,包括染色体数量,标记染色体的有无、带型等。多数情况下,即便使用普通显微镜观察技术,也足以鉴定不同种的染色体结构的差异。染色体核型分析足以鉴定不同种间细胞系之间的污染。亲缘关系近的灵长类细胞系之间和人癌细胞系之间的比较可用 Giemsa 显带分析。

4.血型抗原

人类细胞膜表面的血型抗原和人白细胞抗原是很强的标记,但可能会不表达和只部分表达。

5.人主要组织相容性抗原

人主要组织相容性抗原又称为人类白细胞抗原(human leukocyte antigens,HLA 抗原),存在大多数有核细胞膜上,常用抗原检测是用补体依赖细胞毒试验,用拒染来鉴定细胞活性。运用这一方法鉴定某些细胞系是很成功的,但个别情况要改动,其检测很复杂,主要的原因是 HLA 血清中的非特异性抗体的出现。细胞系上存在特定的 HLA 同种异体抗原,细胞吸收抗血清中已知特性的 HLA 同种异体抗体,由吸收后细胞毒效应减少量而得知细胞表面 HLA 抗原的情况。

6.细胞蛋白双向电泳

等电聚焦电泳和聚丙烯酰胺凝胶电泳。

7.核酸技术

用重组 DNA 技术和 DNA 探针技术鉴定和定量培养细胞中等位基因的多态性。

7.1.6.3　培养细胞的常规检查

1.培养液和 pH 值检查

培养液在一般情况下是呈桃红色的,但随着培养时间的延长,由于 CO_2 积累过多,培养液会发生酸化变黄,如果不及时调整 pH 值,会对细胞产生不利影响,严重时细胞脱落发生死亡。

2.细胞生长情况分析

看细胞生长状况也是一种检测方法。在很多情况下,开始从组织最先游走出的为游走细胞,它们单独活动,形态不规则,用缩时逐格显微电影法可以揭示出它们活跃的变形、游走和吞噬活动。在游走细胞之后,接着出现的是成纤维细胞或上皮细胞。此时的细胞很少分裂,多数微细胞运动而已。只有当细胞分裂出现以后,细胞数量逐渐增多,形成较大的生长晕或连接成片时,才真正进入了生长状态。上皮细胞在生长过程中还常产生溶解酶,使得细胞发生液化,导致细胞相互分离,形成所谓的拉网现象,可能导致细胞脱落。

3.培养细胞的污染检测和排除

避免污染是组织培养成功的关键因素之一。按现代的观念,凡是混入培养环境中对细胞

生存产生有害的成分和造成细胞不纯的异物都应该视为污染。根据这一概念,组织培养污染物应包括生物(真菌、细菌、病毒和支原体)、化学物质(影响细胞生存、非细胞所需的化学成分)、细胞(非同种的其他细胞)。其中以微生物最为多见。另外,随着使用细胞种类增多,不同细胞交叉污染,从而造成细胞不纯。

(1)污染途径 污染物特别是微生物常通过下列途径进入培养体系,造成污染 。

①空气 空气是微生物及尘埃颗粒传播的主要途径。空气流动性大,如果培养操作场地与外界隔离不严格或消毒不充分,外界不洁空气很容易进入造成污染。因此,培养设施不能设在通风场所。无菌操作应在净化台内进行,工作时要戴口罩,以免因讲话、咳嗽等使外界污染进入操作面,造成污染。

②器材 各种培养器皿、器械消毒不彻底和洗刷不干净导致污染,另外 CO_2 培养箱等如果不定期消毒,可能形成污染。

③操作 实验操作无菌观念不强,技术不熟练,使用污染的器皿或封瓶不严等,都可以造成污染。培养两种细胞以上时,操作不规范,交叉使用吸管或培养液、瓶等有可能导致细胞交叉污染。

④血清 有些血清在生产时就已经被支原体或病毒等污染,变成了污染源。

⑤组织样本 原代培养的污染多数来源于组织样本;取材时碘酒消毒后脱碘不彻底,可造成碘混入组织、细胞或培养液中,影响细胞生长。

(2)污染对培养细胞的影响及污染的检测 由于体外培养细胞自身没有抵抗污染的能力,而且培养基中的抗生素抗污染能力有限,因而培养细胞一旦发生污染多数将无法挽回。细胞污染早期或污染程度较轻时,如果能及时去除污染物,部分细胞有可能恢复,但是当污染物持续存在培养环境中,轻者细胞生长缓慢,分裂相减少,细胞变得粗糙,轮廓增强,细胞浆出现颗粒。污染较严重时,细胞增殖停止,分裂相消失,细胞质中出现大量堆积物,细胞变圆、脱壁。

①细菌污染 常见的污染细菌有大肠杆菌、假单胞菌、葡萄球菌等。细菌污染初期由于培养体系的抗生素作用,其繁殖处于抑制状态,细胞生长不受明显影响,污染情况用倒置显微镜观察不易判断。怀疑培养细胞有细菌污染时,取 10 mL 细胞悬液,1 000 r/min 离心 5 min,沉淀中加入无抗生素培养液 2 mL,将细胞放培养箱培养。如果培养细胞受到细菌污染,24 h 内可以获得阳性结果。当污染的细菌量比较大或者细菌增殖到一定基数时,大约每 20 min 一代,会使培养系统中很快产生大量细菌,后者不仅可以消耗培养系统中的养分,还能释放大量代谢产物。几个小时后,增殖的细菌就可以导致培养液外观浑浊,肉眼就可以判断。细菌污染大多数可以改变培养液 pH 值,使培养液变浑浊、变色。用相差显微镜观察,可见满视野都是点状的细菌颗粒,原来的清晰培养背景变得模糊,大量的细菌甚至可以覆盖细胞,对细胞的生存构成威胁。

②真菌污染 微生物污染中以真菌最多,真菌种类繁多,形态各异。一般说来真菌污染肉眼易发现,有白色或浅黄色污染物。在倒置显微镜下可以看见于细胞之间有纵横交错穿行的丝状、管状和树枝状菌丝,并悬浮飘荡在培养液中。很多菌丝在高倍镜下可见到有链状排列的菌株;念珠菌或酵母菌形态呈卵形,散在细胞周边和细胞之间生长。有时通过显微镜观察可能发现瓶底外面生长的菌丝,不要错当培养瓶内的污染。瓶外的污染物,需要及时用酒精棉球擦洗,以防其通过瓶口传入瓶内。真菌生长迅速,能在短时间内抑制细胞生长,产生有毒物质杀死细胞。

③支原体污染　细胞培养(特别是传代细胞)被支原体($Mycoplasma$)污染是个世界性问题,是细胞培养最常见的、干扰试验结果的一种污染。但由于不易被察觉,有些污染的细胞仍在被应用。$Mycoplasma$ 国内主要有 3 种译名,医学文献译为"支原体"(分枝原体、枝原体、类菌质体),动物医学文献译为"霉形体"或"支原体",台湾、香港则译为微浆菌。支原体是目前已知一类能在无生命培养基上生长繁殖的最小的原核细胞型微生物。其最小直径为 0.2 μm,但约有 1% 可以通过滤菌器。其形态多变,在光镜下不易看清楚内部结构。它们常常吸附或散在于细胞表面和细胞之间,每种支原体都有自身特点,但多数对酸耐受性较差,对热比较敏感,对一般抗生素不敏感。研究表明,95% 以上支原体是以下 4 种:口腔支原体($M. orale$)、精氨酸支原体($M. arginini$)、猪鼻支原体($M. hyorhinis$)和莱氏无胆甾原体($A. laidlawii$),为牛源性。以上是最常见的污染细胞培养的支原体菌群,但能够污染细胞的支原体种类是很多的,国外调查证明,有 20 多种支原体能污染细胞,有的细胞株可以同时污染两种以上的支原体。据查,目前各实验室使用的二倍体细胞和传代细胞中约有 11% 的细胞受到支原体污染。

支原体污染后,因为它们不会使细胞死亡可以与细胞长期共存,培养基一般不发生浑浊,多数情况下细胞病理变化轻微或不显著,细微变化也可以用于传代、换液而缓解,外观上给人以正常感觉,实则细胞受到多方面潜在影响,如引起细胞变形,影响 DNA 合成,抑制细胞生长等。但个别严重者,可以导致细胞增殖缓慢,甚至从培养器皿脱落。

为确定有无支原体污染可以利用相差油镜观察,支原体呈暗色微小颗粒,位于细胞表面和细胞之间;利用荧光染色法可使得支原体内含有的 DNA 着色进行观察;利用扫描电镜和透射电镜也可以观察支原体。目前,有专门做支原体检测的试剂盒,用细胞滴片检测,可以帮助尽快发现支原体的污染。另外,市场上已有了新一代支原体抗生素 M-Plasmocin(InvivoGen 公司),能有效地杀灭支原体,又不影响细胞本身的代谢,而且处理过的细胞不会重新感染支原体。

④细胞交叉污染　细胞交叉污染也是培养操作过程中污染的一大方面。细胞污染是由于在培养操作过程中,各种细胞同时进行,由于细胞不同种类之间发生混乱,而导致在细胞生长特性、形态上发生变化,有些变化比较轻微,不易察觉,有些则可能由于污染的细胞具有生长优势最终压过原来细胞而导致细胞的生长抑制而死亡。污染过的细胞由于种类不纯,无法用来进行实验研究。因此,必须做到在进行多个种类细胞培养操作过程中,所用器具要严格区分,最好做上标记。常用观察细胞形态学、分析生长特性和核型、检测细胞的标记物等方法检测交叉污染的细胞。

(3)污染的预防　防止污染,预防是关键,预防措施应该贯穿整个细胞培养的始终。

①器皿准备中的预防　用于细胞培养的器皿应该严格消毒,做到真正洁净;应该无菌的物品,要做到消毒严格、真正无菌;器皿的运输、贮存过程中,要严格操作,谨防污染。

②开始操作前的预防　应当按厂家规定,定期清洗或更换超净台的空气滤网,请专职人员定期检查超净台的空气净化标准;检查培养皿是否有消毒标志,有条件的实验室可以使用一次性用品;检查新配制的培养液,确认无菌方可使用;操作前提前半小时启动超净台的紫外灯消毒;操作应戴口罩,消毒双手。

③操作过程中的预防　主要包括超净台内放置的所有培养瓶瓶口不能与风向相逆,不允许用手触及器皿的无菌部分,如瓶口和瓶塞内侧;在安装吸管冒、开启或封闭瓶口操作时要经过酒精灯烧灼,并在火焰附近工作;吸取培养液、细胞悬液等液体时,应专管专用,防止污染扩

大或造成培养物的交叉污染;使用培养液前,不宜较早开启瓶口;开瓶后的培养瓶应保持斜位,避免直立;不再使用的培养液应立即封口;培养的细胞在处理之前不要过早地暴露空气中;操作时不要交谈、咳嗽,以防唾沫和呼出气流引发污染;操作完毕后应将工作台面整理好,并消毒擦拭工作面,关闭超净台。

④辐射灭菌　由于一些微生物如支原体、病毒等能通过滤膜,所以过滤药品仍潜在被外源微生物污染的危险,近年来,^{60}Co-γ 辐射灭菌技术在医药、食品等领域广泛应用,由于辐射灭菌能够彻底杀灭所有微生物。有试验证实以 20 kGy 辐射处理的各培养基样品达到了无菌要求,经多批培养试验,辐射灭菌安全可靠;辐射灭菌的培养基营养性能不低于过滤组,证明辐射灭菌对培养基性能无不良影响;对血清的辐射灭菌试验效果也表明^{60}Co-γ 射线不影响培养效果。把干粉培养基经无菌操作定量分装于灭菌容器内,辐射后以干粉原型贮藏,不但培养基的纯净性得到保障,而且营养性能较过滤后以水溶液形式保存更稳定,对谷氨酰胺等这类水溶液不稳定者特别合适。

⑤其他预防　及早冻存培养物;重要的细胞株传代工作应有两个人独立进行;购入的未灭活血清应采取 56℃水浴灭活 30 min 使血清的补体和支原体灭活;为了避免诱导抗药细菌,应定期更换培养系统的抗生素,或尽可能不用抗生素;对新购入的细胞株应加强观察,防止外来的污染源;定期消毒培养箱。

(4)污染的排除　培养的细胞一旦污染应及时处理,防止污染其他细胞。通常对被污染的细胞进行高压灭菌,然后弃掉。如果有价值的细胞被污染,并且污染程度较轻,可以通过及时排除污染物,挽救细胞恢复正常。常用的排除微生物污染的方法有以下几种:

①抗生素排除法　抗生素是细胞培养中杀灭细菌的主要手段。各种抗生素性质不同,对微生物作用也不同,联合应用比单用效果好,预防性应用比污染后应用好;如果发生微生物污染后再使用抗生素,常难以根除。有的抗生素对细菌仅有抑制作用,无杀灭效应。反复使用抗生素还能使微生物产生耐药性,而且对细胞本身也有一定影响,因此有人主张尽量不用抗生素处理,当然,一些有价值的细胞被污染后,仍需要用抗生素挽救,在这种情况下,可采用 5～10 倍于常用量的冲击法,加入高浓度抗生素后作用 24～48 h,再换入常规的培养液,有时可以奏效。

②加温除菌　根据支原体对热敏感的特点,可以实行加温处理,一般可以将受支原体污染的细胞放置在 41℃作用 5～10 h,最长不超过 18 h,可以杀灭支原体。但是 41℃对细胞本身也有较大影响,故在处理前,应该做少量细胞试验,应先进行预试验,确定最大限度杀伤支原体而对细胞影响较小的处理时间。

③动物体内接种　受微生物污染的肿瘤细胞可以接种到同种动物皮下或腹腔,借动物体内免疫系统消灭掉微生物,肿瘤细胞却能在体内生长,待一定时间,从体内取出再进行培养繁殖。

④与巨噬细胞共培养　在良好的体外培养条件下巨噬细胞可以存活 7～10 d,并可以分泌一些细胞因子支持其他细胞的克隆生长。与体内情况相似,巨噬细胞在体外条件下仍然可以吞噬微生物并将其消化。利用 96 孔板将极少培养细胞与巨噬细胞共培养,可以在高度稀释培养细胞、极大地降低微生物污染程度的同时,更有效地发挥巨噬细胞清除污染的效能。本方法与抗生素联合应用效果更佳。

7.1.7　动物克隆的基本原理

7.1.7.1　动物克隆技术发展简史及研究意义

克隆(clone)是指通过无性繁殖的手段,从一个动物细胞获得遗传背景相同的细胞群或个体群的过程。获得的这些细胞叫克隆细胞,个体群称为克隆动物(clone animal)。广义上的动物克隆就是指动物的无性繁殖(asexual reproduction),即用无性繁殖的手段,由单一个体产生外形、性能和基因型完全一致的多个动物。早期动物克隆方法是采用胚胎分割(embryo splitting),即用显微术将未着床的早期胚胎一分为二、一分为四或更多次地分割,然后分别移植给受体,妊娠产生多个遗传性状相同的后代的克隆方法,由此发育成的动物个体为胚型克隆动物,属最简单的人工动物克隆方式。随着对胚胎分割局限性的认识及克隆技术的发展,以后人们开始研究核移植(nuclear transfer, nuclear transplantation)技术并取得成功,使产生克隆动物的效率比分割技术大大提高。细胞核移植是指把一个细胞的细胞核移植到一个去核的成熟卵子的胞质中,由此发育成的动物个体为核移植克隆动物或核质杂交动物。现在一般将细胞核移植技术得到的动物称为克隆动物,这是真正意义上的克隆动物,是目前动物克隆的主要方法。根据核移植供核细胞的不同,可以把细胞核移植分为胚胎细胞核移植、胚胎干细胞核移植、胎儿成纤维细胞(embryonic fibroblast)核移植和成年体细胞(somatic cell)核移植。所以,核移植的科学定义就是用显微术从早期胚胎分离一个卵裂球或分离一个培养的体细胞,将单个供核细胞的核导入去核的成熟卵母细胞中,重建一个新的胚胎,即重组胚(reconstructed embryo)或克隆胚(cloned embryo),克隆胚激活后可以在体外发育,将发育到一定时期的重组胚胎移植到受体母亲,由受体母亲维持其进一步发育直到妊娠足月后生产出一个基因型与卵裂球或培养体细胞完全相同的克隆个体。

7.1.7.2　动物克隆技术基本原理

1.胚胎分割基本原理

早期实验胚胎学研究发现,软体动物和部分昆虫从胚胎发育的细胞起,每个分裂球将要发育成为什么样的器官组织,似乎在受精以后就已规定下来,好像都镶入受精卵内。去掉任何一个分裂球,就不能发育成为一个完整胚胎。所以把这种类型受精卵的发育叫作镶嵌发育。而大多数哺乳动物,早期胚胎在不同程度上具有调节发育的能力,即去掉早期胚胎的一半,剩余部分可以调整其发育方向,仍可发育为一个完整的胚胎。反之,若把两个早期胚胎融合在一起,它们不是发育为两个连在一起的胚胎,而是在细胞间重新调整,仍发育为一个胚胎,即大多数哺乳动物的胚胎发育是调整发育。而且在早期胚胎的发育过程中,细胞分化的调整幅度很大,但随着发育的向前迈进其调整能力逐渐减弱,细胞的组织发育方向变得愈来愈固定,直至调整能力完全丧失。哺乳动物 8 细胞期以前胚胎的每个卵裂球都具有全能性,分离这一阶段胚胎的卵裂球,每一个卵裂球都有调整发育为一个正常个体的可能性。在桑葚胚阶段,单个卵裂球的调整发育能力减弱,若一枚分割胚仅有很少的几个卵裂球时,体外培养时可能发育为假囊胚,移植于受体后虽能引起蜕膜反应,但最终不会妊娠产仔。到晚期桑葚胚时期,胚胎细胞发生初步的分化,这时卵裂球致密化,一些卵裂球的空间位置完全被另外的卵裂球包围,这些卵裂球之间空间位置的相互作用决定其发育命运,即被包围在内的卵裂球和围绕在外的卵裂球分别发育为内细胞团和滋养层。这种在晚期桑葚胚出现的卵裂球之间的空间位置的相互作用在卵裂球的发育命运上有重要作用。而且这种卵裂球空间位置的分布并不是固有的,而是

由于胚胎发育过程中卵裂球所处微环境不同所致。这一时期的胚胎分割后,分离的成堆卵裂球可发挥调整发育能力而使分割胚重新致密化,使卵裂球重新分布而发育到囊胚。通过研究自然情况下同卵双生的机理表明,从早期分裂阶段到原肠胚发育期间的胚胎都能够复制。说明发生在囊胚形成阶段的第一次细胞分化并不限制通过显微操作进行同卵双生生产。但这一阶段以后胚胎的发育调整能力也会随着胚胎所达到的发育阶段而改变。胚胎被分割后,分割胚的胚细胞只负责构成胚盘,滋养层细胞也应在分割胚中有所分布,否则不足以引起蜕膜反应而妊娠产仔。所以囊胚分割时必须准确地一分为二,半胚才能正常发育,这在分割早期囊胚、扩张囊胚及孵化囊胚中均已得到证实。当胚胎从透明带中孵出后,还要经过一个扩张过程才开始附植,对山羊扩张孵化胚泡分割和移植的研究证明,沿对称轴分割着床前夕扩张孵化胚泡,半胚在体内仍具有继续发育形成完整胎儿的能力,并能获得较高的同卵双生率。

2. 细胞核移植基本原理

胚胎细胞、胚胎干细胞、胎儿成纤维细胞以及成年体细胞的每一个细胞核具有相同的遗传物质。发生早期分化的胚胎细胞核移植到成熟卵母细胞中,可因其特殊因子的作用,使植入核基因表达被重新编排或调整,将"发育钟"拨回到受精状态,即恢复全能性。胚胎干细胞具有全能性及调整能力。胎儿成纤维细胞和成年体细胞等已分化细胞同样具有潜在的发育全能性,经过去分化培养,可以恢复其全能性。因而,经过核移植后的重组胚胎可以正常发育为具有相同遗传物质的新生个体。

7.2　动物细胞融合

1958 年 Okada 等发现仙台病毒(Sendai virus)能引起艾氏腹水瘤细胞融合成多核细胞,此为细胞融合技术发展的起点,目前该技术日臻完善,已成为细胞工程的一项重要技术。它不仅为细胞的起源、核质关系、肌肉骨骼胎盘的发育、肿瘤发生、干细胞介导的组织再生等领域的研究提供了有力的手段,而且被广泛应用于微生物学、育种学、发生生物学,特别是在单克隆抗体及动物品种改良、基因治疗和疾病诊治等领域也展现出了广阔的应用前景。

7.2.1　细胞融合的基本概念与方法

7.2.1.1　细胞融合的概念

细胞融合(cell fusion)是指在离体条件下用人工的方法把不同种的细胞通过无性方式融合成一个杂合细胞的技术。细胞融合过程大致可分为 4 个阶段:细胞的接触、细胞质膜的融合、细胞质的重组和遗传物质的选择。

精子与卵子的结合也是一种融合,但它是有性的,而且必须是在种内才能进行,不同生物的远源杂交一般都是要受到严格限制的,偶尔会有远源杂交的出现,所产生的杂种子代也是不育的,体细胞的无性杂交才是真正意义上的细胞融合技术。因此,细胞融合也称细胞杂交(cell hybridization)或体细胞杂交(somatic hybridization)。这种技术就是利用现代科学方法,把不同种生物的单个细胞融合成一个细胞,这个新细胞得到了来自两个细胞的染色体组和细胞质,如果我们把它当作一个新的受精卵细胞一样看待,作为一个新生命的起始来培养,假如在适宜的条件下,长成了一个完整的生物个体,这就是新物种或新品系。可以发生细胞融合的生物范围是很广的。到目前为止,已经在种间、属间、科间以及动植物两界之间都做过细胞融合的尝试。

由同一生物个体的亲本细胞融合所形成的含有同型细胞核的融合细胞称为同核体(homokaryon),由不同种属或同一种属的不同生物个体的亲本细胞发生融合所形成的含有不同细胞核的融合细胞称为异核体(heterokaryon)。

从融合的效果上来看,细胞融合包括对称融合(symmetric fusion)和非对称融合(asymmetric fusion)。对称融合就是两个完整的细胞间的融合,非对称融合就是利用物理或化学的方法使某亲本的核或细胞质失活后再与另外一个完整的细胞进行融合。

7.2.1.2　细胞融合的方法

细胞融合的方法按照建立先后可以分为生物法、化学法及物理法。目前,使用频率最高的就是高国楠建立的聚乙二醇(PEG)法、齐默曼(Zimmerman)等建立和发展的电融合法。

1. 生物诱导融合法

常用的能诱导细胞融合的病毒有疱疹病毒(herpes virus)、牛痘病毒(cowpox virus)和副黏液病毒科病毒等,其中,属于副黏液病毒科的仙台病毒(Sendai virus)应用最为广泛。仙台病毒为多形性颗粒,其囊膜上有许多具有凝血活性和唾液酸苷酶的刺突(spike),它诱导细胞融合的能力与其核酸无关,因此,可以用紫外线照射仙台病毒破坏它的核酸使其失去感染能力而用于细胞融合。基本步骤包括:使足够量的病毒颗粒附着在细胞膜上而起到搭桥的作用,进而使细胞能聚集在一起;通过病毒与原生质体或细胞膜的作用使两个细胞膜之间相互融合,胞质互相渗透,黏结部位质膜被破坏,不同细胞间形成通道,细胞质流通并融合,病毒也随之进入细胞质;两个细胞合并形成融合细胞,再生细胞壁;筛选融合细胞(图 7-5)。这种方法存在着许多问题,如病毒制备困难、操作复杂、灭活病毒的效价差异大、实验的重复性差、融合率很低等。目前,这种方法主要适用于动物细胞融合,用于实验室研究。

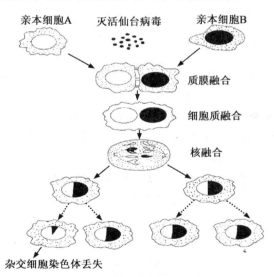

图 7-5　仙台病毒诱导细胞融合示意图(引自王蒂,2003)

单核细胞 A 和单核细胞 B 在灭活仙台病毒诱导下融合成双核异核体;双核异核体分裂产生两个单核杂交细胞;AB 杂交体连续分裂并逐渐失去亲本细胞 B 的多数染色体。

2. 化学方法诱导融合

20 世纪 70 年代以后,由于用病毒作为融合剂必须事先用紫外线或用 β-丙内酯灭活,其感染性失活而保留其融合活性。这在一定程度上造成制备困难、保存过程中活性降低导致重复性差的缺点。同时,病毒是生物活性物质,引入细胞可能产生某种干扰,鉴于这些因素的影响,人们转向化学融合剂的研究。常用的化学融合剂主要包括 $NaNO_3$、高 pH 值的高浓度 Ca^{2+}、聚乙二醇(PEG)、溶血卵磷脂、聚甘油、油酸、油胺和二价阳离子载体等。其中以 PEG 的使用最为广泛。

PEG 法的特点是可以使细胞表面变得黏稠,细胞互相黏合,继而在黏合的部位产生穿孔,最后发生细胞融合。用 PEG 诱导细胞融合是 Potecrvo 在 1975 年获得成功的。此方法具有简便、融合效率高的优点。因此,很快取代了仙台病毒法而成为诱导细胞融合的主要手段。

选择 PEG 作为诱融剂时,PEG 溶液的 pH 值对融合效率有一定影响,一般以 pH 8.0~8.2 时的融合率最高。PEG 的相对分子质量(M_W)大小不等,作为融合剂以 $(1\sim6)\times10^3$ 的较好,使用浓度一般为 30%~50%。在融合过程中,开始逐滴加入 PEG,而且在作用期间需不断振摇,以防止细胞结团。短期温育后再缓慢加入不含血清的培养液终止 PEG 作用。PEG 使细胞融合或致死的剂量界限很窄,为达到成功有效的融合,还必须控制好 PEG 的处理时间。若按悬浮法,将细胞混悬于 40%~50% 的 PEG 4 000 进行融合时,处理 1~2 min 较为适宜;而若按离心法,先将细胞混合物悬于 30%~40% 的 PEG 1 000 中,再通过离心进行融合时,可适当延长处理时间,以 5~8 min 为宜。随后,立即加液稀释,及时终止 PEG 的作用。另外,若以 5%~15% 的二甲亚砜或在融合前先用植物血凝素处理一下,则融合的效果更好。PEG 是化学试剂,使用比较方便,但对细胞有毒性,分子量越大,毒性越高,对于有些细胞,如卵子不适用使用 PEG。李秀兰等(2007)以鸡红血细胞为材料,聚乙二醇($M_W = 4\ 000$)为诱导剂,研究不同的细胞密度、聚乙二醇体积分数、Ca^{2+} 浓度等因素对细胞融合率的影响,结果显示细胞密度为 $(3.0\sim4.0)\times10^4$/mL,聚乙二醇的体积分数为 50%,Ca^{2+} 浓度为 50 mmol/mL 时融合效果最好,融合率高达 29.76%。

3. 物理方法诱导融合

在物理方法中,最常使用的就是电诱导融合的方法,使用电场诱导细胞融合是近年来新建立的融合技术,早在 1979 年,Senda 等首先应用微电极,在显微操作下,将 5~12 μA、1~5 μs 的电脉冲,加至两相邻的植物原生质体,使其发生融合。此后,Zimmermann 等又进一步采用加在平行电极板上的高压脉冲诱导植物原生质体、海胆卵、哺乳类细胞及酵母菌等融合,均获得成功,从而为这项技术的发展奠定了基础。

电融合法是指将亲本细胞置于交变电场中,使它们彼此靠近,紧密接触,并在两个电极间排列成串珠状,然后在高强度、短时程的直流电脉冲作用下,相互连接的两个或多个细胞的质膜被击穿而导致细胞融合。

目前,已有多家公司研制出细胞融合仪。电融合仪由于各种物理参数都是可控的,因此电融合法具有融合效率高、对细胞的毒性小、重复性好、简便、快速等特点。但需要注意的是,由于不同细胞的表面电荷特性有差别,因而需要进行预实验,以确定细胞融合的最佳技术参数。

此外,最近还发展了新的细胞排队融合技术,如激光剪和激光镊技术。这些新的融合方法可以进行一对细胞的融合。目前,这些方法在大多数实验室还未展开使用,但已显示了这些技术独特的应用潜力。

7.2.2 细胞融合的机理

细胞融合的关键步骤是两亲本细胞的质膜发生融合,形成同一的质膜(细胞膜)。细胞膜(cell membrane)是由脂质双分子层和镶嵌其中的蛋白质构成的单位膜,细胞膜不仅是分割细胞与周围环境的边界,更重要的是细胞与周围环境、细胞与细胞之间进行物质交换和信息传递的重要通道。细胞膜的流动性是动物细胞融合的生物学基础。许多环境因素,如温度、pH值、极性基团、酶、离子强度、金属离子、电场和电脉冲等都能对膜的流动性产生影响。细胞融合技术就是利用细胞膜的这个特性,通过对参与融合的细胞施加生物、化学或物理诱导因素,使细胞膜的脂类分子的有序排列发生改变,当诱导因素解除后,细胞膜恢复原有的有序结构,在恢复过程中便可诱导相互接触的细胞发生融合。

7.2.3 杂交细胞的筛选

细胞融合处理液中含有多种类型细胞,如未融合的亲本细胞、同核体、异核体、多核体(含有双亲不同比例核物质的融合体)、异胞质体(具有不同胞质来源的杂合细胞)、核质体(具有细胞核而仅带有少量细胞质)。在以 PEG 为融合剂时,大概只有十万分之一的细胞最终能够形成会增殖的杂种细胞,因此,在细胞融合之后,需要设法筛除不需要的细胞,分离出需要的融合细胞。

最早由 Barski 等发现的杂种细胞,是由于它们的增殖比任何一种亲本细胞的增殖都快而被分离出来的。但这种情形很少,通常面临的问题是需要从大量快速增殖的亲本细胞中分离出少量生长缓慢的杂种细胞。融合细胞选择的方法一般包括两大类:一类是根据遗传和生理生化特性的互补选择法,另一类是根据可见标记性状的机械选择法。

1. 抗药性筛选

利用抗性基因标记可以筛选杂交细胞,此法的基本原理是抗生素的抗性基因可通过基因转染方式导入细胞并在其中稳定表达,这时细胞就具备对某种抗生素的抵抗能力。用这种细胞进行细胞融合,并将融合后的细胞在加入两种抗生素的培养基中进行培养时,杂交细胞因同时带有两个亲本细胞的抗性基因,能够在含有两种抗生素的培养基中继续生存。但未融合的细胞或同核体细胞因为缺少另一亲本细胞的抗性基因而不能存活,因此利用此法能够筛选出所需要的细胞类型。例如,亲本 A 对卡那霉素敏感,对氨苄青霉素不敏感;亲本 B 对氨苄青霉素敏感,对卡那霉素不敏感;而融合细胞就可以在具有卡那霉素和氨苄青霉素的培养基上生长。

2. 利用温度敏感特性进行筛选

一般情况下,体外培养的动物细胞可以在一定的温度范围(32～39℃)内生存。如果引入合适的突变环境,有些细胞仅能在允许的温度范围内生存。这样,利用细胞生存的合适温度范围可以设计筛选方案。因此,将细胞放在非允许温度范围进行培养时,未融合的亲本细胞由于处于非允许温度下无法生存而死亡,但杂交细胞能继续生存和增殖。

3. 营养互补筛选

在体外培养条件下,有些细胞由于缺乏某些营养物质(如嘧啶、嘌呤、氨基酸、糖类等)而不能存活,因此必须在培养基中添加这些营养物质才能继续生存并增殖。此法是利用这一原理设计选择性培养基,使具有基因互补的融合细胞可在选择性培养中生存,而其他细胞则死亡的

方法。例如,亲本 A 为色氨酸缺陷型,亲本 B 为苏氨酸缺陷型,杂种细胞就可以在不含有两种氨基酸的培养基上生长。

4．物理特性筛选

根据杂交细胞的表型特征和物理特性的差异,对融合细胞进行筛选,其中包括:①利用细胞形态、大小、密度与颜色标记上的差异,可以识别和筛选杂交细胞;②通过离心方法可以筛选不同密度的杂交细胞;③利用杂种细胞在显微镜下可辨别的特性,可用显微操作技术进行分选。

5．荧光标记法筛选

在两个亲本细胞上分别加上不同的荧光标记后进行细胞融合,然后利用荧光激活分选技术对杂交细胞进行筛选。荧光激活分选技术的优点是不但在短时间内能够分离大量细胞群体,并且也可获得杂交频率很低的融合细胞,但这一方法需要较为昂贵的仪器。

7.2.4 融合细胞的克隆化培养

融合后筛选出的杂交细胞群体不完全是纯系,仍属于异质性的细胞群体。因此,必须根据实验目的对杂交细胞群体进一步纯化,以便获得同质性的细胞群体。最常用的纯化方法是杂交细胞的克隆化培养(clonal culture)。所谓克隆化培养就是指使单个杂交细胞在一个独立空间中生长增殖,最终扩增为一群相对较纯的,且能够稳定表达某些特定性状的细胞群体的培养方式。用这种方法得到的细胞群体由于均来源于同一个祖先细胞,故可认为其遗传特性较为一致。常见的克隆化培养方法包括:

1．有限稀释法

有限稀释法是将筛选得到的杂交细胞通过稀释接种到单个培养空间,并得到遗传特性均一的杂交细胞群体(细胞克隆)的方法。向单个培养空间里加入细胞溶液时,保证每一孔接种 1 个细胞。以 96 孔板为例,细胞密度为 100 个/mL 时,加入 10 μL 细胞溶液,每一个培养空间里就有可能只含有 1 个细胞。等细胞接种后,在倒置显微镜下检查并记录只含 1 个细胞的培养孔,并向每孔加入 100～200 μL 的培养液,经过短时间培养后细胞增殖扩增,即可在该孔内形成细胞克隆。

2．半固体培养基法

半固体培养基法就是将细胞接种于半固体培养基里,使细胞以分散的方式单个生长,增殖后的细胞后代不能迁移,只是在祖先细胞邻近形成细胞集落或细胞克隆,然后挑出这些细胞集落再进行扩大培养,获得纯化的杂交细胞群体的方法。

3．单细胞显微操作法

单细胞显微操作法是通过显微操作分离单个杂交细胞,然后将其植入单个培养空间,最终获得单个杂交细胞的后代。用于显微操作的杂交细胞应具备可辨认的独特形态学特征。

4．荧光激活分选法

荧光激活分选是采用荧光激活分选仪进行的。方法是用荧光物质标记待选的杂交细胞,然后将细胞悬液通过分选仪上的细胞喷嘴,可形成单个细胞液滴。此法的基本原理是被荧光物质标记的待选细胞在激光照射下能够发射荧光,再通过调整仪器参数使发射不同荧光的单个细胞液滴带有不同电荷,这些具有不同电荷的细胞液滴在电场中的偏转度不同,因此利用这一原理通过电脑处理,可分离不同的杂交细胞。最后将分选得到的单个杂交细胞依次加入到各自独立的培养器皿中,进行单克隆培养。

杂种细胞在传代过程中发生突变的机会很高,特别是淋巴瘤杂交细胞更为明显。因此,得到的克隆细胞要尽快进行冷冻保存。

7.2.5 杂交瘤技术和单克隆抗体

单克隆抗体技术(monoclonal antibody technology)通常称为杂交瘤技术(hybridoma technique)。1975 年,Kohler 和 Milstein 在细胞融合技术的基础上,首次成功地制备了能永久分泌单克隆抗体的杂交瘤细胞株,实现了获得纯净单一抗体的愿望,开创了杂交瘤新技术。为此,他们在 1984 年获得了诺贝尔医学及生理学奖。目前,单克隆抗体已经被广泛地应用与免疫学、生物化学、分子生物学、药物学、细胞生物学、病毒学、细胞学、寄生虫学、肿瘤学、内分泌学、神经学以及临床医学的各个领域,尤其是各种癌症的诊断和致瘤,已经由此发展成一门高科技产业。

7.2.5.1 单克隆抗体

所谓单克隆抗体(McAb)就是指由一个 B 细胞克隆产生的,只能识别某一个抗原表位的高度特异性抗体。McAb 一般具有以下的特性:

1. 高度特异性

McAb 只识别并结合抗原分子上特定的抗原决定簇(antigenic determinant)。所有抗体分子对抗原的反应性均具有高度的选择性和专一性,即高度特异性。因此,McAb 对抗原鉴别和特异标记物的诊断有重要的应用价值。

2. 高度稳定性

单克隆细胞所分泌的抗体分子在结构上高度均一,甚至在氨基酸序列和空间构型上是相同的。因此杂交瘤细胞生长和分泌单一抗体的特性能得到永久的保持。

3. 高抗体活性

与多克隆抗体相比,McAb 可以进行工业化大量生产,而且利用诱生腹水产生的 McAb,具有显著高于其他任何一种多克隆抗血清的抗体效价,至少高出 4 倍。

4. 不可知性

McAb 的很多生物活性是不可预知的,一个已知的抗原可能会产生许多不同的 McAb。

总之,McAb 的理化性状高度均一,生物活性单一,与抗原结合的特异性强,便于人为处理和质量控制,并且来源广泛,所以在生命科学研究的各个领域均具有重要的价值。

7.2.5.2 杂交瘤技术的基本原理

肿瘤细胞与正常细胞的融合形成的杂交细胞称为杂交瘤(hybridoma)。它既保留了肿瘤细胞无限增殖的能力,又具有参与融合的正常体细胞的一些特征。建立杂交瘤细胞系的技术就称为杂交瘤技术。

动物受到抗原刺激后可能发生免疫反应,产生相应的抗体。这一作用由 B 细胞完成。动物体内的免疫反应极为复杂,是由多种多样的免疫应答细胞共同反应的结果。一种抗原可具有不同的决定簇,因而可被针对不同决定簇的抗体所识别。每一种抗原决定簇能被多种抗体所识别。例如,纯系小鼠的每一种抗原决定簇可被 1 000～8 000 种不同的抗体所识别,但在实际工作中只能测出 5～6 种。一个 B 细胞只能产生一种抗体,要想获得大量针对某一特定抗原决定簇的均一抗体,就必须使 1 个 B 细胞大量增殖。由于 B 细胞是缺乏增殖能力的终端分化细胞,1 个 B 细胞无法在体外培养条件下实现大量增殖,因此,不可能通过 1 个 B 细胞的增殖制备大量针对某一特定抗原决定簇的均一抗体。

1957 年,Burnet 提出了克隆选择理论,该理论假定一种浆细胞只产生一种类型的免疫球蛋白分子,那么,从一个单克隆细胞产生的抗体分子就是单克隆的,并且这种单克隆抗体具有独特的均一结构。Burnet 的假定经过各种实验的检验得以证实,Burnet 氏克隆选择理论已成为现代免疫学概念的基础。

1975 年 G. Kohler 和 C. Milstein 利用细胞融合技术,首次获得能生产结构和特性完全相同的均一抗体的杂交瘤细胞。骨髓瘤细胞在体外培养条件下可以无限传代,是"永生"的细胞,但骨髓瘤细胞不能产生抗体。用特定的抗原刺激正常的小鼠,小鼠脾脏的 B 细胞就会产生相应的特异性抗体,分泌抗体的 B 细胞难以在体外培养增殖。骨髓瘤细胞和 B 细胞经融合处理后,细胞中存在 3 种细胞类型,即两种亲本细胞和杂交瘤细胞,杂交瘤细胞只占其中的一小部分。由于骨髓瘤细胞不仅能无限增殖,而且其增殖速度远远高于正常细胞,因此必须设法把杂交瘤细胞从没融合的细胞中筛选出来。为了分离出纯的有用的杂交瘤细胞,在融合之前一定要采取有效的措施加以保证。由于淋巴细胞本来就不适于在体外生长,因此,没融合的淋巴细胞在培养的过程中经过 6～10 d 便会自行死亡,从而不会影响杂交瘤细胞的生长。没融合的骨髓瘤细胞却因其生长速度快而排挤杂交瘤细胞的生长,不利于杂交瘤细胞的分离。为此人们采取以下措施:

1. 亲本细胞的选择

骨髓瘤细胞:首先骨髓瘤细胞本身不能分泌抗体,不然杂交瘤细胞将会产生多种混合抗体影响单抗的产生;第二要选择次黄嘌呤-鸟嘌呤磷酸核糖转移酶缺陷型(hypoxant-hineguanine phosphoribosyl transferase,HGPRT⁻)或者胸腺嘧啶核苷激酶缺陷型(thymidine kinase,TK⁻)的骨髓瘤细胞作融合亲本。

B 淋巴细胞:是经特定抗原免疫能产生目的抗体的动物淋巴细胞,并且免疫动物种系要与骨髓瘤细胞系一致或有相近亲源关系。如 BALB/C 系小白鼠的淋巴细胞与同品种白鼠的骨髓瘤细胞融合,所得杂交瘤细胞的染色体稳定,也能较理想地分泌目的抗体。而人鼠或兔鼠所得的杂交瘤细胞染色体很不稳定,分泌单抗的能力也很快丧失。

2. 培养基的选择(HAT 培养基)

为了去除未融合的骨髓瘤细胞,可在培养液中加入次黄嘌呤(hypoxanthine,H)、氨基蝶呤(aminopterin,A)及胸腺嘧啶脱氧核苷(thymidine,T)。其作用是:正常细胞合成 DNA 有主路和旁路两条途径,氨基蝶呤 A 能阻断正常细胞 DNA 合成主路中二氢叶酸到四氢叶酸的途径,因此,只有能利用次黄嘌呤 H 和胸腺嘧啶脱氧核苷 T 的野生型细胞才能从旁路合成 DNA 而不致死亡。而我们要除去的骨髓瘤细胞恰好是当初我们选择的 HGPRT⁻ 和 TK⁻ 这两种酶的缺陷型,由于它们无法利用旁路合成 DNA,主路又被氨基蝶呤 A 切断,因此,没融合的骨髓瘤细胞不久便死亡。剩下的杂交瘤细胞由于融合了野生型淋巴细胞的染色体而具有 HGPRT⁺ 和 TK⁺ 两种酶,可以将次黄嘌呤 H 转换成嘌呤,将胸腺嘧啶核苷转换成胸腺嘧啶 T,这样,融合后的杂交瘤细胞便能在 HAT 培养基中正常地生长而被分离出来。

7.2.5.3 杂交瘤技术的过程

要制备能产生目的抗体的杂交瘤细胞是一项至关重要的工作,其基本过程如下:

1. 免疫动物

一般选纯系健康 8 周龄的 BALB/C 小白鼠作免疫动物,少数用 Lou 系大鼠(除了啮齿类以外,特殊情况下也有用人细胞的)。免疫用的目的抗原一般是各种病毒、细菌、癌细胞等。粗制的或者纯化的病毒抗原(1 mg/mL PBS)与福氏完全佐剂(Freund)等量混合制成乳剂。常规免疫方法有腹腔注射和皮下注射两种,腹腔注射每次 0.5 mL,皮下多点注射每次 0.1 mL,每隔 3~4 d 注射 1 次,连续 3~4 周后,检查抗体滴度效价,如符合要求,可由尾静脉作最后一次加强注射(可在抗原乳剂中加入细菌脂多糖 LPS 等不完全佐剂以促使 B 淋巴细胞的转化,提高其分泌抗体的能力)。4~5 d 后,取脾脏分离 B 淋巴细胞准备融合。

如果检查抗体效价低,可进行多次加强免疫。如果在 SALB/C 系小鼠体内没有发生对相应抗原的应答反应,则可尝试改用其他品系的小鼠或其他动物作免疫。如果杂交瘤细胞系由两种不同品系小鼠亲本细胞产生,则需要 F_1 代杂种小鼠使能产生抗体的杂交瘤细胞在活体内增长,以便从腹水中得到目的单克隆抗体。

如果用其他抗原免疫,如细菌或癌细胞等,可将这些颗粒性抗原制成 PBS 悬浮液,按腹腔每次 500~1 000 万剂量注射。待抗体达到一定效价,可在融合前 3~4 d,尾部静脉注射相同剂量的抗原细胞作加强免疫。取出脾脏后,用梳理脾脏法收集单个的淋巴细胞以备融合。

一般情况下不能用人体进行免疫,但是,有些特殊情况时可用受天然免疫的人的外周血、淋巴结、手术切除的脾脏中得到淋巴样细胞。有时,也可用体外免疫的方式先从人淋巴细胞中消耗掉 T 抑制细胞,融合前 9~10 d,使剩下的细胞与目的抗原(1 mg/mL)在培养基中相互接触进行免疫(培养基为 DMEM,加入 10% 人体血清、10% 巨噬细胞、2 μmol 巯基乙醇)。

2. 融合细胞的制备

(1)脾淋巴细胞

①放血致死免疫的小鼠,无菌操作取脾脏,去胞膜;

②用 RPMI-1640 或 DMEM 培养液清洗后,放在盛 10 mL 培养液平皿的双层铜网上;

③用注射器内玻璃管芯将脾淋巴细胞轻轻挤压到培养液中;

④计数后将细胞液装入加盖离心管置冰箱备用。

(2)骨髓瘤细胞

①选择形态好的骨髓瘤细胞,加 0.2% 台盼蓝染液,计数(活细胞 80% 以上);

②1 500 r/min 速度离心,弃上清液,加 20 mL 培养液清洗后再次离心。

3. 两种细胞杂交融合

(1)按(4~10):1(多为 5:1)的比例将脾细胞与骨髓瘤细胞混匀于同一个离心管中;

(2)离心,弃上清液后置于 37℃ 水浴中,摇动离心管逐滴加入 1 mL pH 7.2~7.6 的 50% PEG 4 000,1 min 内完成,水浴中继续摇动 1~2 min;

(3)沿管壁加入 10 mL 培养液,混匀稀释 PEG,终止其诱导作用;

(4)1 000 r/min 迅速离心 1 min,弃上清液。

4.分装培养

(1)离心后的混合细胞中加入 HAT 培养液;

(2)按每孔 0.1 mL 细胞稀释培养液加入 96 孔培养板中,加盖密封后置 5% CO_2 培养箱 37℃培养;

(3)次日检查有无污染,若正常,换液(毛细管吸出半量培养液,每孔补充 200 μL HAT 培养液),以后隔日一换;

(4)2 周后改用 HT 培养液换液,换 3~5 次后改用 D-15 培养液培养;

(5)杂交融合的细胞在培养液中一般 5~6 d 后有新的细胞克隆出现,未融合的脾细胞和骨髓瘤细胞 5~7 d 后逐渐死亡。

5.抗体检测

两种细胞杂交融合成功,杂交瘤细胞便会有抗体产生。尽早检测新生抗体的特异性,鉴定其是否是所需的目的抗体,进而分离并克隆培养合格的杂交瘤细胞。对抗体的检测方法要求灵敏精确、快速简便。下面简单介绍有效的方法,可根据要求作不同的选择。

(1)抗原结合法   将用放射性元素 ^{125}I 标记的抗原与杂交瘤培养上清液置于 37℃下温育,加活性炭吸附,再加 PEG 6 000(或蛋白质 A)与琼脂糖凝胶珠连接,使免疫复合物与其他抗原分开。根据免疫复合物中放射性强度可计算出抗体数量。

(2)第二抗体法   包括固相放射免疫测定法(RIA)、酶联免疫吸附测定法(ELISA)和荧光活化细胞分类器法。

以杂交瘤细胞产生的抗体为抗原的第二抗体(或蛋白质 A)用 ^{125}I 标记,然后与酶连接或与荧光染料连接,以检测出杂交瘤抗体。常用的第二抗体多为羊抗鼠或兔抗鼠的免疫球蛋白。用于连接的酶有辣根过氧化物酶(HRP)、碱性磷酸酶、β-半乳糖苷酶、葡萄糖氧化酶等。常用的荧光染料有异氰基荧光素(FIC)、异硫氰基荧光素(EITC)、二甲氨基萘-5-磺酰氯(DANSC)、丽丝胺罗丹明 B200 磺酰氯(RB200)、异硫氰基四甲基罗丹明(TRITC)等。

其中 ELISA 法应用的越来越广泛,它具有灵敏度高、精确性好、安全可靠、费用低等优点。其具体方法如下:

在 96 孔聚氯乙烯或聚苯乙烯的微量滴定板上,每孔加 50~100 μL 抗原溶液(20 μg 抗原/mL DPBS dulbecco 磷酸缓冲液)37℃温育 2 h 或 4℃过夜,除去抗原溶液用 DPBS 清洗孔后,用 250 μL 1%胎牛血清蛋白(BSA)DPBS 溶液阻断孔上余留的蛋白结合位点。DPBS 洗孔后,每孔加入 50~100 μL 培养上清液,37℃温育 2 h,再用 DPBS 洗孔。每孔加入 50~100 μL 第二抗体与酶的连接物(在 1%BSA 中稀释 1 000~10 000 倍),37℃温育 30 min。再用 0.05% Tween-20 的 DPBS 液洗孔 5 遍以上,加入 50~100 μL 底物溶液测量抗体-酶连接物的数量。如对第二抗体与 HRP 酶连接物测量时,用 0.03%的 3-乙苯噻唑磺酸二胺盐(ABTS)溶液(用 pH4.0,含 0.003% 新鲜 H_2O_2 的 0.1 mol 的柠檬酸缓冲液配制的)作底物,30 min 后,用多用扫描器测量反应产物的光密度(414 nm 波长)。

6.杂交瘤细胞的克隆

由于一种抗原具有多个抗原决定簇,因此,融合的杂交瘤细胞可能会产生多种不同的单克隆抗体。多种杂交瘤细胞混合在一起生长,势必对产物有所影响。及时检测,尽早分离,以便形成单克隆细胞扩大培养。

克隆方法如下:

(1)有限稀释法 有限稀释法克隆杂交瘤细胞是根据杂交瘤细胞具有较强的克隆生长能力,将稀释到一定密度的杂交瘤细胞接种到 96 孔培养板中(尽可能使孔内只有一个细胞生长),通过对杂交瘤细胞克隆生长的观察和抗体检测,挑选能分泌针对某一抗原决定簇的特异性均质抗体的杂交瘤细胞株。具体操作如下:在已检测过的 96 孔培养板内,将待克隆的孔做好标记;用吸管吹打孔内的细胞,使其散开,吸出细胞悬液于 HT 培养液中,计数细胞密度;用 HT 培养液调整杂交瘤细胞密度到 3～10 个/mL,按 0.1 mL/孔将杂交瘤细胞悬液移入含饲养细胞的 96 孔培养板;将 96 孔培养板置于 37℃、5% CO_2 饱和湿度的培养箱中进行培养;第 4 天用新培养液置换孔内 1、2 上清液;第 7～9 天,当细胞集落大小在 1～2 mm 时,吸出杂交瘤细胞生长孔的上清液;按抗体筛选方法检测上清液中的抗体,计算杂交瘤细胞的阳性孔比率;将抗体阳性孔内的杂交瘤细胞移到 24 孔培养板中放大培养 2～4 d;按上述步骤将放大培养后的阳性细胞再重复克隆 2～3 次,直到杂交瘤细胞的阳性孔率达到 100% 为止;放大培养杂交瘤细胞,收集上清液作 McAb 鉴定;液氮冷冻保存杂交瘤细胞株。

(2)软琼脂法 软琼脂培养法克隆杂交瘤细胞的克隆生长特性和软琼脂培养的半固态性质,使单个的杂交瘤细胞在相对固定的位置增殖,形成克隆性集落。将克隆性集落逐个移入 24 孔培养板的各个孔内培养,并通过测定各个孔的培养上清液,确定并获得能分泌针对某一抗原决定簇的特异性均质抗体的杂交瘤细胞克隆。具体操作如下:先收集小鼠腹腔细胞,用杂交细胞培养液调整细胞密度至 5×10^5 个/mL;将小鼠腹腔细胞移入组织培养皿,37℃、5% CO_2 饱和湿度的培养环境过夜;将加热融化的 2% 琼脂溶液冷却到 42℃,加入等体积的双倍浓度杂交细胞培养液,充分混匀;移去小鼠腹腔细胞平皿中的上清液,加入含 1% 琼脂的杂交培养液,室温下形成半固体状;用吸管吹打待克隆孔中的阳性杂交细胞,用双倍浓度的杂交细胞培养液稀释细胞至 50 个/mL;加热融化 1% 琼脂溶液,冷却至 42℃,加入等体积的已经稀释好的杂交细胞,混匀后立即倾入已经冷却的平皿琼脂的上层;将接种有杂交瘤细胞的平皿置于 37℃、5% CO_2 饱和湿度的培养箱中培养 7～14 d;观察平皿中杂交瘤细胞的克隆生长,当细胞集落生长到 1～2 mm 时,用毛细吸管将集落吸出并移入含杂交细胞培养液的 24 孔培养板中;将 24 孔培养板置于 37℃、5% CO_2 饱和湿度的培养箱中培养 3～5 d(细胞长满孔底 1/2),按抗体筛选方法检测上清液中的抗体;24 孔培养板中阳性孔的杂交瘤细胞按以上步骤进行再克隆,直到所有的 24 孔培养板中生长的克隆上清液都分泌阳性抗体为止;放大培养杂交瘤细胞,收集上清液作 McAb 鉴定;液氮冷冻保存杂交瘤细胞株。

7. McAb 的鉴定

一次细胞融合可以获得多株分泌抗体的杂交瘤细胞,它们分泌的抗体均能与同一免疫原起反应。如果这种免疫原包含不止一种抗原决定簇,这些杂交瘤细胞株所分泌的抗体就可能存在差别。即使是对相同的抗原决定簇,由于免疫球蛋白存在着种类和亚型方面的差异,不同类型的抗体也可以对相同的决定簇表现出不同的亲和力。McAb 的鉴定就是要了解对同一免疫原有阳性反应的 McAb 之间所存在的差别,为 McAb 的进一步选择和应用提供依据。McAb 的鉴定通常包括以下几个方面:

(1)McAb 的特异性分析 主要是比较各种 McAb 与其他非免疫原的交叉反应。根据实验目的,可以选用多种无关的抗原作为靶抗原,利用酶联免疫反应方法或免疫印迹方法,检测所获得的 McAb 与系列无关抗原之间的交叉反应性。交叉反应越少者,McAb 的特异性越强。

(2)McAb 的类型分析 由小鼠脾细胞和小鼠骨髓瘤细胞融合而形成的杂交瘤细胞所分泌的 McAb,可以包括小鼠的不同类型及其亚型的免疫球蛋白,其中以 IgG 的各种亚型和 IgM 最为多见。不同的免疫球蛋白的应用范围有所不同,如 IgM 的相对分子质量较大,不易透过血管,不适宜用作导向显影的载体,IgG 可以固定补体,能参与杀伤第二抗体进行抗体筛选时,就可基本确定 McAb 的免疫球蛋白类型。如果所用的酶标或荧光素标记的抗体是抗鼠 IgG 或 IgM,这样检测出来的 McAb 一般是 IgG 或 IgM 类。至于 McAb 亚型则需要用标准的抗亚型的血清系统,采用双向免疫扩散或夹心 ELISA 进行确定。

(3)McAb 的亲和力比较 抗体对抗原的亲和力代表了它们之间结合的强度,亲和力高的抗体用于免疫测定时的敏感性和特异性较高。不同的 McAb 对免疫原的结合强度不同,其高低取决于抗体与抗原决定簇之间立体构型的相容性。通常采用杂交瘤技术获得的 McAb 不止一种,对免疫原的结合强度有所不同,要用传统的亲和系数测定方法来比较 McAb 与抗原之间的亲和力。McAb 对抗原的相对亲和力可通过 ELISA 和放射免疫测定法进行确定。

(4)McAb 结合位点的分析 McAb 结合位点分析就是判断用某种免疫制备的 McAb 是否识别不同的抗原决定簇,以及相应的抗原决定簇在空间位置上的远近。McAb 结合位点也可采用抗体竞争结合实验进行分析。

7.2.5.4 McAb 的应用

由杂交瘤技术生产制备的各类单克隆抗体,目前已被广泛地应用到生物医学领域的各个学科中。20 世纪 80 年代以来,国内外各种生物工程技术公司相继成立。美国、英国、德国、日本等发达国家都投入巨资进行生物工程方面的研制与开发工作。1981 年底,依靠以杂交瘤技术研究见长的剑桥大学的科学家,与政府投资合作成立了英国第一家公私合营的 CELLTECH 细胞技术公司,侧重于农业、医药领域的项目研究开发工作,成为世界上规模最大的单克隆抗体生产厂商。单克隆抗体在农业、生物、医药及医疗行业得到越来越广泛的应用。

1. 临床诊断及治疗

虽然此前已有多克隆抗体应用在临床对疾病的诊断上,但与单克隆抗体比较,多克隆抗体是对不同抗原所产生的多种抗体的混合物。各种抗体相互稀释,所需抗体含量比例较低,使诊断结果的灵敏度及重复性变化大,往往需要多次反复验证后方可确诊。由于单克隆抗体纯度高,特异性强而使反应速度加快,准确性好。市面已有商品的单抗试剂盒出售,可对一些过敏性疾病查找过敏源(抗原检测)、癌症、性病、妊娠、妇女月经排卵等进行早期诊断。通过在放射性造影中用单克隆抗体结合放射性同位素对肿瘤进行定位。治疗上可用于防止外伤病毒感染,某些药物过计量使用时的校正,器官或骨髓移植时用单抗克服由免疫反应带来的排斥反应,用单抗与某些细胞毒剂(如毒素、抗生素、放射性同位素等)结合制成细胞毒药物直接或间接地杀伤癌细胞,克服大多数治癌药物无选择性地杀死所有增殖细胞的弊病等。

2. 免疫学研究

单抗在免疫学上也有很大的用途,可以鉴定、区分各种抗原,还可以详细检测大分子抗原上不同的抗原决定簇,鉴定各种组织之间的相容性,寻找与肿瘤或其他细胞表面抗原结合的优良试剂等。另外,在免疫遗传学上可以对免疫球蛋白基因的定位及表达进行研究工作,分析免疫球蛋白的分子结构,研究免疫球蛋白基因的结构和多样性。近年来,抗个体基因型抗原的抗体已被用于研究 B 细胞个体基因型与 T 细胞类个体基因之间的相互作用,研究这些抗体的生物活性及探查抗体的原结合位点。

3.大分子蛋白的提纯

利用免疫亲和层析的方法提纯的蛋白类大分子杂质成分很低,而且对产物的起始浓度要求较低。例如用免疫亲和层析柱提纯的干扰素 IFN-α,在起始浓度低于 0.02% 的情况下,回收率可达到 97%。具体方法是将单克隆抗体交联到经溴化氢活化的琼脂糖基质上,制成免疫亲和层析柱。经过免疫层析后,由于单抗对目的蛋白的特异性结合,可从单一尖锐峰上洗脱下目的蛋白,使蛋白得到纯化。

7.3 生殖细胞体外培养技术

7.3.1 体外受精技术

体外受精(in vitro fertilization,IVF)是指把成熟卵母细胞或未成熟卵母细胞经体外成熟培养后,与体内或体外获能的精子在体外条件下完成受精的过程。体外受精技术是胚胎工程的核心技术。体外受精不仅有利于揭示受精本质和机制,而且有助于研究胚胎分化和发育过程。把体外受精胚胎移植到母体后获得的动物称为试管动物(test-tube animal)。这项技术创立于 20 世纪 50 年代,最近 20 年发展迅速,现已日趋成熟而成为一项重要而常规的动物繁殖新技术。

试管动物繁殖具有以下四个方面的优点:

(1)发挥优良母畜的繁殖潜力。一头优良品种母牛的卵巢内有几万个生殖细胞,但在一个正常性周期内只有几个卵泡同时发育。一只良种母畜一生只能繁殖 10 个左右的后代,大部分时间用于妊娠和哺乳。而试管动物繁殖技术能够充分利用母体生殖潜力,满足大规模、快速繁殖优良动物品种的需要。

(2)促进家畜改良的速度。繁殖能力的提高可以使一头母畜在一个性周期内繁殖更多的仔畜,从而促进家畜改良的速度,加快育种进程。

(3)保存遗传资源。由于胚胎超低温冷冻技术在生产中的应用,人们可以不受时间、地点的限制,进行受精卵或胚胎的长期保存,优良胚胎的利用率大大提高。对优良或稀有哺乳动物建立"胚胎库"意义重大。

(4)是一项重要的辅助技术。胚胎工程技术不仅可以直接应用于畜牧生产,也已经成为克隆动物、转基因动物、胚胎干细胞分离和性别控制等研究的重要辅助技术。

体外受精技术主要包括:精子的采集、预处理、活力提高和体外获能;卵子的回收与成熟培养;体外受精;受精卵的发育与体外培养等过程。

7.3.1.1 精子的采集

精子的采集不存在技术问题,哺乳动物的精液中含有处于不同成熟状态的精子,只有那些年轻的、活力强的精子才具有受精能力,因此应该对获得的精子进行选择。常采用"上浮分离法"来进行精子的收集,所谓上浮分离法就是指在精液上面加入少量培养液,有活力的精子会游到培养液的上部,这样收集培养液上面的精子即可得到有活力的精子。

7.3.1.2 精子的预处理

1.浮游程序

浮游程序一般是将洗涤后的精液加入适当的溶液当中(如 TALP),在培养箱中静置 30～60 min,让精子浮游到 TALP 之中。浮游技术在体外受精中可以获得高运动力的精子,但是也可能降低精子的数量。当精液质量和精子活力较差时,必须进行浮游程序。在人的体外受精中,将浮游试管倾斜 30°角则可提高精子数量 50%～100%。浮游溶液的组成对精子也有影响。Marquant-Le Guienne 等发现在 TALP 中添加 5 nmol/L 的甘氨酸可以显著影响体外受精的卵裂球和胚胎的发育。Inn 等将浮游技术改为潜游技术,不但省时简单,而且可以获得更多更好的高活力精子。

2.玻璃棉过滤程序

20 世纪 50 年代,人们用小玻璃珠过滤精子。80 年代后期,Daya 等用玻璃珠分离精液,效果好而且稳定。1989 年,Rana 等用玻璃棉过滤人的精子,提高了精子的穿透能力。Holmgren 等用 TEST-蛋黄缓冲与玻璃棉过滤相结合效果更好,精子穿透力大大增强。Stubbings 等比较了玻璃棉过滤和浮游技术对精子受精率和胚胎发育的影响,前者 3 min 即可完成,不但节约时间,而且效果更好。

3.BSA/Percoll 密度梯度

White 等建议牛精子用不连续 BSA 梯度分离,Estienne 等用该法分离猪精子时,可获得活力大于 90% 的精子分层,Percoll 密度梯度通过平衡分离精子,离心后精子按密度大小分布于不同密度的梯度中,活率高的精液中形态好的精子比差精子密度大,因而可在 Percoll 梯度的高密度区获得。Percoll 法比浮游技术可获得更好质量的精子。

4.透明质酸酶处理

当精液解冻后活力不强时,用透明质酸酶可提高体外受精的效果,并且让精子通过透明质酸酶浮游到体外受精液中,可省去传统的洗涤和离心步骤。

5.洗涤

洗涤对精子非常关键,可有效去掉精浆蛋白。对于冷冻精液,洗涤还可迅速将冷冻保护剂去掉。但必须注意的是洗涤离心容易对精子造成损伤,随着时间的延长而使精子活力显著下降。

6.精子浓度

在体外受精时,精卵比一般为(10 000～20 000):1,有时可降到 500:1,精子浓度因动物种类不同而不同。因而体外受精时可有大量精子在短时间内同时与卵子透明带 ZP 相互作用。精卵共孵育的时间与受精体系有关,BO 液中需 6～8 h,而 TALP 中则需 18～24 h,时间太短受精率下降,时间太长则多精入卵数增多。

7.3.1.3　精子活力的提高

在体外受精中,精子的活力十分重要,可以通过对精子进行预处理分离出高活力的精子,也可以通过添加一些化学成分来刺激精子的活力。

1.咖啡因

咖啡因在动物和人的体外受精中广泛应用,它通过抑制磷酸二酯酶而导致 cAMP 积累,用咖啡因可以增强牛冻精的穿卵能力。

2.PHE

PHE 是青霉胺、亚牛磺酸和肾上腺素的混合物。在体外受精中添加 PHE 能显著提高精子活力和穿卵率。

3.2-氯腺苷和 2-脱氧腺苷

2-氯腺苷和 2-脱氧腺苷可刺激 cAMP 的产量进而提高精子的活力,2-氯腺苷还可刺激精子向前运动。

4.血小板激活因子

血小板激活因子是一种醚,许多细胞均能分泌,与排卵时卵泡破裂有关,因而在生殖中有重要作用,它对多种动物精子的活力、顶体反应和体外受精均有促进作用。

5.谷胱甘肽

谷胱甘肽是生物体内广泛分布的三肽,5 mmol/L 的谷胱甘肽可提高精子的活力和受精率。

7.3.1.4　精子的体外获能

哺乳动物的精子必须在子宫或输卵管内存留一段时间,并发生一定的生理变化,才能获得受精能力,将此现象称为精子获能。精子获能是成功地进行体外受精的前提和保证。对于精子的体外获能,随着精子获能机制的逐渐解析,可采用以下方法:

1.血清白蛋白法

血清白蛋白法是将精子在血清白蛋白溶液中孵育的方法。血清白蛋白是血清中的大分子物质,具有结合胆固醇和 Zn^{2+} 的能力,可除去精子质膜中的部分胆固醇和 Zn^{2+},降低胆固醇在精子质膜中的比例,进而改变精子质膜的稳定性,导致精子的获能。该法由于需要的时间较长,且诱发精子获能的作用不强,故仅在体外受精技术研究的初期进行过尝试,具有一定的作用,目前仅作为精子获能的一种辅助手段。

2.高渗盐法

精子表面含有许多被膜蛋白,即所谓的"去能因子",当用高离子强度盐溶液处理精子时,这些被膜蛋白将从精子的表面脱落,从而使精子获能。1975 年,Bracket 和 Oliphant 首次用 380 mol/L 的高离子强度溶液对兔的精子进行获能处理,获得了试管仔兔。随后,他们用同样的方法对牛的精子进行获能处理,于 1982 年获得了世界首例试管牛。由于高离子强度盐溶液对精子具有渗透胁迫作用,会影响精子的活力,故目前较少使用。

3.卵泡液孵育法

卵泡液含有来自血清的大分子物质,并含有诱发精子获能和顶体反应的因子,故在精液中添加一定浓度的卵泡液可诱发精子获能。1984 年,Sugawara 等用含牛卵泡液的培养液培养牛精液,发现精子的穿卵率达 56%。虽然卵泡液对精子获能具有促进作用,但其中同时含有精子活动的抑制因子。研究发现,在精液中加入 10% 的卵泡液,牛卵母细胞的受精卵的卵裂

率和囊胚发育率均显著下降,但加入 50%的卵泡内膜细胞条件培养液则能提高卵母细胞的受精卵的卵裂率和囊胚发育率。表明卵泡液中的获能因子来自卵泡内膜细胞,而精子活力的抑制因子可能来自血清。因此,卵泡液可以用于精子的获能处理,但不能用于体外受精培养系统。

4. Ca^{2+} 载体法

Ca^{2+} 载体 A23187 能直接诱发 Ca^{2+} 进入精子细胞内,提高细胞内的 Ca^{2+} 浓度,从而导致精子获能。研究发现,A23187 能引起精子的超活化运动和顶体反应,并能使其穿透无透明带的仓鼠卵母细胞。用 A23187 结合咖啡因处理牛精子,能提高受精卵的卵裂率和囊胚发育率。

5. 肝素法

肝素是一种高度硫酸化的氨基多糖类化合物,与精子结合后,能引起精子膜外 Ca^{2+} 进入精子内部而导致精子获能。Parrish 等的研究表明,引起牛精子体内获能的活性物质是来自发情期输卵管液中的肝素样氨基多糖化合物。因此,肝素对精子的获能处理被认为是一种接近于体内获能的生理方法。自 Parrish 等首次将肝素成功应用于牛精子的体外获能之后,已成为动物体外受精应用最广泛的一种精子获能方法。

总之,精子的获能是诸多因素综合的结果,任何导致精子质膜稳定性下降和 Ca^{2+} 内流的因素均有可能引起精子的获能。

7.3.1.5 卵母细胞的获取

1. 卵母细胞的离体采集

从离体卵巢中采集的卵母细胞是体外受精研究所需卵母细胞的主要来源之一。将母畜屠宰后,在 30 min 内取出卵巢,放入盛有灭菌生理盐水或 PBS 的保温瓶中(25～35℃),在 3 h 内送回实验室,然后按照下述方法进行回收。

(1)卵泡抽吸法　用注射器套上 12～16 号的针头穿刺卵泡而将卵母细胞抽吸出来。在穿刺过程中,注射器应保持有一定的负压,针头一般从卵泡的侧面刺入,一次进针可抽吸卵巢皮质的多个卵泡,而不要只吸一个卵泡就将针头拔出,否则容易导致污染。此方法的优点是回收速度快,不易造成卵母细胞的污染;缺点是容易损伤卵母细胞周围的卵丘细胞,影响其随后的成熟。

(2)卵巢切割法　用手术刀片将卵巢切为两半,去掉中间的髓质部分,露出卵泡,用刀片划破卵泡,然后在培养液中反复冲洗,采集其中的卵母细胞。该法的优点是能保持卵母细胞周围卵泡细胞的完整性,回收率也相对较高;缺点是回收的速度相对较慢,容易造成污染。

2. 卵母细胞的活体采集

卵母细胞的活体采集,是通过体外受精技术生产良种胚胎的一种主要途径,因从屠宰场收集得到的卵巢无法知道其系谱,且其种质一般都相对较差。通过对良种动物反复进行活体采卵,可获得大量种质优良的卵母细胞供体外受精生产胚胎,其胚胎生产的效率要比超数排卵高出数倍,且对动物的生产性能和生殖机能无不良影响。因此,活体采卵已成为当今推广应用体外受精和胚胎移植的一项关键技术。

(1)腹腔镜法　可以将腹腔镜插入腹腔,观察到卵泡后用吸管吸出。该法的优点是比较直观,容易掌握;缺点是工作量大,对母牛生殖道有损伤,不能频繁手术。

(2)阴道超声波监视穿刺法　采用阴道超声波监视穿刺法可以直接从动物的卵巢中收集卵母细胞。这种方法简单省时,操作方便,而且可以反复多次采集。

7.3.1.6　卵母细胞的成熟培养

不论采用什么方法,收集的卵母细胞都是未成熟的,在直接用于受精前应该进行体外成熟培养。也就是要模拟动物体内的环境进行体外培养,从而使卵细胞达到最后成熟。通常用于动物细胞培养的培养液均可作为卵母细胞体外培养的培养液,主要成分包括氨基酸、水溶性维生素、无机离子、大分子营养物质、激素、能量物质等。其中氨基酸和水溶性维生素是必需的,无机离子参与代谢作用,如 Na^+ 和 Cl^- 是渗透的活跃离子。血清是大多数大分子物质的主要来源,而且提供了各种生长因子和细胞因子,所以是必不可少的。作为能量来源的物质主要是葡萄糖,氨基酸也可作为基本能源而起作用。

7.3.1.7　体外受精

体外受精不仅有利于揭示受精本质和机制,而且有助于研究胚胎分化和发育过程。作为一种新的繁殖技术,体外受精能够开辟丰富的胚胎来源,满足胚胎工程研究以及胚胎移植的需要。对于试管动物的培育而言,一般将成熟的卵母细胞和获能的精子在一个合适的体外环境条件下共同培养一段时间,就能完成体外受精。目前,受精成功的标志至少是看受精卵是否可以发育至囊胚期阶段。

目前,体外受精的效率还不高。体外培养受精卵的胚囊发育率较低,移植后的产仔率更低。要改变这样的现状,除了改进体外培养的系统,使其尽可能地接近体内的生物环境外,还有待加强一些基础理论方面的研究。为了提高体外受精的效率,常采用以下方法进行体外受精:

1. 透明带下注射法

用微注射器将 3～5 个精子直接注射入透明带下的卵间隙,从而使卵子受精。这种方法的优点是对卵细胞的损伤很小,已在临床医学上得到运用,但存在多精子受精的问题。

2. 透明带技术

是用人工方法破坏卵子的透明带,使精子比较容易地通过破损处进入卵子完成受精。此方法适用于有一定运动能力但顶体反应不全、无法穿过透明带的精子。破坏的方法包括机械法、化学溶解法和激光法。该方法的优点是对卵子的损伤较小,但也存在多精子受精的问题。

3. 卵浆内精子注射法

用微注射器将单个精子直接注入卵细胞质内使卵子受精,这样可以避免多精子受精的问题。卵浆内精子注射对精子活力、形态和顶体反应没有特殊要求。

7.3.1.8　受精卵与胚胎体外培养

受精卵需在体外培养一段时间才能移植到子宫内,一般是发育至桑葚期或囊胚期才能进行移植。通常情况下,移植的较佳时期是发育至8～16细胞期的桑葚期的胚胎。这时透明带变得十分薄,可见囊胚腔。

胚胎培养前,先将 50 μL 或 100 μL 培养液加入塑料培养皿或四孔培养板中做成培养液微滴,或加入 500 μL 培养液,并在培养液上覆盖一薄层石蜡油,置入 CO_2 培养箱中平衡 2 h。然后将早期胚胎移入培养液中,37～39℃、5% CO_2 饱和湿度条件下进行培养。并每隔一段时间(12～48 h)在实体显微镜下观察一次胚胎发育情况,并做好记录,48 h 进行一次半量换液。在哺乳动物胚胎从合子发育到囊胚的过程中,由于参与物质代谢的酶活性不同,所以在不同发育阶段利用外源性营养物质的代谢途径也不同,所以对能量、蛋白质和其他物质所需要的量和种类都有所不同。因此在胚胎体外培养过程中,应根据胚胎在不同发育阶段的营养需要调整营

养物质的量。

7.3.2 胚胎移植技术

胚胎移植(embryo transfer)又称受精卵移植,是指对优秀雌性动物进行超数排卵处理,在其发情配种后一定时间内从其生殖道取出早期胚胎,移植到同期发情的普通雌性动物生殖道的相应部位,让其生产后代的技术。胚胎移植可提高优良母畜的繁殖力,加快优良品种改良和动物育种步伐,可用于进行濒危动物的拯救与保护。另外,胚胎移植是动物胚胎工程的必要技术手段。

7.3.2.1 胚胎移植的基本原则

1.胚胎移植前后供体和受体所处环境的同一性

(1)在分类学上的同属性 胚胎移植的供、受体均应属于同一物种,或在动物进化史上血缘关系较近。血缘、生理和解剖特点越相似,胚胎移植成功的可能性越大。

(2)生理上的一致性 胚胎移植过程中所移植的胚胎与受体在生理上必须是同步的。在胚胎移植生产实践中,一般供、受体发情同步差要求在±24 h以内。

(3)解剖部位的一致性 胚胎移植前后所处的空间部位要相似,也就是说胚胎采自供体的输卵管就移到受体的输卵管,采自供体的子宫角就移至受体的子宫角。

2.胚胎发育的期限

胚胎采集和移植的期限(胚胎日龄)不能超过发情周期黄体的寿命,必须在黄体退化之前进行。通常是在供体发情配种后3~8 d内采集胚胎,受体也在此时接受胚胎移植。

3.胚胎的质量

从供体采集到的胚胎必须经过严格的鉴定,确认发育正常者才能移植,在胚胎移植的全部操作过程当中,胚胎不应受任何不良因素的影响,绝对不能污染。

4.供、受体的状况

(1)生产性能和经济价值 供体的生产性能要高于受体,经济价值要大于受体,这样才能体现胚胎移植的优越性。

(2)全身及生殖器官的生理状况 供、受体应该机体健康,营养状况良好,体质健壮,特别是生殖器官应具有正常的繁殖生理机能,否则将会影响胚胎移植的效果。

7.3.2.2 胚胎移植的基本操作程序

在胚胎移植中,提供胚胎的个体叫供体(donor),接受胚胎的个体叫受体(receptor)。供体生产的胚胎质量好坏在很大程度上决定胚胎移植成功率,所以供体的选择及饲养管理极为重要。

1.供体的选择

在胚胎移植技术中,供给胚胎的雌性动物称为供体。供体一般为优良品种的优秀个体或特定目的的个体。胚胎移植过程中,选择遗传性能优良而稳定的健康供体母畜具有重要的意义。根据初步所选供体的营养状况、繁殖力、发情周期、年龄、对超数排卵的反应及自然排卵正常与否等指标进一步进行挑选,最终选择最理想的供体群,建立严格的供体档案。供体选择时,应考虑以下几点:具有遗传学价值;应选择生产性能优良的无遗传缺陷的品种或个体;供体最好是有一胎以上的正常繁殖史,既往繁殖力记录较高的母畜,或已充分发育成熟的后备母畜;健康状况良好,无生殖器官疾病,发情周期正常。

2. 受体的选择

对受体来说，移植后的胚胎要在其体内完成着床及生长发育，直至产出体外。因此，受体的选择对于受体在移植胚胎后的妊娠率、产仔率以及产后的哺乳能力等方面起着至关重要的作用。目前，研究人员认为以下几个方面是选择受体必须考虑的关键因素。

（1）受体的遗传型　由于不同遗传型的种群在对疾病的抗性、对营养的需求、对环境的适应能力以及繁殖能力等方面有着很大的差别，通常认为杂种优于纯种，因为杂种动物具有较高的繁殖能力和更强的生命力。同时青年母畜优于经产母畜，因为青年母畜具有易于操作、繁殖力强、生殖系统疾病较少及脂肪含量低等许多优点。

（2）受体的营养状况　受体的营养状况直接影响其繁殖机能。在配种和产仔期间，受体的机体状况变化将影响受体的发情率、怀孕率、产仔率及产仔间隔等。

（3）受体畜群的健康情况　受体必须是无生殖器官疾病的适繁个体，对其应进行生殖器官检查，并进行检疫、防疫和驱除体内外寄生虫。

（4）受体的生理状况　用于胚胎移植的受体必须有正常和明显的发情周期，同时受体应该是适合妊娠、分娩和哺乳的母畜，过老的个体繁殖能力降低，可能影响胚胎移植的成功率。在实际生产当中，考虑到移植成功率和母畜分娩的顺利，不宜选用后备母畜和体型过小的个体。

（5）对性周期同步化处理的反应性　性周期同步化是胚胎移植中受体受孕率高低的关键，母畜生殖道的生化和组织学特性在发情周期的不同阶段变化很大。在母畜发情后的第一天，输卵管为受精卵提供理想的发育环境。但在同一天，子宫环境对受精卵却是致死性的，受精卵过早地进入子宫就会死亡。因此，受体与供体发情不同步或发情周期与正常平均值相差过大的个体一般不能做受体。

7.3.2.3　供体的超数排卵

在动物发情周期的适当时期，用促性腺激素进行处理，诱发其卵巢上大量卵泡同时发育并排卵的技术称为超数排卵（superovulation），简称超排。

1. 供体超排中常用的生殖激素

在胚胎移植工作中，所用的生殖激素主要包括孕酮、促卵泡激素（FSH）、促黄体激素（LH）、促性腺激素释放激素（GnRH）等。

（1）孕酮（progesterone）　大量孕酮通过对丘脑下部或垂体前叶的负反馈作用，抑制 FSH 和 LH 的释放，在发情周期中黄体萎缩之前，由于有孕酮分泌，卵巢中虽有卵泡生长，但并不能迅速发育，从而能够抑制母畜发情。这样，对于具有发情周期的动物来说，孕酮就成为间情期长度的调节器，一旦黄体停止分泌孕酮，FSH 就迅速释放出来，从而引起卵泡发育和发情前期的到来，并随之出现发情。

在超排中，利用孕酮及其类似物的这种作用，用大量外源性孕酮及其类似物对母畜进行预处理，抑制其发情。在撤除处理前开始注射促性腺激素，孕酮撤除后即可引起同期发情和超数排卵。这种方法对牛、羊的应用效果比较理想。目前胚胎移植中常用人工合成的孕酮或其类似物甲基炔诺酮（norgestrel）。

（2）促卵泡素（follicle stimulating hormone，FSH）　是由动物腺垂体嗜碱性细胞合成和分泌的一种糖蛋白激素。FSH 是目前应用最广泛也是超排效果最好的一种促性腺激素，在母畜超排中的主要生理作用是刺激有腔卵泡发育至成熟。FSH 的生物学半衰期一般为 $120 \sim 170$ min，需多次注射才能完成一个超排程序，而且以减量法多次注射效果较好。

(3)促黄体素(luteinizing hormone,LH) 是腺垂体分泌的另外一种糖蛋白激素。LH 与 FSH 协同促进卵泡生长成熟、粒膜增生,并参与颗粒细胞合成分泌雌激素,触发排卵和黄体形成,使粒膜细胞转变为黄体细胞。

2.超排的基本原理

动物生理状况下卵泡发育及排卵与下列 3 种因素有关:

(1)垂体分泌的促性腺激素 主要是 FSH 和 LH,能保证卵泡发育成熟。

(2)卵泡产生的雌激素 生长发育较大的卵泡能产生更多的雌二醇,由于雌二醇的局部正反馈作用,使最大的卵泡对 FSH 最敏感,并通过摄取更多的 FSH 保护自己,防止随卵泡发育后期 FSH 分泌下降对其产生的不利影响。较小的卵泡产生雌二醇少,随着 FSH 下降则先后退化。单胎动物的双胎可能是两个卵泡发育程度相同,产生同量的雌二醇并摄取同量的 FSH 而形成的。

(3)卵泡液的作用 随着卵泡的发育,卵泡液不断增加,发育较大卵泡的卵泡液中 FSH 受体结合抑制物(FSH-receptor binding inhibitor,FSH-RBI)也随之增加,它能抑制发育稍慢卵泡的颗粒细胞受体与 FSH 的结合,致使活化芳香化酶的作用消失,因而使雄激素蓄积而缺乏雌激素,导致发育稍慢的卵泡停止生长发育而闭锁。从卵泡开始生长到排卵的整个过程,小啮齿动物需要 20 d 左右,牛、羊和猪需 12~34 d。从卵泡生长至卵泡腔形成所需时间较长,这一阶段并不完全依赖于促性腺激素。卵泡腔形成到生长成熟约为 4 d,这一阶段则完全依赖于 FSH 和 LH,而且 FSH 在卵泡腔开始形成时起着很重要的作用,它可刺激颗粒细胞的有丝分裂和卵泡液的形成,而且在卵泡腔形成后的最后生长成熟阶段,FSH 含量与卵泡闭锁率有关。

另外,在卵泡腔形成时,卵母细胞的生长基本完成。在卵泡增长的后期,卵母细胞逐渐发育成熟。排卵前不久,卵母细胞进行第一次成熟分裂,排出第一极体。然后开始第二次成熟分裂,继续完成细胞核和细胞质的成熟,为受精做准备。卵母细胞的成熟过程同样受 FSH 和 LH 的调节。

如果在卵泡闭锁开始之前,即优势卵泡排卵前的 3~5 d,给予大量 FSH,可挽救那些将要闭锁退化的卵泡,诱导较多的卵泡和卵母细胞正常发育成熟;适时给予排卵激素,可使在 FSH 作用下正常发育的卵泡进一步成熟并排卵,达到超数排卵的目的。

3.超排处理的一般程序

(1)已知发情周期的母畜超排

①在下一次发情开始前 4~5 d 开始注射促性腺激素进行超排。如山羊的发情周期一般为 18~21 d,在自然发情周期内超排时,超排开始的周期天数以 15~16 d 为宜,因此时周期黄体已接近自然溶解退化而不需要使用前列腺素。

②在发情周期的功能黄体期开始注射促性腺激素进行超排,因此时处于周期黄体的功能期,需要在超排程序中使用前列腺素溶解黄体而使发情时间整齐一致。

(2)未知发情周期的母畜超排

①放置孕激素阴道栓 9~15 d 后开始注射促性腺激素进行超排,在孕激素撤除的同时配合使用前列腺素,孕激素撤除后即可引起发情和超数排卵。

②注射前列腺素或其类似物(包括一次或两次注射法),或用孕激素处理诱导供体母畜同期发情,然后按照已知发情周期母畜的超排方法进行超排。

7.3.2.4 受体的同期发情处理

在进行胚胎移植时,供体和受体的生理状况要趋于一致,否则移植后的胚胎不能存活。因此,必须利用某种激素进行处理,人为地控制并调整母畜的发情周期,使之同期化,即对受体进行同期发情处理,使受体母畜与供体母畜的发情调整在同一时期和同一时间,让供体母畜和受体母畜的生殖器官处于相同的生理状态和阶段,受体与供体发情开始的时间越接近,胚胎移植的受胎率越高。

1. 受体同期发情的途径

同期发情通常采用两种途径:一种途径是延长黄体期,即给一群母畜同时施用孕激素药物,抑制卵泡的生长发育和母畜的发情表现。经过一定时期后同时停药,由于卵巢同时失去外源性孕激素的控制作用,卵巢上的周期黄体退化,于是使经激素处理的母畜同时出现卵泡发育,引起发情。另一种途径是缩短黄体期,即应用 $PGF_{2\alpha}$ 加速黄体退化,使下丘脑和垂体提前摆脱体内孕激素的控制,于是卵泡同时开始发育,从而达到母畜同期发情的目的。

2. 受体同期发情的药物

用于同期发情的药物,根据其性质可以分成 3 类:第一类是抑制卵泡发育的制剂,包括孕酮、甲孕酮、氟孕酮等;第二类是溶黄体的制剂,包括 PMSG、hCG、FSH 等;第三类是配合前两类药物使用的激素药物,可以使母畜发情有较好的准确性和同期性。

3. 受体同期发情的处理方法

(1)牛的同期发情 孕激素和前列腺素是诱导牛同期发情最常用的激素,前者通常用皮下埋植法或阴道海绵栓法给药,后者一般以肌肉注射方式给药。

①孕激素埋植法 将 18-甲基炔诺酮 15～25 mg 及少量消炎粉装入塑料细管中,并在管壁上打一些孔,以便药物缓慢释放。使用时利用兽用套管针将细管埋植于耳背皮下,9～12 d后,将细管取出,同时注射氯前列烯醇 0.2 mg 或 PMSG 500～800 IU。取管后 2～5 d 大多数母牛发情排卵。

②孕激素阴道栓法 取 18-甲基炔诺酮 50～100 mg,用事先煮沸消毒的色拉油溶解,浸泡于海绵中制成阴道海绵栓。阴道海绵栓呈圆柱形或呈"Y"形。使用时利用开膣器将阴道扩张,用长柄镊子夹住阴道栓,送入阴道中,让阴道栓中的细绳暴露在阴门外。9～12 d 后,拉住细绳将海绵栓取出。为了提高发情率,最好在取出阴道栓后肌肉注射 PMSG 或氯前列烯醇。该法的关键是要确保阴道栓中途不脱落,万一脱落,可每天肌肉注射孕激素 5～10 mg 予以补救。

③前列腺素给药法 用国产氯前列烯醇 0.4 mg 进行肌肉注射,可诱导大多数牛在处理后 3～5 d 发情排卵,由于前列腺素对新生黄体(排卵后 5 d 内)没有作用,因此一次注射前列腺素往往有一些牛不发情。为了提高同期发情效果,隔 9～12 d 第 2 次注射前列腺素。或用输精管向子宫内灌注前列腺素,虽然操作麻烦,但可减少一半激素用量。

(2)绵羊、山羊的同期发情

①阴道栓塞法 在绵羊的发情季节,将经过孕激素处理的扎有细绳的阴道海绵栓,用事先煮沸消毒的色拉油浸泡后放入母羊阴道内,放置 12～14 d。其原理是用药期间孕激素抑制卵泡发育,当取出海绵栓后孕激素的抑制作用消失,卵巢即有卵泡发育,从而使母羊发情,在撤栓的 2～3 d 内,按照 2% 的比例放入试情公羊,一般有 85%～95% 的母羊发情,发情母羊即可实施人工输精。人工授精时,每日输精 2 次,每次的输精量要大于常规用量。孕激素处理后第一

次发情的母羊受胎率往往低于常规发情母羊。为此,可以在处理后的第二个情期再次进行处理,一般在第二情期的 $6\sim7$ d 内即有 $80\%\sim90\%$ 母羊发情,这时受胎率与常规发情母羊相同。对于育成母羊和发情期母羊,可在撤栓后一次性注射 PMSG $500\sim750$ IU,诱导卵泡生长和排卵。山羊的发情周期一般为 21 d,阴道放置海绵栓的时间可在 $12\sim18$ d,其处理方法与绵羊相同。

②前列腺素处理法　前列腺素 $PGF_{2\alpha}$ 及其类似物具有溶解黄体的作用,黄体被溶解后,就会有卵泡发育,母羊即可出现发情,前列腺素处理法只对卵巢上有黄体的母羊有效。在绵羊发情期的 $8\sim15$ d,山羊发情期的 $9\sim18$ d,肌肉注射 15-甲基 $PGF_{2\alpha}$ 1.2 mg,母羊通常在前列腺素注射后 $48\sim96$ h 内表现发情。为了减少前列腺素的用量,郭志勤等采用了一种新的方法,那就是将前列腺素 1 mg 与 1 mL 卵黄混合后,用输精器吸取 0.2 mL 这种混合物至子宫颈口,即使用 0.2 mg 的前列腺素也能起到发情效果。但此方法对非繁殖季节或卵巢上无功能黄体的母羊无效。为了使群体母羊达到同期发情的效果,可以对全群母羊进行两次肌肉注射,中间间隔 $11\sim14$ d,其中绵羊为发情周期的第 $11\sim13$ 天,山羊以第 $12\sim14$ 天注射为好。在此期间,母羊均属于自然发情形成功能性黄体的范围,所以能对母羊起到同期发情的效果。

7.3.2.5　胚胎回收

胚胎回收(embryo collection)也称采胚,就是在配种或输精后的适当时间,从超排供体回收其胚胎,以准备给受体移植。

1.胚胎回收液

胚胎回收液一般采用含有 $2\%\sim5\%$ 的血清改良杜氏磷酸盐缓冲液(phosphate buffer solution,PBS),将 PBS 中的血清浓度增加到 $15\%\sim20\%$ 可作为鲜胚体外暂时保存的培养液。

2.胚胎回收阶段

胚胎回收时间,可根据所需胚胎发育阶段来确定。胚胎回收时间一般是在配种后的 $3\sim8$ d,胚胎发育至 $4\sim8$ 个细胞以上为宜(表 7-1)。

表 7-1　各种动物早期胚胎发育时间(引自郭志勤,1998)　　　　　　　　　h

动物种类	1 细胞	2 细胞	3~4 细胞	5~8 细胞	9~16 细胞	桑葚胚	囊胚	到达子宫的时间和所处发育时期
小鼠	6~24	24~38	38~50	50~64	60~70	68~80	74~82	72(桑葚胚)
大鼠	12~20	37~61	57~85	64~87	84~92	—	105~109	
兔	22	22~26	26~32	32~40	40~47	47~68	68~76	70(囊胚)
猪	51~66	66~72	90~110	90~110		110~114	114	75(4 细胞)
绵羊	0~38	38~39	42	44	65~77	96	113~138	77~96(16 细胞)
山羊	30	30~48	60	85	98	120~140	158	98(10~13 细胞)
牛	23~51	40~55	44~65	46~96	71~141	144	190	96(8~16 细胞)
马		24	27~36	50~60	96±6	98±6	—	

注:马为排卵后的时间,其他动物为交配后的时间。

3.胚胎回收的方法

胚胎回收的方法可分为手术回收和非手术回收。在牛等大家畜多采用非手术回收法,但对于绵羊、山羊和实验动物,由于受解剖特点的限制,一直采用手术方法。无论采用何种方法进行胚胎回收,一般收集的胚胎数只相当于黄体数的 40%～80%。

(1)手术法 通过手术法进行胚胎回收,主要包括以下两种方法。

①输卵管冲胚法 将注射器的针头磨钝后刺入子宫角的尖端,注入冲胚液,然后从输卵管的伞部接取冲胚液,当胚胎还处于输卵管或刚进入子宫时常常采用(排卵后 4 d 以内)这种方法(图 7-6)。具体操作:用 6～8 号具有乳胶管的冲胚针从宫管连接部的子宫端导入到输卵管峡部,将具乳胶管的回收针从输卵管喇叭口插入 2 cm 左右,回收管远端与 Φ120 mm 表面皿相接,事先用 10 mL 注射器抽取 5～8 mL 冲卵液,与冲卵针连接,把冲卵液缓缓推入,胚胎即通过输卵管回收到表面皿中。另一侧输卵管冲胚操作同前。

②子宫冲胚法 在超排羊发情后 5.5～7.0 d,从子宫采集发育到桑葚胚或囊胚阶段的胚胎。具体方法:用 8～10 号具乳胶管的回收针在子宫角基部插入,用肠钳固定,回收管远端与 Φ180 mm 表面皿相接。在宫管连接部将 6～8 号具乳胶管的冲卵针插入子宫角,用 20 mL 注射器把冲胚液注入子宫腔,胚胎即通过子宫角回收到表面皿中。另一侧子宫角冲胚方法同前(图 7-7)。

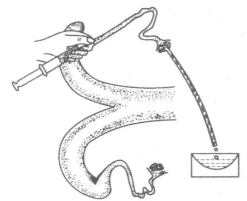 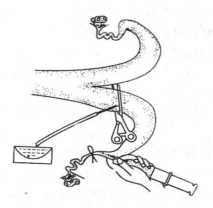

图 7-6 输卵管手术回收胚胎(引自李青旺,2005) 图 7-7 子宫角手术回收胚胎(引自李青旺,2005)

(2)非手术法 非手术法回收胚胎最早由 Rowson 和 Dowling(1949)试验成功,以后Sugie创造了一种带有气囊的非手术采胚器,可由牛的子宫角回收胚胎,显著地提高了胚胎回收率。Folley 和 Stewart 又相继对此法进行改进,设计出三通路(进气、进液、回液)导管采胚器,使用起来更加方便有效,能够从同一供体反复收集胚胎,现已发展到不用超排而采集自然发情后受精的牛胚和马胚。由于手术法采胚在生产应用中受到限制,目前在奶牛上都采用采胚管进行非手术法采胚,一般在配种后 6～8 d 进行。具体操作方法:

①供体牛的保定 采胚前供体牛要禁水禁食 10～24 h,将供体牛在保定架内呈前高后低的姿势进行保定。

②麻醉 一般在采胚前 10 min 进行麻醉,一般采用尾椎硬膜外注射 2%普鲁卡因,也可在颈部或臀部注射 2%静松灵,使牛镇静,子宫松弛,以利采胚。同时对外阴部进行冲洗和消毒。

③采胚 为了有利于采胚管通过子宫颈,在采胚管插入前,先用扩张棒对子宫颈进行扩张,将采胚管消毒后,用冲洗液冲洗并检查气囊是否完好,然后将无菌的不锈钢导杆插入采胚管内。操作者需要将手伸入直肠,清除粪便,检查两侧卵巢的黄体数目。采胚时,将采胚管经

子宫颈缓慢导入一侧子宫角基部,由助手抽出部分不锈钢导杆,操作者继续向前推进采胚管,当达到子宫角大弯附近时,助手从进气口注入 12～25 mL 气体,一般充气量的多少依子宫角粗细及导管插入子宫角的深浅而定。当气囊位置和充气量合适时,全部抽出不锈钢导杆。助手用注射器吸取事先加温至 37℃ 的冲胚液,从采胚管的进水口推进子宫角内,反复按摩冲洗后,再将冲胚液连同胚胎抽回注射器内,如此反复冲洗和回收 5～6 次。冲胚液的注入量由刚开始的 20～30 mL 逐渐加大到 50 mL,将每次回收的冲胚液收入集胚器内,并置于 37℃ 的恒温箱或无菌检胚室内等待检胚。一侧子宫角冲胚结束后,按上述方法再冲洗另一侧子宫角。全部采胚工作结束后,为促使供体正常发情,可向子宫内注入或肌肉注射 $PGF_{2\alpha}$;为预防子宫感染,可向子宫内注入适量抗生素。

④检胚　检胚应在 20～25℃ 的无菌操作室内进行。一般采用静置法,即把盛冲胚液的容器静置 20～30 min,因胚胎相对密度大,会下沉到容器底部,然后将上面的液体弃去,将剩下的冲胚液倒入平皿或表面皿内,在体视显微镜下进行检胚。检出的胚胎用吸管移入含 20% 犊牛血清的 PBS 培养液中进行鉴定。

7.3.2.6　胚胎检查及质量鉴定

由于受精卵本身的质量问题、会夹杂成熟与非成熟卵、采集造成的伤害等原因,并不是所有采集的胚胎都能用于胚胎移植。因此采集到的胚胎要在体视显微镜下进行检查,同时对胚胎进行鉴别分级。一般可将胚胎分为四级:

一级:形态正常,卵裂球致密、整齐、清晰,发育阶段与日龄一致,无游离的细胞和液泡或很少,变性细胞比例小于 10%;

二级:卵裂球稍微不匀,比较致密、整齐,可见一些游离的细胞和液泡,变性细胞占 10%～30%;

三级:卵裂球不匀称,变形,发育较慢,游离的细胞或液泡较多,变性细胞达 30%～50%;

四级:卵裂球多数变形、异常,发育缓慢,变性细胞占胚胎大部分,约 75%。

其中一级和二级胚胎可以用于胚胎移植。

7.3.2.7　胚胎移植

应选择与供体发情周期同步的、生殖道正常、无疾病、繁育史良好的受体接受胚胎移植。胚胎移植的方法与胚胎采集相似,也有手术法和非手术法两种。

1. 手术法

对于绵羊等小家畜一般采用手术法移植。应用手术法移植时,也要全身麻醉,在右腹部切口,找到有黄体侧子宫角,再把吸有胚胎的注射器或移卵管刺入子宫角前端,注入胚胎,然后将子宫复位,创口用手术针线缝合,消炎并肌肉注射抗生素。这种方法移卵容易、卵损伤小、成功率较高。一般一次移植一枚,也可以移植两枚。

2. 非手术法

对于牛、马等大家畜经常采用非手术法。非手术法胚胎移植从 20 世纪 60 年代开始实行,已渐渐完善,成功率也逐渐提高。但是只适用于晚期胚胎,不适用于体形较小的动物。在非手术移植中采用胚胎移植枪和 0.25 mL 细管移植的效果较好。将细管截去适量,吸入少许保存液,吸一个气泡,然后吸入含胚胎的少许保存液,再吸入一个气泡,最后再吸取少许保存液。将装有胚胎的吸管装入移植枪内,通过子宫颈插入子宫角深部,注入胚胎。非手术移植要严格遵守无菌操作规程,以防生殖道感染。

7.3.3 胚胎冷冻保存技术

保存胚胎比保存精子更具优越性，因为胚胎运送到世界任何地方移植给任何品种都能获得纯种后代。如果只有精液而无同一纯种母畜，只能为不同品种母畜授精，就仅能得到杂种后代。因此，引进胚胎就等于引进了活畜。但是胚胎细胞含大量细胞质，采取长期冷冻保存在技术上比保存精子难度大得多。而且不同动物的卵子和胚胎的体积、结构和所含成分有所不同，因而对冷冻条件的要求也有所差别。

胚胎的保存是指将胚胎在正常发育温度下暂时储存于体内或体外而不使其失去活力；或者将其保存于低温或超低温情况下，使细胞处于新陈代谢和分裂速度减慢或停止的状态，一旦恢复正常发育温度时，又能继续发育。胚胎冷冻保存的研究始于 20 世纪 50 年代，当时 Smith 用甘油作防冻剂，保存兔胚胎获得成功。1971 年 Whittingharn 首次研究冷冻小鼠胚胎获得成活。而后相继报道牛（Wilmut 和 Rouso，1973）、兔（Bank 等，1974）、绵羊（Willadsen 等，1974）、大鼠（Whittingham，1975）和山羊（Bilton 等，1976）等的胚胎超低温冷冻长期保存获得成功。迄今已有 20 多种动物胚胎经冷冻后移植至受体得到了后代。常用的抗冻保护剂主要有：①低相对分子质量可渗透性保护剂，如甘油、乙二醇、甲基亚砜等；②小分子不可渗物质，如海藻糖、半乳糖、葡萄糖、蔗糖等；③大分子保护剂，如聚乙烯吡咯烷酮、聚乙烯醇等。

7.3.3.1 胚胎冷冻保存的原理

将胚胎经过特殊处理后，保存在极低温度（$-79℃$ 或 $-196℃$）下，则细胞的代谢活动完全抑制，使细胞的生命在静止状态下保存下来，从而达到长期保存的目的。如果降温速度合适的话，可以通过脱水来维持细胞内外环境渗透压平衡。但是如果降温过慢，细胞长时间处于高渗环境中，对细胞产生渗透休克；如果降温过快，细胞内水分又来不及渗出到细胞外，而在细胞内形成冰晶，胞质内结冰过多会破坏细胞器和细胞膜，导致细胞死亡。胚胎冷冻的存活率是渗透压和低温损害积累结果的反映，而在冷冻保护液的浓度和结冰温度之间确定最适宜的关系是保证胚胎冷冻存活的关键因素。

胚胎冷冻保存技术是在对精子冷冻保存技术的基础上发展起来的。精细胞由于在成熟过程中水分含量急剧降低，成为高度浓缩的细胞，因而抗冷冻性能强，而胚胎细胞内的水分含量高达 80% 以上，在冷冻过程中，胚胎细胞中的水分将从胞质中游离出来，冷冻成冰晶，使胚胎细胞发生机械性损伤，从而导致胚胎不可逆性变化而死亡。从这一角度来讲，胚胎细胞的冷冻保存并不在于能否长期耐受超低温，而在于冷冻和解冻进程中是否有冰晶的出现，而导致的胚胎不可逆性死亡。

7.3.3.2 胚胎冷冻方法

进行胚胎冷冻保存，在生产中常用的方法主要有以下几种。

1. 常规冷冻法

常规冷冻法也叫慢速冷冻法或逐步降温法。此方法需专用冷冻仪，可获得较高的移植妊娠率，是目前生产中广泛采用并且最为成功的冷冻方法。具体操作步骤如下：

（1）将胚胎依次放入含 0.7 mol/L 甘油的 PBS 液和含 1.4 mol/L 甘油的 PBS 液中，各平衡 7～10 min。

（2）将平衡后的胚胎装入 0.25 mL 细管中，细管两端均为冷冻液，中间段为含胚胎的冷冻液，每段之间用气泡隔开。

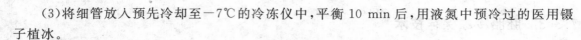

（3）将细管放入预先冷却至 −7℃ 的冷冻仪中，平衡 10 min 后，用液氮中预冷过的医用镊子植冰。

（4）以 0.3℃/min 的速度，降温至 −35℃。

（5）将细管投入液氮。

（6）解冻时从液氮中取出细管，在空气中平衡 10～20 s，投入 35℃ 水浴中，至冰晶融解后取出。

（7）从细管中推出冷冻液及胚胎，将捡出的胚胎移入含 1.0 mol/L 蔗糖的 PBS 中 10 min，一步脱除冷冻保护剂，再用 PBS 洗涤胚胎 2 或 3 次，用于移植。

2. 快速冷冻法

快速冷冻法就是将胚胎放在一定浓度的保护剂内预先脱水，再以 1℃/min 的速度降温，在 0℃ 平衡 10 min，−7℃ 诱发结晶，当温度降至 −40～−25℃ 时，将胚胎直接投入液氮中进行保存。由于降温速度较快，胚胎脱水不充分，冷冻后细胞内外都有冰晶形成，从而对胚胎造成的机械损伤很大，该方法目前已较少应用。

3. 一步冷冻法

一步冷冻法也叫一步细管法，主要是以非渗透性保护剂除去渗透性冷冻保护剂，如用蔗糖除去甘油。该方法是将冷冻液（1.5 mol/L 甘油和解冻液 0.5～1.0 mol/L 蔗糖）装在同一细管中，首先吸入解冻液，再吸入含有胚胎的冷冻液，最后再吸入一段解冻液，3 段液体间用气泡隔开。解冻后摇动细管使冷冻液和稀释液混合，从而使胚胎处于蔗糖溶液中，这样就可以脱除冷冻保护剂甘油。胚胎在移入受体后，可以重新获取水分以恢复原状。

4. 玻璃化冷冻法

玻璃化冷冻法是近年来发展起来的一种新方法，所谓玻璃化冷冻法是指利用物理学原理将高浓度的冷冻保护剂急速降温后，由液态转化为外形类似玻璃状的稳定而透明的非晶体化固体状态。玻璃化的固体保留了液体正常的分子和离子分布，可以视为一种极为黏稠的超冷液体。玻璃化固体可以避免冷冻时在细胞内形成冰晶而对细胞产生伤害。玻璃化溶液的组成是 25% 甘油、25% 1,2-丙二醇或 25% 乙二醇。具体操作程序如下：

（1）于室温下将胚胎移入含 10% 甘油的 PBS 中平衡 10 min；

（2）将胚胎转移到含 10% 甘油及 20% 乙二醇的 PBS 中；

（3）将胚胎移入含 25% 甘油和 25% 乙二醇的 PBS 中，之后立即装管；

（4）细管在液氮罐内颈部预冷 5 min 后投入液氮保存或直接投入液氮；

（5）解冻时从液氮中取出细管，在空气中平衡 7 s，迅速投入 20℃ 温水中摇动细管使其解冻均匀；

（6）随后收集胚胎，将捡出的胚胎移入含 1.0 mol/L 蔗糖的 PBS 中平衡 10 min，一步脱出保护剂，再用 PBS 洗涤胚胎 2 次或 3 次后用于移植。

玻璃化冷冻法快速、简单，而且效率较高，不需要昂贵的控温冷冻仪，有效地防止了冰晶对胚胎造成的损伤，所以有利于在生产中应用。

7.3.3.3 冷冻效果的鉴定

经解冻后的胚胎，要对其活力进行鉴定，才能确定是否适合于移植，并对胚胎冷冻和解冻的方法做出评价。

1. 形态学鉴定

胚胎在冷冻保存过程中的任何处理,都会对细胞的生命力产生一定的不利影响,在胚胎解冻后需要对解冻的胚胎在体视显微镜下观察,能恢复到冻前的形态,透明度适中,胚内细胞致密,细胞间界限清晰,可认为是存活的胚胎,适于移植。如果透明带有轻度破损,但胚胎细胞基本保持完整,或胚内大部分细胞形态正常,可观察出细胞间的界限,仅有极少数细胞崩解成小颗粒,这类胚胎仍可移植,其中一部分仍可能发育为正常胎儿。如果透明带破裂,内细胞团松散,胚内细胞变暗或变亮,呈波动状,以及在解冻中不能扩张恢复到冻前大小或整个胚胎融解,这类胚胎的存活率极低,不能用于移植。

在 100～200 倍的相差显微镜进行暗视野检查,存活的胚胎呈球形,透明度很高,细胞膜光滑,胞质内有很少的反光微粒,有时可见较暗的细胞核。荧光检查时这样的细胞均能发出强荧光。如果胚胎内变得浑浊,透明度降低,胞质内反光颗粒增大增多,多为活力降低的胚胎,这种胚胎荧光检查时发出微弱荧光。死亡的胚胎中细胞无定形,变成一堆反光性很强的大颗粒。这种颗粒可能是由于蛋白质变性凝结成不可溶的物质而形成的,因而使反光性增强而透明度变差。

2. 染色检查

(1)荧光染色　荧光染色检查是 Jackowski 等(1997)首先用于测定小鼠胚胎活力的一种方法。荧光素($3'$,$6'$-fluorescein diacetate,FDA)是一种非极性物质,很容易通过细胞膜进入细胞,在细胞内酯酶的作用下水解而产生极性荧光素。这种极性物质不太容易通过细胞膜而在细胞内富集起来,在紫外光下发出绿色的荧光。因而这种方法可用来测试细胞内酯酶活性及细胞膜的完整性。在镜检时可以发现,有活力的细胞能观察到绿色荧光;生活力降低的细胞,仅有微弱荧光;而死亡细胞则没有荧光。

(2)台盼蓝染色　台盼蓝是一种特殊的活体染料,胚胎用 0.5% 的台盼蓝洗液染色 3～5 min,清洗后,在显微镜下观察,有活力的细胞不着色,死亡的细胞充满台盼蓝着色颗粒。

3. 培养鉴定

(1)体外培养　冷冻胚胎解冻后,在 37℃ 条件下培养 6～12 h,能继续发育者为存活胚胎。

(2)异体培养　在没有体外培养条件时,可将解冻后的胚胎置于结扎的兔输卵管内,进行体内培养 12～24 h,再从输卵管内冲出来,检查发育情况,存活的胚胎能进一步发育。

4. 实体检验

将解冻后的胚胎移植给受体动物,根据受体的妊娠率和产仔率来计算胚胎的存活率,这是最直接可靠的检验方法。轻度受损的胚胎用间接检查法检查时,可能表现为存活的胚胎,但发育潜力可能已经受到损害有可能在胚胎发育到某一阶段时就死亡,造成妊娠中断。

7.3.3.4　胚胎的解冻

1. 胚胎解冻的方法

胚胎的解冻有两种方法,即快速解冻和慢速解冻。缓慢冷冻的胚胎失水过度,故应通过缓慢解冻而逐渐复水,若快速解冻则会使胚胎细胞膜承受不住瞬间大量水分渗入的压力。慢速解冻通常是以 4～25℃/min 的速率使胚胎由冷冻保存温度逐渐升至室温,有研究者认为,若胚胎冷冻时降温至 -40～-30℃ 后移入液氮保存,解冻时必须以相对快的速率进行,胚胎才能存活;若是降温至 -65℃ 以下再移入液氮则必须缓慢解冻胚胎。实际上,冷冻胚胎缓慢升温,当温度由 -196℃ 回升到 -50～-15℃ 时仍可形成胞内冰晶而导致胚胎死亡,因而该方法目前

已很少使用。相反,快速冷冻则由于胚胎细胞渗出的水分少,使体积变化小,故必须配合快速解冻,以防止解冻过程引起重复结晶而损伤细胞结构的现象。快速解冻通常是以 300～360℃/min 的速率使胚胎在 30～40 s 内从－196℃迅速升到室温,这样,胚胎能在瞬间通过危险性致死温区,避免胞内冰晶的形成,从而有效保护胚胎。应用玻璃化冷冻保存胚胎时,降温的速度极快,当解冻于 300℃/min 时,可产生去玻璃化而使胚胎致死。实践证明,冷冻胚胎的快速解冻效果要优于缓慢解冻。

2.防冻保护剂的脱除

解冻后的胚胎需脱除防冻保护剂,一方面是由于冷冻保护剂对胚胎有一定的毒性;另一方面,胚胎含有较高浓度的冷冻保护剂,如果直接移植给受体或移入等渗的 PBS 液中,因细胞内外存在较大的渗透压差,胞外水分将会快速渗入细胞而产生过度膨胀,导致细胞崩解。冷冻胚胎技术的初期,防冻剂的添加是采用浓度梯度递减的方法添加的,以防止急剧渗透压的变化损伤细胞膜。防冻剂解除也是由高到低的浓度梯度逐渐完成的,经典的方法是保护剂浓度递减的逐步稀释法,这种方式繁琐费事,但较为有效;后来,经过逐步改进和简化,发展为应用较高浓度的非渗透性保护液一步或两步稀释,常以蔗糖作为溶质,但使用浓度很不一致;第三种方法是在稀释保护剂的过程中逐渐升温,这种方法主要是基于保护剂随温度升高而渗透性逐渐增大的特性。

脱除保护剂的过程中同时会发生两种物理变化,即保护剂的渗出和水分子的渗入。蔗糖在稀释过程中起缓冲渗透压的作用,它维持了细胞外较高的渗透压,在细胞内保护剂渗出的同时,控制细胞外水分的透入速度和渗入量,从而防止因胚胎细胞内高浓度的保护剂引起的水分突发性渗入,而导致细胞过度膨胀,减少渗透性休克现象的发生。玻璃化一步冷冻的胚胎,由于细胞内保护剂浓度比快速冷冻时高得多,一般用两步稀释法较好,一步稀释似乎不能使保护剂充分脱除,但也有一步稀释法取得较好结果的报道。

复习思考题

1.简述体外培养动物细胞的生物学特性。

2.试举一例说明细胞建系的全过程(列出主要方法、步骤及所需的仪器设备)。

3.简述细胞冷冻的原理和方法。

4.培养的细胞可能会受到哪些途径的污染? 如何进行检测和排除?

5.简述动物克隆的基本原理。

6.简述细胞融合的概念,细胞融合的方法有哪几种? 各有什么特点?

7.杂交细胞筛选的方法有哪些?

8.融合细胞克隆化培养的方法有哪些?

9.简述单克隆抗体的概念,单克隆抗体一般具有哪些特征?

10.要制备能产生目的抗体的杂交瘤细胞是一项至关重要的工作,其基本过程包括哪些?

11.简述体外受精的概念。

12.试管动物繁殖具有哪几个方面的优点?

13.精子的体外获能的方法有哪些?

14. 经常采用的体外受精方法包括哪些?

15. 简述胚胎移植的概念,胚胎移植的基本原则有哪些?

16. 胚胎回收的方法包括哪些?

17. 一般情况下可以把胚胎分成几级? 每一级各有什么特点?

18. 胚胎冷冻保存的方法包括哪些?

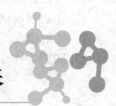

第 8 章

干细胞培养

8.1 干细胞及其分类

8.1.1 什么是干细胞

干细胞(stem cells，SC)是一类具有无限或较长期的自我复制能力(self-renewing)和多向分化潜能的原始细胞,在一定条件下,可以分化成多种功能细胞或组织器官。干细胞的"干"是英文单词"stem"的意译,含义为"起源"、"茎干"。

干细胞既能产生和其亲代细胞相同的子代细胞,又能产生具有分化潜能的子代细胞,也就是说干细胞是具有克隆形成能力、自我复制和分化潜能的,能够产生多种分化细胞类型的细胞。

8.1.2 干细胞生物学特征

干细胞在形态上具有共性,通常呈圆形或椭圆形,细胞体积小,核相对较大,细胞核多为常染色质,染色质比较分散,其他细胞器较少。图 8-1 是几种干细胞的图片。

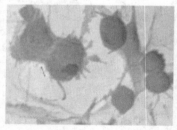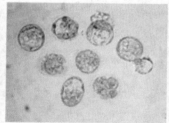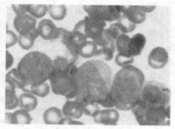

神经干细胞　　　　　　　胚胎干细胞　　　　　　　造血干细胞

图 8-1　几种干细胞

干细胞具有较高的端粒酶活性和碱性磷酸酶活性。碱性磷酸酶活性是一种单酯磷酸水解酶。已分化的干细胞的碱性磷酸酶活性低,所以碱性磷酸酶活性检测可以用来检验干细胞是否已分化。

干细胞存在于个体发育的不同阶段以及成体的不同组织中,机体的数目、位置相对恒定,随着年龄的增长,这种细胞的数量逐渐减少,其分化潜能也逐渐变小。干细胞可在体外培养、克隆、冻存及进行遗传操作(如导入基因、标记基因或剔除基因),因此可以通过它制备转基因、基因缺失、突变、过表达的杂合或纯合动物,并可进行各种基因功能分析。干细胞在自我更新、增殖、分化潜能及可塑性等方面具有其特殊性。

1. 自我更新

自我更新是指干细胞具有分裂和自我复制的能力,子代细胞维持干细胞的原始特征。研究表明,干细胞的自我更新可通过对称分裂和不对称分裂两种形式进行(图 8-2)。

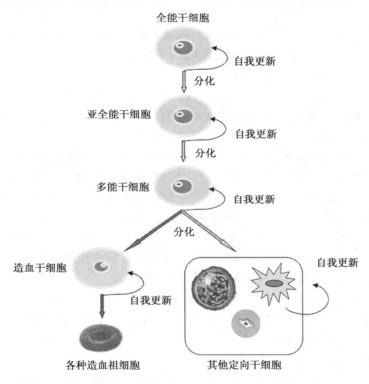

图 8-2　干细胞的分化及自我更新

对称分裂(symmetric division):是指一个干细胞分裂产生的两个子细胞全是干细胞。

不对称分裂(asymmetric division):是指一个干细胞分裂产生一个干细胞和一个短暂增殖细胞。

2. 增殖

增殖的缓慢性。一般情况下,干细胞处于休眠或缓慢增殖状态,分裂周期长,绝大多数细胞处于 G0 期。比如小肠干细胞的分裂速度比过渡放大细胞慢 1 倍。过渡放大细胞是介于干细胞和分化细胞之间的过渡细胞,过渡放大细胞经若干次分裂产生分化细胞。经刺激后干细胞进入分化期时,其增殖速度开始加快,以适应组织器官生长、发育和修复的需要。这种缓慢增殖的特点利于干细胞对特定环境信号做出反应,以决定进行增殖还是进入特化程序。缓慢增殖还可以减少基因发生突变的可能性。

增殖的自稳性,也称自我维持。是指干细胞自我更新维持自身数目的恒定,主要是通过不对称分裂实现的。干细胞通过两种方式生长,即对称分裂和非对称式分裂。对称分裂形成两个相同的干细胞;非对称式分裂中一个干细胞保持亲代的特性,仍作为干细胞保存下来,另外一个干细胞不可逆地走向分化的终端成为功能专一的分化细胞。干细胞的自稳定是区别肿瘤细胞的本质特征。

3. 分化

干细胞具有多向分化潜能。在机体外干细胞在有分化抑制因子存在情况下能够保持未分化状态。如果去除了分化抑制因子,干细胞能够分化为各种细胞。人们可以通过细胞或生长因子诱导法、转基因诱导法及细胞共培养法定向诱导干细胞分化。干细胞分化很大程度上受外部信号控制,通过胞内或外来信号决定其命运,这种控制作用通过调节其内部因素即有丝分裂和不等分裂来实现。不同干细胞分化潜能不同,根据其分化能力的强弱,干细胞可分为单能干细胞、多能干细胞、亚全能干细胞和全能干细胞。

单能干细胞(monopotent stem cell):是只能分化为单一类型细胞的干细胞。例如表皮的基质细胞(表皮干细胞)只能分化产生角化表皮细胞;神经干细胞只能分化为神经元,而不能分化为显形胶原或少突胶原。

多能干细胞(multipotent stem cell):是指能够形成两种或两种以上类型细胞的干细胞。例如骨髓造血干细胞就是多能干细胞,可分化为红细胞、巨噬细胞、粒细胞(中性、嗜碱性、嗜酸性)、巨核细胞(发育成血小板)、淋巴细胞(至少6种以上淋巴细胞)等多种类型细胞。

亚全能干细胞(pluripotent stem cell):或称万能干细胞、三胚层多能干细胞,是全能干细胞分化而来的子代干细胞,不能形成完整个体,可以形成内、中、外三个胚层来源的所有细胞类型。大多数胚胎干细胞(embryonic stem cell,ES 细胞)、核移植胚胎干细胞及人工诱导多能干细胞(induced pluripotent stem cells,iPS 细胞)属于此类。

全能干细胞(almighty stem cell):是指具有无限分化潜能的干细胞,能够形成完整个体。哺乳动物的受精卵和 8 细胞期以前的卵裂球(blastomeres)是公认的全能干细胞。其自我更新能力、分化能力和增殖潜能最强。

4. 干细胞的可塑性

造血干细胞、骨髓间充质干细胞、神经干细胞等成体干细胞具有一定跨系甚至跨胚层分化的特性,称其为干细胞的"可塑性"。在干细胞移植时,供体干细胞在受体中通常分化为与其组织来源一致的细胞。但有时供体干细胞会分化出与其组织来源不一致的其他细胞,这种现象称干细胞横向分化(trans-differentiation)。干细胞横向分化与干细胞的微环境有关。干细胞进入新的微环境后,对分化信号的反应受到周围正在进行分化细胞的影响,从而对新的微环境中的调节信号做出反应。干细胞横向分化表明成体干细胞被移植入受体中具有很强的可塑性。干细胞的可塑性使得人类组织工程细胞的来源除去胚胎干细胞外,还可以从自体的体细胞中获得。

8.1.3　干细胞分类

干细胞可以依据分化潜能、来源和干细胞所处的发育阶段进行分类。

(1)根据分化潜能可将干细胞分为 4 类,即全能干细胞、亚全能干细胞、多能干细胞和单能干细胞。8.1.2 中已介绍。

(2)依据来源可将干细胞分为自体干细胞、异体干细胞和诱导多能干细胞。诱导多能干细胞是通过一定的途径将与细胞多能性有关的基因导入到已分化的体细胞中，或者同时添加一些辅助作用的小分子化合物使体细胞去分化重编程回到胚胎干细胞状态所获得的细胞。

（3）依据干细胞所处的发育阶段将干细胞分为胚胎干细胞（embryonic stem cell，ESC）和成体干细胞（somatic stem cell）。成体干细胞又可分为造血干细胞、神经干细胞、间充质干细胞、表皮干细胞、视网膜干细胞等。

胚胎干细胞是从着床前胚胎内细胞团或原始生殖细胞经体外分化抑制培养分离的一种亚全能细胞，可以分化成任何一种组织类型的细胞，一般称为 ES 细胞。

成体干细胞是指存在于一种已经分化组织中的未分化细胞，这种细胞能够自我更新并且能够特化形成组成该类型组织的细胞。成体干细胞存在于机体的各种组织器官中，为专能或多能干细胞。

造血干细胞是指骨髓中的干细胞，具有自我更新能力并能分化为各种血细胞前体细胞，最终生成各种血细胞成分，包括红细胞、白细胞和血小板。

神经干细胞是存在于成体脑组织中的一种干细胞。可分化成神经元、星形胶质细胞、少突胶质细胞，也可转分化成血细胞和骨骼肌细胞。

间充质干细胞是源自未成熟的胚胎结缔组织的细胞，是可形成多种细胞类型的多能干细胞。由于它具有向骨、软骨、脂肪、肌肉及肌腱等组织分化的潜能，因而利用它进行组织工程学研究更为方便。

表皮干细胞是来源于胚胎外胚层皮肤组织的专能干细胞，主要分布于表皮基底层和毛囊隆突部，形态学上具有未分化细胞的特征，在生物学方面是皮肤及其附属器发生、修复、改建的源泉。

视网膜干细胞是存在于视网膜的周边区域的具有干细胞特性的细胞。在体外，视网膜干细胞能分化成光感受器细胞、双极细胞及神经胶质细胞等各种视网膜细胞类型。

8.1.4 干细胞的定位

全能干细胞存在于桑葚胚以前的早期胚胎中。胚胎干细胞存在于囊胚的内细胞团中。间充质干细胞主要存在于全身结缔组织和器官间质中，以骨髓组织中含量最为丰富，从胎儿脐血中也可分离得到。造血干细胞分布于骨髓腔、外周血、胸腺、脾、肝等。上皮干细胞存在于皮肤表皮底层毛囊隆突部、内管腔上皮组织中。神经干细胞主要存在于侧脑室室管膜区、室下带、大脑皮层、小脑皮层等部位。肌肉干细胞中的肌卫星细胞主要分布于肌纤维膜与基底膜之间。视网膜干细胞分布于睫状边缘带也称为色素睫状缘，以及视网膜色素上皮和视网膜 Mailer 细胞。

8.2 胚胎干细胞的分离与培养

8.2.1 ES 细胞的分离

8.2.1.1 ES 细胞的来源

胚胎干细胞的主要来源为早期胚胎的内细胞团（inner cell mass，ICM，图 8-3）或原始生殖细胞,或自发及诱发的畸胎瘤细胞,或经诱导重编程的逆转的体细胞。早期胚胎可以是直接从动物体内获取的胚胎。这种来源质量好,是分离 ES 细胞的理想材料来源。早期胚胎也可以是体外受精所得胚胎、孤雌激活得到的囊胚、体细胞核移植的胚胎。原始生殖细胞还可以从终止妊娠早期的胎儿组织中分离。

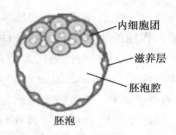

图 8-3　胚泡及内细胞团(改自王廷华等《干细胞理论与技术》(第二版),2009)

8.2.1.2　ES 细胞的获得

1. 早期胚胎的获取

(1)自然早期胚胎的获取　以小鼠为例。选用 8~10 周龄雌性小鼠,腹腔注射孕马血清促性腺激素 5~10 个国际单位,48 h 后再次注射一次,让该小鼠与同种公鼠同笼过夜。配种后第 3~5 天进行无菌剖取子宫,用切开法或冲洗法采集桑葚胚或囊胚。

由于不同物种甚至不同品系动物的胚胎发育在速度上存在差异,因此应注意取材时间。一般而言,小鼠多选用 3.5 d 的囊胚,或 2.5 d 的 16~20 细胞期的桑葚胚;兔选用 3.5~4 d 的囊胚;牛取 6~7 d 的桑葚胚,或 7~8 d 的囊胚;人取 7~8 d 的囊胚;绵羊取 8~9 d 的囊胚;猪取 9~11 d 的囊胚。

(2)体细胞核移植胚胎的获取　取正常动物卵细胞,利用机械法或化学法去除细胞核。选特定单个体细胞,用电融合或化学融合方法将去核的卵细胞与体细胞融合并形成胚囊。

2. ES 细胞的分离

依据干细胞来源不同可以有不同方法。

(1)由桑葚胚或囊胚分离 ES 细胞　由这种方法得到的干细胞起始于胚胎内细胞团。内细胞团是大多数真兽类哺乳动物在胚胎发生中的一个早期阶段,又称胚细胞(embryoblast)。是一团位于早期胚胎中的一个细胞团块,也是最后将会发育成为胎儿的部位。内细胞团可以形成除了滋养母细胞(trophoblast)以外的任何类型组织。从早期胚胎内细胞团分离是获得胚胎干细胞的主要途径。ES 细胞一般指的是该途径分离的胚胎干细胞。

早在 1981 年,艾文斯(Evans)和考夫曼(Kaufman)手术切除受精后 2.5 h 的小鼠卵巢,结合改变激素水平获得延迟着床的囊胚,将其培养在用丝裂霉素 C 处理的小鼠胎儿成纤维细胞(STO)饲养层上,获得了增殖而未分化的内细胞团。

具体分离 ES 细胞的方法可细分为两种:

①将桑葚胚或囊胚直接培养在饲养层上,让其自然脱去透明带,贴壁,与滋养层细胞一起增殖。当 ICM 增殖垂直向上生长一定时间后,通过机械分离法等方法除去胚胎滋养层细胞获得胚胎 ICM。将 ICM 离散成小细胞团块,进行继代培养,克隆扩增。ICM 在体外适宜的生长条件下形成多种细胞集落。筛选出未分化的细胞集落,培养形成 ES 细胞系。可得 ES 细胞。这种方法被称为全胚培养法。

②先用链酶蛋白酶将桑葚胚或囊胚的透明带除去,裸胚在抗体中处理一段时间,再在补体中作用一段时间,使滋养层细胞发生溶解,然后直接对 ICM 进行培养、扩增和筛选。这种方法被称为免疫外科 ICM 培养法。这种方法可选择性杀死胚囊外层的滋养层细胞,而仅保留内细胞团细胞。

(2)从终止妊娠早期的胎儿组织中分离多功能性干细胞　首先分离原始生殖细

(primordial germ cell，PGC)。原始生殖细胞是生殖细胞前体，具有二倍体染色体，经减数分裂形成生殖细胞。

哺乳动物的原始生殖细胞最早出现在靠近尿囊基部的卵黄囊内胚层内，随着后期胚胎的纵向折转，卵黄囊这部分成为胚胎的后肠，其中的原始生殖细胞做变形运动，向生殖嵴运动。所以，通过获取原始生殖细胞移动到相应组织就可以获得原始生殖细胞。具体时间因动物而异。例如：小鼠取 12.5 d 的胎儿生殖嵴；大鼠取 10.5 d 的尿囊中胚层或 13.5～14.5 d 的生殖嵴；猪取 24 d 的胎儿的背肠系膜或 25 d 的生殖嵴；人取 5～9 d 周龄的胎儿背肠系膜或生殖嵴。

以小鼠为例。剖取 12.5 d 的胎儿生殖嵴，再剖取包含原始生殖细胞的生殖嵴组织，用含 0.04%EDTA 和 0.25%胰蛋白酶的消化液，37℃下消化 5～15 min，收集单细胞悬液接种到饲养层细胞上进行分化抑制培养就可以获得干细胞。从原始生殖细胞分离的干细胞称为胚胎生殖细胞(embryonic germ cell，EGC)。EG 细胞一般直径在 15～18 μm。

(3)从胚胎瘤细胞分离 ES 细胞　胚胎瘤细胞(embryonic carcinoma cell，EC)是可形成畸胎瘤的细胞。由胚胎瘤细胞分离得到的干细胞称为 EC 细胞。小鼠 EC 细胞悬浮培养可以产生胚体。

人类 EC 细胞的特征标记物有 TRA-1-60、TRE-1-80、SSEA-3、SSEA-4 和 GCTM2。与小鼠 EC 细胞不同，人类 EC 细胞是高度非整倍体型细胞。已建立的多能 EC 细胞系有 TERA2。TERA2 不仅能对裸鼠移植形成高度分化的畸胎瘤，而且体外培养时能被视磺酸及其他化合物诱导分化，在分化过程中迅速(一般 2～3 d)失去 EC 细胞表型，例如失去一些 EC 标记物 SSEA-3、SSEA-4 或 TRA-1-60。

EC 细胞转化成恶性表型的可能性小。尽管 EC 细胞分化能力小于 ES 细胞，但应用比较方便，与 ES 细胞可以互相补充。EC 细胞一定程度上促进了胚胎发育研究的发展，科学家已经开始利用 EC 细胞分化的神经元进行疾病治疗尝试。

(4)诱导多功能性干细胞(IPS)　将体细胞经诱导重编程而逆转为 ES 细胞状态。利用病毒载体将 4 个转录因子(Oct4、Sox2、Klf4 和 c-Myc)的组合转入分化的体细胞中，使其重编程而得到的类似胚胎干细胞的一种细胞类型。

8.2.2　ES 细胞的培养

ES 细胞的培养方式可以分为二维培养(two dimensional culture)和三维培养(three dimensional culture，TDC)。二维细胞培养也称单层细胞培养，分为饲养层细胞培养和无饲养层培养。三维培养是将干细胞置于用各种具有三维结构的支架或基质材料营造的类似体内生长环境中进行培养。包括以细胞团聚集为特征的细胞团培养、游离细胞悬浮培养和微载体的固定化培养等。

8.2.2.1　培养基和消化液

胚胎干细胞培养的培养基要求较高，需要使用高糖和谷氨酰胺的 DMEM 培养基，葡萄糖质量浓度一般在 4.5 g/L 以上。高糖型培养基可以满足胚胎干细胞旺盛分裂的需要。谷氨酰胺是细胞合成蛋白质与核酸必需的，血清浓度比一般动物细胞培养基的高，一般添加 15% 的胎牛血清。还需要添加抑制细胞分化的 β-巯基乙醇或单硫甘油。β-巯基乙醇具有促进细胞分裂、还原血清中含硫化合物、防止过氧化物对细胞损害等作用。有时需要添加丙酮酸钠以及非必需氨基酸。

由于胚胎干细胞间结合比一般细胞紧密,因此使用的消化液中胰蛋白酶和 EDTA 的浓度较高,一般采用 0.25%(有时高达 0.5%)的胰蛋白酶,0.04% 的 EDTA。

8.2.2.2 条件培养基和细胞因子

在基础培养基中按一定比例加入白血病抑制因子(leukemia inhibitory factor,LIF)、生长因子等成分配成的培养基称之为条件培养基。ES 细胞中常用的生长因子有表皮生长因子(epidermal growth factor,EGF)、碱性成纤维细胞生长因子(basic fibroblast growth factor,bFGF)、干细胞生长因子(stem cell growth factor,SCGF)、胰岛素样生长因子(IGF)和干细胞因子(stem cell factor,SCF)。

LIF 是一种天然的细胞因子,因为可以抑制白血病细胞系 M1 的生长和分化而得名,可以将白血病抑制因子直接添加到基础培养基中制备条件培养基。其优点是可以避免饲养层细胞的干扰,免受丝裂霉素 C 的影响,操作简单。白血病抑制因子可以维持小鼠干细胞未分化状态,但对人类干细胞无抑制分化作用。目前人类干细胞多采用饲养层细胞培养。

EGF 是一种小肽,由 53 个氨基酸残基组成,是一种多功能的生长因子,在体内体外都对多种组织细胞有强烈的促分裂作用。

bFGF 是一种与肝素结合的多肽类丝裂原(mitogen),是一重要的细胞增殖和分化的调节剂。有研究表明,无血清培养基中添加的 bFGF 有利于保持胚胎干细胞的未分化状态。

IGF 是氨基酸序列与胰岛素类似的蛋白质或多肽生长因子,可促进细胞分裂。

SCGF 是一种具有刺激自体内源性干细胞生长的高效蛋白质、酶的组合。富含 EGF、纤维细胞生长因子(fibroblast growth factor,FGF)、神经生长因子(nerve growth factor,NGF)、肝细胞生长因子(hepatocyte growth factor,HGF)、脑源性神经营养因子(brain-derived neurotrophic factor,BDNF)、血小板源性生长因子(platelet-derived growth factor,PDGF)、血管内皮生长因子(vascular endothelial growth factor,VEGF)、转化生长因子(transforming growth factor,TGF)等多重有效成分。

SCF 是原癌基因 *c-kit* 表达产物的配体,主要由骨髓基质细胞产生,对原始生殖细胞的增殖有明显的影响,可刺激干细胞分化为不同谱系血细胞,并刺激肥大细胞增殖,又称肥大细胞生长因子。

8.2.2.3 二维培养

1. 饲养层细胞及其作用

饲养层细胞是指在培养过程中有抑制干细胞分化作用的单层贴壁细胞,是指一些特定细胞(如颗粒细胞、成纤维细胞、输卵管上皮细胞等已在体外培养的细胞),经有丝分裂阻断剂(常用丝裂霉素)处理后所得的细胞单层。饲养层细胞一方面提供物理支持;另一方面,饲养层具有提供促进细胞增殖和抑制分化的功能。饲养层细胞能合成和分泌成纤维细胞生长因子等促进细胞分裂的因子,并且能分泌白血病抑制因子。一般采用丝裂霉素 C 或 γ 射线处理饲养层细胞阻断有丝分裂,保持细胞活力但不增殖。处理后接种到事先用明胶包被的培养板孔内,形成饲养单层细胞。

饲养层细胞常用的有 STO 细胞、鼠胚成纤维细胞(MEF)、子宫上皮细胞(UE)、大鼠肝细胞(BRL)等细胞。其中 STO、PMEF 细胞使用较广泛。STO 细胞来源于 SIM 小鼠成纤维细胞,经过抗硫代鸟嘌呤(6-thioguanine,T)和乌本箭毒素苷(ouabain,O)选择,因此得名 STO

细胞。其能分泌干细胞生长因子(stem cell growth factor,SCGF)和 LIF。使用 STO 作饲养层的缺点是,使用前必须用丝裂霉素 C(有丝分裂抑制剂)处理,之后必须保证无丝裂霉素 C 残留,否则会对胚胎干细胞有毒害作用,同时,STO 细胞死亡产生的细胞碎片、释放的废物会影响胚胎干细胞的生长。经转染了抗新霉素(neomycin)和 LIF 基因的 STO 细胞称为 SNL 细胞。SNL 用于 ES 细胞的转染和筛选更加方便。MEF 细胞能分泌白血病抑制因子,能有效促进胚胎干细胞增殖并维持其未分化的二倍体状态和全能性,在形成胚胎干细胞克隆率、维持细胞正常核型和分化潜能方面比 STO 细胞好,并且这种细胞取材容易,价格低廉。但是,丝裂霉素 C 处理后的 PMEF 细胞存活时间较短(一般 4~6 d)。随着传代次数增加,分泌白血病抑制因子能力下降。

2.MEF 的分离与培养

将性成熟雌小鼠(7~8 周龄)与种雄鼠(8 周龄以上)2:1 合笼,每天早上观察雌小鼠生殖道口,有阴道栓形成即确定受孕,见栓当天为怀孕 0.5 d;取妊娠 12.5~14.5 d 的孕鼠,断颈处死,无菌取出胚胎,去除胚胎头、四肢、内脏,剪躯干成 1 mm^3 碎块,吸至离心管内,加入等体积胰蛋白酶-EDTA 消化液,吹打至细胞离散,加入等体积 MEF 培养液(主要成分包括 DMEM 培养基成分、胎牛血清、非必需氨基酸、β-巯基乙醇、谷氨酰胺),终止消化,5 000~10 000 r/min 离心 5 min,弃上清液,加入适量 MEF 培养液重悬鼠胚组织,制成细胞悬液,用于原代培养。

原代培养:调整细胞浓度,接种于培养瓶中培养(一般 5 个鼠胚可使用 1 个 100~150 mL 培养瓶),让组织悬液能均匀覆盖培养瓶表面,于 37℃、5%CO₂、饱和湿度孵箱培养。

传代培养:待成纤维细胞基本铺满培养皿底,用 0.25% 胰酶和 0.04% EDTA 消化吹打,置离心管静置 5 min,取上层液制成单细胞悬液,调整细胞浓度为(1~2)×10⁶ 个/mL(1:3 比例),进行传代培养,一般采用 3~5 代作饲养细胞用。

3.MEF 饲养层的制备

用一定剂量的丝裂霉素 C 和 γ 射线能够使细胞停止分裂,但又不立即死亡,在体外可维持一段存活时间,并分泌抑制 ES 细胞分化和促进 ES 细胞增殖的因子能保证 ES 细胞的生长。

丝裂霉素 C 法:选取 MEF 细胞生长旺盛的培养皿,加入丝裂霉素 C 10 μg/mL,处理 2~3 h,吸去处理液,用 PBS 标准培养液清洗 2~3 次,除去残余丝裂霉素 C,再用 0.25% 胰酶、0.04% EDTA 消化,制成单细胞悬液。调整细胞浓度为 3.0×10⁵ 个/mL,接种到用 0.1% 明胶预处理过的培养瓶或培养皿中(或在 6 孔培养板中每孔加入 0.6 mL 细胞悬液),置于 37℃、5%CO₂、100% 湿度孵箱中培养。这样制成的饲养单层可使用 6~10 d,使用前更换成 ES 培养液,其他细胞饲养层(比如 STO 饲养层)的制备方法基本同于 MEF 饲养层的制备。

γ 射线处理法:MEF 成单层后,用 γ 射线照射,剂量为 30~100 Gy(戈瑞,它相当于 1 kg 物质接受 1 J 的能量),余下步骤同丝裂霉素 C 法处理。

4.无饲养层培养的培养基

一些 ES 细胞不仅可以在有 MEF 的看护下进行体外培养,也可以在无 MEF 的细胞培养液中通过添加 ES 细胞抑制因子进行体外培养,并使 ES 细胞保持未分化状态。无饲养层细胞培养常用的基础培养基有 DMEM、TCM-199 和 F-12。在基础培养基中添加不同的因子,形成 3 种最常用的 ES 细胞培养液。①在基础培养基中加入重组 LIF(浓度一般为 1 000 U/mL 以上),抑制胚胎干细胞自主分化,促进内细胞团生长。②使用 BRL(Buffalo 大鼠肝细胞株)条件培养基。BRL 能分泌一种抑制畸胎瘤和胚胎干细胞自主分化的因子,收集其培养物的上清可用于 ES 细胞培养。一般用 6～7 份上清加 3～4 份新鲜不含 LIF 的 ES 培养液,加适量胎牛血清即可保持 ES 细胞未分化性和多潜能性。③ 使用大鼠心肌条件培养基。2～3 周龄大鼠心肌细胞培养液上清也有 BRL 上清类似的作用。使用方法和效果与 BRL 上清也类似。

5.ES 细胞的原代培养和传代培养

(1)ES 细胞的原代培养　制备好 MEF 饲养层(添加相应的 ES 细胞培养液)或条件培养基,将 ICM 置入培养;培养条件:37℃、5%CO$_2$、饱和湿度。当呈现出克隆状生长,细胞紧密聚集形成鸟巢时,挑取生长良好、没有分化迹象的 ES/EG 集落进行消化扩增。用胰蛋白酶消化巢状胚胎干细胞团,继续培养,一般间隔 4～5 d 用胰蛋白酶消化成小细胞团块或单细胞,克隆和纯化 ES 细胞。

(2)传代培养　初次传代后 2～3 d 后将会出现小的 ES 细胞集落,待 ES 细胞集落充分增殖而不出现分化时重新离散,转入新鲜饲养层或条件培养基上。因为细胞会相互诱导刺激细胞分化,传代时要将细胞团消化成单个细胞。胚胎干细胞系一旦建立便迅速增殖,一般 8～24 h 分裂一次。快的细胞系(比如猴 ES)传代后一天即形成细胞集落(图 8-4)。每 2 d 更换一次培养液,每 3～5 d 传代一次。为了增强干细胞的黏附能力,除了使用明胶包被培养皿外,还可以用纤维连接蛋白和多聚赖氨酸等能促进细胞黏附的物质。对 ES/EG 细胞进行消化传代总的原则是尽量缩短酶消化作用时间,将细胞的损伤降到最低程度,且能将集落消化成小细胞团块。

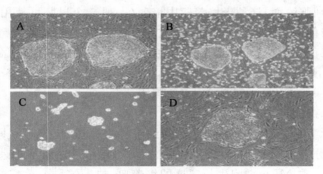

图 8-4　猴 ES 细胞(引自 Turksen, 2006)
A.贴壁培养的类 ES 细胞　B.酶消化处理后的 ES 细胞
C.形成的细胞簇　D.传代培养后 1 d 形成的 ES 细胞集落

8.2.2.4　三维培养

二维培养是相对容易完成的培养方式,但这种培养方式并不是干细胞生长的天然状态。二维培养细胞方式有一些难以克服的弊端,它限制了细胞表面受体的分布,不能模拟存在于正常组织中的化学信号或分子梯度,干扰了细胞表面蛋白质之间相互作用的信号转导。三维培养可以使数百至数千个细胞聚集形成三维球形细胞团,每个细胞被其他细胞和细胞外基质包围,有利于细胞间信号传递,并发展出组织特异的细胞形态与结构。三维培养还可以使细胞外基质固定在细胞附近,提高基质浓度。干细胞三维培养已在早期胚胎发育过程、细胞发育与分化的分支调节机制研究、药物筛选、血管发育和器官再造等领域得到应用,但是目前人 ES 细胞三维培养还未达到临床应用标准。

干细胞三维培养技术体系是由材料单元、控制单元和功能单元组成的系统组合。材料单元包括干细胞、调控因子、三维支架材料和基质及生物反应器。控制单元是行使过程监测、条件优化控制和质量监控,提供动态的干细胞体外培养微环境的设施。功能单元以三维细胞-载体复合物或细胞-细胞复合物向特定组织形态发生和功能形成为特征,是干细胞三维培养的体现形式。

ES 细胞三维培养可以选用由壳聚糖和海藻酸钠制成的三维多孔天然聚合物做支架(图8-5A 和 B)来进行,也可以用由海藻酸水凝胶加钙离子形成的微囊进行,还可以在纤维素微载体中进行。用搅拌式生物反应器进行 ES 细胞培养也被看作三维培养。不同三维培养方式当中选用的培养基也不尽相同。微载体培养用的是 KO 和 StemPRO 培养基。支架培养与微囊培养用的培养基比较接近,即以 DMEM 为主,加或不加 Ham's 培养基,再添加谷氨酰胺、β-巯基乙醇、非必需氨基酸、bFGF、血清替代物。支架培养中还需添加抗生素、胎牛血清和丙氨酸钠。

支架培养的一般过程是将无菌的壳聚糖和海藻酸钠支架置于容器中(比如 24 孔板),用 ES 培养基孵育 24 h,再将悬浮的 ES 细胞接种到支架上。将接种的含有支架的容器置于 37℃、5％CO_2 环境中培养。培养一段时间后 ES 细胞在支架的三维空隙内形成如图 8-5 C 所示的细胞团。

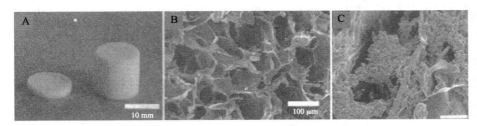

图 8-5　壳聚糖和海藻酸钠支架及 ES 培养物(引自 Li et al,2010)
A. 支架外观　B. 扫描电镜照片　C. 支架上 ES 细胞扫描电镜照片

8.2.3　ES 细胞的特性

1. 无限增殖性

在不分化的前提下,ES 细胞体外增殖迅速,每 18～24 h 增殖一次。增殖过程中细胞大多处于 S 期,进行 DNA 的合成,G1、G2 期很短,它没有 G1 期检测点,不需要外部信息启动 DNA 复制。

2. 分化潜能性

ES 细胞是一种具有高度分化潜能的细胞,可以分化形成包括 3 个胚层在内的各种类型细胞。当 ES 细胞培养体系中去除抑制分化因素时,便能自发分化为血细胞、内皮细胞、肌细胞和神经细胞等。ES 细胞在体外某些物质的诱导下可以发生定向分化。如用造血基质细胞、不同造血生长因子对单层培养的 ES 细胞进行诱导分化,可形成各阶段的造血细胞。

3. 种系传递性

将 ES 细胞注入囊胚后发育可获得嵌合体,并参与生殖细胞的合成。在嵌合体中一部分组织和细胞来源于受体囊胚细胞,而另一部分来源于 ES 细胞。

8.2.4　ES 细胞的鉴定

ES 细胞的鉴定方法有形态学特征、特异性标记分子的表达、分化潜能测定和嵌合体的形

成等。EG 细胞可以按照 ES 细胞的鉴定方法进行鉴定。

8.2.4.1　ES 细胞形态结构、核型特征鉴定

ES 细胞一般胞体体积小、核大,有一个或几个核仁,呈克隆状生长,细胞紧密聚集,形似鸟巢,界限不清等。不同 ES 细胞形态不同,鼠 ES 细胞集落一般呈紧密的球形,灵长类动物的 ES 细胞集落相对较为扁平。

8.2.4.2　细胞表面标志鉴定

1. 碱性磷酸酶(alkaline phosphatase,ALP)的表达检测

ALP 常用来作为鉴定 ES 细胞分化与否的标志之一,未分化 ES 细胞表面标记 ALP 呈阳性,细胞一旦分化,则 ALP 呈阴性。可用 ALP 染色的方法进行 ALP 检测。

2. 胚胎阶段特异性细胞表面抗原的表达检测

早期胚胎细胞表面均表达"胚胎阶段特异性表面抗原"(stage-specific embryonic antigen,SSEA)。SSEA 是一种糖蛋白,可以有选择性地结合和黏附信号分子的受体蛋白。在未分化多能干细胞中 SSEA 为阳性,反之呈阴性。不同的干细胞可能具有不同的 SSEA,结合荧光标记、流式细胞仪可以实现干细胞的分离与检测。灵长类 ES 细胞表达 SSEA-3、SSEA-4 及高分子糖蛋白 TRA-1-60、TRA-1-81 等;原始生殖细胞源的人类胚胎干细胞还表达 SSEA-1、SSEA-3,SSEA-4 表达量有所下降。

3. Oct-4 转录子表达产物检测

Oct-4 是 POU 家族的转录因子,有维持细胞的多能性功能。Oct-4 在多能胚胎干细胞和原始生殖细胞中得到表达。当全能细胞分化形成体细胞或胚外组织时,该基因则不再表达。Oct-4 基因在维持 ES 细胞和原肠胚阶段的原始生殖细胞全能性表达中起着非常重要的作用。Oct-4 基因的存在与否可作为 ES 细胞鉴定的指标之一。

4. ES 细胞的端粒酶活性检测

端粒酶是增加染色体末端端粒序列,维持端粒长度的一种核糖蛋白。生殖细胞、胚胎细胞、干细胞和肿瘤细胞具有较高的端粒酶活性。随着机体组织、细胞的分化,端粒酶活性逐渐降低,所以正常体细胞一般无端粒酶活性。

5. 核型检测

使胚胎干细胞保证正常的核型非常重要,只有具有正常核型的胚胎干细胞才能嵌合到宿主着床前胚胎内,共同分化发育成嵌合体动物;若要进一步鉴定,还可以进行染色体带型分析。

8.2.4.3　分化能力检测

分为体外分化实验和体内分化实验。体外分化潜能检测又包括自发分化和定向诱导分化。

自发分化是将 ES 细胞接种于缺乏饲养层细胞的琼脂平板上培养 3～4 d 形成类胚体,培养 8～10 d 形成囊状胚体。ES 细胞的定向诱导分化是在 ES 细胞悬浮培养液中添加相应的分化诱导因子,使 ES 细胞向特定的方向分化,分化为神经、肌肉、软骨等不同组织细胞。常见的分化诱导剂有视黄酸、3-甲氧苯丙胺和神经生长因子等。根据 ES 细胞分化程度不同,可初步了解其分化能力的强弱。

以一定量所得细胞腹股沟接种或腹腔注射到同源动物或免疫缺陷小鼠体内,若为 ES 细胞,经过一段时间后,动物注射处可见有组织瘤生成。手术取瘤,常规制作切片观察,可见代表内胚层、中胚层和外胚层 3 个胚层的不同组织细胞。

8.2.4.4 嵌合体的形成

利用囊胚注射法,应用显微注射仪将 ES 细胞注射到受体囊胚腔,使其与正常胚胎结合在一起,再移植到假孕母鼠子宫腔(胚胎移植),使之发育成个体。如果 ES 细胞具嵌合能力,则会融合到宿主胚胎细胞中,并共同分化发育成各种组织细胞,并产生嵌合体小鼠,嵌合体动物可以通过皮毛颜色、蛋白质、DNA 指纹、同工酶等进行检测。而 ES 细胞一旦分化即丧失全能性,便难以参与胚胎发育形成嵌合体。

8.2.4.5 核移植

以胚胎干细胞为核供体移植到去核卵母细胞中,观察重组胚是否能正常发育,产生个体。

8.2.5 ES 细胞的传代和冷冻保存及解冻

为维持细胞系的存在并防止自发分化,对于经过鉴定 ES 细胞要进行传代和冷冻保存。当胚胎干细胞生长成较大的集落时就要传代,将集落细胞消化成单细胞后进行继代培养。在 ES 细胞传代过程中,因其耐受性差需不断对细胞进行冷藏。方法是取对数生长期的 ES 单细胞悬浮液放入冷冻液中。冷冻液为 75%DMEM＋15%新生牛血清(NCS)＋10%～15%二甲基亚砜(DMSO)。冷冻开始温度下降速度保持在 13℃/min 为宜,当温度下降到－20℃左右时下降速度可调至 5℃/min,到－100℃左右时,可迅速投入液氮。解冻时,从液氮中将冷冻管取出,于 37℃水浴中直到溶解,再用 70%的酒精消毒冷冻管外壁,再加入 ES 细胞培养液离心 2 次除去冷冻液。弃去上清液,以培养液重新悬浮细胞,再放入 CO_2 培养箱培养。

8.3 胚胎干细胞的诱导分化

8.3.1 ES 细胞体外分化的基本原理

ES 细胞在体外的培养过程中能够在有饲养层细胞或抑制分化因子(DIA)、白血病抑制因子(LIF)等存在的条件下维持其未分化的状态,保持发育全能性,可以无限增殖。一旦除去饲养层细胞,除去抑制分化因子,或者添加一些诱导分化因子(维甲酸 RA、神经生长因子 NGF 等),就会向各类可能的细胞发生定向分化。对小鼠 ES 细胞进行各种方式的诱导分化,可以获得神经细胞、造血祖细胞、成骨细胞、干细胞、角质细胞、胰岛细胞和滋养细胞等各种细胞。

8.3.2 ES 细胞体外分化的特点

(1)胚胎干细胞在体外可以被诱导分化为各种功能的细胞。在细胞分化过程中,必然要经过一定的细胞前体阶段,因此,胚胎干细胞可以成为研究某些前体细胞起源和细胞谱系演变的理想实验材料。

(2)胚胎干细胞结合基因改造有可能在特定的体外培养与筛选条件下,诱导成某一单一类型的具有功能的体细胞,作为特定细胞移植的材料。

(3)体外培养系统能够定性和定量地分析某些细胞因子、细胞外基质和诱导剂等因素对胚胎干细胞生长和分化的影响。

(4)在不改变胚胎干细胞全能性和胚胎干细胞参与胚胎发育的前提下,通过外源基因的导

入或剔除内源基因和突变等基因工程途径研究某些基因在胚胎发育中的功能和制备嵌合体动物。

8.3.3　ES 细胞体外分化的模式

ES 细胞体外分化的模式主要有 3 种,即自发分化、诱导分化和基因调控分化。

1. 自发分化

自发分化是指 ES 或 EG 细胞在体外呈单细胞悬浮培养时,会形成由多种类型细胞组合的类胚体,再加入生长因子干预后能够增加某一类型细胞的相对数量。如形成有搏动功能的心肌细胞,这些细胞具有胎儿心肌细胞的特性。

2. 诱导分化

诱导分化是将 ES 细胞与不同类型的细胞共培养或添加相应的生长因子能够诱导干细胞发生向单一类型细胞的定向分化。例如,骨髓基质细胞或 OP9 细胞可诱导 ES 细胞向造血干细胞分化;PA6 细胞可促使 ES 细胞向神经细胞分化;贴壁生长的 ES 细胞在 DMSO 和丁酸钠依次诱导下可以形成干细胞。

3. 基因调控分化

基因调控分化——强化或抑制某些基因表达,形成单一谱系所特有的基因表达方式,定向诱导 ES 细胞的分化。例如,将 TAT PDX1 融合蛋白转入人 ES 细胞,激活下游靶基因的表达,可促进干细胞胰岛素分泌,有助于干细胞向胰岛细胞的分化。

8.3.4　ES 细胞体外诱导分化方法

胚胎干细胞诱导分化方法有细胞因子诱导法、选择性标记基因筛选目的细胞法、特异性转录因子异位表达法。

8.3.4.1　细胞因子诱导法

在体外诱导 ES 细胞分化方面,细胞因子诱导法的研究最为广泛和深入。体外培养的胚胎干细胞对细胞因子具有依赖性。在培养过程中添加或剔除某些细胞因子可以指导胚胎干细胞的增殖或分化。目前,利用细胞因子诱导 ES 细胞向一定方向分化时采用分阶段的方法,即先得到类囊胚(embryoid bodies,EBs),再在 EBs 的基础上进一步诱导分化成目的细胞。由于诱导物种类繁多,加上各种影响因素,胚胎干细胞体外诱导模式比较复杂。在各阶段添加的细胞因子也不同,具体表现为细胞因子种类、浓度或组合的不同。视磺酸(retinoid acid,RA)、二甲基亚砜(DMSO)是较强的分化诱导剂。RA 常用于诱导神经细胞分化。诱导机制是通过 ES 细胞结合于 RA 受体,受体与目的基因的 DNA 结合域结合,激活神经相关基因,从而促进神经的分化。

8.3.4.2　选择性标记基因筛选目的细胞法

利用基因工程技术(比如病毒载体转染)将带有选择性标记的基因转入胚胎干细胞,在体外培养胚胎干细胞,利用选择性标记基因(如抗生素基因、绿色荧光蛋白基因等)筛选出某一分化细胞,达到定向得到某一类型分化细胞的目的。例如,巢蛋白(nestin)是一种较常用的神经前体细胞标志蛋白,将它与报告基因-增强型绿色荧光蛋白(EGFP)共同转染 ES 细胞,经过筛选纯化,得到神经前体细胞。

8.3.4.3　特异性转录因子异位表达法

将细胞系特异性表达基因转入胚胎干细胞并使其表达产生特异性转录因子,诱导胚胎干细胞分化为某一类型细胞。例如,将促"多巴胺能神经元"生成的转录因子 Nurrl 通过质粒转入 mES 细胞系,建立 Nurrl ES 细胞系,诱导后得到 50% "多巴胺能神经元"。

目前,通过胚胎干细胞体外诱导分化的细胞包括造血系细胞、心肌细胞、神经元、脂肪细胞、胰岛素分泌细胞、内皮细胞、上皮细胞、肝细胞、成骨细胞、表皮样细胞等。

以小鼠胚胎干细胞诱导分化成神经元和胰岛样细胞为例,步骤如下:

(1)扩增未分化的胚胎干细胞。将未分化的小鼠胚胎干细胞分散成单细胞,低密度接种到有胶原包被的培养皿中,培养增殖,培养基含有 LIF 和小牛血清。

(2)去除促有丝分裂素或分化抑制剂,将细胞分散并接种于非黏附性培养皿培养,诱导胚状体形成。

(3)去除生长因子,选择巢蛋白阳性细胞。将细胞接种于有胶原包被的培养皿中,培养基含有 LIF 和小牛血清,1 d 后换成无血清的含胰岛素、转铁蛋白和硒纤连蛋白培养基中培养。存活下来的细胞(神经上皮干细胞)表达巢蛋白。

(4)使用神经细胞培养液,添加生长激素、神经营养因子,扩增神经前体细胞。选择表达巢蛋白的细胞采用 N2 培养基,添加层粘连蛋白、碱性成纤维生长因子诱导增殖。

(5)除去碱性成纤维生长因子,在含层粘连蛋白、维生素 C 的 N2 培养基中诱导分化培养获得神经元。该神经元表达酪氨酸羟化酶,是多巴胺神经元。

小鼠胚胎干细胞诱导分化成胰岛样细胞的步骤也由 5 步组成。亦称 5 步序贯诱导法。

表达巢蛋白细胞之前的 3 个步骤与前面相同。第 4 步采用含碱性成纤维生长因子的 B27 复合培养基培养;第 5 步除去碱性成纤维生长因子,加入烟碱诱导细胞分化获得胰岛样细胞。

通过适当的诱导剂处理、培养条件控制、基因改造等手段也可以使胚胎干细胞诱导分化成多种类型的分化细胞。但是,这些被诱导分化的细胞或前体细胞只能原代或短期培养,往往不能在体外增殖传代。因此,寻找建立胚胎干细胞诱导产生的分化细胞永生化途径就显得越来越重要了。永生化是指细胞经诱导后,分裂次数限制机制和 DNA 检查-自毁机制失灵,导致具有无限分裂生长能力的过程。但是,要解决胚胎干细胞的诱导分化和永生化还需要做大量的研究工作。

体外诱导分化能快速、方便地直接进行细胞诱导。但也存在一些问题,比如如何有效地提高基因转染率;各个基因在 ES 细胞中的调控作用还不很清楚;ES 细胞的基因治疗还仅应用于实验动物模型等。

8.4　成体干细胞

成体干细胞(adult stem cell,ASC)是成体组织内具有进一步分化潜能的细胞,是多能或单能干细胞。

目前,越来越多的成体干细胞的分化潜能被揭示,例如,骨髓成体干细胞在合适的体外环境中可生长,并可分化为成骨细胞、软骨细胞、脂肪细胞、平滑肌细胞、成纤维细胞、骨髓基质细胞、血管内皮细胞、神经胶质细胞和心肌细胞。高度纯化的造血干细胞可分化形成肝细胞、内皮细胞和心肌细胞。骨骼肌细胞能分化成造血细胞。目前,成体干细胞已经成为干细胞研究的重要对象,是组织工程理想的种子细胞。

一般认为,成体干细胞通常采用不对称分裂形成一个干细胞和一个祖细胞,祖细胞继续分化为成熟的组织细胞,从而使组织和器官保持生长和衰退的动态平衡。不朽链假说(immortal stand hypothesis)认为干细胞通过不对称分离染色体来避免变异发生,即新复制的染色体都用于构建子代细胞,而干细胞的自身染色体保持不变,稳定地作为正确的模板。但是,2007年8月"Nature"杂志上报道的一篇研究发现哺乳动物造血干细胞的分裂方式与其他细胞并无差异,染色体在子代中是随机分配的。因此,干细胞分裂的具体机制还有待于进一步研究。

成体干细胞在体内非常少,例如,每1×10^5骨髓单核细胞中含有2～5个骨髓干细胞。因此,成体干细胞的发现与分离是一个关键问题。可以根据成体干细胞表面标志设计特异结合物,荧光标记后利用流式细胞仪就可以分离获得干细胞。目前,越来越多的成体干细胞标记被发现,为成体干细胞的检测与分离提供了可能。

8.4.1　神经干细胞

神经干细胞(neural stem cell,NSC)是指分布于神经系统的具有自我更新和多分化潜能的细胞。

神经干细胞通过两种方式生长,一种是通过对称分裂方式形成两个相同的神经干细胞;另一种是不对称分裂。由于细胞质中的调节分化蛋白质分布不均匀,使得一个子细胞不可逆地走向分化的末端而成为功能专一的分化细胞,另一个子细胞则保持亲代的特征,仍作为神经干细胞保留了下来。而分化细胞的数目受分化前干细胞的数目和分裂次数控制。用于神经干细胞培养的培养基是DMEM与F12的混合液,培养基组分非常复杂。

神经干细胞在体外培养时表达神经上皮干细胞蛋白(巢蛋白),其表达随着神经元分化完成而结束,因此是神经干细胞特征标记物,用于神经干细胞的鉴定。另外,一种神经特异性RNA结合蛋白——武藏(musashi)也是神经干细胞的标志。

神经干细胞具有可塑性,可分化成神经元、星形胶质细胞和少突胶质细胞。

长期以来,人们一直认为成年哺乳动物脑内神经元不具备更新能力,一旦受损,就不能再生,这种观点使人们对帕金森病、多发性硬化和脑脊髓损伤的治疗受到了很大的限制。近年来,神经干细胞的发现,特别是成体脑内神经干细胞的分离和鉴定有划时代的意义。神经干细胞在神经发育和修复受损伤神经组织中将发挥重要作用。利用神经干细胞移植治疗帕金森病已经取得了很大的进展。

目前建立的神经干细胞系绝大部分来源于鼠,人神经干细胞的来源不足。部分移植的神经干细胞会发展成脑瘤,存在安全隐患。因此,神经干细胞的来源和安全性还有很多工作要做,神经干细胞的诱导、分化和迁移机制也有待于进一步研究。

8.4.2　造血干细胞

1.骨髓造血干细胞

骨髓造血干细胞(marrow hematopoietic stem cell,MHSC)是指存在于骨髓中具有自我更新能力和多项分化潜能的原始造血细胞。

骨髓造血干细胞是一种组织特异性干细胞,数量极少,约占骨髓单核细胞的1/100 000～

1/25 000。一般情况下,骨髓造血干细胞只进行不对称性有丝分裂保持自身的数量稳定。造血干细胞的培养常利用预先贴壁的基质细胞为滋养层(如原代培养的骨髓成纤维细胞或转化的细胞),这些基质细胞为骨髓造血干细胞提供刺激和抑制信号,调节细胞增殖和分化。

CD34 是造血干细胞的一种重要标记,它是一种高度糖基化跨膜蛋白。正常人的骨髓有核细胞中,1%~4% 为 CD34 阳性,外周血低于 0.1%。利用抗 CD34 单克隆抗体,借助流式细胞仪或免疫磁珠技术可以分离人 CD34 阳性细胞。随着造血干细胞的逐渐成熟,CD34 表达水平逐渐降低,成熟血细胞不表达 CD34。CD34 细胞在造血移植物中的水平是预测移植成功与否的指标之一。造血移植需要一定的 CD34 阳性细胞的数量,一般在 $2 \times 10^6/kg$ 以上。尽管 CD34 作为人造血干细胞的标记物已得到广泛的认同,但是在人脐带血和成体造血组织中,也有 CD34 造血干细胞存在。

骨髓造血干细胞是细胞研究比较多的成体干细胞之一,现已经证明可以分化为 3 个胚层的多种类型的细胞,具有很大的可塑性。血液中的红细胞、粒细胞、淋巴细胞、单核细胞、血小板等所有血细胞均可来源于造血干细胞。

骨髓造血干细胞具有可移植性,能在受体体内存活,维持受体的造血功能。骨髓造血干细胞移植又称骨髓移植,已经被用于治疗血液疾病(如白血病)、再生性障碍贫血、血液系统免疫缺陷等疾病。

2. 脐带血造血干细胞

由于骨髓来源有限,与外周血一样易受病毒和肿瘤细胞污染,因此骨髓造血干细胞的应用受到一定的限制。

脐带血是指新生儿脐带在被结扎后,胚盘内由脐带流出的血。脐带血可以通过将注射器针头插入通往脐带的脐静脉中采集。这一过程简单、快速、无痛、无副作用。

脐带血的数量虽少(60~100 mL),却含有可观的未成熟的造血干细胞,称为脐带血造血干细胞(umbilical cord blood stem cell),免疫原性低,副作用少。但是,由于脐带血移植也需要配型,非亲属之间的配型完全相同的几率很低。出生时脐带血必须很快处理或者妥善保存,可以通过建立脐带血库以备急需。

3. 间充质干细胞

间充质干细胞(mesenchymal stem cell,MSC)是存在于全身结缔组织和器官间充质中具有自我更新和分化潜能的细胞。目前研究较多的间充质干细胞来源于骨髓、脐带血、外周血和脂肪组织。体外贴壁培养的间充质干细胞呈圆形、纺锤形或梭形,传代后的间充质干细胞为圆球形或梭形。

比较公认的间充质干细胞表面标志是 CD71、CD90、CD44,但 CD34、CD45 和 CD11b 呈阴性。

间充质干细胞已经被证明可以分化为骨细胞、软骨细胞、脂肪细胞、肌细胞、内皮细胞、神经元细胞和神经胶质细胞等,具有较大的可塑性。

间充质细胞来源广泛,容易在体外培养增殖,是组织工程和细胞治疗较为理想的种子细胞。利于外界基因的表达并具有组织特异性的特点,使其有可能成为基因治疗的靶细胞。同时,间充质干细胞还支持造血功能,与造血干细胞一起移植可提高造血干细胞的成功率。

4. 表皮干细胞

表皮干细胞位于表皮基底层,属于专能干细胞。能周期性地进入分化程序,最终分化为角

质细胞。位于基底层的干细胞和分布在它周围的由它分裂形成的子细胞,一般共 9 个,组成一个柱状细胞群,被称为一个表皮增殖单位。表皮增殖单位边缘的子细胞脱离基底膜后向上迁移经过棘细胞层和颗粒层细胞,最终形成角质化无核细胞。这层细胞不断脱落,由新生的细胞不断补充。人体不同部位的皮肤更新速度约 2~4 周。在细胞迁移过程中,角质化伴随着分化过程。

表皮干细胞能够表达角蛋白 5(keratin 5,K5)和 K14 分子、整合素和黏附素。产生的角蛋白在成熟皮肤细胞中形成中间网络,使表皮细胞形成一个整体,并具有韧性。产生的整合素与 IV 型胶原和纤维黏合素黏附。以这种方式与基底膜相连。当这种黏附力下降时,干细胞易从干细胞巢脱落,向表皮分化。表达的整合素和黏附素,在维持干细胞增殖和存活的信号传导途径中亦发挥重要作用。

5.肠干细胞

肠表面由被肠腺围绕并根植于肠壁的绒毛组成,每一肠腺大约有 250 个细胞,其中有肠干细胞,位于肠腺的基部或近基部。小肠绒毛上皮细胞的更新是从隐窝底部的干细胞分裂开始的。分裂成的一个子细胞保持增殖能力,返回增殖池,另一个子细胞向上迁移,并逐渐失去分裂能力,分化为上皮细胞,至绒毛顶部死亡脱落。肠干细胞增殖缓慢。

肠干细胞能表达中间纤维 K8、K18、K19 和 K8,可促进细胞分化。

8.5 干细胞和干细胞技术的应用

干细胞的研究与应用几乎涉及了所有的生命科学和生物医药学领域,并将在细胞治疗、组织器官培养与移植、基因治疗、新基因发掘与基因功能分析、发育生物学模型、新药开发与药效、毒性评估等领域有广泛的应用。

随着干细胞技术和理论的发展,已产生了一门新的学科分支——再生医学。它是一门使用多种修复技术手段使人体的组织器官功能得以改善或恢复的新兴学科,其中基因治疗和细胞治疗是重要的组成部分。若能成功诱导和调控体外培养的 ES 细胞进行定向分化,将对研究胚胎发育、基因功能、新基因的表达特性和生理功能发挥重要作用,同时使得用移植干细胞来治疗神经系统疾病、肝脏疾病各种疑难疾病,甚至在实验室内生产各种组织器官成为可能。

8.5.1 建立哺乳动物发育的体外模型

(1)ES 细胞具有发育成完整动物体的能力,可以为细胞的遗传操作和细胞分化研究提供丰富的试验材料。ES 细胞悬浮生长时可得到类胚体,这成为早期胚胎发育分化的体外模型。

(2)在特定的体外培养条件和诱导剂的共同作用下,ES 细胞在体外可被诱导分化为属于 3 个胚层谱系的各种高度分化的体细胞,是研究某些前体细胞起源和细胞谱系演变的理想实验体系模型。

(3)培育出大量不同时期的胚胎作为研究胚胎早期发育或畸胎发生的机制模型。

(4)可以利用同源重组或基因打靶技术使 ES 细胞的某些基因发生突变,对在胚胎发育中起作用的基因进行分析,这样不仅可以了解早期胚胎发育中某些基因的功能,而且可以利用 ES 细胞的分化调节基因及表达产物来研究细胞的定向分化,分离克隆出在胚胎发育中起重要作用的基因。

埃文斯1981年和同事从小鼠胚胎中第一次成功分离出未分化的胚胎干细胞。这为"基因靶向"技术提供了施展本领的空间。卡佩基、史密斯几乎同时对"基因靶向"技术做出了奠基性贡献,这一技术使得科学家能培育出拥有特定变异基因的小鼠。这一技术使这三位科学家获得了2007年诺贝尔生理医学奖。此类"基因敲除"试验可以帮助人们了解基因在胚胎发育等多种现象中发挥何种作用。

由于老鼠有着和人类非常类似的基因,从生理学角度看,通过对小鼠体内不同基因的功能进行了解,可以进而指导对人类的基因研究。从医学角度看,通过了解基因与疾病的关系,人类可以开发出更为有效的治疗手段及药物。

胚胎干细胞直接植入子宫,不能发育成个体,因为没有着床必需的滋养层细胞。将特定基因功能去除的ES细胞注入正常发育的胚泡,在内细胞团滋养下可以发育为嵌合体。这是因为内细胞群大量细胞中混有少量携带外源基因的胚胎干细胞,产生的后代将是嵌合型的个体,即个体的一部分细胞带有外源基因,另一部分细胞不带有外源基因。这种嵌合体可用于整体水平上研究基因的功能。

8.5.2　利用 ES 细胞生产转基因动物

利用ES细胞生产嵌合体动物,是检测ES细胞全能性,生产转基因动物的主要方法之一。因为动物ES细胞具有多能性,并可以在体外增殖、冷冻,因此是生产转基因克隆动物的理想材料。

与传统育种方法相比较,ES细胞在生产转基因动物方面表现其独特的优势。

(1)在生产转基因动物以前,通过研究在体外ES细胞系中外源DNA表达质粒的构建、整合和表达,从而可提高转基因动物的效率。

(2)ES细胞增殖迅速,可作为取之不尽的供体细胞来源。

(3)ES细胞的体外操作技术相对容易,如敲除、敲入,改造特殊基因,能克服插入失活和特殊内源性基因失活等缺点。

(4)用ES细胞来生产转基因动物突破了物种的界限,突破了亲缘关系的限制,大大加快了动物群体遗传变异程度。

(5)可以进行定向变异和育种。

(6)利用ES细胞技术,可在细胞水平对胚胎进行早期选择,这样可以提高选择的准确性,缩短育种时间。

8.5.3　细胞和基因治疗

细胞治疗是指利用患者自体(或异体)的成体细胞(或干细胞)对组织、器官进行修复的治疗方法。广泛用于骨髓移植、晚期肝硬化、股骨头坏死、恶性肿瘤、心肌梗死等疾病。这里的基因治疗是指干细胞介导的基因添加疗法和基因组编辑疗法。

8.5.3.1　造血干细胞的应用

1980年,造血干细胞移植成了用干细胞治疗多种疾病的重要手段。据统计,2000年,全世界有10 622例造血干细胞移植。造血干细胞移植,就是应用超大剂量化疗和放疗以最大限度杀灭患者体内的癌细胞,同时全面摧毁其免疫和造血功能,然后将正常人造血干细胞输入患者体内,重建造血和恢复免疫功能,达到治疗疾病的目的。除了可以治疗急性白血病和慢性白血病外,造血干细胞移植也可用于治疗重型再生障碍性贫血、地中海贫血、恶性淋巴瘤、多发性骨髓瘤等血液系统疾病以及小细胞肺癌、乳腺癌、睾丸癌、卵巢癌、神经母细胞瘤等多种实体肿瘤。

8.5.3.2 神经干细胞的应用

1. 治疗退行性疾病

帕金森病是中枢神经系统退行性疾病的一个代表,是因中脑黑质——纹状体内多巴胺能神经元变性导致多巴胺递质分泌减少引起的疾病。1994 年 Anton 等通过转染了酪氨酸羟化酶(TH)基因的神经干细胞(NSC)提供 TH,可补偿帕金森病的多巴胺缺失。Nishino 等将神经干细胞植入大鼠帕金森病模型纹状体中,结果发现植入的神经干细胞可分化为多巴胺能神经元,半数以上的模型动物症状缓解。

2. 治疗中枢神经系统损伤、坏死性疾病

中枢神经系统损伤和出血、缺血等疾病常导致局部神经细胞的坏死、凋亡。

Brustle 将人胚神经干细胞移植入大鼠侧脑室,观察到移植细胞在轴突、神经元、星形胶质细胞、少突胶质细胞等各个水平与宿主细胞广泛整合。因此,可利用 NSC 的生物学特性来进行细胞替代和修复因损伤、出血、缺血所致细胞死亡引起的功能缺损。

Riess 等对颅脑损伤的动物进行 NSC 移植治疗,发现 NSC 能分化为神经元并改善实验动物的运动功能。Toda 等将神经干细胞移植入脑缺血模型小鼠海马 CAl 区,发现 3%~9%的细胞分化为神经元,改善了小鼠的空间认知能力。

3. 治疗遗传代谢性疾病

黏多糖综合征(MPSⅦ型)是由于中枢神经细胞缺乏 β-葡糖苷酸酶,导致糖原沉积于溶酶体,引起神经变性而导致功能紊乱的遗传代谢性疾病。

Buchet 等将转导 β-葡糖苷酸酶基因的 NSC 注射到黏多糖综合征新生鼠体内,结果发现移植细胞弥散到脑的不同区域,β-葡糖苷酸酶活性在整个中枢神经轴表达,纠正神经元和胶质细胞的黏多糖聚集,治疗组动物能长大成熟,其行为、神经功能均恢复正常。

4. 治疗中枢神经系统肿瘤

Benedetti 等对鼠 NSC 进行转基因操作使之分泌白细胞介素 24,注射了这种转基因细胞的胶质瘤模型动物生存期明显延长,肿瘤体积明显缩小。

8.5.3.3 间充质干细胞的应用

1. 治疗中枢神经系统疾病

Park 等将胶质细胞来源的神经营养因子(GDNF)转入到帕金森病模型鼠体内,发现转入 GDNF 的间充质干细胞(MSC)对黑质细胞有保护作用,表明 MSC 在中枢神经系统退化疾病中有治疗作用。

2. 修复损伤神经

Dezawa 等诱导培养 MSC,移植入体内神经缺损处,最终 MSC 分化为具有神经膜细胞功能和性质的细胞,并能诱导神经再生。

3. 治疗心肌缺血疾病

有研究者用自体 MSC 移植来增强血管的发生和改善心脏的局部缺血。将 MSC 体外诱导成的心肌细胞移植到缺血模型大鼠。植入的 MSC 在梗死区内呈现血管内皮生长因子

（VEGF）的高水平表达并伴随着脉管密度和血流量的改变。新生血管是在 VEGF 诱导下形成的,它使肥大的肌细胞减少和左心室的收缩性显著改善。

8.5.3.4　角膜干细胞的应用

日本的一些医生用角膜干细胞治疗失明的病人。成体角膜干细胞移植可用于正常角膜移植不合适的情况。一年的治疗之后,超过半数的病人视力有显著提高。

8.5.3.5　肌肉干细胞应用

最近分子开关的发现能够帮助人们确定干细胞是分化为肌肉细胞还是其他能促进肌肉萎缩症治疗的细胞类型。属于发育调控基因 pax 基因家族的 $pax7$ 基因起开关的作用,可定向将肌肉干细胞转变为卫星细胞而不是血细胞。$pax7$ 的开启能促进细胞做出这种选择,从而治疗肌肉萎缩症。将胚胎心肌细胞(embryonic cardiac-muscle cells)向小鼠受损心脏移植,成功地使小鼠受损心脏恢复了功能,这意味着干细胞治疗技术有望治愈人类受损心脏。

8.5.3.6　ES 细胞的应用

具有自我更新能力,且能在体外增殖和分化过程中保持基因组 DNA 的稳定性,是目前理想的基因治疗载体细胞。很多疾病特别是采用其他方法无法治疗的疾病,可以通过干细胞而治愈。这些严重的疾病包括帕金森氏病、糖尿病、慢性心脏病、晚期肾病、肝病、神经系统疾病、感染性疾病、风湿性关节炎、基因治疗、癌症等。ES 细胞是细胞治疗的良好靶细胞。

将目的基因导入 ES 细胞,使基因的整合数目、位点、表达程度和插入基因的稳定性及筛选工作都在细胞水平进行,保证了基因治疗的安全性与有效性。

例如,如果发现早期胚胎有某种基因缺陷而会患基因缺陷病——囊性纤维化,可以收集部分或全部 ES 细胞,通过基因工程技术用正常的基因替代干细胞中的缺陷基因,再将修复后的胚胎干细胞嵌入胚胎中,经过妊娠将会产生一个健康的后代。

8.5.3.7　干细胞治疗的一些困难

尽管干细胞在疾病治疗方面有了很大的进步,但仍然面临着许多困难。①胚胎干细胞极易分化为其他细胞,如何维持体外扩增时不分化? ②分化细胞的增殖还不够理想。③如何定向诱导干细胞分化? ④由胚胎干细胞在体外发育成一完整的器官尤其是像心、肝、肾、肺等大型精细复杂的器官这一目标还需要技术上的突破。⑤移植排斥反应如何克服? ⑥胚胎干细胞的安全性如何? ⑦导入基因的整合和表达难以控制。⑧用作基因操作的细胞在体外不易稳定地被转染和增殖传代等。

8.5.4　作为新药开发的工具细胞

干细胞为药物筛选提供了极好的模型。干细胞可无限增殖,获得大量的细胞,并能分化为具各种功能的特化细胞,为新药药效、毒性、药理、药物代谢、药物动力学、耐药性等的检测提供了细胞水平的研究手段。例如,诱导干细胞分化为胰岛细胞或用胰腺干细胞诱导分化为胰腺 β 细胞,可以用来筛选糖尿病的治疗药物;将神经干细胞分化为神经细胞,用以筛选治疗神经系统疾病如老年性痴呆、帕金森氏病等疾病的药物。利用干细胞进行药物筛选可大大提高效率,降低成本。

此外,通过克隆的方式将一些细胞因子(如干扰素、促红细胞生成素、抗凝血酶等)的基因导入干细胞,然后制备转基因动物,最后从动物的体液或组织中提取细胞因子以制备生物制剂。

8.5.5 器官培养

利用组织工程技术可以将干细胞培养成器官、组织工程兴起于20世纪80年代后期,现在也有人称其为"再生医学",是指利用生物活性物质,通过体外培养或构建的方法,再造或者修复器官及组织的技术。组织工程已经能够再造骨、软骨、皮肤、肾、肝、消化道及角膜、肌肉、乳房等组织器官。组织工程最初以各种体细胞如成纤维细胞、内皮细胞和成骨细胞等作为种子细胞。随着干细胞技术的发展,各种不同来源的干细胞已成为组织工程的主要种子细胞,也是目前最理想的种子细胞。干细胞需经过三维培养,形成组织的三维结构,并模仿在各种状态下的器官功能才能完成器官培养。

2002年美国麻省理工学院的科学家宣布首次利用人ES细胞培育出毛细血管。利用干细胞培育出血管细胞和心肌组织细胞,并将两者相混合,由此产生的"补丁"心肌组织就拥有了丰富的血管网络,可以保证血液的正常输送,从而得以生存并拥有充足的营养。

2005年,澳洲科学家从雌鼠的乳房抽出乳腺干细胞,然后植入另一只切除了所有乳房组织的雌鼠身上。结果经过分裂后,干细胞生成了一个乳房,乳腺功能正常,可以产生乳液。

西班牙的医生曾给30岁的克劳迪娅·洛雷纳·凯斯蒂洛·桑克兹移植了一个新气管,这个器官是利用桑克兹自己的骨髓干细胞和捐赠的气管培育而成的。这是第一次利用成熟骨髓干细胞培养新组织或者器官,用于移植。这件事成为2008年十大医学突破之一。

由ES细胞在体外发育成完整的器官,尤其是像心、肝、肾、肺等大型精细复杂的器官这一目标还需要技术上的突破,因为器官的形成是一个非常复杂的三维过程,很多器官是两个不同胚层的组织相互作用而形成的。

利用转基因动物也可以为人类提供器官移植的材料。将人的基因导入猪或其他动物的ES细胞,利用转基因动物猪为人类提供器官移植的材料;或者将干细胞注射到重度免疫缺陷动物的脏器中,让移植的人干细胞逐步替代动物细胞,使其脏器人源化,成为可供移植的器官。

8.5.6 干细胞研究中存在的问题

目前,胚胎干细胞研究存在以下问题:

(1)来源限制。人类胚胎干细胞研究存在细胞来源限制问题。

(2)体外培养困难。干细胞在体外培养条件下,增殖到一定阶段便"自发"地进行分化,对其分化的机制目前还不很清楚。抑制干细胞分化比较困难,虽然在这方面已经有了一些方法,例如将胚胎干细胞接种在胎鼠成纤维细胞形成的培养层上,加入白血病抑制因子,可抑制胚胎干细胞的分化,维持其未分化状态,但是目前仍未找到适当的有效方法来进行成体干细胞的长期培养。

(3)安全性。胚胎干细胞和多能成体干细胞的自发分化方向是多向的,移植到体内的干细胞的分化方向与预期不同。干细胞移植后的成瘤性风险也较大。干细胞不稳定分化的问题目前还没有很好的解决方法。尽管胚胎干细胞是比较原始的细胞,抗原性比较弱,但是仍能引起免疫排斥反应。尽管可以采用克隆途径获得与患者基因组完全相同的胚胎干细胞系,但还存在技术、成本方面的限制。

(4)定向诱导分化调控机制。干细胞自发分化的方向是多向的,干细胞具有多能性,在同样的培养条件下,干细胞有时会出现意想不到的分化细胞类型,即分化的方向不稳定。在定向

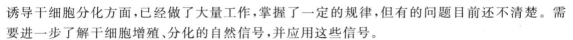

诱导干细胞分化方面,已经做了大量工作,掌握了一定的规律,但有的问题目前还不清楚。需要进一步了解干细胞增殖、分化的自然信号,并应用这些信号。

（5）如何规模化诱导生产特异类型的组织或器官?

（6）移植治疗中存在的问题。如何把握移植的时机,是直接用体外扩增后的细胞进行移植,还是在体外进行预分化后进行移植。供体细胞和受体组织的整合,如何整合才能获得最佳效果等。

（7）如何解决干细胞移植治疗的免疫排斥反应?

（8）伦理道德问题。建立胚胎干细胞系必须要破坏囊胚,体外培养的囊胚是否具有生命还存在争议,所以人类胚胎干细胞研究方面面临伦理道德问题。

复习思考题

1. 什么是干细胞?

2. 干细胞的种类有哪些?

3. 干细胞有哪些生物学特性?

4. 胚胎干细胞的来源有哪些?

5. 什么是内细胞团? 如何获得内细胞团?

6. 培养干细胞有哪些方式?

7. 如何鉴定干细胞?

8. 如何诱导干细胞分化?

9. 按照细胞发育潜能将干细胞可分为几类? 根据细胞来源可分为几类?

10. 试述 ES 细胞和成体干细胞的特点。

11. 一般用 MEF 和 STO 作为饲养层细胞的原因是什么? 简述 MEF 饲养层的制备过程。

12. 干细胞有什么基本特征? 有何意义?

13. 简述 ES 细胞的分离、纯化及培养过程。

14. ES 细胞的鉴定方法都有哪些? 依据是什么?

15. 试述干细胞的应用前景及存在的问题。

第9章

基于基因技术的动物细胞工程

9.1　常用转基因技术

转基因技术就是将人工分离和修饰过的基因导入到目的生物体的基因组中,从而达到改造生物体目的的生物技术。与传统育种技术相比,转基因技术所转移的基因不受生物体间亲缘关系的限制,且一般是经过明确定义的基因,功能清楚,后代表现可以准确预期。因此,转基因技术是对传统技术的发展和补充。如将两者紧密结合,可相得益彰,大大提高动物品种改良的效率。

9.1.1　DNA 显微注射法

DNA 显微注射法(microinjection),又称原核显微注射法。它是以单细胞受精卵为靶细胞,利用显微注射技术将外源基因直接注入受精卵的原核,再将接受注射的受精卵移入受体输卵管继续发育以获得转基因动物个体的技术。该方法由 Gordon 等发明,是目前发展最早、应用最广泛和最有效的转基因动物制作方法。

1980 年,Gordon 等首先用受精卵原核注射法,将疱疹病毒基因 SV40 DNA 段和 PBR32 DNA 段分别注射到小鼠原核期的胚胎中,获得了相应的转基因小鼠后,Palmiter 等于 1982 年首次采用该技术成功地将人的生长激素基因导入小鼠受精卵的雄原核中,并获得整合及表达该外源 DNA 的超级转基因"硕鼠",新型"硕鼠"比普通对照小鼠生长速度快 2～4 倍,体型大一倍,开创了显微注射技术用于培育转基因哺乳动物的里程碑。随后,转基因兔、转基因羊、转基因猪、转基因牛、转基因鱼及转基因鸡相继问世。该技术在建立人类疾病动物模型,加速哺乳动物育种进程和基因表达调控机制,以及在哺乳动物特异组织(如血液、乳腺)系统内生产人的药用蛋白等方面,展示了广阔的应用前景。

DNA 显微注射法涉及复杂的操作步骤,首先是要准确掌握母畜的性周期,并加以人工调节,让母畜在预先确定的时间进行排卵,以获得大量的刚受精的单细胞胚胎。收集单细胞胚胎后,经过短暂的离心处理,在显微镜下向细胞核内注射几百拷贝的基因。然后将经 DNA 注射的胚胎移植到另一头处于相同性周期的母畜体内。经过这样处理后,在后代中就会出现一定比例的转基因动物,效率虽然不高,但结果相当稳定。DNA 的浓度、缓冲液的组分、外源 DNA 的构型以及注射的时间和位置都会影响到外源基因在受体细胞中的整合率。实践证明,整合总体效果最佳的条件为:DNA 浓度为 1～5 μg/mL,拷贝数为几百,DNA 的构型为线性,缓冲液为 1 mmol/L MgCl$_2$ 和 0.1～3 mmol/L EDTA,核内注射。

对于大动物,由于其所能提供的受精卵数较少,且早期胚胎的发育时序难以把握,从而很难获取足量的原核期受精卵;另外,受精卵中的雄性原核和雌性原核的能见度都比较差,给转基因带来很大困难。因此,利用 DNA 显微注射法生产转基因大动物需要相当高的显微操作水平和高级仪器来完成,而且实验费用比小动物要高得多。尽管如此,此方法已经成功应用于转基因家畜生产。例如,Sang 等 1994 年利用鸡合子体外培育法生产转基因鸡,大约 10% 的转基因胚胎存活并孵出。

DNA 显微注射法的特点是:外源基因的导入整合效率较高(小鼠的通常为 6%～40%,羊的为 0.1%,猪的为 0.98%,鱼的为 10%～75%),不需要载体,直接转移目的基因,避免原核载体片段的表达抑制作用;目的基因的长度可达 100 kb,它可以不经嵌合体途径直接获得纯系,实验周期短。但需要贵重精密仪器,需要专门技术人员,技术操作较难,并且外源基因的整合位点和整合的拷贝数都无法控制,易造成宿主动物基因组的丢失、重排、插入等突变,引起相应的性状改变,有的会造成严重的生理缺陷,重则致死。另外,该方法应用时间有限,不适合发育后期的胚胎细胞。

9.1.2 胚胎干细胞转导

胚胎干细胞(embryonic stem cells,ESCs)是指从桑葚胚或附植前囊胚内细胞团分离的多潜能细胞,它具有体外培养无限增殖、自我更新和多向分化的特性。不论在体内还是在体外环境,ES 细胞都可被诱导分化成为机体几乎所有的细胞类型。ES 细胞不仅可以作为体外研究细胞分化和发育调控机制的模型,而且还可以作为一种载体,将通过同源重组产生的基因组的定点突变导入个体。在转基因领域,ES 细胞是公认的研究基因转移、基因定位整合的一类极有前途的实验材料。

胚胎干细胞转导(embryonic sterm cells gene transfer)是将基因导入胚胎干细胞,将转基因的胚胎干细胞注射于动物囊胚后可参与宿主的胚胎构成,形成嵌合体,直至达到种系嵌合。该方法的原理是:首先从胚胎分离出胚胎干细胞,通过转录将外源基因导入细胞,然后筛选转录细胞将其转入到植入前胚胎的胚泡腔,从而嵌入宿主囊胚的内细胞团中参与胚胎发育,将来出生的动物其生殖系统就可能整合上外源基因,再通过杂交育种筛选具有纯合目的基因的个体,获得转基因动物。Roberoton 等于 1986 年利用携带 neo 基因的逆转录病毒载体转化小鼠的 ES 细胞,将转化后的 ES 细胞注入小鼠的囊胚中,获得了具有 neo 基因表达的转基因小鼠。1988 年,Piedrahita 等从猪胚胎中获得了干细胞克隆系。1996 年,Stirce 和 Srtethenko 等获得了牛的胚胎干细胞。为转基因在动物上的定点整合开创了新的领域。

胚胎干细胞转导法的优点是:①在将胚胎干细胞植入胚胎前,可以在体外选择一个特殊的基因型,用外源 DNA 转染以后,胚胎干细胞可以被克隆,继而可以筛选含有整合外源 DNA 的细胞用于细胞融合,由此可以得到很多遗传上相同的转基因动物。②胚胎干细胞转导法可使受体动物细胞中外源基因整合率达到 50%,其中生殖细胞整合率达到 30%,转基因动物的生产效率明显提高。缺点就是 ES 建株比较困难,而且许多嵌合体转基因动物生殖细胞内不含转基因。目前,胚胎干细胞介导法在小鼠上应用比较成熟,但对于生殖周期较长的大动物应用较难。

9.1.3　精子转导

这是一种直接用精子作为外源 DNA 载体的基因转移方法,也称精子载体法(sperm medi-ated gene transfer)。将适当处理后具有携带外源基因能力的精子与外源 DNA 混合培养,外源基因就可直接进入精子头部,受精后就能发育成转基因动物。精子转导法可以更容易高效地得到以附加体形式存在的转基因动物,是最具发展前途的方法之一,它可以与体外受精、早期胚胎阳性选择和胚胎超低温保存技术相结合,使转基因技术更加实用化。

9.1.3.1　精子载体转基因机理

动物的精子都具有与外源 DNA 结合的能力,但只有附睾精子和经洗涤去除精清的射出精子才能够有效携带外源 DNA,这说明精清中的某些成分强烈抑制外源 DNA 的结合。在自然受精时,因为有精清对精子的保护,外源遗传物质对遗传稳定性不会产生干扰,避免了物种变异的发生。目前,在哺乳动物精子表面发现了一种拮抗 DNA 结合的抑制因子 IF-1,若将它与 N-糖基酶或 O-糖基酶预孵育能完全解除其对外源 DNA 结合的抑制作用。IF-1 广泛存在于哺乳动物的精液中,能选择性地结合到精子的核后帽区,与外源 DNA 结合的部位相同。因此,该因子很可能起着屏障和保护附睾精子免受外源分子侵入的作用。外源 DNA 与精子的结合可能还受到一个分子量为 30～35 ku 精子蛋白质的调节,称为 DNA 结合蛋白(DNA building protein,DBP),该蛋白质可与 DNA 形成稳定的复合物,并与 IF-1 有很高的亲和性。

1997 年,Lavitrano 等通过敲除小鼠的组织相容性因子(MHC-II)和 CD4 (cluster of differentiation 4)基因的实验结果表明,在精子与 DNA 作用过程中,MHC-II 与精子和 DNA 结合有关,而 CD4 与精子进一步吸收 DNA 有关。因此,MHC-II 可能参与精子与外源 DNA 的结合。单克隆抗体免疫反应研究发现,正常成熟的精子细胞中并没有 MHC-II 分子,这意味着在精子发生过程中 MHC-II 的出现与否可能影响到成熟精子结合 DNA 的能力。Western 杂交和免疫荧光反应都表明 CD4 分子存在于精子头部,CD4 分子在介导 DNA 渗入精子细胞内起到重要的作用。

9.1.3.2　影响精子与外源 DNA 结合的因素

许多因素影响着 DNA 与精子的结合。①DNA 片段的大小。由于分子间的相互作用,大片段(7 kb)较小片段(150～750 bp)更容易被精子所摄取。②DNA、多聚阴离子、低等电点的蛋白质等物质在与精子相结合的过程中它们的电荷密度具有决定意义。③正常生理条件下,动物排出的精液中含有特异的抑制因子 IF-1,抑制了精子与外源 DNA 的结合。因此,对精子的清洗可提高其与外源 DNA 的结合效率。④精清中的脱氧核糖核酸酶能降解外源 DNA。⑤精子获能是一个比较复杂的生理过程,受多种因素的影响,其中与 Ca^{2+}、K^+、Na^+ 等离子的浓度密切相关。

9.1.3.3　促进外源 DNA 与精子结合的方法

促进外源 DNA 与动物精子结合的方法主要有以下 3 种。

1.共孵育法

共孵育法是将精液与外源 DNA(20 g/mL)直接混合,或对其进行稀释,使精液浓度达到 10^6～10^8/mL,再与 DNA 混合孵育 20～40 min。这种直接孵育的方法,可使吸附外源 DNA 的精子比例占约 6.3%,而且精子在吸附 DNA 后仍能保持很好的活力。

2.电穿孔法

电穿孔法是通过高压电场使精子质膜通透性产生暂时的可逆性变化,从而使 DNA 分子进入细胞内。电穿孔之前,首先要离心洗涤精子,然后用电穿孔缓冲液稀释精子,再将精子悬液置入高压细胞处理器中,进行电脉冲处理。

3.脂质体法

脂质体法是将外源 DNA 与精子混合培养之前先用脂质体包裹,由于脂质体表面带正电,可与带负电的 DNA 形成脂质体-DNA 的复合物。该复合物通过静电作用被细胞所吸附,再通过细胞融合或细胞吞噬作用进入细胞内。阳离子脂质体转基因效率明显高于传统的包埋基因的脂质体转基因效率。

精子因在受精过程中的独特作用,而被认为是转移外源 DNA 的理想载体。到目前为止,精子载体法至少在 12 种动物中获得了转基因后代,其中包括小鼠(Lavitrano 等,1989;Maione 等,1998)、鸡(Nakanishi 等,1993)、兔(Rottmann 等,1994)、绵羊(武坚等,1992)、牛(Schellander 等,1995)、猪(Sperandio 等,1996;Lavitrano 等,1999;Lavitrano 等,2002)等。

精子载体法的优点是基因转化方法简便,利用精子的自然属性,克服了人为机械操作给胚胎造成的损伤,整合率较高;动物育种不经过嵌合体,实验周期短。但它仍然存在一些局限,如目的基因整合的随机性,无法早期验证修饰事件,成功率不高,效果不稳定等。

9.1.4 载体转导

1.反转录病毒载体法

反转录病毒载体法(retrovirus-mediated gene transfer)是利用反转录病毒长末端重复序列(LTR)区域具有转录启动子活性这一特点,将外源基因插入反转录病毒的基因组中,病毒感染宿主细胞后,外源基因就被整合到宿主基因组中。具体方法是在动物早期胚胎的培养液中加入病毒载体,或将胚胎与病毒细胞共培养,还可以把载体病毒注入囊胚腔中获得转基因动物。

1974 年,Jaenishch 等将 SV40 病毒 DNA 注入小鼠胚腔中,获得了体内有 SV40 DNA 整合的转基因小鼠。1975 年,Jaenish 用小鼠(Moloney)白血病毒(MoMLV)作为载体,将外源基因导入小鼠胚腔中,发现病毒转染的小鼠胚胎可以发育成携带病毒基因的小鼠,并遵从孟德尔规律,MoMLV 可在成年小鼠体内重新被激活,使小鼠发生白血病。1998 年,Bremel 等报道了一种新的研究路线,用将逆转录病毒直接注入卵母细胞中的方法获得了转基因牛。该方法是目前应用较成功的一种转基因方法,操作简单,能有效将目的基因以单拷贝形式插入宿主染色体内,基因表达效率较高,整合常发生在病毒基因 LTR 片段;动物病毒所具有的启动子不但可以引发一些选择标记基因的表达,还能引发所导入外源基因的表达;逆转录病毒通过感染后可在受体细胞中进行外源基因的高效转移和筛选。但该法成功率较低,产生的转基因动物多为嵌合体,病毒载体构建复杂;转入的外源基因大小受到限制,不能插入太长(一般应小于10 kb)的外源 DNA 片段;病毒整合到宿主基因组过程中必须要有病毒基因 LTR 的协助,LTR 进而成为病毒基因的启动子,由于 LTR 的影响,插入到病毒基因的外源 DNA 不能有效地表达;容易发生转入病毒自身原癌基因或其他有害基因的复制表达,存在一定的安全隐患。

2.脂质体载体法

脂质体(liposome)易于制备并且具有高效运载 DNA 片段的能力,其最大的特点就是可与

受体细胞类型发生特异性结合,受体细胞会将含外源基因的脂质体吞噬进来,从而实现基因转移。

与传统的显微注射法相比,脂质体载体法具有高效、简便和容易重复的优点。将待转化的DNA溶液与天然的或人工合成的磷脂混合,后者在表面活性剂存在的条件下形成包埋水相DNA的脂质体结构。当这种脂质体悬浮液加入细胞培养皿中时,就会与受体细胞膜发生融合,DNA片段随即进入细胞质和细胞核内。

3.人工酵母染色体载体法

人工酵母染色体(yeast artificial chromosomes,YACs)载体是近年来发展起来的一种新型载体,它具有克隆百万碱基对级的大片段外源DNA的能力。主要两种技术途径:一是ES细胞转染YAC后体外筛选阳性ES细胞囊胚腔注射;二是YAC的原核显微注射。该方法的优点是:①能保证巨大基因的完全性;②能保证较长外源片段在转基因动物中的整合率提高;③能保证所有顺式因子的完整性并与结构基因的位置不变。因此,YAC载体介导法制备转基因动物具有广阔的应用前景。缺点是不稳定,制备工艺比较繁琐。

9.1.5 基因打靶

基因打靶(gene targeting)就是利用细胞染色体DNA与外源DNA同源区段能发生同源重组的性质,将外源基因整合到受体细胞基因组上某一确定位点,以达到定点修饰和改造染色体上某一基因为目的的一项技术。通过基因打靶技术可以对生物体(尤其是哺乳动物)基因组进行基因灭活、点突变引入、缺失突变、外源基因定位引入、染色体大片段删除等修饰和改造,并使修饰后的遗传信息在生物活体内遗传,使遗传修饰生物个体表达突变性状成为可能。

基因打靶包括基因敲除和基因敲入两种方法。基因敲除(gene knock-out)是通过同源重组使特定靶基因失活,以研究该基因的功能,是基因打靶最常用的一种策略。基因敲入(gene knock-in)是通过同源重组,用一种基因替换另一种基因,以便在体内测定它们是否具有相同的功能,或将正常基因引入基因组中置换突变基因以达到靶向基因治疗的目的。根据所用靶细胞的不同,基因打靶分为胚胎干细胞打靶和体细胞打靶两类。该方法的优点是:①宿主细胞可以是原核细胞,也可以是真核细胞;②能把外源基因引入染色体DNA的特定片段上,并可对宿主染色体进行精细改造;③新引入基因随染色体DNA的复制而稳定复制。不足是:①命中率较低;②进入细胞核难度较大;③同源序列要求高且有非同源重组的干扰;④对缺失染色体部分进行打靶无效。

9.1.5.1 基因打靶的原理和环节

基因打靶的原理是利用同源重组技术获得带有预先设计突变的中靶ES细胞,通过胚胎融合或显微注射的方法将其引入受体胚胎,具有全能性的ES细胞就可发育为嵌合体动物的生殖细胞,使得经过修饰的遗传信息经生殖系遗传。

基因打靶的主要环节如下:①基因打靶载体(gene targeting vector)的构建。把外源目的基因和调控序列等与内源靶序列同源的序列都重组到带标记基因的载体上。②外源DNA的导入。用显微注射、电穿孔和载体转导等方法将打靶载体导入受体细胞,导入细胞中的外源DNA与染色体上的靶基因发生同源重组。③同源重组子的筛选。用选择性培养基筛选标记基因检出发生同源重组的ES阳性细胞。④将重组阳性细胞转入动物胚胎,经过生物学检测和进一步杂交获得含有外源基因的纯合子的转基因动物。

9.1.5.2 基因打靶的靶细胞

基因打靶最常用的靶细胞是小鼠 ES 细胞。ES 细胞一般是指从附植前胚胎内细胞团 (ICM)或原始生殖细胞(PGCs)经体外分化抑制培养分离出来的具有全能性(totipotency)和多能性(pluripotency)的细胞。全能性是指 ES 细胞在解除分化抑制的条件下能参与包括生殖腺在内的各种组织发育潜力,即能发育成完整动物个体的能力。多能性是指 ES 细胞具有发育成多种组织的能力,参与部分组织的形成。体外定向改造 ES 细胞,可使基因的整合数目、位点、表达程度、插入基因的稳定性和筛选工作等均在细胞水平上进行。虽然已建立了大鼠、鸡、猪、灵长类和人的 ES 细胞,但只有小鼠 ES 细胞进入囊胚能重新分化形成生殖细胞。近年来,随着核移植和体细胞克隆技术的发展,人们已能对体细胞进行基因打靶。

9.1.5.3 基因打靶的载体

基因打靶载体包括载体骨架、靶基因同源序列和突变序列及选择性标记基因等非同源序列,其中同源序列是同源重组效率的关键因素。基因打靶载体的同源重组序列一般先通过特异性探针从基因组 DNA 文库中分离得到,也可利用 PCR 对基因组目标位点的 DNA 序列进行扩增得到。基因打靶载体分为插入型载体(insertion vector)和置换型载体(replacement vector)两种。插入型载体中与靶基因同源的区段中含有特异的酶切位点,线性化后,同源重组导致基因组序列的重复,从而干扰了目标基因的功能。而置换型载体进行线性化的酶切位点在引导序列和筛选基因外侧,线性化后,同源重组使染色体 DNA 序列为打靶载体序列替换。大多数基因敲除突变都采用置换型载体进行基因打靶。

9.1.5.4 基因打靶的筛选方法

1. 正负双向选择法(positive-negative selection,PNS)

通过基因打靶在基因组靶位引入可选择标记。在打靶载体同源区一个内显子中部插入正选择标记基因 neo 基因(新霉素磷酸转移酶基因),在同源序列与非同源序列之间插入负选择标记基因 HSV-tk 基因(单纯孢疹病毒胸腺嘧啶激酶基因)。neo 基因有双重作用,它既可使靶基因失活,又可作为选择标记。因 neo 基因位于同源区内,在随机整合和同源重组中都可以表达。HSV-tk 基因位于同源区外,载体的 3′ 末端,在同源重组中不参与整合而被切除丢失,但在随机整合时,所有序列都保留,包括 tk。正选择标记基因 neo 基因的产物可使细胞在含有新霉素的培养基中生长;而胸腺激酶 tk 可使丙氧鸟苷(gancyclovir,GANC)转化为毒性核苷酸杀死细胞,所以含有 HSV-tk 基因的随机整合的细胞不能在含有氟碘阿糖尿苷(FI-AU)的培养基中存活而被排除掉,发生同源重组的细胞(不含 HSV-tk 基因)筛选得到。发生同源重组的细胞对 G418 和 GANC 都有抗性,在选择性培养基中存活下来;随机整合的细胞对 G418 有抗性,而对 GANC 敏感被杀死;未发生整合的细胞对 G418 敏感被杀死。

常用的正选择标记基因有 neo 基因、次黄嘌呤磷酸转移酶基因(hprt)、潮霉素 B 磷酸转移酶基因(hph)、黄嘌呤/鸟嘌呤磷酸转移酶基因(gpt)、胸腺嘧啶激酶基因(tk)、嘌呤霉素乙酰转移酶基因(puro)等,负选择标记基因有 HSV-tk 基因、果聚糖蔗糖酶基因(SacB)、tetAR 基因、thyA 基因、gata-I 基因、ccdB 基因、苯丙氨酰-tRNA 合成酶 α 亚基基因(pheS)等。

2. 正向选择法(positive selection method)

这种新的同源重组方法适用于在靶细胞内正常表达的基因的定点突变。该方法的主要程序是:将选择标记基因 neo 的启动子和起始密码剪切掉,再嵌合入打靶载体中与靶位点同源的序列内,将打靶载体转染进靶细胞,可能出现以下几种情况:①打靶载体不整合进入靶细胞基

因组中,随传代而丢失;②外源打靶序列随机整合,由于 neo 基因缺失了其自身的启动子和起始密码,整合位点周围亦无启动子,使 neo 基因的表达受阻;③虽然是随机整合,但其整合位点侧翼序列在其他基因的启动子能启动 neo 基因的表达;④外源打靶载体与靶位点发生了同源重组,则 neo 基因可借助靶基因自然存在和起始密码的作用而呈现表达活性。因此,在用 G418 筛选时,抗性细胞中将只会有后面两种可能的情况,在此情况下,根据基因组 DNA 酶切图谱的差异,用 Southern 印迹法就可检测出同源重组的克隆。

3. PCR 筛选法

用 PCR 对重组子进行分析,不但可以迅速扩增插入片段,而且可以直接进行 DNA 序列分析。但用 PCR 法进行筛选时,必须对每个细胞克隆都要进行扩增,比较费时费力。

9.1.5.5　基因打靶的策略

1. "打了就走"策略

打了就走(hit and run 或 in-out)也称进退策略,是 1991 年由 Hasty 等提出的基因打靶策略。第一步(hit)要构建含有正选择标记基因 neo 基因、负选择标记基因 HSV-tk 基因和所需突变序列的插入型打靶载体;第二步(run)是将打靶载体转染受体 ES 细胞,用 G418 富集同源重组细胞。插入的重复序列会自发进行染色体内同源重组,将标记基因、载体序列和一个拷贝的同源序列切除,仅留下一个拷贝的带理想突变的靶基因,然后用负选择标记基因 tk 基因的丧失来筛选染色体内同源重组的细胞。

2. 标记与交换策略

标记与交换(tag and exchange)法是 1993 年 Askew 等提出的基因打靶策略,需要构建两个不同的置换型载体进行两次连续打靶完成。第一步是用含有正负双向选择性标记基因(neo 和 HSV-tk)的置换型载体将筛选基因导入基因组靶位点,通过 G418 筛选正选择标记基因 neo 阳性同源重组的细胞;第二步是将精细突变了的目的基因以置换型载体通过第二次同源重组导入重组细胞的基因组,用丙氧鸟苷(GANC)对负选择标记基因筛选得到第二次发生同源重组的细胞,同时将选择标记基因切除,实现染色体靶基因的定点突变。该策略能精确地引入突变并使筛选工作量大为减少。

3. 时空特异性基因打靶策略

时空特异性基因打靶(spatiotemporal gene targeting,STGT)是在特定的时间和空间(即在特定的发育阶段和特点的组织细胞中)开启和关闭特定基因的技术。传统的基因打靶技术所获得的基因突变存在于转基因动物的生殖细胞中,用其作亲本获得的子代纯合子体内的所有组织细胞的基因组中都携带此突变,由于子代纯合子突变体常因严重的发育障碍而出现死胎或早期死亡,使得人们无法对靶基因在非生殖系或个体发育晚期的重要功能进行深入的研究。时空特异性基因打靶正好能够解决这一难题。应用 Cre-LoxP 系统可在时空按预期的设计进行基因剔除。将基因 Cre 置于可诱导的启动子控制下时,通过诱导表达 Cre 重组酶而将 LoxP 位点之间的基因切除,从而实现时空特异性的基因打靶。目前,人们利用基于蜕皮素(ecdysone)和化学性诱导二聚体(chemical inducer of dimerization,CIDs)等的诱导系统也能实现时空特异性的基因打靶。

4. 染色体组大片段的删除和重排策略

染色体组重排是导致人类遗传性疾病的主要原因,同时也是肿瘤发生过程中重要的遗传改变。该方法要求对染色体靶位点有充分的了解,包括 Cre 介导的非同源染色体间的重排和

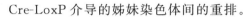

Cre-LoxP 介导的姐妹染色体间的重排。

5.条件性基因打靶策略

条件性基因打靶(conditional gene targeting)是将某个基因的修饰限制于小鼠某些特定类型的细胞或发育的某一特定阶段的一种特殊的基因打靶方法。它实际上是在常规的基因打靶的基础上,利用重组酶介导的位点特异性重组技术,在对小鼠基因修饰的时空范围上设置一个可调控的"按钮",从而使对小鼠基因组的修饰的范围和时间处于一种可控状态。利用 Cre-LoxP 和来自酵母的 FLP-rt 系统可以研究特定组织器官或特定细胞中靶基因灭活所导致的表型。

6.诱导性基因打靶策略

诱导性基因打靶就是以 Cre-Loxp 系统为基础,利用控制 Cre 表达的启动子的活性或所表达的 Cre 酶活性具有可诱导的特点,通过对诱导剂给予时间的控制或利用 *Cre* 基因定位表达系统中载体的宿主细胞特异性和将该表达系统转移到动物体内的过程在时间上的可控性,从而在 LoxP 动物的一定发育阶段和一定组织细胞中实现对特定基因进行遗传修饰目的的基因打靶技术。可以通过对诱导剂给予时间的预先设计的方式来对动物基因突变的时空特异性进行人为的控制,以避免出现死胎或动物出生后不久就死亡的现象。常见的几种诱导性打靶类型有四环素诱导型、干扰素诱导型、激素诱导型、腺病毒介导型 4 种。其优点是:①诱导基因突变的时间可人为控制;②在 2 个 LoxP 位点之间的重组率较高;③可避免因基因突变而致死胎的问题。

7.完全基因剔除的策略

完全基因剔除(complete knock-out)是借助于阳性选择标记基因通常被插入靶基因功能最关键的外显子中,或通过同源重组删除靶基因最重要的功能域,实行靶基因的完全剔除。阳性选择标记基因常采用 β-半乳糖苷酶基因(*lacZ*),将其以正确的阅读框插入靶基因的外显子中,除了剔除靶基因外,通过分析 β-半乳糖苷酶的活性可以研究靶基因表达的时空顺序。

8.大规模随机基因剔除——基因捕获策略

基因捕获(gene trapping)是将一含报告基因的 DNA 载体随机插入基因组中,从而产生内源基因失活突变,并通过报告基因的表达激活提示插入突变的存在及突变内源基因表达特点。通过筛选得到的插入突变的 ES 细胞克隆经囊胚注射转化为基因突变动物模型,进而分析表型来研究突变基因功能。基因捕获是一种集随机突变与分子信息明确的基因突变两者优势的基因突变策略。捕获可以建立一个携带随机插入突变的 ES 细胞库,*neo* 基因插入到 ES 细胞染色体组中,并利用捕获基因的转录调控元件实现表达的 ES 克隆可以很容易地在含 G418 的选择培养基中筛选出来。中靶基因的信息可以通过筛选标记基因侧翼 cDNA 或染色体组序列分析来获得。在单次实验中可以获得数以百计的带有单基因剔除的 ES 克隆。但此方法的缺点是只能剔除在 ES 细胞中表达的基因。

动物转基因的导入除了以上的几种主要方法以外,还有体细胞克隆法、核移植法、原始生殖细胞技术、BAC 法(人工细菌染色体法)、磷酸钙沉淀法、电转移法、染色体片段注入法、DEAE-葡萄糖介导法、细胞融合法、激光导入法和微弹轰入法等。

9.2 转基因动物的基本程序

转基因动物是指用实验导入的方法将外源基因在染色体基因内稳定整合并能稳定表达的一类动物。转基因动物是对多种生命现象本质深入了解的工具,可以用来建立动物模型研究某些疾病的发病机理和治疗方法,并且可以通过改造动物基因组来改良家畜。

转基因动物的构建过程主要分为 3 步:第一步,明确实验动物在特定专业研究中的利害,根据研究需要建立相应的稳定繁育系统,按实验的动物质量标准进行遗传学、微生物学、饲养管理等方面的标准化。第二步,利用分子生物学技术制备目的基因,构建基因载体,再用转基因技术将该外源目的基因转入受精卵。第三步,分析评估含外源基因动物的优缺点、生理生化特性及预测或解释外源基因在动物体系统中的表型,用实验动物繁育技术(如回交、侧交、杂交等)建立生物学性状限定的基因工程动物。

9.2.1 显微注射用 DNA 的制备

显微注射首先涉及导入 DNA 的制备,显微注射的转入基因通常为去除载体序列的线性DNA,转基因所用载体为真核表达载体,即含有在哺乳动物细胞内表达的真核启动子。所谓组织特异性的实现多是通过组织特异性启动子来实现组织特异性表达的。如果制备转基因动物,必须对要导入的 DNA 进行分离纯化。实验必须用经过琼脂糖电泳鉴定并确定其纯度的DNA,对导入基因的大小没有特别的限制,长链 DNA 也可成功。实验中要注意防止一些杂质堵塞注射针,如琼脂糖颗粒、纤维物质等,需尽量超速离心去除。

1. 目的基因的获取

目的基因的获取的方法很多,主要有人工合成 DNA、mRNA 反转录获得 cDNA 和从基因文库中筛选目的基因 3 种。前两种方法都属于人工法,其中完全由核苷酸人工合成 DNA 是基因工程中最理想的方法,但是由于技术的限制,只能合成一些简单的基因。所以目前主要应用于原核生物。

2. 外源 DNA 的质量

外源 DNA 的纯化、洗脱和储存等操作都应当小心谨慎。若处理不当,较大的 DNA 分子(>100 kb)极易发生断裂,甚至 50 kb 的小分子也可能会发生损伤。发生断裂、缺口或降解的DNA 就不适合显微注射了。由于不断重复的纯化过程持续时间太长,因此首要注意的是避免上述现象的发生。在最后稀释之前,一定要鉴定 DNA 的真实性。将小量等份的 DNA 样品进行较慢速度的琼脂糖凝胶电泳,检测电泳带的质量,并对不同曝光时间的电泳照片进行分析,准确测定 DNA 分子的大小。任何方式的降解(表现为小分子片段的拖尾,而且稍微过度曝光的电泳照片更易观察到拖尾现象)都是不容忽视的。

3. 注射用 DNA 浓度的测定

对纯化的 DNA 溶液浓度进行精确测定也非常重要。DNA 浓度测定不准确,获得的转基因频率或者注射后合子的存活率会很低。分光光度计可以测定 DNA 最大浓度,但如果溶液中有 RNA 或其他能吸收紫外光的杂质,会使测定的浓度错误地显示较高。另外,还必须以浓度绝对精确的 DNA 或注射缓冲液作为对照。荧光测定是一种更为精确的测定方法,但是无法检测 DNA 的真实性。因此还必须在琼脂糖凝胶泳道中加一种或多种体积的 DNA 溶液(为 200~500 ng),而在其他泳道中加入已知浓度的经过系列稀释的标准 DNA 作为对照。将未知 DNA 条带与标准或对照 DNA 进行对比,估测样本 DNA 的浓度。

4.导入 DNA 的制备程序

(1)通过在 Tris-acetate-EDTA 缓冲液中进行琼脂糖凝胶电泳,从载体中分离待插入 DNA,用 5 mg/mL 溴乙啶染色。

(2)为防止对插入 DNA 的溴乙啶的破坏,用长波紫外光显影。

(3)切下目的基因所在凝胶片,电泳制备目的 DNA,或用 Qiaex 凝胶抽提试剂盒进行抽提。

(4)乙醇沉淀目的 DNA。在样品中加入 1/10 体积的 3 mol/L 乙酸钠,混匀,再加入 2~2.5 倍体积无菌 100% 乙醇进行沉淀。

(5)−20℃孵育过夜后,超速离心机 10 000 r/min,离心 5 min,收集沉淀,重悬沉淀于 Elutip 缓冲液。

(6)用 Elutip-D 微型柱对目的 DNA 过柱处理。

(7)按照步骤(4)重新沉淀 DNA,用 70% 乙醇漂洗沉淀 2~3 次,真空干燥沉淀。清洗与干燥过程极其重要,因为残余的盐和乙醇对受精卵的发育是致命的。

(8)注射缓冲液(10 mmol/L Tris-HCl,0.1 mmol/L EDTA,pH 7.5)重悬沉淀,缓冲液必须由 Milli-Q 纯化水配制。

(9)通过荧光光度计或凝胶电泳比色法评估目的 DNA 的浓度。

(10)用注射缓冲液调整目的 DNA 的浓度在 5~10 ng/mL。

5.注射针内 DNA 的装载

把注射针的钝性头浸在盛待注射 DNA 的管中,溶液通过毛细吸管的虹吸作用进入注射针。注射针的末端应一直留在 DNA 溶液中直到注射针末端有小泡形成,即说明 DNA 溶液装载完毕。仔细检查注射针针头末端,距其几毫米处可见一个小凹液面。最后可将载满 DNA 溶液的吸管装在持针器或固定在器械环中待用。

9.2.2 受精卵的获取

受精卵可以从供体母体内获得,也可以通过体外受精获取。若受精卵细胞从供体母体内获得,其基本过程是:首先对供体母体用促性腺激素进行超数排卵处理,再通过自然交配或人工授精完成受精,最后从供体母体输卵管中获得受精卵。若受精卵在体外通过体外受精获得,其基本操作过程包括卵母细胞的采集和培养、精子的采集和获能、受精。

9.2.2.1 供体母体内获取受精卵

制作转基因小鼠时,受精卵取自超数排卵或自发排卵的小鼠。如作超数排卵,选 5~6 周龄的雌鼠下午 4 时注射孕马血清促性腺激素(pregnant mare serum gonadotrophin,PMSG)5 IU,48 h 之后注射人绒毛膜促性腺激素(human chorionic gonadotrophin,HCG)4 IU 或 5 IU。第二次注射后即将雌鼠放入雄鼠笼中交配,次日晨选出有阴道栓的雌鼠待用。小鼠排卵时间与光照和黑暗交替的时间有关,而且不同品系的小鼠在相同条件下也有差异。例如 ICR 品系小鼠原核形成的时间比昆明白小鼠早 1~2 h。Brinsterts 的实验结果证明,外源基因注入原核中整合到染色体上的比例最高,雌雄原核的区别不大,注入细胞质内的整合率很低。

因此,取卵的时间应选在卵子受精后,雌雄原核已形成,但二者尚未结合的发育阶段适宜。取卵时先将有阴道栓的小鼠处死,经剥离后将完整的输卵管带一小段子宫剪下,置于培养液中,在解剖镜下找到输卵管的膨胀壶腹部,用细尖头镊子撕开即见带有卵丘细胞的卵子自行流出。有时会遇到受精卵已从壶腹部迁移到输卵管的狭窄部位,此时可用冲洗的办法。先准备 1 mL 注射器和已磨钝的 4 号注射针头,吸取预热 37℃ 的培养液,将取下的输卵管置于 6 cm 培养皿中,针头从喇叭口插入,并用镊子轻轻夹住喇叭口固定针头以防脱滑,这时慢慢地推动注射器即可见到卵子随培养液由子宫端流出。此法操作方便且不丢失卵子。随后将带有卵丘细胞的受精卵移入含有 1 mg/mL 透明质酸酶(hyaluronidase)的培养液内,溶去卵丘细胞,立即将卵子换至新鲜培养液中洗涤 2～3 次,上面再覆盖一层处理过的液体石蜡,然后做显微注射。在整个实验过程所用的解剖器械、玻璃器皿、溶液等,均需灭菌以防污染。

9.2.2.2 体外受精获取受精卵

1.卵母细胞的采集和培养

卵母细胞可以是从输卵管中获得的已经成熟的卵母细胞,直接就可用于体外受精;或者先从卵巢中获得未成熟的卵母细胞,再在体外培养成熟然后用于体外受精。但无论哪种情况,只有部分的卵母细胞发育成熟,因此,如何提高卵母细胞的成熟率是体外受精技术要解决的现实问题。卵母细胞的成长与成熟需要促性腺激素,即促卵泡素(FSH)和促黄体素(LH)。而成熟卵母细胞从卵泡中排出,需要卵泡中的促黄体素的浓度达到峰值,但在现实条件下很难掌握其峰值出现的精确时间和获取成熟卵母细胞的准确时机。

在卵母细胞获取技术中,卵泡发育的募集、选择和优势化成为人工超数排卵和卵母细胞体外成熟的重要基础。给予外源促性腺激素(如促卵泡素或孕马血清促性腺激素)能够增加卵泡被募集的数量,促进卵泡的生长发育,减少其在选择期的闭锁,提高超数排卵率。所以,卵母细胞体外成熟培养时,加入促卵泡素或孕马血清促性腺激素以及人绒毛膜促性腺激素,能够显著提高卵母细胞的体外成熟率。

(1)卵母细胞的采集　实验小鼠在光控条件下(光照 14 h,黑暗 10 h)饲养 7～10 d,调节其生理周期。体重在 20 g 左右的小鼠在下午 2～3 时腹腔注射 5～10 IU PMSG,48 h 后屠宰取卵巢,用卵子体外操作用培养液(Dulbecco PBS)洗净后在培养液中用解剖针挑破卵泡,取出大块组织残渣,余液在体视显微镜下捡卵,用于体外成熟培养。其他家畜(如牛、羊、猪等)卵母细胞的采集有 3 种方法:①屠宰后卵巢卵母细胞采集。从屠宰场取得卵巢,用含抗生素的生理盐水洗净后,保温(30～37℃)运回实验室,用含抗生素的生理盐水洗涤数次,灭菌纸巾吸去卵巢表面水分,然后用 18 号注射针抽取卵巢表面直径 2～5 mm 卵泡中的卵母细胞注入离心管中沉淀,去上清,将沉淀物倒入平皿或表面皿中,捡出卵母细胞。②活体卵母细胞采集,即活体腹腔镜卵巢穿刺采集。该方法是借助超声波探测仪和腹腔镜,直接从活体动物的卵巢中吸取卵母细胞。先对动物进行超数排卵处理,然后用 B 型超声检测卵巢表面卵泡发育情况,经局部或全身麻醉后,通过阴道壁或腹腔后部体壁装有吸卵针的插管插入腹腔,由超声波图像引导,吸取大卵泡中的卵母细胞。③活体输卵管内卵母细胞的采集。将动物从腹部正中线切开,找出子宫角和输卵管进行灌流,用平皿收集灌流液。从输卵管中获取的卵母细胞可直接用于体外受精。

(2)卵母细胞的成熟培养　用于体外成熟的卵母细胞分 A、B、C 3 级。A 级卵母细胞是指卵丘细胞致密完整、质地均匀、结构清晰;B 级卵母细胞是指卵丘细胞不十分完整,但胞质均匀、结构清晰;C 级卵母细胞是指卵丘细胞不完整,胞质不均匀。在卵母细胞体外成熟培养时,要尽可能选择 A 级卵母细胞(占获取总卵母细胞的 60%)。

目前,卵母细胞的体外培养常采用微滴培养法。用 35 mm 的聚乙烯培养皿制备 1～4 个 50 μL 培养液微滴并覆盖已经灭菌的液体石蜡,然后每个微滴再补加 50 μL 培养液,制备成 100 μL 的培养液微滴,最后在 CO_2 培养箱中平衡 3 h 以上。在每个培养滴中放入 10～15 枚卵母细胞,在 CO_2 培养箱中进行成熟培养。培养时间根据动物的种类而定,一般小鼠的为 12 h,牛、羊的为 20～24 h,猪的为 36～42 h。

2. 精子的采集和获能

(1)精子的采集　精子采集的方法有很多,要根据不同的动物和环境条件而选择不同的方法。①假阴道法:假阴道即人工阴道,是模拟雌性动物阴道条件而仿制的。其基本构造主要由外壳、内胎、集精杯(或集精管)及附件组成。通过填注到假阴道外筒和内胎间的水的温度来调整假阴道内的温度,一般要视个体而定调整到 45℃ 左右,此外还与季节、环境温度、采集时间的长短等有关。因此,要隔时测量其温度。另外,采精时,采精漏斗和采精管要维持在接近体温的温度。②手握法:模仿雌性动物子宫颈对雄性动物阴茎的收束力而刺激射精。猪精液采集常用此法。③电刺激法:用电刺激采精仪刺激动物射精,电刺激强度的大小要因种而定。目前主要用于野生动物以及失去爬跨能力的动物。④按摩法:通过采精人员的手指对雄性动物的生殖器官及副性腺进行按摩刺激,引起其性欲而射精。该法适用于牛、犬和禽类等的采精。

(2)精子的获能　精子获能是指哺乳动物的精子在受精之前要经过一系列复杂的生理生化变化,以获得穿入卵子的能力的过程。一般认为精子获能的第一阶段是脱去精子表面的抗原物质和去能因子(decapacitation factors,DF),增强了膜通透性,该过程是一定程度可逆的生理学变化。第二阶段是精子细胞膜蛋白变化,即发生顶体反应,此过程是不可逆的结构上的获能。精子体内获能是在输卵管中完成的,而体外获能可在一些化学成分明确的培养液中完成。温度、动物种类、采精位置和培养液组成是影响精子体外获能的主要因素。对于判定是否精子获能,主要是采用观察其运动形式的变化。精子开始获能时,运动非常活跃,尾部振幅大而有力,获能后精子由直线前进变为激烈的曲线运动(鞭打状)。精子头部为侧向曲线运动,鞭打幅度加宽和沿星状自旋轨道进行。

3. 受精

成熟的卵母细胞和获能的精子在特定的培养环境中共同培养,使之融合形成合子而完成受精过程。受精过程包括精子穿入卵丘和放射冠、精子与透明带结合、精子发生顶体反应、精子穿入透明带、精卵融合、两性原核形成及融合形成合子等几个阶段。

对于实验动物(小鼠),在精子获能之前,要用 35 mm 培养皿预先制备 0.4 mL 的精子获能培养滴,在 CO_2 培养箱平衡 3 h 以上。将成熟的小鼠(2～6 月龄)脱臼屠杀,立即摘取睾丸和附睾,在灭菌纸上去除血液和脂肪组织。然后用眼科剪刀在附睾尾部切开一小口,挤出或用吸管吸取精液后注入获能培养滴中,调节精子密度为 $(0.1～1.0)×10^9/mL$。将调整好的精子悬液在 CO_2 培养箱中培养 1～2 h 使其获能。体外受精前,用 35 mm 培养皿预先制备 10 μL 的受精培养滴,在 CO_2 培养箱平衡 3 h 以上。将成熟的卵母细胞注入受精培养滴中,然后取 4～10 μL 已获能的精子悬液注入含有成熟的卵母细胞的受精培养滴中(精子浓度为 $(0.1～1.0)×10^7/mL$),在 CO_2 培养箱中培养受精。

家畜的精液采集好后可新鲜保存(4℃可保存 3 d)或冷冻保存。体外受精时,将新鲜精液

1 mL 或冷冻融解精液 1～2 管（粒）放入离心管中离心洗涤，用受精液调节精子浓度达(0.1～1.0)×10⁷/mL 后注入含有成熟的卵母细胞的受精培养滴中，在 CO_2 培养箱中孵育 6 h 左右即可完成受精。家畜的体外受精，不必在受精前对精子进行特定的获能培养，而是在受精培养液中加入获能物质（如咖啡因和肝素等），然后直接与卵子共培养，就能使精子获能和受精。

9.2.3 显微注射和移植

9.2.3.1 显微注射

显微注射时要用显微操作仪来控制显微持卵针和显微注射针。持卵针是显微注射时固定受精卵的细玻璃管，管口平滑，通过一注射器控制持卵针，使其吸住要进行注射的受精卵。用来注射外源 DNA 的细注射针管表面平滑，尖端锋利，这样便于注射时穿过透明带和细胞膜等。取已制备好的受精卵细胞和外源 DNA 悬液，在倒置显微镜下进行显微注射操作。注射时先用持卵针吸住受精卵，再用注射针吸取外源 DNA 悬液，然后推动注射针，使其刺入受精卵的雄原核，将 DNA 注入。注射完毕后，慢慢抽出注射针，将受精卵放入新的培养液中，使其恢复。一般有 50%～80%的受精卵会在显微注射后仍保持健康。

1. 显微工具的制作

制作注射针时，选用外径为 1 mm，内径 0.75～0.8 mm 带芯毛细玻璃管，装在水平拉针仪上，拧紧左右两侧的夹子，做好固定，并使其中间部位对准加热丝。设定好电流、拉力和时间。然后按开始键，等待毛细管被拉成两个所需的微注射针头。由于不同厂家生产的玻璃毛细玻璃管参数存在细微差异，所以，不同厂家同一型号的玻璃毛细玻璃管拉针参数组合不同，需要预先摸索。为了防止空气中灰尘颗粒沾染注射针引起针尖阻塞，注射针需现用现拉制且最好使用硼硅酸盐玻璃的毛细管。另外可以采用硅烷对注射针头进行处理，以防样品和培养基成分与玻璃的亲水表面相互作用，从而引起针尖阻塞而影响注射。如果拉制的注射针不虹吸 DNA 溶液，可将毛细玻璃管放入盛有 0.1 mol/L HCl 的烧杯中浸洗 2～4 h，然后用自来水冲洗数次，再用三蒸水清洗数次，经高压灭菌后即可利用。

制作持卵针时，要选用外径为 1 mm，内径 0.75 mm 的无芯毛细玻璃管作为制作材料，装在拉针仪上，拧紧左右两侧的夹子，做好固定，并使其中间部位对准加热丝。设定好电流、拉力和时间。按键拉出针坯，用细沙轮在直径为 80～100 μm 处将玻璃针切断，尽量使断面平齐，然后在煅针仪上处理断面，将断面烧圆；也可以先在煅针仪的铂金丝上烧制一小玻璃泡，在中温情况下将针坯直径为 80～100 μm 处贴上玻璃泡，断电冷却玻璃泡，利用热胀冷缩断裂针坯前端，尽量使断端平齐。然后对断面进行光滑处理。最后用酒精灯焰或煅针仪铂金丝在距针尖 2～3 mm 处，将针坯弯成 15°（图 9-1）。

2. 注射的时间

小鼠受精卵的原核只有在核膜消失之前最大时最容易注射。1-细胞阶段原核逐步发生膨胀，其最佳注射时间一般持续大约 3～5 h。合子发育阶段可以通过调节 HCG 注射的时间、动物房光照周期以及卵子采集时间加以控制。但是必须牢记的是，所有胚胎发育的影响因素均与小鼠品系（纯系或杂交品系）密切关联。典型的光照周期为早上 5 时到晚上 7 时，如果在显微注射前天中午注射 HCG，而且在显微注射之日 10 时左右收集合子，则最好在中午到下午 4 时之间进行显微操作。激素注射、光照周期以及胚胎采集的最佳时间应当由经验决定。如果胚胎发育不充分，原核体积会非常小而且不太清楚，不易注射。可以提前 HCG 注射时间，或

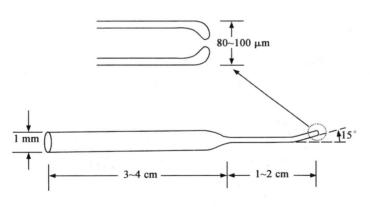

图 9-1　持卵针示意图(改自 Nagy A et al，2003)

向后推迟并缩短光照周期。另一方面，如果胚胎发育时间太长，原核已经融合，将会发生第一次分裂。解决措施是推迟激素注射时间，或延长光照周期。

3.显微注射操作过程

(1)注射针头装液　将用注射缓冲液稀释的 DNA 溶液(1～3 μg/mL)12 000 r/min 离心 5 min，用经三蒸水清洗过的移液枪头将上清液转移至另一同样经三蒸水清洗的 eppendorf 管中作为注射 DNA。将用带芯毛细玻璃管拉出的注射针针头后部浸入 DNA 溶液中，深度约为 1 mm，注意不要用手指或其他东西接触针头及针尖，通过虹吸作用，DNA 溶液很快就到达针尖部。另外也可直接使用无菌的微量加样器从微注射针头的后部加入 0.5～1 μL 的注射样品。

(2)注射针头及持卵针的定位　将装液后的针头游离端安在注射连接器上，然后旋紧连接器以固定针头，再将其固定到微操作仪的托针管上。同样将持卵针的针头安在卵固定连接器上，然后旋紧连接器以固定针头，再将其固定到微操作仪的托针管上。

(3)显微注射的操作　①在 35 cm 的培养皿中央加一滴约 50 μL 的 M2 培养基，加入 5 mL 液体石蜡并将培养皿液滴调整到显微镜视野中央，然后吸取 10～20 枚细胞核清晰的受精卵吹到液滴中央，在吹卵过程中尽量不要吹出气泡，以免影响视野。②用低倍物镜对准受精卵调焦，轻轻地落下针尖，并将注射针尖推入视野中心，通过显微操作系统的微调调整注射针位置，直到清晰见到针尖为止。③将目镜转到工作放大倍数(20～40×)，移动显微镜载物台，使注射针尖位于石蜡油中，转动注射针相连的注射器在注射针内形成正压，检验是否在针尖形成液泡，如果没有说明注射针被堵塞，换新的注射针。用同样的方法调整持卵针的位置，使持卵器开口端正对注射针尖。然后在中倍放大倍数(10×)下，调节持卵针注射器使持卵针内形成负压，吸取边缘清晰、形状饱满且细胞核明显的受精卵，通过改变注射器的压力，调整受精卵的位置，使受精卵的雄性细胞核正对注射针尖且两者之间的距离最小。将放大倍数调至工作倍数(目镜 20～40×)，进一步调整显微镜焦距和注射针及持卵针的位置，使细胞核和注射针尖均达到最佳清晰程度。推动操纵杆，小心进针，使注射针针尖进入细胞核。④加大注射压，直到细胞核明显胀大为止。⑤轻而迅速往外拔针头，直到离开细胞。

注射完毕，将受精卵放回 M16 培养液中，在细胞培养箱中继续培养，吸取下一批受精卵继续进行，直到注完为止。将注射过的受精卵培养过夜。

在整个过程中，严禁将注射针尖对着人员和仪器，因为注射针在持针器上安装不牢时或针

尖堵塞,注射器、管子及注射针内的压力,可能将注射针射出。注射器的压力不宜变化太快,否则会造成注射量操作难以控制,导致细胞核内环境改变过快、过大而胀破细胞。在注射过程中,常发生注射针阻塞,阻塞后,通常可通过将针尖轻轻敲击持卵针而得以缓解,如果不能解决,换用新的注射针。另外,一定要避免针尖刺入核仁。

9.2.3.2 胚胎移植

注射过外源 DNA 的受精卵,可以立即进行胚胎移植,也可经体外培养,待胚胎发育到桑葚期或胚泡期再移入同步发情的假孕母体子宫,为了减少体外培养的麻烦和提高胚胎成活率,一般都在注射后立即做胚胎移植。移植前先选好同步发情的假孕母体进行麻醉,在背部两侧对准卵巢的位置开口,用镊子夹住输卵管附近的脂肪组织,轻轻地拉出卵巢和输卵管,避开卵巢外包膜上的血管,撕开包膜使喇叭口暴露出来,取胚胎移植管,先插入培养液内让培养液进入玻璃毛细管,再吸入气泡作标志,便于观察移植时卵子在毛细管中移动的位置,吸取胚胎后,使管内液体处于稳定状态,用镊子夹住暴露出来的喇叭口周围组织接合部位,防止移植管滑出,随即将胚胎移植管插入喇叭口中,并立即向移植管内吹气,见玻璃毛细管中的气泡推动卵子向输卵管方向移动,待气泡移至近喇叭口附近,此时可以确定胚胎已进入输卵管,然后将输卵管和卵巢送回腹腔再缝合、消毒,待其发育。

9.3 转基因动物的鉴定

9.3.1 转基因小鼠分析用组织 DNA 的制备

收集少量组织样本可供转基因检测、特征分析或潜在转基因动物的基因型分析。用这些样品可制备 DNA 以用于 Southern 杂交、点杂交或 PCR。杂交分析需要制备高质量的 DNA,但 PCR 则不需要。简单的细胞或组织裂解液可提供足够的 PCR 分析用 DNA 模板。

打耳标孔和截趾得到的组织可用于提取足够量的 DNA 用于 PCR 分析。Southern 杂交通常需要大量的 DNA,这可以从尾尖提取。由于大多数标记动物的方法可同时获得小量组织,所以理想的方法是把打耳标和截趾标记时获取小量组织与提取 DNA 结合起来。在这样的情况下,组织可放入置于冰上的标记的小离心管中提取 DNA,进行 PCR 分析。通常截尾可在 2~4 周龄的小鼠上进行,因为越小的小鼠其伤口愈合得越快,流血会越少。

为鉴定整合在转基因小鼠基因组中的转基因的拷贝数,必须要准确地量化从该小鼠中提取的 DNA 的浓度。许多 DNA 制备方法都可能有严重的 RNA 污染,因此,仅有 260 nm 处的紫外吸光值并不能准确地反映 DNA 的浓度,还需要用封口式 DNA 检测仪检测。一个非常方便的检测 DNA 浓度的方法是使用可特异性结合 DNA 的 Hoechst 33258 荧光染料(Sigma B2883)。

从小鼠尾尖提取基因组 DNA 检测其基因型是鉴定转基因小鼠目前实验室中常用的最简单的方法。具体的操作一般为:将离乳期小鼠(>4 周龄)麻醉标记后,一只手抓住小鼠,另一只手持消毒剪剪下约 1 cm 的鼠尾。将鼠尾剪碎,加裂解液 600 μL、蛋白酶 K 40 μL(20 mg/mL),于 55℃水浴过夜。消化完毕后,加 Rnase 20 μL(20 mg/mL),于 37℃温育 1~2 h。依次用饱和酚、酚·氯仿·异戊醇(25∶24∶1)、异戊醇(24∶1)氯仿抽提,缓慢混匀 10 min,10 000 r/min,

4℃离心 5 min,吸取上清,不要搅动界面。加入等体积异丙醇,首尾颠倒混匀 5 min 后,将絮状 DNA 挑出,用 70 ％的乙醇洗涤,室温晾干后,TE 溶解备用。

9.3.2　PCR 鉴定转基因小鼠

　　PCR(polymerase chain reaction)技术是一种 DNA 体外扩增技术,其基本原理同体内 DNA 的复制一样,均需经过 DNA 模板的解链、引物结合以及模板指导下的链的延伸 3 个过程,在 PCR 反应中是靠温度的调整和聚合酶的共同作用完成的。若 PCR 体系中有一对方向相对的引物,通过反复变性、复性和延伸过程,就会在短时内可将两引物间模板扩增至百万倍。由于 PCR 所需样品量少,灵敏度高而且操作简便,因而逐渐用于转基因动物外源基因整合、表达的检测。这样可以极大地提高转基因效率,减少人力和物力的浪费。在大型转基因动物研究中,用 PCR 先对着床前的胚胎筛选,再将已证实携带外源基因的胚胎植入母体,但该方法要求待分析的基因组 DNA 样品应尽可能纯化,否则会干扰该反应,并且会降低检测的灵敏度和重复性,此外用于大批量检测时,费用比较昂贵。

　　实时定量 PCR 是近几年迅速发展的 DNA/RNA 的定量技术,与传统定量技术相比,实时定量 PCR 技术具有高特异性、高信噪比、高安全性、高效率、高通量、低成本等众多优点,仅在确定转基因片段实际大小及是否完整上具有先天不足。如果优化好条件,并进行严格的质量控制,实时定量 PCR 的定量结果与 Southern blot 完全一致。

　　显微注射获得的基础转基因小鼠只有在其可信度已被之前的实验很好验证的情况下,PCR 才被作为一种主要的转基因鉴定方法。否则,应对阴性及阳性对照进行 Southern 杂交分析,在成功检测了转基因或靶位点之后再进行 PCR 检测。PCR 检测时,应选择并合成两条能从转基因中扩增出 200～1 000 bp 特异条带的引物。选择引物是建立稳定 PCR 的最重要的条件之一。要注意的重要的参数有合适的引物长度(通常 18～22 bp)、引物的 GC 含量(40％～60％)以及合适的退火温度。当一个小鼠转基因系已传了 2～3 代并且仅有单一的转基因整合位点时,只要 PCR 分析的结果与以前 Southern 杂交数据一致,它通常足以用于筛查后代来检测转基因的遗传情况。然而一定要注意此分析由于 DNA 污染而易于表现出的假阳性。

　　常规的 PCR 模板的制备方法:提取染色体 DNA,需要蛋白酶 K 消化过夜,酚氯仿抽提,乙醇沉淀等步骤。操作繁琐,需更换管多次,对于大量样品来说,增大了交叉污染的可能性。因此,如何制备更为简单有效的 PCR 模板用于转基因动物检测也有许多研究者进行了探索。Abbott 等(1994)提出改进制备模板的方法,在蛋白酶 K 消化后,直接使异丙醇沉淀,煮沸灭活蛋白酶 K,直接做 PCR。使模板的提取在单管内完成。Goodwin 等(1993)利用微波裂解制备模板。Ohhara 等(1994)利用血液及毛发做 PCR 模板,这些都获得成功。

　　如何利用 PCR 进行有效的鉴定仍在不断探索之中。McKnight 等(1992)在转基因鼠的鉴定中,在显微注射的基因构件的调控序列上合成一条引物和在目的基因上合成第二条引物,进行 PCR 扩增,由于所扩增的片段中存在人为加入构件中的限制酶位点,对 PCR 产物进行消化后,对产物的分子量进行判定,从而建立了 5 个转基因鼠系。尽管这一方法可行,但有时 PCR 产物在用限制酶消化后,会出现一些难以解释的结果,如多出一条或两条电泳带。还需 PCR 产物进行 Southern blot 分析确定出其正确性。

9.3.3 Southern 印迹杂交分析法鉴定转基因小鼠

Southern 印迹法(Southern blot hybridization)杂交技术是通过探针和已结合于硝酸纤维素膜(或尼龙膜)上的经酶切、电泳分离的变性 DNA 链杂交,检测样品中是否存在目的 DNA 序列的方法。

Southern 印迹法原理:将待检测的 DNA 分子用限制性内切酶消化后,通过琼脂糖凝胶电泳进行分离,继而将其变性并按其在凝胶中的位置转移到硝酸纤维素薄膜或尼龙膜上,固定后再与同位素或其他标记物标记的 DNA 或 RNA 探针进行反应。如果待检物中含有与探针互补的序列,则二者通过碱基互补的原理进行结合,游离探针洗涤后用自显影或其他合适的技术进行检测,从而显示出待检的片段及其相对大小。酶切 DNA 的量要根据实验目的决定,一般 Southern 杂交每一个电泳通道需要 10~30 μg 的 DNA。购买的限制性内切酶都附有相对应的 10 倍浓度缓冲液,并可从该公司的产品目录上查到最佳的消化温度。为保证消化完全,一般用 2~4 U 的酶消化 1 μg 的 DNA。消化的 DNA 浓度不宜太高,以 0.5 μg/μL 为佳。由于内切酶是保存在 50% 甘油内的,而酶只有在甘油浓度小于 5% 的条件下才能发挥其正常作用,所以加入反应体系的酶体积不能超过 1/10。

该法不仅灵敏而且准确,因而广泛用于转基因阳性鼠的筛选和鉴定。当转入基因与内源基因组 DNA 有较高同源性时,仍可用此法。此法对样品的质量和纯度要求较高,操作烦琐,费用也较高。

对于分析整合基因的 Southern 杂交,限制性酶的选择和杂交探针的选择一样重要。通常,注射的转基因或含有转基因的质粒可方便地通过切口平移或随机引物的方法被标记而用于作杂交探针。如果所转基因含有可杂交于整个基因组上相关序列的重复序列,那么就不得不采用此基因的不含重复序列的片段来作为探针。

Southern 杂交还能提供有关所插入的基因序列的结构、完整性以及拷贝数等信息。当选择限制性酶时,要记住在大多数情况下,所注入的转基因会以头尾相接的方式排列。假设所转基因以一种简单的方式排列,并且没有别的方式重排,那么,采用一个在所转基因中不具其酶切位点的限制性酶进行酶切,所产生的片段会大于整个的头尾相接序列。因此,开始时最好采用能产生预期片段大小的限制性酶。对于在每个注射的分子中都只有一个切点的限制性酶,当注入的分子以头尾相接方式排列时,它能产生同样长度的片段。此酶也能得到含有从阵列一端或两端基因组序列的非预期长度的"接合片段";如果插入的是单拷贝,它所产生的将只有非预期长度的连接片段,当一个酶在所转基因中具有两个酶切位点时,无论整合的是单拷贝还是多拷贝,在 Southern 杂交时都能从所转基因的内部产生预期大小的片段。当头尾相接排列时,第二条可预见长度的片段代表排列中相邻成员间的部分。然而,少数情况下可形成头—头或尾—尾排列,这使预期的条带排列图谱(如头—头或尾—尾相接部分)进一步复杂化。

用 Southern 杂交得到的拷贝数不仅代表每个二倍体基因组中的实际拷贝数,也代表含有所转基因的小鼠细胞的比例。如果第一代小鼠是嵌合体,部分细胞缺乏转基因,拷贝数就会被低估。因此,最好用第一代转基因小鼠的后代而非第一代小鼠来检测基因拷贝数。

少数情况下,转基因小鼠会含有整合到两个不同位点的拷贝。当分析 F_1 代时,由于两个位点的分离现象通常会显现出来,不同的整合位点通常含有不同数目的转基因拷贝数(这可由 Southern 杂交检出,但不能被 PCR 识别),因而后代中不同数目的拷贝数表示第一代转基因小鼠中有多个整合位点。另外,每个整合事件会导致产生特异的结合片段,这可通过 Southern 杂交分析转基因小鼠后代 DNA 来分离。

9.4　纯合子转基因小鼠的建立

自从转基因小鼠问世以来,就涉及转基因小鼠的繁育及其纯合子的选育问题,尤其是对供商业化应用的小鼠模型更为重要。相对于非转基因动物而言,转基因动物具有独特的遗传特性:首先,转基因是已知的外源基因,它是随机地整合在小鼠染色体上的;其次,转基因的整合大部分为单位点整合,少数的是多位点整合;再者,转基因整合的拷贝数有单拷贝的,也有多拷贝的,故将原代(founder)转基因动物作为同一祖先繁殖产生的后代均为单系。因此,转基因小鼠纯合子的选育必须在单系内进行。纯合子转基因小鼠具有很多优点:①免除了复杂的、昂贵的检测;②能获得基因型完全一致的动物个体;③有利于动物的保种等。但是,在纯合子转基因小鼠的选育过程中也常常会遇到一些问题:①转基因纯合小鼠的筛选为单系传递,亲缘交配,这样就会产生一个比较大的矛盾,那就是转基因在纯合过程中只能在同胞(全同胞或半同胞)之间进行交配,而这种交配方式会使得种系本身的近交系数增大;②在传代过程中,导入的外源基因可能会发生变异,导致所需性状发生了改变。故此,现对纯合子转基因小鼠的选育已在经典方法的基础上提出了很多种方法来缩短纯合子的育种过程,如 Southern 杂交法、PCR法、荧光原位杂交法(FISH)以及表型观察法等。

9.4.1　纯合子转基因小鼠的培育

进行纯合子转基因小鼠的培育,不仅能获得基因型完全一致的小鼠个体,而且还有利于小鼠物种的保种。由于外源基因是随机整合在小鼠染色体基因组上的,而且转基因的整合大部分为单位点整合,整合的拷贝数一般在 1～200 之间。作为同一祖先的每个原代转基因小鼠繁殖产生的后代小鼠都是单系。因此,纯合子转基因小鼠的培育必须以同胞(全同胞或半同胞)交配的方式进行,而这样又会使小鼠种系的近交系数增大,从而可能造成近交衰退。所以,纯合子转基因小鼠的筛选培育要采用现代的检测方法(即 PCR、Southern、表型观察法或 FISH等)与经典育种方法相结合来进行。

在纯合子选育过程中,用原代转基因动物(雄或雌)和非转基因动物交配产生 F_1 时引入其他家系的血统,但自 F_2 起采用转基因鼠全同胞交配有两个优点:①有利于在传代过程中对导入基因做出正确的分析,加速纯合子选育过程;②由于都来自同一雄雌血统有利于保持这个家系的其他遗传性状,使个体之间的差异更趋一致。对于一种突变的活体检验,这有利于减少实验动物应用的数量和提高实验的可靠性。

由显微注射获得的转基因小鼠即为“原代小鼠(founder mice)”。可以通过活检组织中转基因的表达情况对原代小鼠进行鉴定然后再对携带转基因的原代小鼠进行繁育以建立转基因品系。另外,原代小鼠还可以在鉴定后立即进行繁育并得到转基因后代,而且也可用来分析转基因的表达情况。为了繁育雄性转基因品系,可以将其与若干头雌性的非转基因小鼠交配。在后代出生前,不必把雄性小鼠与雌性小鼠一直放在一起;相反,在第一次交配之后可以将其与其他雌鼠交配。雄性原代小鼠可以通过这种方式在短时间内繁育得到大量仔鼠。为了繁育

雌性转基因品系，也可以将其与雄性的非转基因小鼠交配，但是必须等到原代雌鼠产生后代，而且在饲养一窝转基因后代并建系后，才可用作他用。为确保转基因小鼠建系，直至转基因后代鉴定之前，一定不要宰杀雄性和雌性的原代小鼠。虽然多数原代小鼠可以将转基因传递到50％的后代中，但是其中20％～30％为嵌合体，而且传递的转基因频率较低，仅为5％～10％或一点没有。

近交品系获得原代小鼠时一般与相同品系小鼠交配，这样才能维持转基因在特定近交系中的稳定性。如果原代小鼠为F_2杂合体，或者不必维持转基因在近交系的稳定性，将其与F_1杂合体或远交品系交配可能效果会更好些，而且繁殖能力较高，怀孕雌鼠的母性比近交系要好。

一种简单而有效的维持转基因品系稳定性的方法，是将半合子的雄性转基因小鼠与非转基因雌鼠交配，而且还可以根据转基因存在与否而对其后代进行鉴定。另外，也可以把半合子的转基因雌鼠与非转基因的雄鼠交配以维持转基因品系的稳定性，但是其效率不太高。以半合子形式维持转基因的稳定性，能够降低由于插入突变或者近交系中经常出现的生育能力逐步丧失而导致的并发症。

但是如果必要，还可以通过半合子之间的交配而获得纯合的转基因小鼠。其中有1/4的后代为纯合子，1/2为半合子，其他1/4为非转基因后代。转基因小鼠中5％～15％的DNA随机整合能够产生隐性的致死突变，因此并不是所有的转基因品系都能够以纯合子的方式维持转基因的稳定性。

9.4.2　纯合子转基因小鼠的鉴定

对插入的转基因而言有时需要将纯合的小鼠与杂合的小鼠区别开来。这其中包括建立一个纯合的转基因系，去除筛查每一代的麻烦；筛选带有阴性插入突变的转基因系；从带有插入突变的转基因系中分析胚胎。可用的方法有：量化转基因量、量化转基因产物或表型、间期核的原位杂交、周边序列探针Southern杂交分析及以周边序列做引物的PCR分析等。

9.4.2.1　转基因检测

量化转基因量可用Southern杂交或点杂交来完成。此法可用于任何转基因系。如用荧光计量法将点在胶上的DNA非常仔细地计量，Southern杂交可显示转基因拷贝数两倍的差别。因此，最好使用提取自小鼠尾尖的DNA（比起其他组织含有相对少的能干扰荧光计量的RNA污染物）。用于荧光计量分析的尾尖DNA样品要准备两份，用适当的限制性酶切后再对样品予以分析；否则由于未酶切DNA的高黏度造成的样品错误会导致更大的差错，如果两次测量的结果吻合程度在10％以内，调整每份DNA样品的量以使琼脂糖胶中每个泳道的上样量等同。进行Southern印迹分析时，来自纯合小鼠的DNA样品产生的条带浓度应是来自杂合小鼠条带浓度的两倍。

用一个内源基因作为内标，点杂交也可用于计量每只小鼠中转基因的相对数量。内标可以控制任何因测量DNA浓度不准确而造成的差错，因而无需DNA浓度的精确值。为此，要准备两份点印迹，每份都要包括来自待测后代以及来自一或两个杂合小鼠的DNA的系列稀释。一份印迹与内源基因杂交。用于内标的内源基因与转基因有类似的重复度，以使每个探针得到类似的杂交量（和线性曲线）。对于带有1～10拷贝数的转基因的小鼠，任何单拷贝小鼠基因都可用于内标。对于带有10～100拷贝数的转基因小鼠，一个方便的内标是针对小鼠主要尿蛋白(MUP)基因家族(每个二倍体基因组含 20～30 个拷贝)的探针。对于 50 至数百拷贝,针对核糖体 RNA 基因的探针非常适用。对每只小鼠,用转基因探针得到的曲线斜率除以内源探针得到的斜率,自纯合小鼠的得到的这个比例应是杂合子的两倍。

PCR 也可用于检测纯合转基因动物,但当转基因和参照基因的拷贝数差别很大时此方法受到限制。实时 PCR 能较好地弥补此差别,该方法能对纯合子和杂合子进行快速、精确、清晰和高通量的鉴别。

9.4.2.2 转基因产物或表型检测

在某些情况下,转基因产物或表型比较容易计量。因此,鉴定纯合子中基因产物的双倍增加可能会比鉴定转基因拷贝数的增加更容易。另外,某些转基因系带有可见表型或纯合子可能会比杂合子具有更极端的表型。同样,使用报告基因时,荧光或染色的速度和强度可以作为纯合子的鉴定指标,但这需要测定后代予以确认。

9.4.2.3 间期核的原位杂交

此法适用于高拷贝数的转基因系。由于只需要很少的细胞,因而对植入后早期阶段的转基因胚胎纯合鉴定非常有用。所转基因阵列(arrays)可通过用生物偶联探针对间期核进行原位杂交而显示出来,可用酶或荧光检测系统。因为纯合转基因小鼠含有两个转基因阵列,多数细胞核在进行原位杂交时显示两个"信号",而杂合小鼠细胞核只显示一个信号。50～100 kb(如 5～10 拷贝的 10 kb 转基因)或更长的转基因阵列可很容易地用链霉素山葵过氧化物酶或 DAB(digital audio broadcasting)信号来检测,较短的列阵可用荧光素共轭链霉素检测。此技术可用于成年鼠的白细胞或脾细胞,也可用于植入后胚胎的滋养层巨细胞或尿囊细胞。

9.4.2.4 后代检测

尽管检测大量后代以确认对纯合子的鉴定费时费力,但在某些情况下却非常重要。如只检测到少量的纯合子,不论小鼠是否真正纯合,后代检测都要进行。另外,如果需要将两个纯合转基因小鼠交配以产生永久纯合系,最好先通过后代检测以验定每个小鼠的纯合性,因为鉴定纯合小鼠的计量方法有时会产生错误结果。

9.4.2.5 几种常用的筛选鉴定方法

1. 表型观察法

表型观察法是指通过转基因动物产生的可见特定表型变化来区分纯合子转基因和杂合子转基因动物的一种直观的方法。该方法常用酪氨酸酶色素基因微注射或与目的基因共注射来制备转基因动物。在黑色素生物合成链中,酪氨酸酶是一个关键酶。酪氨酸酶基因位于小鼠的 C 位点上,它不仅可以援救 C 位点的突变,还可以阻滞白化的发生。将酪氨酸酶的编码基因与其他目的基因共注射可使两者在小鼠染色体单一位点处共整合,整合的结果使得纯合子小鼠的毛色比较深,而杂合子小鼠的毛色则较淡。因此,依据在 F_2 代或随后的世代中毛色的颜色变化就能确定出合子的类型。用该方法筛选鉴定纯合子转基因动物虽较简单,但转基因动物表现出来的皮肤颜色和该基因是否表达以及表达量密切相关,而且转基因动物后代的转基因是否发生分离以及表达情况如何还要进一步深入分析。

2. 荧光实时定量 PCR 法

荧光实时定量 PCR 法(real-time PCR)是将 PCR 与分子杂交及荧光技术相结合,每产生 1 条 DNA 链就产生 1 个荧光信号,可实现对 DNA 量的双倍放大,检测的 DNA 浓度范围在 0.023～50 ng/μL,一次定量检测只耗费模板 DNA 2 μL。已知起始拷贝数的标准品与样品反

应得到的 CT(threshold cycle,临界循环数)值与反应中模板的初始拷贝数的对数值成反比。纯合子的拷贝数是杂合子的 2 倍左右。该法与常规的 PCR 相比,可以较快速地鉴定出纯合子转基因动物,它的灵敏度更高,误差更小,并且还可以达到很好的定量效果,现已被广泛应用于 DNA 和 RNA 的定量检测中。

荧光实时定量 PCR 法所使用的荧光化学包括 TaqMan 荧光探针法和 SYBR 荧光染料法。

(1)TaqMan 荧光探针法　TaqMan 探针也称水解探针,它是一种能与扩增产物特异性杂交的寡核苷酸探针。报告荧光基团标记于探针 5′端,3′端标记淬灭荧光基团,当探针完整时,报告基团发射的荧光信号被淬灭,基团吸收而不能发出荧光。在 PCR 扩增时,扩增引物与特异探针会同时结合到模板上,探针结合的位置在上下游引物之间。当扩增延伸到探针结合的位置时,Taq 酶将探针酶切降解掉,使报告荧光基团和淬灭荧光基团分离,从而荧光监测系统就可接收到荧光信号。因此,每合成一条新链就有一个探针被水解掉,实现了荧光信号的累积与 PCR 的产物形成完全同步。通过检测 PCR 反应液中荧光信号的强度,再经校正计算就能得到原始 DNA 的含量。

(2)SYBR 荧光染料法　SYBR green I 是一种双链 DNA 结合染料,它能与 DNA 双链的小沟特异性地结合。游离的 SYBR green I 几乎没有荧光信号,但结合 DNA 后,它的荧光信号可呈百倍地增加。在 PCR 反应体系中,加入过量 SYBR 荧光染料后,掺入 DNA 双链的荧光染料会发射荧光信号,而不掺入链中的 SYBR 荧光染料分子不会发射任何荧光信号,从而保证了荧光信号的增加与 PCR 产物的增加完全同步。

3. Southern 杂交法

Southern 杂交法是目前用于检测外源基因是否在基因组中整合的最可靠的方法。在纯合子筛选鉴定中有两种不同的探针:一种是针对转基因特异的探针;另一种是针对内源性基因特异的探针。因此,在与转基因动物 DNA 杂交中会出现两条特异条带(一个为转基因,另一个为内源性基因),扫描杂交信号的密度可定量计算每个样品的转基因杂交信号与内源性基因杂交信号的比值,根据此比值来判断合子的类型。

如转基因插入位置的周边宿主 DNA 或目标突变已被克隆,由周边区得到的单拷贝小鼠 DNA 探针可用于 Southern 印迹法鉴定纯合子。如用适当的限制酶消化,对于杂合子 DNA 此探针可产生两条带,一条含转基因接合区,另一条含野生型染色体中整合前位点;对纯合转基因小鼠,代表野生型位点的条带将不会出现。对于基因敲除,用于检测 ES 细胞中纯合重组子的"基因组外"探针同样可用于检测配子转移后的纯合子。

Southern 杂交鉴定的纯合个体要通过测交来进一步确定,即用纯合子个体与正常小鼠交配,子代小鼠应全部表现为阳性。此外,Southern 杂交对样品的质量和纯度要求较高,基因组 DNA 的酶切应完全,$A_{260\,nm}$ 与 $A_{280\,nm}$ 的比值应在 1.8 左右。

4. 荧光原位杂交法

荧光原位杂交(fluorescence in situ hybridization,FISH)是在放射性原位杂交技术的基础上发展起来的一种非放射性分子细胞遗传技术,其基本原理是将 DNA(或 RNA)探针用特殊的核苷酸分子标记,然后将此探针直接杂交到染色体或 DNA 纤维切片上,再用与荧光素分子偶联的单克隆抗体与探针分子特异性结合来检测 DNA 序列在染色体或 DNA 纤维切片上的定性、定位、相对定量分析,能检测处于分裂中期的染色体,还能检测处于分裂间期的染色质。

与其他原位杂交技术相比,荧光原位杂交具有很多优点,主要体现在:①FISH 不需要放射性同位素作探针标记,安全性高;②FISH 的实验周期短,探针稳定性高;③FISH 能通过多次免疫化学反应,使其杂交信号明显增强,从而提高灵敏度,检测的灵敏度接近同位素探针杂交;④FISH 的分辨率高达 3~20 Mb;⑤FISH 可以用不同修饰核苷酸分子标记不同的 DNA 探针,再用不同的荧光素分子检测不同的探针分子,因此可以在荧光显微镜下在同一张切片上同时观察几种 DNA 探针的定位,直接得到它们的相关位置和顺序,从而大大加速生物基因组和功能基因定位的研究。

该方法可直接从大量的携带外源基因的个体中检出纯合个体,不需要测交验证,加快了育种的进程,降低了成本。但 FISH 法的实验技术及设备要求较高,使其推广受到一定的限制。目前,用于转基因动物纯合子筛选鉴定的 FISH 法主要有中期细胞 FISH 法(染色体 FISH 法)和间期细胞 FISH 法两种。用中期细胞来进行 FISH 检测,使转基因信号在染色体上显示出来,纯合子转基因动物显示 2 个信号点,杂合子转基因动物显示 1 个(单位点整合),在荧光显微镜下很容易区别。这种方法能将转基因准确地定位于染色体上,且很容易区别合子类型,但染色体的制备过程较复杂。也可利用全血间期细胞进行 FISH,对转基因小鼠的纯合情况进行验证,根据 2 个信号的出现率筛选出纯合子动物,但间期细胞的培养制备过程较昂贵、费时。

9.5 转基因动物的应用

转基因动物在生命现象的基础理论研究、医学研究、改良和培育动物新品种、研制和生产生物活性物质等领域已取得了许多有价值的成果。下面就生物反应器和动物品种改良两个方面具体展开来讲。

9.5.1 生物反应器

生物反应器(bioreactor)听起来有些陌生,基本原理却相当简单。胃就是人体内部加工食物的一个复杂生物反应器。食物在胃里经过各种酶的消化,变成我们能吸收的营养成分。细胞工程上的生物反应器是在体外模拟生物体的功能,设计出来用于生产或检测各种化学品的反应装置。换句话说,生物反应器是利用酶或生物体(如微生物)所具有的生物功能,在体外进行生化反应的装置系统,是一种生物功能模拟机,如发酵罐、固定化酶或固定化细胞反应器等。此过程既可以有氧进行也可以无氧进行。这些生物反应器通常呈圆筒状,其体积从几升到几立方米不等,常由不锈钢制成。

将外源基因转入细胞或动物,利用细胞增殖或者动物代谢制备外源基因的表达产物的技术称为转基因生物反应器(transgenic bioreactor)技术。转基因动物生物反应器是指利用转基因活体动物的某种能够高效表达外源蛋白的器官或者组织来生产活性蛋白的技术,这些蛋白一般是药用蛋白或者营养保健蛋白。用于表达的场所包括动物乳腺、血液、泌尿系统、精囊腺等。

9.5.1.1 乳腺生物反应器

乳腺生物反应器(mammary gland bioreactor)是将外源基因置于乳腺特异性调节序列之下,使之在乳腺中表达,然后通过回收乳汁获得重要价值的生物活性蛋白的技术。乳腺是一

个外分泌器官,乳汁不进入体内循环,不会影响到转基因动物本身的生理代谢反应,因此,乳腺是转基因动物最理想的表达场所。转基因动物乳腺生物反应器已成为 21 世纪生物制药发展的重点方向之一。制备乳腺生物反应器的关键是保证目的蛋白在乳腺中特异性的高效表达,传统表达载体都是选用某种乳蛋白基因的调控序列作为启动子元件。目前,已经克隆并作为构建表达载体的动物乳蛋白基因主要包括:β-乳球蛋白(BLG)基因,aS1-酪蛋白和 β-酪蛋白基因,乳清酸蛋白(WAP)基因以及乳清白蛋白基因。

1. 乳腺生物反应器的优点

利用转基因动物乳腺生物反应器进行生产在伦理学及商品化方面不存在任何障碍,从乳汁中源源不断获取具有生物学活性的药用蛋白和特殊功能蛋白是一个新兴的转基因产业。

(1)表达产物生物学活性高且稳定 编码乳汁蛋白的基因都是单拷贝的,其表达的蛋白在动物乳腺组织中可进行复杂的翻译后修饰,同时可以正确折叠,形成有功能的构象,所以生产出来的蛋白产物与天然蛋白质的生物学活性一致,并且稳定。

(2)产品产量高 动物乳腺每年产奶量很高,因而目的蛋白表达量也高。转基因动物乳腺生物反应器一旦建立,只要简单地饲养好动物,利用动物乳腺的高表达能力,即可源源不断地获得目的产品。目前在动物乳腺生产外源蛋白,在初乳中可达 70 g/L,在常乳中也可达 35 g/L。一般的奶牛每年产奶 10 t,而每升乳中的目的蛋白产量要比细菌发酵高 100～1 000 倍。

(3)表达产物易纯化 乳汁中蛋白质种类较少,主要是酪蛋白、乳球蛋白、白蛋白和少量从血液中扩散而来的血清蛋白和免疫球蛋白,因此易于目的蛋白产物分离纯化,采用一般的纯化工艺就能获得纯度高达 99% 的产品。与一般发酵技术相比较,其提纯工艺更为简单,回收率大幅度提高,提纯成本大大降低。

(4)生产成本低 产奶量高的动物多为草食动物,饲养成本低。乳房又是一种高效合成蛋白的器官,在哺乳期合成大量乳汁蛋白,分泌的乳汁直接分泌到体外,产品容易被提纯。从构建目的基因到繁殖出一头产乳动物,投入约为数千万美元,而建设同样生产规模的生物制药厂需要 1 亿美元。而且一旦转基因动物培育成功,就能通过克隆技术复制繁殖,进一步降低成本。

(5)安全无污染 动物乳腺生物反应器、转基因动物避免了其他生产方式的化学及生物毒素的污染,容易达到环保要求。

(6)研发周期短 开发周期的长短是一种产品取得经济效益和社会效益的重要指标。目前,一种新药从开发研究到审批上市一般为 10～15 年。而转基因动物乳腺生产新药的周期很短,约为 5 年。若以转基因动物培育周期计算,转基因羊为 18 个月,转基因牛要 25～29 个月。

(7)易于扩大规模化生产 用来做乳腺生物反应器的转基因动物具有遗传稳定性,因此可以利用繁殖技术进行扩群,大量增加后代数量,从而进行规模化生产。

2. 乳腺生物反应器的应用

(1)改良乳汁品质 通过基因改造来改良牛奶组成是目前乳品工业的一个热点。按人们不同层次的需求,将不同的基因转入乳腺调控序列下,生产出人们所需要的产品。1990 年美国 Genplarm International 公司用酪蛋白启动子和人乳铁蛋白(hLF)cDNA 构建了转移基因,获得了世界上第一头表达的转基因牛"Herman",其乳汁可提高铁的吸收率而避免肠道感染。至今人们根据不同的目的已利用乳腺生物反应器生产出了许多转基因修饰牛奶。

(2)生产药用蛋白及特殊功能蛋白 20 世纪 80 年代以来乳腺生物反应器取得了重大进

展。1987年，Gorden等首先将人的组织纤溶酶原激活因子(t-PA)cDNA置于小鼠乳清蛋白(WAP)基因启动子之下，在小鼠乳汁中成功地表达了人t-PA、人α抗胰蛋白酶、人凝血因子Ⅺ，在转基因猪和转基因鼠中表达了蛋白C。1994年，在动物模型中对乳腺生物反应器产品进行检测(临床试验前期)，1996年反应器产品第一次用于人类临床试验。荷兰的Phraming公司培育出含人乳铁蛋白的转基因牛，每升牛奶中含有人乳铁蛋白1g。英国爱丁堡制药公司已经培育成功含抗胰蛋白酶的转基因羊，每升羊奶中含有此种蛋白30g。Velander等报道用转基因猪生产人蛋白C的量为1g/L。美国Genzyme Transgene公司与日本的Somitomo Metals合作共同开发其产品凝血酶原E，转基因山羊中表达量为4g/L。英国PPL医疗公司用基因打靶技术获得了两只定位整合的转基因羊，并已将这一技术用于人类蛋白的开发。他们还将人类AAT基因整合到胎儿成纤维细胞的procollangen基因座位，用转基因细胞生产克隆羊，每升乳中ATT蛋白的含量达到了650mg。目前，国外在乳腺生物反应器技术研究上取得了巨大的进展，已有数十种产品在多种实验动物特异和高效表达的技术已日渐成熟。国内许多机构对动物乳腺生物反应器也进行了探索和研究，已获得了转基因鼠、兔、猪、羊、鸡等具有快速生长能力或抗病能力的畜种，以及乳腺生物反应器表达分泌的具有生物活性的蛋白产物(如人促红细胞生成素(EPO)、凝血Ⅰ因子等)。我国对动物乳腺生物反应器的研究尽管已经取得了较大进展，但与国外相比还有一定差距，其中最大的问题是产物表达量低。

3.乳腺生物反应器的不足

利用转基因动物乳腺生物反应器生产药物不会产生伦理上的问题，但是目前技术的难度还比较大，成功率也比较低。由于研究才刚刚开始，动物乳腺生物反应器还存在以下一些问题需要解决。

(1)转基因动物的研究存在理论基础薄弱和技术不完善，致使外源基因在受体动物基因组随机整合，调节失控、遗传不稳定、表达率不高等问题，急需从理论上突破。

(2)存在转基因动物的异位表达和表达产物的泄漏问题，需要乳腺组织特异性高效表达载体，保证外源基因在乳腺中转移表达。乳腺特异性表达载体一般都选择乳蛋白的基因表达调控元件作为关键部位，同时还需要增强子和位点调控区(LCR)的有关片段，只有具备这几种元件，才能保证外源基因在乳腺组织专一性表达和高效表达。

(3)在家畜转基因技术方面，目前世界上通用的转基因技术是原核期胚胎显微注射，这种技术重复性好，但平均成功率比较低，需要大量的供体和受体动物。

9.5.1.2 血液生物反应器

目前，医用血清蛋白主要由人血提取，而有限的血液资源极大地限制了血清蛋白的生产。人血清白蛋白是人血浆中的主要成分，它是由585个氨基酸组成的蛋白质，临床上可以用于治疗失血、创伤、癌症等引起的休克、水肿等。人血清白蛋白在肝脏中合成后分泌进入血液。通过基因工程技术获得能在猪肝细胞中表达的人血清白蛋白基因，并以显微注射的方法将基因注射到猪的受精卵中，培养出转基因猪，从而实现在猪体内合成人血清白蛋白的目的。但是，这种方法比较适合生产无生物学活性的蛋白。这是由于有活性的蛋白或多肽(如激素、细胞分裂素、组织纤维蛋白溶酶原激活剂因子等)进入动物血液会影响动物健康。

9.5.1.3 输卵管生物反应器

用家禽输卵管表达卵清蛋白具有和哺乳动物乳汁类似的特点，即特异性、高效性、连续性以及排出性。因此，完全可以将家禽输卵管制成生物反应器，使其像哺乳动物乳腺生物反应器一样为人类服务,家禽生物反应器的研究主要在家禽输卵管上皮细胞培养、细胞内外源基因表达、转基因家禽生产等方面。

转基因家禽输卵管作为生物反应器优点很多:输卵管是一个自我封闭的系统,其中的蛋黄蛋白不会回到血液中,被蛋壳包裹起来,产物容易分离和收集,且产物的取得不影响家禽的健康;所产蛋白生物学活性较高且可稳定遗传;饲养成本低;世代间隔短,实验时间短等。但是还存在需要解决的问题和不足。制作转基因家禽还未建立高效、广泛适用的方法。因此,现在亟须建立制作转基因家禽的有效方法。对家禽输卵管生物反应器的研究尚处探索期,还不能将外源基因定点整合到卵清蛋白基因调控区下游,与制作出遗传稳定、产量稳定的转基因家禽还有一段距离。

9.5.2 动物品种改良

经典的遗传育种方法要在同种或亲缘关系很近的种间才能进行,并且受到变异或突变的限制,而使用重组 DNA 技术在短时间内就可使亲缘关系很远的种间遗传信息进行交换和重组。另外由于转基因动物可以稳定地整合外源基因,并在合适的组织表达,还能将这种性状遗传给后代,这样就可以生产出生长快、产肉、产毛、产奶更多而耗料极少的转基因家畜,为家畜改良提供一条重要的途径。

从理论上来讲,通过转移和表达适当的基因,使目的基因在宿主基因组中得以表达,就可以培育出动物新品种。目前,转基因动物技术已被成功地用于提高动物生长速度、改良动物肉质和乳质、增强动物抗病能力等方面。

1.提高动物生长率与肉质改善

转生长激素基因的猪等动物的生长速度和饲料利用效率显著提高,瘦肉率也有所增加。

朱作言等(1985)用人生长激素(hGH)构建的 F_1 代转基因鱼类的生长为非转基因鱼的两倍。Hammer(1985)将人的生长激素基因导入猪后,其生长速度明显加快,饲料利用率显著提高,胴体脂肪率也明显降低。Pursel 等(1989)把牛的生长激素基因转入猪,生产出 2 个猪的家系,其生长速度提高了 11%～14%,饲料转化率提高了 16%～18%。类胰岛素样生长因子 1(IGF1)构建转基因猪也可以加快猪的生长速度。1989 年,Pursel 把 IGF1 基因转入猪中,首次获得表达 IGF1 的转基因猪,并于 1998 年培育出 IGF1 转基因猪群,其脂肪减少 10%,瘦肉增加 6%～8%。1990 年,中国农业大学培育的转基因猪,生长速度超出对照组 40%。2011年,中国农业大学首次获得了 MSTN(肌肉生长抑制素)双等位基因敲除牛,臀部肌肉量明显增加。同样,作为 MSTN 拮抗蛋白的卵泡抑素(follistatin,FST)转基因小鼠和鳟鱼肌肉量明显增加。

转基因技术不仅可以培育出体积大、生长快的动物,还可以创造出微缩动物。墨西哥国立自治大学的专家对品种优良的巨型瘤牛进行微缩,诞生了第一代"微型牛"。该牛到成年时的体重只有 150～200 kg,而且具有对气候环境适应力强、生长快、皮薄、肉质嫩、产奶量高等优点,一般饲养 6 个月即可宰杀。2000 年,Uchidal 等研制出的微型猪生长快、易于处理、饲养成本低,使其更加适用于药物筛选和疾病模型。

2.提高动物产毛性能

由于羊毛是角蛋白通过二硫键紧密交联组成,半胱氨酸是制约羊毛产量的限制性氨基酸。来源于细菌的丝氨酸乙酰转移酶(SAT)、D-乙酰丝氨硫化氢解酶(DAS)可以将二硫化物转化成半胱氨酸。以 *SAT*、*DAS* 基因建立转基因羊,并将其定位表达于胃肠道上皮,从而提高胃肠道中半胱氨酸的量并加以利用,可以达到提高羊毛产量的目的,将毛角蛋白 Ⅱ 型中间丝基因导入绵羊基因组,得到的转基因羊毛光泽亮丽,而且羊毛中的羊毛脂含量明显提高。

3. 抗冻品种培育

美洲拟鲽等鱼类由于其体内存在抗冻蛋白(AFP)基因而能在寒冷环境中生存,罗非鱼和鲮鱼等热带鱼抗寒能力低下而不能在温度较低的地区生存。建立 AFP 转基因鱼将使热带鱼对低温的耐受性增强。这为南鱼北养、扩大优质鱼种养殖范围提供了有效途径。

4. 动物抗病育种

近年来,人们利用干扰素、白介素等细胞因子的 DNA 或 cDNA 及核酸酶基因等导入细胞,使之获得抗病毒感染能力。1992 年,Berm 将小鼠抗流感基因转入了猪体内,使转基因猪增强了对流感病毒的抵抗能力。Clement 等将 Visna 病毒的衣壳蛋白基因(*Eve*)转入绵羊,获得了抗病能力明显提高的转基因羊。2000 年,Kerr 等将溶葡萄球菌酶基因转入小鼠乳腺中,用来防治由金黄色葡萄球菌引起的乳腺炎,结果证实高表达量的小鼠乳腺具有明显的抗性。湖北省农科院畜牧所与中国农科院兰州兽医所合作,将抗猪瘟病毒(HCV)的核酸酶基因导入猪中,获得了抗猪瘟病毒的转基因猪。

5. 提高动物不饱和脂肪酸含量

Kang 等(2003)将线虫的 *fat*21 基因转入小鼠中,成功地把 $\omega 26$ 转化成 $\omega 23$ 多不饱和脂肪酸,将其应用于动物产品的生产中,可以增加 $\omega 23$ 多不饱和脂肪酸的含量,这对于治疗人类心律失常、癌症以及提高免疫力有着积极的作用。Brophy 等(2003)首次培育的转基因牛牛奶中 β-酪蛋白的含量提高了 20%,κ-酪蛋白的含量也增加了 2 倍,很大程度上提高了牛乳乳蛋白含量,增加了牛乳的营养价值。2011 年,内蒙古大学获得了转线虫 Fat-1 基因的牛,肌肉和乳汁中的 n-3/n-6 多不饱和脂肪酸比值明显提高。

6. 改善牛奶成分

通过转基因技术可以制备出不同特性的牛奶以使其满足更多人的需求。比如牛奶中所含的乳糖会使一部分人由于过多饮用造成腹部不适,通过敲除合成乳糖的 α_2 乳白蛋白位点或在乳腺中表达乳糖酶均能有效降低奶中乳糖的含量,而牛奶的成分和产量基本不受影响。此外,可以通过增强酪蛋白基因的表达增加酪蛋白含量以促进乳品加工产业的发展,通过敲除 β_2 乳球蛋白消除过敏源以产生不引起人过敏反应的牛奶,通过转入人乳铁蛋白基因生产含有大量人乳铁蛋白的"人源化牛奶"等。2004 年,中国农业大学先后成功地获得了转有人乳清白蛋白、人乳铁蛋白、人岩藻糖转移酶的转基因奶牛,为我国的"人源化牛奶"产业化奠定了重要的基础。此后,中国农业大学在 2011 年又首次获得了 β-乳球蛋白基因敲除牛,该牛乳汁更适合于对 β-乳球蛋白过敏的消费人群。同样,通过转基因的方法在乳汁中表达半乳糖苷酶从而降低牛乳汁中乳糖可以很好地缓解部分人群的乳糖不耐症。

9.6　动物染色体工程

染色体工程(chromosome engineering)是指按一定的设计,有计划削减、添加和代换同种或异种染色体的方法和技术,从而达到改变遗传性状和选育新品种的目的,广义的染色体工程还包括染色体内部的遗传操作,因此也称为染色体操作。染色体工程属于细胞工程范畴,是染色体水平上的细胞工程,以现代生物学为基础,涉及细胞生物学、分子生物学和遗传学等多个学科,是生命科学发展的前沿学科。染色体工程一词,虽在 1966 年由里克(Rick)和库升(Khush)首次提出,但早在 20 世纪 30 年代,美国西尔斯(E. R. Sears)及其学生就已开始研究。染色体工程的任务,研究现有染色体组的增加和消减、新染色体的合成以及染色体的数目行为和结构的变异,探索生命发生发展的机制和规律,进而达到人工控制和改造生命遗传变异的目的。它不仅在生物的遗传基础、培育新品种上受到重视,而且也是基因定位和染色体转移等基础研究的有效手段。从染色体的改变来说,异种动物杂交就是一种染色体工程技术,可以使后代的染色体组型发生改变,骡子就是利用这种技术产生的极有价值的生物。动物染色体工程主要包括染色体倍性改造、结构改造及人工染色体的利用等技术。

染色体结构的变化包括染色体的缺失、易位、倒位和重复。分别与基因的删除、扩增和重排等变化相对应,此外还包括甲基化和异染色质化等。

基因删除:发生染色体的某一区段及其带有的基因丢失,染色体结构上表现为染色体缺失。

基因扩增:基因扩增是指细胞内某些特定基因的拷贝数专一性地大量增加的现象。染色体结构上表现为染色体重复,一个染色体上增加了相同的某个区段。

基因重排:基因重排是基因差别表达的一种调控方式。染色体结构上表现为染色体易位或者染色体倒位。

DNA 甲基化:甲基化使基因失活,相应地非甲基化和低甲基化能活化基因的表达。细胞内的基因可分为"持家基因"和"奢侈基因"。前者是维持细胞生存不可缺少的,后者和细胞分化有关,在特定组织中保持非甲基化或低甲基化状态,而在其他组织中呈甲基化状态。

异染色质化:常染色质转变为异染色质的过程,通常这种染色体具有固缩特性,位于其中的基因的转录活性大幅度降低。

9.6.1 动物单倍体育种

动物的单倍体育种就是人工单性生殖,即雌核发育和雄核发育。在自然条件下,单性生殖在某些动物中也存在,尤其是无脊椎动物中。如蜜蜂的雄蜂是由卵不经受精而直接发育而来,在爬行类和鸟类中也有孤雌生殖现象的报道。动物的单倍体育种不仅能够为研究发育机制提供特殊的途径,而且在养殖动物(如母鸡、奶牛等)的繁育上还有能够创造具有特殊经济价值的单性群体。正是由于单性生殖具有如此巨大的潜在经济效益,人们从 20 世纪 40 年代就开始利用人工方法进行单性生殖的研究与实践。

9.6.1.1 人工单性生殖

人工单性生殖的方法主要包括雌核发育和雄核发育。

1. 雌核发育

雌核发育是指卵子依靠自己的细胞核发育成个体的生殖行为。同种或异种精子进入卵子内只起刺激卵子发育的作用,不形成雄性原核和提供遗传物质,其子代的遗传物质完全来自雌核,只具有母本的性状。自然界中的动物天然存在的雌核发育频率极低。人工诱导雌核发育是用经过紫外线、X 射线或 γ 射线等处理后失活的精子来"受精",再在适当时间施以冷、热、高压等物理处理,以抑制第二极体的排出,使卵子发育为正常的二倍体动物。

早在 1911 年,赫特威氏(Hertwig)就首次成功地人工消除了精子染色体活性。他在两栖类研究中利用辐射能对精子进行处理时发现,当辐射剂量在极限以下时,精子和受精后的胚胎都很正常;随着辐射剂量的渐增,胚胎存活率逐渐下降;倘若继续增加辐射剂量,又能恢复正常卵裂并提高早期胚胎存活率。这一现象称为"赫特威氏效应"。如果辐射剂量不断增加以使精子完全致死,而丧失受精能力,卵球便绝不能发育下去。因此,"赫特威氏效应"即意味着只有在适当的高辐射剂量下才能导致精子染色体完全失活,届时,精子虽能穿入卵内,却只能起到激活卵球启动发育的作用。

凡雌核发育的个体,都具有纯母系的单倍体染色体组。因此,雌核发育的生命力依赖于卵子染色体组的二倍体化。在一些天然的雌核发育过程中,由于卵母细胞的进一步成熟分裂通常受到限制,染色体数目减半受阻,从而使雌核发育成为二倍体。所以,人为地阻止卵母细胞第二极体的外排,或限制第一次有丝分裂的进程,均有可能使雌核二倍体化发育。

2. 雄核发育

紫外线、X 射线或 γ 射线等处理的卵子与正常的精子受精,再在适当时间施以冷、热、高压等物理处理,使进入卵子内的精子染色体加倍,进而发育为完全父本性状的二倍体。雄核发育的个体的生存率非常低,这是由于精子基因型的纯合性、卵子由于照射的损伤和阻止第一次卵裂处理的损伤等原因造成的。相比之下,雄核发育研究比雌核发育要少得多。但是雄核发育仍旧在遗传学基础理论和育种中都有一定的价值,利用雄核生殖的精子可用于冷冻基因库,保存种质资源,对基因世代克隆系的建立,不同种间核质杂种的产生和 YY 雄性引起的性别控制等也有特殊的意义。

9.6.1.2　人工诱导雌核发育的方法

要达到实验性二倍体雌核发育的目的,必须解决两个最主要的问题:一是人为地使精细胞的遗传物质失活;二是阻止卵细胞染色体数目的减少。

1. 精子遗传物质的失活

处理方法主要包括物理辐射法、化学法和显微手术法。物理辐射处理包括 γ 射线、X 射线和紫外线。γ 射线和 X 射线具有较高的穿透能力,有利于处理大量精子,其主要作用可能是诱使染色体断裂,因而对精子的存活可能有一定影响。例如,用 X 射线处理过的精子,活力时间比正常精子稍短;如果采用 ^{60}Co-γ 射线照射精子并于 0℃保存,它的活力只能保持 5 d 左右。所有经放射性处理的精子,其受精能力和存活率都较低。

与辐射处理相比,用紫外线处理精子要简便得多且危险性小,又便宜。但由于紫外光的主要作用是诱使胸腺嘧啶二聚化,这一过程能在光作用下修补复活。对于这一修复现象,在使用紫外光失活精子过程中应特别注意。另外,紫外光对细胞的穿透能力较低,故对较厚的不透明的精细胞样品,紫外光使染色体失活的效果较差。

某些化学物质例如甲苯胺蓝、乙烯尿素和二甲基硫酸等,在两栖类和鱼类雌核发育的研究中,证明具有消除精子染色体遗传活性的能力。它们导致精子染色体失活的主要机理可能是与精子中的 DNA 相互作用。

此外,采用显微手术直接除去受精卵中雄性原核的方法,最近也已在小鼠上成功地得到了雌核发育的二倍体。通过这一精细的显微操作技术,首先使受精卵单倍体化,再在第一次卵裂时使其二倍体化。毫无疑问,人工诱发的哺乳类雌核发育也是具备生长到成体动物的潜能。

2.细胞分裂的阻止

人工诱导雌核发育除使精子遗传物质失活外,还必须解决雌核染色体二倍化的问题。保留卵球第二极体或者阻碍受精卵早期有丝分裂,这是至今解决二倍化常见的两种途径。在实验条件下,可用温度、压力或化学方法诱使卵球二倍体化。在鱼类,广泛应用温度作用以达到阻止第一次有丝分裂或第二极体外排,像冷休克和热休克处理都颇有成效。鱼的品种不同,所需的温度、开始处理的时间和持续时间也不同。对温度休克敏感性的差异,既与遗传性状有关,也与卵子的成熟期有关。

利用流体静水压作用,在鱼类和两栖类上成功地阻止了第二极体的外排或第一次有丝分裂。尽管这个方法需要专门的设备,而且比温度休克设备复杂,但它对胚胎的危害性较小。例如,用流体静水压产生的三倍体蝾螈的生命力比热休克产生的三倍体强得多。

利用化学制剂处理也能阻止卵球极体的外排或有丝分裂。例如,经细胞松弛素 B 处理大西洋大马哈鱼的受精卵和以秋水仙素处理鳟鱼的受精卵都能得到镶嵌式多倍体。

3.雌核发育的鉴别

经人工或自然诱导的雌核发育个体,需经过一定的鉴定,以证明它确属雌核发育的个体,精子在胚胎发育中确实没有在遗传方面做出贡献。

鉴别雌核发育的个体,通常以颜色、形态和生化方面的指标为根据。如在虹鳟鱼和斑马鱼的研究中,具有鲜明色彩等位基因的精液有助于鉴别雌核发育后代的遗传性状。此外,用生化方法(如测定转铁蛋白位点的变化)亦可得到鉴别雌核发育的证据。

通过细胞学的研究,更能精确地判别雌核发育。若是雌核发育,其囊胚细胞中只出现一套来自雌核的染色体。否则,雌核和雄核染色体各占一半,得到的是杂交种。近年来,还运用了遗传标志的方法来鉴别雌核发育的二倍体化是由第一次有丝分裂的阻碍,还是由保留极体而来。假如二倍体源自第一次有丝分裂的抑制,杂合雌性个体的子代应该都是混合型的;而如果是通过阻止第二极体的外排产生的雌核发育个体,则子代的情况取决于着丝点与基因间的距离。在着丝点与基因距离接近的情况下,雌核发育个体为纯合型;相反,当着丝点与基因距离远离时,将明显增加杂合型子代的比例。

4.雌核发育的意义

雌核发育具有产生单性种群的能力,为生产单性种群提供了可能。雌核发育可以迅速地产生同源型二倍体,从而提供某些致死突变种的生物品系。在理论上可以广泛地用于进行基因—着丝点的定位研究。在农牧渔业实际生产中,可应用于人工控制性别繁殖。通过克隆自交,即以激素致使性逆转为雄性,再与同胞姐妹交配,获得强壮的纯系同型配子二倍体,然后借助于雌核发育,产生新的纯系来筛选除去有害的等位基因,以改良近亲繁殖系。

9.6.2　动物多倍体育种

多倍体(polyploid)是指每个体细胞中含有 3 个或更多染色体组的个体而言。在自然界中,多倍体现象在高等植物中较多,而动物界却少得多。1939 年,Frankhauser 和 Griftiths 首先在两栖类中成功地诱发了三倍体。动物多倍体育种的研究早期主要侧重于三倍体诱导的方法、最佳诱导条件等,及如何获得大量的多倍体。

9.6.2.1　染色体加倍技术

染色体加倍是染色体倍性改造工程的关键技术之一,可分为自然加倍和人工诱导加倍两种。自然加倍的效率较低,人工诱导多倍体方法主要包括生物学方法、物理学方法和化学诱导方法。

1. 生物学方法

生物学方法主要是通过杂交方法,尤其是种间或不同属、科间的远缘杂交,使染色体加倍,也称为染色体组的合并技术。该方法可按照人们的设计获得优良基因组合的异源多倍体,从而创造动植物的新种、新类型和新品种,也可利用该技术来研究物种的进化和亲缘关系。如用雌性草鱼($2n=48$)与雄性三角鲂($2n=48$)杂交可以获得子一代染色体数目为 72 的草鲂杂种三倍体。

2. 物理学方法

物理学方法包括温度休克法、水静压法和高盐高碱法等。前两种方法较为常用且效果较好,高盐高碱法是近几年才有人尝试的方法,尚需进一步完善。

(1)温度休克法 包括略低于致死温度的冷休克法($0\sim5℃$)和略高于致死温度的热休克法($30℃$左右)两种。温度休克法廉价、易操作,是诱导动物细胞多倍体化的常用手段,适合养殖场大规模生产使用。

使用温度休克法诱导多倍体的关键是能否成功地阻止第二次成熟分裂或第二极体的排出。它受 3 个因素的制约:温度处理的开始时间(TA)、处理持续时间(D)和处理温度(T)。一般来讲动物的遗传背景及卵子的成熟度使得不同动物甚至同一动物在不同实验室的最佳诱导条件不同。一般来说,冷水性鱼类(如鲑科)应用热休克法,而温水性鱼类用冷休克效果好。

(2)水静压法 就是采用较高的水静压($65\ kg/cm^2$)来抑制第二极体的放出或第一次卵裂产生多倍体。这种方法诱导率高(一般在 $90\%\sim100\%$)、处理时间短($3\sim5\ min$)、对受精卵损伤小,成活率高。但是,该法需要专门的设备——水压机,成本较高,处理卵的量有限,不适于大规模生产。

3. 化学诱导方法

化学诱导染色体加倍是最常用的方法之一,使用的化学药剂主要有秋水仙素和细胞松弛素 B,此外还有麻醉剂 N_2O、咖啡因和聚乙二醇等。

秋水仙素在一定的浓度范围对细胞染色体的复制没有什么破坏作用,但能抑制和破坏纺锤丝的形成。因此,用秋水仙素处理正在分裂的细胞,可使染色体正常复制而细胞不发生分裂,从而形成同源多倍体的细胞。秋水仙素主要用于植物多倍体的诱导,在动物中容易诱导产生嵌合体,成活率低,使用较少,只在与中间杂交相结合诱发异源多倍体时使用。

细胞松弛素 B 是最常用的动物多倍体诱导剂,通过抑制动物的肌动蛋白聚合成微丝,阻止细胞质的分裂。在中华绒螯蟹、大西洋鲑和多种贝类中利用细胞松弛素 B 诱导都获得了多倍体。

化学诱导方法所使用的化学药品一般比较昂贵,且具有毒性,影响处理后的胚胎发育,同时诱导产生的多倍体往往是在育种上没有价值的嵌合体,所以化学方法在实际中的应用和生产推广不及物理方法。

9.6.2.2 多倍体的倍性鉴定

由于各种处理方法均不能百分之百成功地诱导多倍体,处理过的群体可能是由多倍体、二倍体甚至是多倍体与二倍体构成的嵌合体等混合组成,因而用一个准确的方法来确定染色体的倍性就显得格外重要了。多倍体的倍性鉴定方法包括直接法和间接法。这些方法各有其特点,例如染色体直接计数法准确、直接,但费时;红细胞核体积测量法省时、简单,在生产现场就能进行而广为人们采用,但缺乏准确性,同时由于测不出嵌合体,往往需要校正;DNA含量测定法是目前较为先进的常用的方法,其测定快速准确,并能测出嵌合体,缺点是需要特殊的仪器设备——流式细胞仪。

1. 直接法

(1)染色体计数　染色体计数是鉴定多倍性的一个最为准确的、最为直接的方法,但比较费时。质量好的染色体标本可以从胚胎获得,因为胚胎细胞分裂指数高。对于鱼类来讲,再生鳍或淋巴细胞培养的染色体标本可以用做成鱼的倍性测定。

(2)DNA含量测定　细胞DNA含量测定是倍性鉴定的另一个有效的直接方法。最初Rasch等用Feulgen染色的组织切片的显微光密度测定亚马逊花鳉及其杂种细胞核的DNA含量,结果发现杂种的DNA含量是其亲本的一倍半,从而确定这些杂种是三倍体。流式细胞仪可以简单、快速及准确测定单细胞DNA含量,从而确定细胞的倍性,另外还能够测出嵌合体。

2. 间接法

(1)细胞核体积测量　按照一般规律,细胞大小与染色体数目成比例增加,而且维持恒定的核质比例,随着细胞核的增大,细胞大小也按比例增加,因而组成多倍体有机体的细胞及细胞核通常要比二倍体大一些。但多倍体的器官或身体并不一定都比二倍体大。

在鱼类,通常通过测量红细胞来鉴定多倍性,其中核体积之比最为常用。实验表明,二倍体与三倍体的核体积之比为1:1.5,二倍体与四倍体的核体积之比为1:1.74。许多学者认为细胞核体积测量是一个鉴定染色体倍性的好方法。不过该方法也有弊端,例如不能准确地反映倍性,在使用本方法的时候应附以直接倍性测定方法加以校准。除红细胞外,也有用其他的体细胞(如脑细胞、上皮细胞、肝细胞及肾细胞等)的核体积鉴定染色体的倍性,但这些细胞预先要制作连续切片,比较费时。

(2)蛋白质电泳　蛋白质电泳也可以用来鉴定多倍体。Balsno等用血清蛋白电泳图差异来辨别二倍体与三倍体卵胎生亚马逊花鳉。但二倍体与三倍体的关东银鲫在血清蛋白上并没有明显的差异。这说明使用蛋白质电泳方法鉴定倍性时也要慎重。

(3)生化分析　Sezaki等对关东银鲫二倍体及三倍体种群的肌肉与血液的化学组成进行了生化分析,结果发现二者肌肉的基本组成及蛋白质组成基本一致,但三倍体具有较二倍体少的红细胞数量,较高的平均血细胞体积及血红蛋白含量。另外,三倍体红细胞的丙酮酸激酶活性显著高于二倍体,其比率是1.68,己糖激酶与磷酸果糖激酶活性也较高,比率是1.26和1.35。

采用何种方法进行多倍体鉴定均有利有弊,实际进行鉴定操作要依赖于所测样本的发育时期、实验要求和所具备的仪器设备条件。

9.6.2.3　动物多倍体育种的意义

进行人工诱导的多倍体动物多数具有生长速度快、成活率高和抗病能力强等特点,如锦鱼、蓝罗非鱼及合浦珠母贝等的三倍体均比二倍体生长快。但也有些种类(如鲟鱼)的人工诱导多倍体与正常二倍体间生活力没有太大的差别,还有些种类(如虹鳟、银大麻哈鱼等)人工诱导三倍体的生活力比二倍体略差一些。

低等动物(如鱼类等)的种间杂交优势也非常明显。一般来说,种间杂种生长快,可以同时具有两个不同种的优良特性。可是它往往表现出较低的成活率。许多研究表明,诱导的三倍体可以增加种间杂种的成活率。Scheerer等在用热休克诱导褐鳟、虹鳟以及溪红点鲑之间的不同杂交组合三倍体的研究中发现,在大多数杂交组合中,三倍体杂种都表现出比二倍体杂种好得多的存活力,其中以三倍体虎鳟(褐鳟与溪红点鲑的杂种)的效果最好,在摄食开始时的鱼苗成活率平均为 78.8%,而二倍体杂种仅为 23.7%。由于三倍体在卵子受精后不久用温度休克或水静压处理容易获得,因此对增加鱼类杂种的成活率来说,诱导三倍体可能是一个行之有效的方法。

三倍体通常预期是不育的,许多实验也都证明了这一点。生产上可以利用三倍体不育的特性,将个体生殖腺发育消耗的能量用于动物生长上,避免因繁殖季节肉质下降而延误上市时间或影响商品价值,也避免了生长停滞和死亡率的增高,缩短了养殖周期、减少了养殖成本,可养成大型个体。这一特性已在美国用来提高鲍鱼的产量。日本长崎 1987 年培育的三倍体牙鲆明显比二倍体大,二龄鱼二倍体平均重为 670 g,而三倍体平均为 900 g,成活率也高。有些动物产卵后即大量死亡(如鲑鱼等),三倍体技术可以克服产卵后鱼死亡和肉质变差等问题,可长年上市(三倍体香鱼早期生长与二倍体相比无优势,但到产卵期,其生长速度明显加快),而且个体大。此外,还可以利用三倍体的不育性培育出不育的群体以控制养殖密度,在昆虫等方面已见到应用。

与三倍体不同,四倍体是可育的。目前如何大量诱导四倍体并培育至性成熟,而后与正常二倍体杂交获得不育的三倍体,进行三倍体育种是许多学者正在致力研究的课题。在美国,三倍体牡蛎已成为牡蛎养殖中的重要组成部分。1994 年,三倍体牡蛎的种苗生产大约占美国西海岸的 1/3~1/2。Guo 和 Allen 用四倍体牡蛎与二倍体牡蛎交配,培育出了全三倍体牡蛎,其存活率与二倍体相同。而用 CB 处理阻止第二极体产生的三倍体牡蛎存活率仅为 46%。在养殖 8~10 个月后,三倍体牡蛎比正常二倍体大 13%~51%。这些结果表明,四倍体和二倍体交配是产生三倍体的最好的方法,更适合于水产养殖。可以预计,这一成果的问世将会给动物染色体组操作带来革命性的变革。

多倍体育种技术由于方法简单、见效快而且具有潜在的理论和应用价值,国内外有关研究日趋深入和广泛,由此会产生更新更高的多倍体。但是在进行多倍体育种研究中还存在一些难点亟待解决,如准确的处理时间,诱导率、成活率及孵化率的提高,准确可靠的倍性鉴定方法的确定。这些问题的存在直接影响了多倍体育种技术在生产上的大规模应用。相信随着基础生物学的发展及科学工作者不断深入研究和开拓,多倍体育种技术将为人类做出更大的贡献。

9.6.3 染色体的显微操作技术

染色体显微操作技术始于 20 世纪 80 年代初,其本质上来说是一项特殊的基因克隆技术,最大的特点是能够根据研究者的需要分离任意一条染色体或特定的染色体片段,快速高效地建立相应的 DNA 文库。染色体显微操作主要包括染色体分离和染色体微切割,具体的操作技术有 3 种,即流式细胞分类器法、微细玻璃针切割法和激光显微切割法。

1. 流式细胞分类器法

利用流式细胞分类器(flowing sorting)进行染色体分离,其主要原理是:荧光核酸染料 Hoechst 只对 A—T 特异性染色,而染料 Chromomycin 只对 G—C 特异性染色。染色体上 DNA 的碱基序列是不同的,因此这些特异性染料和不同染色体上 DNA 结合的量和比例是不同的。结合这些染料后,再经激光照射,染色体就会呈现不同的荧光带。将特定染色体发出的荧光波长输入计算机,通过计算机控制就可将发出同一波长的染色体收集在一起,从而实现染

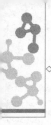

色体的分离。大致要经过以下 4 个操作步骤:①细胞分裂同步处理。如用秋水仙素处理培养细胞,抑制纺锤丝的形成,使细胞分裂停留在中期。②染色体的荧光色素染色。将细胞温和破碎,用 DNA 的特异染料染色。③染色体分离。把制备的染色体转移到细胞分类器上,进行染色体分离。

用流式细胞分类器分离染色体,有两个缺点:一是结构相似的染色体难以分开,故有的文库中会有其他染色体的污染;二是不可能构建染色体区带特异性文库。

2. 微细玻璃针切割法

微细玻璃针切割(microdissection viafine glassneedles)是采用特殊的玻璃针(尖端直径 0.17 μm),在倒置显微镜下对目的基因所在染色体区段进行切割与分离,随后进行 DNA 扩增以构建染色体特异性文库。该技术将染色体显微切割与 DNA 扩增技术——PCR 技术相结合,即用限制性内切酶酶切显微切割的染色体,将酶切的 DNA 产物连接到质粒上,利用质粒的已知序列作为 PCR 的引物进行 DNA 扩增以建立染色体特异性 DNA 文库。或与特殊设计的连接体-接合体混合,用已知序列的接合体作为引物进行 PCR 扩增以构建特异性文库。染色体切割及分离是染色体显微切割的关键技术,采用微细玻璃针对目的染色体直接切割和分离,具有费用低的优点,其不足之处是技术性要求高,不易掌握。

3. 显微激光切割法

显微激光切割法(microdissection by laser beam)的特点是:染色体标本在底部贴有特殊薄膜的培养皿上制作,利用激光共焦扫描显微系统,依靠高能量激光照射非选择细胞或染色体,使其受热蒸发,最后只保留目的染色体。该技术与玻璃针切割相比具有操作简便、容易掌握等优点。缺点是激光切割所用仪器昂贵,切割一次所需费用较高。

9.6.4 染色体转移技术

将同特定基因表达有关的染色体或染色体片段转入受体细胞,使该基因在受体细胞得以表达,并能在细胞分裂中一代又一代地稳定传递下去。该技术称为染色体转移,有时也称染色体转导。其本质上是功能基因的转移。主要包括染色体介导的基因转移、染色质介导的基因转移和微细胞介导的基因转移 3 种方法。

9.6.4.1 染色体介导的基因转移

染色体介导的基因转移法是指将分离得到的染色体转入相应受体细胞的一种技术。染色体介导技术一般包括首先诱发细胞同步分裂,继而用秋水仙素阻断细胞分裂于中期,再破碎细胞,通过离心收集大量的中期染色体,然后通过适当的分类,即可转移到受体细胞中去。一般可以采用磷酸钙和染色体共同沉淀,再用二甲亚砜处理受体细胞,也可以用卵磷脂与胆固醇制备脂质体,通过细胞的吞噬作用而使染色体进入受体细胞。

9.6.4.2 染色质介导的基因转移

1. 染色质作为转基因载体的提出

染色质介导基因转移初始的目的是利用染色质或染色质片段来转移外源基因,但是由于不能控制所转基因的染色质或染色质片段的种类、数目和大小,故不能有选择地转移目的基因;并且不能对被转移的染色质片段进行克隆及重组,因此它仅仅用来作为染色质内的作图技术。为了克服染色质工程中不能选择性地转移目的基因的特点,利用模板活性染色质来转移预期基因。实际上,利用这种方法转移的是一个预期的基因群,而不是单个基因。这恰好弥补了基因工程的不足。染色质介导的基因转移主要包括染色质的分离、活性染色质的制备及转移和鉴定。

2. 活性染色质的制备

制备活性染色质的基本方法是将含有活性基因的染色质片段用酶解法、热层析法或者机械性断裂（匀浆器、超声波）的方法从长的全染色质片段中选择性地截取。不同的方法所得的染色质片段的长度不同。①羟基磷灰石柱层析法是限于提取基因群中小于 10 kb 的目的基因的方法；②手匀浆法得到的染色质其 DNA 长度为 76～150 kb。可保证一个复杂系统中的活性基因的完整性。此方法缺点是收获量不大，许多活性染色质片段往往因为所占比例不够而与非活性染色质一起作为沉淀被废弃。这个缺点可以用加大样品量来弥补，也可以进一步对染色质 DNA 进行克隆。

3. 活性染色质作为基因载体的特性与鉴定

染色质工程能选择性地转移基因，并可在不知道目的基因序列或其探针的情况下进行。且可获得一个复杂系统的全部活性基因，可以对所获取的活性基因进行克隆（如 YAC 克隆或其他质粒的克隆）。然后进行基因转移或者对一个复杂系统的基因活动进行分析。

9.6.4.3 微细胞介导的基因转移

微细胞也叫微核体，是指含有一条或几条染色体，外有一薄层细胞质和一个完整质膜的核质体。微细胞介导的基因转移的优点：简化供体基因的表达、对受体细胞影响小、微核染色体稳定。该方法主要包括微细胞的制备和微细胞的融合。

1. 微细胞的制备

一般常用化学药剂（如秋水仙素）阻断供体细胞的有丝分裂，使染色体停滞在有丝分裂中期，从而在染色体周围逐渐形成核膜而成为众多的微核。然后在细胞松弛素 B 的作用下使微核逐渐突出细胞膜外。最后经过离心获得含有一个微核、四周有一薄层细胞质和质膜界限的微细胞。

2. 微细胞的融合

制备的微细胞一般情况下只能存活几个小时，但经过融合后可使其成为能够存活的整体细胞。常用的融合方法是 PEG 法。另外，微细胞的融合最好选用带有营养缺陷标志的受体细胞。由于微细胞的染色体含有互补的原养型基因，微细胞与受体细胞形成的杂合细胞即可在特定的选择性培养基中生长而被筛选出来。这样有利于微细胞融合后的筛选与鉴定。

9.7 动物性别控制技术

动物性别控制技术（sex control）是指通过人工操作手段繁殖所需要性别动物后代的一门技术。在自然条件下，动物（包括人类）的雌雄比例是均等的，从而保证了动物可以无间断地衍生后代，达到自然的生态平衡。然而，人类在农业及畜牧业生产过程中，为了达到某种需求而需要单一某种性别的动物，进而开始对动物性别控制进行了不懈的研究和努力。通过性别控制技术可以有效控制动物后代性别比例，提高经济效益。例如，雄性牛和绵羊增重快，肉质优；以牛奶为生产目的的农场则希望母牛多一些。动物性别控制方法主要包括受精前控制和胚胎移植前控制。多数动物的性别是由性染色体决定的，此外，环境（如温度）和年龄也对某些动物性别有不同程度的影响。

1955 年,艾考德(Eichwald)和斯劳姆热(Silmser)发现了雄性特异性次要组织相容抗原(H-Y),引发了对精子分离选择和胚胎性别控制的广泛研究。多数动物的性别是由性染色体决定的,不同动物的性别决定类型不同,其类型主要包括雄性异配子型、雌性异配子型和雄性单倍性型。此外,环境(如温度)和年龄也对某些动物性别有不同程度的影响。

雄性异配子型:雌性动物只产生一种类型的配子,雄性动物产生两种不同类型的配子,主要包括 XY 型和 XO 型。绝大部分哺乳动物、某些鱼类和两栖类、双翅目与鞘翅目昆虫属于 XY 型,多数直翅目昆虫、蜘蛛、多足类昆虫和线虫等属于 XO 型。

雌性异配子型:雄性动物只产生一种类型的配子,而雌性动物产生两种不同类型的配子,主要包括 ZO 型和 ZW 型。只有极少数某些鳞翅目昆虫属于 ZO 型,绝大部分鸟类、某些鱼类和两栖类、多数鳞翅目昆虫等属于 ZW 型。

雄性单倍性型:雄性单倍性型动物没有性染色体,由卵细胞受精与否决定其性别。卵细胞不经受精发育的个体为单倍体的雄性,卵细胞经受精后发育而成的个体为双倍体的雌性。蜂类、蚂蚁等均为雄性单倍性型动物。

9.7.1 动物性别控制原理

1. 性别决定的发育生物学机制

发育生物学研究表明,哺乳动物的性别主要取决于性染色体,性染色体内含有决定哺乳动物性别的关键基因,如 SRY 基因、DAX1 基因等;同时哺乳动物的性别也取决于常染色体,因为常染色体内也含有与性别有关的基因,如 SOX9 基因、WT1 基因等。目前众多学者对哺乳动物的性别决定已经基本形成共识,即性染色体和常染色体上都含有性别决定基因,常染色体和 Y 染色体以雄性化基因占优势,X 染色体以雌性化基因占优势;合子的性别发育方向决定于这两类基因系统力量的对比。这表明即使两性异型的雌雄个体在性别遗传基础上仍是混合体,当环境条件发生改变时,性别的发育方向将会受到干扰,出现中间性别和性别转变。胚胎发育的早期阶段为性别未分化期,仅有位于中肾内缘的性腺原基,这种未分化的性腺中胚层为中性。在内外生殖器组织分化的临界时间前,无论对雌性胚胎还是雄性胚胎切除发育中的生殖腺均会导致胚胎在内外形态上向雌性化发育。胚胎睾丸组织是促使雄性性状发育或者阻止雌性性状发育的必需物质,也是未来性腺发育的导向物质,它决定性别的取向,且性别决定的结果通过性腺分化及性表型予以体现。胚胎生殖腺的发育类型是性别形成的决定因素。生殖腺原基被某种信息诱导发育为卵巢,由卵巢产生的雌激素则使苗勒氏管发育为阴道、子宫和输卵管。如果性腺原基发育为睾丸,其间质细胞分泌睾酮,支持细胞分泌抗苗勒氏管因子,抑制苗勒氏管发育促进沃尔夫氏管发育,从而诱导中肾管发育成睾丸、附睾、输精管和前列腺、精囊腺、尿道球腺等雄性生殖器官。若生殖道中生殖腺分布和发育异常,将导致不同程度的雌雄同性或其他形式的性别异常。

2. 性别决定的遗传学机制

哺乳动物的 Y 染色体上有一个性别的遗传控制因子,称为睾丸决定因子(testis determining factor,TDF)。在人 Y 染色体短臂发现了一个单拷贝基因,称为 Y 染色体性别决定区基因(sex determining region Y gene,SRY),人类的 SRY 基因只有一个外显子,长 850 bp,该基因有一个多聚腺苷酸位点和两个转录起始点,其间是一个可读框,为开放的读码框架结构,有一个外显子,可以编码 204 个氨基酸,相对分子质量约为 24 ku。SRY 基因在哺乳动物间具有高度的同源性。人类 SRY 基因其中有一段可以编码 71 个氨基酸的保守区——HMG 盒。HMG 在哺乳动物中具有高度同源性,如牛和小鼠的 SRY 基因有 75% 的同源性,与人的有95% 的同源性。例如,牛、山羊和小鼠的 HMG 盒中有一段完全相同的 190 bp 序列。人 SRY的转录有多个起始位点,主要起始位点位于起始密码子上游 91 bp 处。人 SRY 的转录终止位点只有一个,位于起始密码子下游 748 bp 处。另外,在人所有胚胎组织均能检测到 SRY 的表达。研究事实表明 SRY 基因就是 TDF。SRY 基因在性别决定模式中扮演"开关基因"的角色,它将决定着性别分化中雌雄个体的取向。一种假说认为,哺乳动物 XY 染色体上的 SRY基因可以激发下游 MIS(缪氏体抑制物)基因的转录,引起缪氏体抑制和睾酮分泌,最终形成雄性组织。XX 染色体因缺少 SRY 基因,染色体上 DSS 位点基因转录促进卵巢发育,形成雌性。目前,还没有一个能完全解释性别决定的模式,普遍认为早期性腺发育是性别决定要素呈网络状相互作用的一个复杂结果,而不是一个线性的层叠式的作用结果。

3. 环境对性别决定的影响

动物的性别主要是由性染色体和性别决定基因遗传决定的,但是外界环境对动物性别的分化和表型的改变也有重要的影响,其中温度和激素是最重要的两个因素。温度对许多动物尤其是两栖类动物的性别发育具有深刻影响。某些两栖类动物的性染色体类型为 XY,正常的发育应该是 XY 型的雄性个体和 XX 型的雌性个体各占 50%,但是若水温提高到 30℃,蝌蚪将全部发育为雄蛙。鳄鱼没有异型的性染色体,受精卵在 30℃ 以下全部发育为雌性,在34℃ 以上则全部发育为雄性,在 32℃ 左右发育的个体中则既有雌性也有雄性,雄性比雌性多4 倍。温度对动物性别分化影响的机制尚不完全清楚,有研究结果表明,高温可能不利于原始生殖腺皮质部的发育,而有利于其髓质部向睾丸发育。激素在雌雄异型的动物的性别分化中也发挥重要作用。脊椎动物的生殖系统在胚胎早期是按雌性发育的,发育至一定时期,在性激素的作用下,生殖系统才会出现雌雄分化。此外,微量元素镉也与性别有一定的相关性,并在老鼠、兔子和猪等动物的临床试验中得到证实。这些动物的食物中加入一定剂量的镉,作用一段时间后,发现生下的幼崽大多数是雌性。研究表明,当体内镉元素积累到一定量时,睾丸中的曲精小管上皮细胞会出血坏死,影响 Y 精子的发育和活动能力,而 X 精子的抵抗力强,存活率高,受精机会多,因此所产仔中雌性也多。

9.7.2 动物性别控制途径

9.7.2.1 哺乳动物受精前性别控制

根据哺乳动物 X 与 Y 精子在物理和生化特性上的不同实现彼此分离,再通过体外受精、胚胎移植得到需要性别的动物。该方法直接、经济,效率较高。

1. X 精子与 Y 精子的差别

(1)Y 精子的 F 小体 1968 年,科普森(Cosperson)在研究男性染色体时发现,在 Y 染色体长臂末端有比其他部分强的荧光亮点,并将这些点称为 F 小体(荧光小体)。但是目前尚没有足够证据证明有 F 小体的精子就是 Y 精子,而没有的则是 X 精子。

(2)精子质量 X 染色体的 DNA 含量比 Y 染色体多,质量和体积也大。由于密度不同,X 和 Y 精子沉降速度不同。

(3)精子运动 Y 精子的活动能力比 X 精子强,运动速度快,在含血清蛋白的稀释液中呈直线运动。Y 精子尾部膜电荷较多,而 X 精子头部膜电荷较多。

(4)精子的耐酸碱性 Y 精子有嗜碱性,而 X 精子有嗜酸性。

(5)精子表面的 H-Y 抗原 H-Y 抗原是一种弱抗原,目前了解,只有 Y 精子才能表达 H-Y 抗原。

2.精子分离方法

基于 X 与 Y 精子的差异,有以下几种精子分离方法,但是均不成熟。

(1)免疫学分离法 Y 精子上存在 H-Y 抗原,利用 H-Y 抗体检测精子质膜上是否存在 H-Y 抗原,以此可能区别 X 精子和 Y 精子。主要有免疫亲和柱层析法和免疫磁珠法。目前这一方法准确性较低。

(2)离心分离法 X 精子 DNA 含量略大于 Y 精子,因此 X 精子密度较 Y 精子略大,可以采用离心分离法。此法优点是分离时间短,对精子损伤小。缺点是因为 X、Y 精子密度相差不大(0.007 g/m^3),分离困难,对仪器精度要求高。

(3)电泳分离法 利用表面电荷差异采用电泳法进行分离。精子带负电荷,但 Y 精子负电荷略小于 X 精子,因此在中性缓冲液中,X 精子向阳极移动的速度较快。此法优点是方便操作,缺点是分离效率不高。

(4)流式细胞仪分离法 流式细胞仪由液流系统、光学系统、分选系统和数据处理系统等所组成,能够定量测定精子等多种单个细胞的细胞膜、胞浆以及核内的多种物质,而且具有测定快速、精确、多参数的特点。利用流式细胞仪进行精子分离前,先将可与 DNA 结合的荧光素染料(Hoechst33342)与稀释的精液共同培养;分离时,精液首先以极高的速度喷出,形成一个个极微小的液滴,存在于微滴中的单个精子因受到激光照射而产生出相应的光散射信号和某种颜色的荧光信号,前者的强弱反映精子细胞的大小、形态等,后者是由与 DNA 链定量结合的染料受到某种波长光的激发而发射出来的,光学系统通过分析测出该精子的 DNA 含量,从而识别出其类型并以图表的形式在计算机上直观地显示出来;接着,分选系统依精子的类型分别施加以正负不同的电荷,使它们在电场中断续向前运行时定向偏转于不同的电极,这样,X 精子和 Y 精子就可被分别收集到不同的容器中而予以分离,不含精子的微滴以及类型不能被识别的模糊精子会被仪器弃掉。

我们知道,精子核是被细胞质高度地包裹着的,而哺乳物的精子又是不对称的,故精子因激光照射而发荧光时,如果精子的定位不正确,从半透明的扁平面发出的真正反映 X 精子和 Y 精子 DNA 差异的荧光与从精子边缘发射出的荧光相比则会显得更加微弱,甚至于检测系统不能分辨,这样定位不正确的绝大部分精子就会被认为不可辨别而弃掉,这是影响流式细胞分类仪精度的一个重要原因。由于精卵结合时就决定胎儿的性别,所以精子分离会最大限度地节约人力、物力和财力且不会损伤胚胎,随着技术进步,精子的分离速度已经达到了 1.1×10^7 个/秒,而分离纯度则稳定在 90% 左右,可以说这是一种很有前途的方法。

(5)化学药品处理法 根据 X、Y 精子嗜酸碱性的不同,通过使用化学试剂预先处理动物阴道,改变生殖道的 pH 值,从而一定程度上达到选择性利用精子控制动物性别的目的。

9.7.2.2 胚胎移植前性别控制

在移植前对胚胎进行性别鉴定,然后对所需要性别的胚胎进行移植,从而达到控制后代性别的目的,这是动物性别控制较为实用的方法。该方法关键是胚胎性别的鉴定,主要包括细胞生物学、免疫学、生物化学和分子生物学等方法。

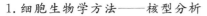

1.细胞生物学方法——核型分析

通过核型分析而对胚胎进行性别鉴定,是经典的胚胎性别鉴定方法。该方法准确率高,但要获得高质量的中期染色体难度较大,胚胎浪费大,耗时费力。目前该方法主要用来验证其他性别鉴定方法的可靠性和准确率。

采用显微操作仪的吸管固定晚期桑葚胚或囊胚,用尖头吸管插进透明带吸取部分细胞用于核型分析。大致步骤如下:体外培养细胞,加入有丝分裂阻滞剂使细胞有丝分裂停止在分裂中期;转移到载玻片上采用0.9%左右的柠檬酸钠低渗液处理使细胞膨胀、染色体分开,再用第一固定液(甲醇:冰醋酸:无离子水=3:2:1)固定处理,然后用第二固定液(冰醋酸)处理使细胞核破裂,使染色体分散到载玻片上,风干后pH 7.0左右的PBS溶液配制的10%Giemsa液染色5 min,水洗后晾干,经过二甲苯、中性树脂固封,油镜显微镜检查核型。

2.免疫学方法——胚胎H-Y抗原检测法

许多雄性哺乳动物早期胚胎均有雄性细胞表面特有H-Y抗原的存在,因此可以通过测定胚胎上H-Y抗原对胚胎性别进行鉴定。但是准确率还有待提高。

(1)胚胎细胞毒性分析 在补体(如豚鼠血清)存在的情况下,H-Y抗体和H-Y⁺胚胎结合,使其中一个或多个卵裂球溶解或使卵裂球呈现不规则的体积和形状,这会使胚胎发育受阻。不能发育的多为雄性胚胎,仍能正常发育者多为雌性胚胎。

(2)间接免疫荧光法 以H-Y抗体为第一抗体,以用硫氰酸盐荧光素标记的山羊抗鼠γ球蛋白为第二抗体,将两种抗体依次与胚胎共培养,雄性胚胎上的H-Y抗原先与一抗结合,一抗再与二抗结合,通过洗涤将未结合的二抗洗去,在荧光显微镜下观察,有荧光的为H-Y⁺胚胎。该方法的优点是不对胚胎造成损害,鉴定过的胚胎还可以存活,移植后可获得所需要性别的后代。

(3)囊胚形成抑制法 这种方法利用的是H-Y抗体能够可逆性抑制雄性桑葚胚形成囊胚的原理。将H-Y抗血清与桑葚胚共培养一段时间,具有H-Y抗原的雄性胚胎会被H-Y抗体抑制,不能形成囊胚。无H-Y抗原的雄性胚胎不会被H-Y抗体抑制,可以继续发育形成囊胚。由此可以将不同性别的胚胎分开。采用不含H-Y抗血清的培养液洗去H-Y抗体,在新鲜培养基中继续培养,雄性胚胎可继续发育成囊胚。之后可以根据性别需要进行胚胎移植培育需要的动物。

3.分子生物学方法——胚胎SRY基因的检测法

哺乳动物Y染色体上SRY基因同源性较高,尤其是其中编码79个氨基酸的高度保守区——HMG盒,利用该基因可以来鉴别胚胎的性别,该技术是20世纪80年代后期发展起来的一项技术,发展速度和应用远超过其他方法。

(1)DNA探针法 以从Y染色体上分离的SRY基因片段为探针,将其标记后对要检测的胚胎进行Southern杂交,阳性结果为雄性,阴性结果为雌性。该方法准确率高,可达100%,在不少国家已有商业生产。但该方法存在一些不足之处,如鉴定时间较长,每种动物需要制备该物种特异性探针等,在应用上仍受限。

(2)PCR扩增法 实质就是Y染色体特异性片段或Y染色体上的性别决定基因的检测技术,即通过在一定条件下进行PCR扩增反应合成Y染色体上特异性片段来进行胚胎性别鉴定,能扩增出目标片段的胚胎即为雄性胚胎,否则即为雌性胚胎。由于PCR极为灵敏,所以只要从胚胎中取出几个细胞就可以进行性别鉴定,与核型分析法相比,其对性别鉴定后胚胎移

植妊娠率的影响已很低了。

用 PCR 鉴定家畜胚胎的性别其主要程序为：①胚胎的获取。冷冻胚胎、刚从供体牛回收的鲜胚或体外受精培养的胚胎都可以用来鉴定性别。②引物的设计。③用显微操作或徒手从胚胎中取出几个细胞，处理后进行 PCR 扩增。④电泳检测。根据引物的对数、扩增的特异片段和 EB 加入的时间不同，PCR 法又可分为以下几种：

a. 双扩增　根据 Y 染色体上的性别决定基因或特异性片段设计引物，同时设计一对公母共有基因引物作为内对照，避免假阳性的发生；能同时扩增出 Y 染色体上相应片段和公母共有基因片段的胚胎即为雄性胚胎，而只能扩增出共有基因片段的胚胎即为雌性胚胎。

b. 单扩增　只用一对引物，只扩增 *SRY* 基因、成釉蛋白基因、*ZFY* 基因或 Y 染色体 a 类卫星序列，此种方法虽然节省引物，但是排除不了假阳性和假阴性的干扰。这里要说明的一点是，曾溢滔等曾设计一个双扩增实验证明 Y 染色体 a 类卫星序列可用于人类的性别鉴定，至于是否适用于其他动物的性别鉴定还有待研究。

c. 联合扩增　由于 *ZFX* 与 *ZFY* 有较大的同源性，故我们可以利用同源区的共同引物和各自特异引物共 3 种引物进行扩增，这样，电泳检测时，雄性 DNA 会出现两条带而雌性 DNA 只出现一条带。另外，徐亚欧等人发现公牛的 *ZFY* 基因扩增片段上有两个 Pstl 酶切位点，*ZFX* 基因则没有，所以前者电泳时会现出现 3 个片段，这也为扩增后检验提供了一种方法。

d. 直接观察法　此种方法是在进行扩增之前向微量离心管中直接加入适量的 EB，待扩增后，将微量离心管置于紫外灯下直接观察，荧光较强者为雄性胚胎。此种方法可以减少鉴别所需时间，但较高浓度的引物会产生一定的背景荧光。

除 *SRY* 基因外，Y 染色体上锌指结构基因(*ZFY*)和其在 X 染色体上的同源序列 *ZFX* 基因对于哺乳动物的性别鉴定均具有重要意义。另外，人们也曾利用奶牛染色体成釉蛋白基因、人类 Y 染色体 a 类卫星序列进行过性别鉴定的研究。

4. 生物化学方法——X 染色体相关酶检测法

该方法是通过测定与 X 染色体相关的酶活性，来达到鉴别胚胎性别的目的。早期雌性胚胎的 2 条 X 染色体中有 1 条失活，在胚胎基因组的激活与 X 染色体失活之间的短暂时期内，雌性的 2 条 X 染色体都可以转译，雌性胚胎中与 X 染色体相关酶的浓度及活性是雄性胚胎的 2 倍，据此可以对胚胎进行性别鉴定。但是由于 X 染色体失活的确切时间还不清楚，如果有些雌性胚胎的 X 染色体提前失活，就容易将雌性误判为雄性。

复习思考题

1. 简述制备转基因动物的主要技术步骤。
2. 转基因动物的制备方法有哪些？各自特点是什么？
3. 简述基因打靶的步骤。
4. 影响基因打靶效率的因素有哪些？
5. 基因打靶有哪些策略？
6. 基因捕获的基本原理是什么？
7. 利用所学知识论述动物细胞工程在动物遗传育种中的应用。

8.转基因动物有何实际应用价值？

9.试述转基因动物的基本程序。

10.列举精子获能的几种方法。

11.转基因动物的鉴定方法有哪些？各有何优点？

12.何为生物反应器？列举几种。

13.动物乳腺生物反应器的优点有哪些？

14.举例说明乳腺生物反应器在实践中应用。

15.试讨论如何对动物品种进行改良。

16.何谓染色体工程？动物染色体工程研究内容有哪些？

17.人工诱导雌核发育的方法有哪些？各有什么特点？

18.动物染色体加倍技术有哪些？各有什么特点？

19.染色体显微操作技术有哪些？

20.染色体转移技术包括哪些内容？

21.动物性别控制途径有哪些？

22.胚胎性别鉴定有哪几种方法？

专业名词中西文对照

Agrobacterium faciens 根癌农杆菌

Agrobacterium rhizogenes 发根农杆菌

agropine 农杆碱

Bacillus thuringiensis 金芽孢杆菌

bioreactor 生物反应器

cascade rolling cycle amplification 级联滚环扩增技术

chemical inducer of dimerization(CIDs) 化学性诱导二聚体

complete knock-out 完全基因剔除

conditional gene targeting 条件性基因打靶

Crep scapollaris 还阳参

Cryptomeria japonica 柳杉

decapacitation factors(DF) 去能因子

disarmed 切除

DNA building protein(DBP) DNA 结合蛋白

ecdysone 蜕皮素

electrochemiluminescence 电化学发光技术

embryonic stem cells(ESCs) 胚胎干细胞

embryonic sterm cells gene transfer 胚胎干细胞转导

enzyme-linked immunosorbent assay 酶联免疫吸附法

epigenetic gene 后生遗传基因

epigenetic memory 后遗传记忆

epigenetic variation 外遗传变异

floral dip 蘸花法

flow cytometer 流式细胞仪

fluorescence in situ hybridization(FISH) 荧光原位杂交

follistatin(FST) 卵泡抑素

founder mice 原代小鼠

founder 原代

gene knock-in 基因敲入

gene knock-out 基因敲除

gene targeting 基因打靶

gene targeting vector 基因打靶载体

gene trapping 基因捕获

genetic variation 遗传变异

human chorionic gonadotrophin(HCG) 人绒毛膜促性腺激素

hyaluronidase 透明质酸酶

hyper-branched rolling cycle amplification 超分支滚环扩增技术

insertion vector 插入型载体

jumping gene 跳跃基因

liposome 脂质体

mammary gland bioreactor 乳腺生物反应器

methylation 甲基化

microinjection 显微注射法

microprojectile bombardment 微弹轰击法

multiplex PCR 复合 PCR

nopaline 胭脂碱

octopine 章鱼碱

PCR real-time PCR 荧光实时定量

Pinus roxburhii 西藏长叶松

pluripotency 多能性

pollen-tube pathway 花粉管通道法

polymerase chain reaction 聚合酶链反应

polyploidy 多倍体

positive selection method 正向选择法

positive-negative selection(PNS) 正负双向选择法

pregnant mare serum gonadotrophin(PMSG) 孕马血清促性腺激素

replacement vector 置换型载体

retrotransposons 逆转座子

retrovirus-mediated gene transfer 反转录病毒载体法

reverse transcription-PCR 反转录-聚合酶式反应

rolling cycle amplification 滚环复制

selectable marker genes 选择标记基因

sex determining region Y gene(SRY) Y 染色体性别决定区基因

somaclonal variation 体细胞无性系变异

somaclones 体细胞无性系

spatiotemporal gene tar geting(STGT) 时空特异性基因打靶

sperm mediated gene transfer 精子载体法

succinamopine 琥珀碱

surface plasmon resonance 表面等离子体共振

testis determining factor(TDF) 睾丸决定因子

totipotency 全能性

transferred DNA 转移 DNA

transgene 转基因

transgenic bioreactor 转基因生物反应器

transgenic plant 转基因植物

transposon 转座子

virus trans-formation 病毒介导法

yeast artificial chromosomes(YACs) 人工酵母染色体

参 考 文 献

[1] 谢丛华,柳俊.植物细胞工程.2 版.北京:高等教育出版社,2004.

[2] 朱至清.植物细胞工程.北京:化学工业出版社,2003.

[3] 刘进平.植物细胞工程简明教程.北京:中国农业出版社,2005.

[4] 许智宏.植物生物技术.上海:上海科学技术出版社,1998.

[5] 崔凯荣,戴若兰.植物体细胞胚发生的分子生物学.北京:科学出版社,2000.

[6] 李浚明.植物组织培养教程.北京:北京农业大学出版社,1991.

[7] 黄学林,李筱菊.高等植物组织离体培养的形态建成及其调控.北京:科学出版社,1995.

[8] 张冬生.植物体细胞遗传学.上海:复旦大学出版社,1989.

[9] 陆德如,陈永青.基因工程.北京:化学工业出版社,2002.

[10] 胡道芬.植物花培育种进展.北京:中国农业科学技术出版社,1996.

[11] 陆维忠,郑企成.植物细胞工程与分子育种技术研究.北京:中国农业科学技术出版社,
2003.

[12] 孙敬三,桂耀林.植物细胞工程实验技术.北京:科学出版社,1995.

[13] 许智宏,卫志明.植物原生质体培养和遗传操作.上海:上海科学技术出版社,1997.

[14] 颜昌敬.植物组织培养手册.上海:上海科学出版社,1990.

[15] 王亚馥,徐庆,刘志学.红豆草细胞悬浮培养中体细胞胚的形成.实验生物学报,1990,23
(3):369-373.

[16] 李修庆.植物人工种子研究.北京:北京大学出版社,1990.

[17] 曾寒冰.小麦未熟胚离体培养的研究——愈伤组织诱导及再生植株.东北农学院学报,
1988,19(1):1-84.

[18] 朱德蔚.植物组织培养与脱毒快繁技术.北京:中国科学技术出版社,2001.

[19] 王关林,方宏筠.植物基因工程原理与技术.北京:科学出版社,1998.

[20] 熊宗贵.生物技术制药.北京:高等教育出版社,1999.

[21] 张自立,俞新大.植物细胞和体细胞遗传学技术与原理.北京:高等教育出版社,1990.

[22] 谭文澄,戴策刚.观赏植物组织培养技术.北京:中国林业出版社,1991.

[23] 程广有.名优花卉组织培养技术.北京:科学技术文献出版社,2001.

[24] 周俊彦,郭扶兴.植物快速营养繁殖中的繁殖速度和产量率的计算.植物学通报,1991,8
(2):60-63.

[25] 李浚明.植物组织培养教程.北京:中国农业大学出版社,1992.

[26] 周维燕.植物细胞工程原理与技术.北京:中国农业大学出版社,2001.

[27] 崔澂,桂耀林.经济植物的组织培养与快速繁殖.北京:农业出版社,1985.

[28] 傅润民.果树瓜类生物工程育种.北京:农业出版社,1994.

[29] 杨增海.园艺植物组织培养.北京:农业出版社,1987.

[30] 王际轩.苹果脱毒技术的研究与应用.北方果树,1994,2:2-4.

[31] 陈超,等.中、西药剂在苹果褪绿叶斑病毒脱除中的应用.落叶果树,1995,1:1-2.

[32] 程玉琴,韩振海,徐雪峰.苹果病毒及其脱毒检测技术研究进展.中国农学通报,2003,19(1):72-74.

[33] 詹祥灿.植物组织培养中的光自养生长.植物生理学通讯,1981,2:12-16.

[34] 李宗菊,桂明英,房亚南,等.加速组培小植株生长无糖培养技术.北方园艺,1999,1.

[35] 崔瑾,丁永前,李式军,等.增施CO_2对葡萄组培苗生长发育和光合自养能力的影响.南京农业大学学报,2001,2:28-31.

[36] 丁永前,丁为民,崔瑾,等.组培环境CO_2增施监控系统的设计与试验.农业工程学报,2002,18(1):96-98.

[37] 李宗菊,桂明英,等.谷氨酸在无糖组织培养中的应用.西南农业学报,1999,12(3):45-49.

[38] 李志勇.细胞工程.2版.北京:科学出版社,2010.

[39] 殷红.细胞工程.北京:化学工业出版社,2006.

[40] 安利国.细胞工程.2版.北京:科学出版社,2009.

[41] 杨淑慎.细胞工程.北京:科学出版社,2009.

[42] 胡尚连,尹静.植物细胞工程.成都:西南交通大学出版社,2011.

[43] 周岩.细胞工程.北京:科学出版社,2012.

[44] 周维燕.植物细胞工程原理与技术.北京:中国农业大学出版社,2001.

[45] 周吉源.植物细胞工程.武汉:华中师范大学出版社,2007.

[46] 朱至清.植物细胞工程.北京:化学工业出版社,2003.

[47] 王淑珍,姚坚.水稻花培育种的实践与探索.上海农业科技,2005,4:16-17.

[48] 李映红,郭仲琛,王伏雄.向日葵幼胚培养中体细胞胚胎发生的观察.云南植物研究,1988,10(3):280-284.

[49] 于凤池,姚坚,姚海根.水稻花药培养及其应用.粮食作物,2012,2:77-78.

[50] 姜凤英.羽衣甘蓝游离小孢子培养体系的构建及应用[博士论文].沈阳:沈阳农业大学,2006.

[51] 李爱贞,田惠桥.高等植物合子离体培养研究进展.细胞生物学杂志,2003,5:292-296.

[52] 田惠桥.高等植物离体受精研究进展.植物生理与分子生物学学报,2003,29(1):3-10.

[53] 耿建峰,原玉香,张晓伟,等.利用游离小孢子培养育成早熟大白菜新品种'豫新5号'.园艺学报,2003,30(2):249.

[54] 康明辉,王世杰,周新宝,等.小麦新品种花培5号的选育特点及应用前景.中国农业科技导报,2009,11(3):116-120.

[55] 李志勇.细胞工程学.北京:高等教育出版社,2008.

[56] 刘庆昌,吴国良.植物细胞组织培养.2版.北京:中国农业大学出版社,2010.

[57] 李浚明.植物组织培养教程.2版.北京:中国农业大学出版社,2002.

[58] 沈海龙.植物组织培养.北京:中国林业出版社,2005.

[59] 杨淑慎.细胞工程.北京:科学出版社,2009.

[60] 安利国.细胞工程.北京:科学出版社,2005.

[61] 李志勇.细胞工程.2版.北京:科学出版社,2010.

[62] 王海平,李锡香,沈镝,等.离体保存技术在无性繁殖蔬菜种植资源保存中的应用.植物遗传资源学报,2010,11(1):52-56.

[63] 张俊,蒋桂华,敬小莉,等.我国药用植物种质资源离体保存研究进展.世界科学技术:中医药现代化,2011,13(13):556-559.

[64] 简令成.低温生物学与植物种质的长期保存.植物学通报,1988,5(2):65-68.

[65] 钟兰,刘玉平,彭静.植物种质资源离体保存技术研究进展.长江农业(学术版),2009,(16):4-7.

[66] 傅伊倩.几种野生百合离体保存技术的研究[学位论文].北京:北京林业大学,2012.

[67] 文彬.植物种质资源超低温保存概述.植物分类与资源学报,2011,33(3):311-329.

[68] 兰芹英,殷寿华,何惠英,等.蒙自凤仙花的离体保存.西北植物学报,2004,24(1):146-148.

[69] 陈辉.百合种质离体保存技术研究[学位论文].武汉:华中农业大学,2005.

[70] 安利国.细胞工程.北京:科学出版社,2009.

[71] 柳俊,谢从华.植物细胞工程.2版.北京:高等教育出版社,2011.

[72] 刘进平.植物细胞工程简明教程.北京:中国农业出版社,2005.

[73] 王俊丽.细胞工程原理与技术.北京:中央民族大学出版社,2006.

[74] 周吉源.植物细胞工程.武汉:华中师范大学出版社,2007.

[75] 庞俊兰.细胞工程.北京:高等教育出版社,2007.

[76] 潘瑞炽.植物细胞工程.广州:广东高等教育出版社,2008.

[77] 潘求真,岳才军.细胞工程.哈尔滨:哈尔滨工程大学出版社,2009.

[78] 胡尚连,尹静.植物细胞工程.成都:西南交通大学出版社,2011.

[79] 陈天子.基于组织培养和授粉后浸蘸花柱的两种棉花遗传转化体系的建立[博士学位论文].南京:南京农业大学,2009.

[80] 王立科.棉纤维伸长发育早期优势表达ESTs分析和棉纤维膜联蛋白基因的克隆及转基因功能初步鉴定[博士学位论文].南京:南京农业大学,2009.

[81] 孙磊.棉花纤维发育相关基因的克隆分析及李氏突变体纤维发育早期的亚显微结构分析[硕士学位论文].南京:南京农业大学,2009.

[82] 冯伯森,王秋雨,胡玉兴.动物细胞工程原理与实践.北京:科学出版社,2003.

[83] 冯怀亮,等.牛体外成熟卵母细胞冷冻保存的研究.畜牧兽医学报,1995,26(6):481-486.

[84] 杨吉成.细胞工程.北京:化学工业出版社,2008.

[85] 杨淑慎.细胞工程.北京:科学出版社,2009.

[86] 程相朝,李银聚,张春杰,等.北京:中国农业出版社,2008.

[87] (英)克莱尔·怀斯.上皮细胞培养指南.段恩奎,王莉主译.北京:科学出版社,2005.

[88] 弗雷什尼.实用动物细胞培养技术.潘李珍等译.北京:世界图书出版公司,1996.

[89] 柏家林,关红梅.牛卵母细胞体外成熟和体外受精技术的研究进展.国外畜牧科技,1998,25(4):27-31.

[90] 陈秀兰,谭丽玲,荣瑞章.家畜胚胎移植.上海:上海科学技术出版,1983.

[91] 董雅娟.牛胚胎冷冻保存的现状与展望.草食家畜,1995,2:20-22.

[92] 高建明.牛体外受精卵体外培养研究进展.草食家畜,1996,3:14-19;4:21-23.

[93] 李青旺.动物细胞工程与实践.北京:化学工业出版社,2005.

[94] 李逸平,左嘉客.哺乳类早期胚胎发育阻滞的形成与突破.细胞生物学杂志,14(4):153-157.

[95] 刘健,等.哺乳动物体外受精若干问题.兽医大学学报,1992,12(3):307-314.

[96] 秦鹏春,等.猪卵巢卵母细胞体外成熟与体外受精的研究.中国农业科学,1995,28(3):58-66.

[97] 孙青原.牛卵母细胞冷冻保存的研究进展.国外畜牧科技,1993,20(6):8-10.

[98] 孙青原,等.牛卵母细胞冷冻损伤的研究.中国兽医学报,1994,14(1):41-47.

[99] 谭景和.家畜胚胎工程研究现状与展望.生物技术通报,1995,2:3-7.

[100] 谭世俭,等.不同发情周期阶段和不同体积卵泡的卵母细胞对体外受精及其发育的影响.广西农学院学报,1991,10(3):15-19.

[101] 安利国.细胞工程.北京:科学出版社,2005.

[102] 龚国春,戴蕴平,樊宝良,等.利用体细胞核移植技术生产转基因牛.科学通报,2003,48(24):2528-2531.

[103] 霍丹群,张云茹,范守城,等.动物克隆技术及其发展新趋向.科技进展,2003,26(3):134-138.

[104] 王俊丽.细胞工程原理与技术.北京:中央民族大学出版社,2006.

[105] 严泉剑,李六金.动物转基因与核移植技术的新进展.动物医学进展,2002,23(3):24-29.

[106] 张磊.家畜超数排卵和胚胎移植影响因素.中国草食动物,2000,2(4):34-37.

[107] 张元兴,易小萍,张立,等.动物细胞培养工程.北京:化学工业出版社,2007.

[108] (美)迈克唐纳.干细胞理论与技术.2版.王廷华,李力燕译.北京:科学出版社,2009.

[109] (美)罗伯特·兰扎,等.精编干细胞生物学.刘清华等译.北京:科学出版社,2009.

[110] 王佃亮.干细胞组织工程技术:基础理论与临床应用.北京:科学出版社,2011.

[111] 郑月茂,张翊华,张雅蓉.干细胞及其分化细胞彩色图谱.北京:科学出版社,2011.

[112] 潘求真,岳才军.细胞工程.哈尔滨:哈尔滨工程大学出版社,2009.

[113] 安立国.细胞工程.北京:科学出版社,2005.

[114] 安德拉斯·纳吉,玛丽娜·格特森斯坦,克里斯蒂娜·文特斯藤,等.小鼠胚胎操作实验手册.孙青原,陈大元译.北京:化学工业出版社,2005.

[115] 陈辉,金辉,杜春艳,等.SV40T胃壁细胞定位表达转基因小鼠的建立.解剖学报,2008,39(5):699-702.

[116] 陈建泉,成国祥,徐少甫.纯合子转基因动物筛选方法研究进展.上海实验动物科学,1997,17:110-113.

[117] 陈建泉,罗金平,黄建,等.xylE转基因小鼠的繁育及其纯合子的筛选.中国比较医学杂志,2003,13:200-203.

[118] 陈学进,曾申明.精子载体转基因技术的最新研究进展.国外畜牧科技,2000,27(2):28-30.

[119] 蔡绍京.细胞生物学与医学遗传实验指南.上海:第二军医大出版社,2002.

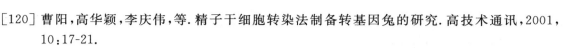

[120] 曹阳,高华颖,李庆伟,等.精子干细胞转染法制备转基因兔的研究.高技术通讯,2001, 10:17-21.

[121] 党素英,王铸钢.基因捕获技术.国际遗传学杂志,2006,29(1):20-25.

[122] 杜立新,蒋满喜.脂质体介导精子载体制备转基因鸡的研究.山东畜牧兽医,2001,1:12.

[123] 桂东城,蒋涛.转基因克隆动物的研究进展.中国畜牧兽医,2009,36(11):114-117.

[124] 冯柏森.动物细胞工程原理与实践.北京:科学出版社,2000.

[125] 郝葆青,李建忠,郑昌琼.转基因动物技术研究及其应用.西南民族学院学报(自然科学 版),1998,24(4):407-413.

[126] 李洁.转基因技术与绿色食品生产.河北农业大学学报,2003,26(z1):131-133.

[127] 李国华,崔宗斌,朱作言,等.鱼精子携带的外源基因导入.水生生物学报,1996,20(4): 242-247.

[128] 李忠爱,王子成.转基因作物的生物安全及发展前景.甘肃农业,2005,5:41-42.

[129] 李霞,刘鹏,刘庆.转基因动、植物的研究进展及其安全性分析.生命科学仪器,2008,6 (1):9-13.

[130] 李青旺.动物细胞工程与实践.北京:化学工业出版社,2005.

[131] 李碧春,钱菊汾.精子介导外源 DNA 转移的研究进展.动物医学进展,2000,21(4):14- 16.

[132] 李文蓉,武坚,史洪才,等.EDTA 对绵羊精清中脱氧核糖核酸酶的抑制作用.草食家畜, 1999,102(1):27-30.

[133] 吕睿光.转基因技术在奶牛育种中的应用.吉林广播电视大学学报,2011,119(11):150- 151.

[134] 李永双,石放雄,于福先,等.家禽输卵管生物反应器的研究进展.黑龙江畜牧兽医, 2011,12:30-32.

[135] 卢一凡,田靫,邓继先.转基因动物鉴定技术的研究进展.生物工程进展,2000,20(3): 54,60-61.

[136] 卢占军,陈眷华,刘敏跃.转基因技术及其应用.饲料工业,2004,25(12):58-63.

[137] 鲁绍雄.转基因动物技术在畜牧业中的应用.中国畜业通讯,2000,9:20.

[138] 何聪芬,马有志,辛志勇.染色体显微操作技术及其应用.生物工程进展,1988,18(3): 45-47.

[139] 黄铃,包巨南.转基因技术的发展及其社会影响.化工时刊,2007,21(4):50-55.

[140] 黄海根,Wall R J.转基因动物在家畜改良中的应用.国外畜牧学猪与禽,1989,3:45.

[141] 黄为民,赖良学,乔桂林,等.小鼠输精管内转染法建立人组织型纤溶酶源激活剂 (tPAcDNA)乳腺定位表达生物反应器的研究.实验生物学报,1999,32(3):227.

[142] 孙丽萍,吴登俊,宋亚攀.家畜性别控制技术的研究进展.安徽农业科学,2006,34(12): 2648-2649.

[143] 孙志宏,张小文,周茂林,等.动物性别控制与鉴定的方法.安徽农业科学,2007,35(20): 6136-6137.

[144] 王丽辉,杨鹏翔,丁宁.鸡输卵管生物反应器的研究进展.黑龙江畜牧兽医,2011,9:30- 32.

[145] 王晓建,杨旭,宋晓东,等.实时荧光定量PCR法检测转基因小鼠拷贝数.中国实验动物学报,2007,15(3):170-174.

[146] 魏澜欣,田淑琴,丁晓刚,等.转基因动物的研究与应用及其安全性考虑.黑龙江畜牧兽医,2007,3:95-97.

[147] 王洪才,马巍,王军.转基因技术研究进展及在动物生产中的应用.中国奶牛,2008,5:29-32.

[148] 武坚,刘明军,李文蓉,等.精子载体介导法生产转基因绵羊的研究.草食家畜(增刊),2001:186-190.

[149] 谢建云,邵伟娟,潘漪清,等.荧光原位杂交(FISH)技术在转基因小鼠检测中的应用.上海交通大学学报(农业科学版),2002,20(4):288-311.

[150] 徐永华.动物细胞工程.北京:化学工业出版社,2003.

[151] 杨海,胡建宏,李青旺.哺乳动物性别决定与性别控制研究进展.广东农业科学,2012,18:144-147.

[152] 余荣,杨利国,龙翔.转基因技术研究进展.动物科学与动物医学,2004,21(6):31-33.

[153] 于健康,阎维,张玉廉,等.精子介导鱼类基因转移和聚合酶链式反应检测技术.动物学报,1994,40(1):96-99.

[154] 赵君,刘彬,任文陟,等.体内精原干细胞转染法建立转基因小鼠.实验生物学报,2003,36(3):197-200.

[155] 张兆顺,成功,昝林.森动物转基因技术在转基因牛中的研究进展.中国农学通报,2012,28(20):1-6.

[156] 张翼,路曦结,胡朝中,等.转基因技术在我国的研究、应用现状及展望.安徽农学通报,2003,9(6):124-126.

[157] 张然,徐慰悼,孔平.转基因动物应用的研究现状与发展前景.中国生物工程杂志,2005,25(8):16-24.

[158] 张德福,王建荣.转基因克隆技术与猪的遗传育种.国外畜牧学猪与禽,1999,2:32-37.

[159] 朱作言,许克圣,谢岳峰,等.转基因鱼模型的建立.中国科学B辑,1989,B(2):147-155.

[160] 周卫东.转基因动物及其应用.生物学教学,2007,32(4):14-16.

[161] 周欢敏.动物细胞工程学.北京:中国农业出版社,2009.

[162] Turksen K. Embryonic Stem Cell Protocols,2006.

[163] Li Z,Leung M,Hopper R,et al. Feeder-free self-renewal of human embryonic stem cells in 3D porous natural polymer scaffolds. Biomaterials,2010,31:404-412.

[164] Cassells A C,et al. The elimination of potato viruses X,Y,S and M in meristem and explant cultures of potato in the presence of virazole. Pot Res,25:165-173.

[165] Fazio D,et al. Inhibitory effect of Virazole on the replication of tomato white necrosis virus. Arch Virol,1978,58:153-156.

[166] Reinert J,Bajaj Y R S,Plant Cell. Tissue and organ Culture. Spring-verlag Berlin Heidelberg New York,1977.

[167] Dennis N Butcher,David S Ingram. Plant Tissue Culture. Edward Arnuld (publishers) Limited,1976.

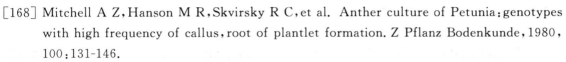
[168] Mitchell A Z,Hanson M R,Skvirsky R C,et al. Anther culture of Petunia:genotypes with high frequency of callus,root of plantlet formation. Z Pflanz Bodenkunde,1980, 100:131-146.

[169] Aigner B,Brem G. Tyrosinase gene as marker gene for studying transmission and expression of transgenes in mice. Transgenics,1994,417-429.

[170] Arezzo F. Sea urchin as a vector of foreign genetic information. Cell Biol Int Rep,1989, 13:391-404.

[171] Askew G R,Doetschman T,Lingrel J B. Site-directed point mutations in embryonic stem cells:a gene targeting tag-and-exchange strategy. Mol Cell Biol,1993,13:4115-4124.

[172] Berm G. Production of transgenic and possible application to pig breeding. Soc Anim Prod,1992,12:15-31.

[173] Brackett R N,Sandgren E P,Behringer R R,et al. No simple solution for making transgenic mice. Cell,1989,59:239-241.

[174] Brackett B G,Baranska W,Sawicki W,et al. Uptake of heterologous genome by mammalian spermatozoa and its transfer to ova through fertilization. Proc Natl Acad Sci USA,1971,68(2):353-357.

[175] Bradley A,Evans M,Kaufman M H,et al. Formation of germ line chimaeras from embryo derived teratocarcinoma cell lines. Nature,1984,309:255-256.

[176] Brinster R L,Chen H Y,Trumbauer M E,et al. Factors affecting the efficiency of introducing foreign DNA into mice by microinjecting eggs. Development Biology,1985, 82:4438-4442.

[177] Brophy B,Smolenski G,Wheeler T,et al. Cloned transgenic cattle produce milk with higher levels of beta-casein and kappa-casein . Nature Biotechnology,2003,21(2):157-162.

[178] Capecchi M R. Gene targeting. Scientific American,1994,270 (3):34.

[179] Castro F O,Hernandez O,et al. Introduction of foreign DNA into Spermatozoa of farm animals. Theriogenology,1991,34:1099-1110.

[180] Chang K,Qian J,Jiang M S,et al. Effective generation of transgenic pigs and mice by linker based sperm-mediated gene transfer. BMC Biotechnology,2002,2(1):5.

[181] Damak S,Su H,Jay N P,et al. Improved wool production in transgenic sheep expressing insulin-like growth factor 1. Biotechnology,1996,14:185-188.

[182] Dinchuk J E,Kelley K,Boyle A L. Fluorescence in stiu hybridization of interphase nuclei isolated from whole blood of transgenic mice. Biotechniques,1994,17:954-960.

[183] Doetschman T,Gregg R G,Maeda N,et al. Targeted correct ion of a mutant HPRT gene in mouse embryonic stem cells. Nature,1987,330 (6148):576-578.

[184] Ebert K M,Selgrath J P,DiTullio P. Transgenic Production of a Variant of Human Tissue-type Plasminogen Activator in Goat Milk:Generation of Transgenic Goats and Analysis of Expression. Biotechnology,1991,9:835-838.

[185] Evans M J,Kaufman M H. Establishment in culture of pluripotential cells from mouse embryos. Nature,1981,292 (5819):154-156.

[186] Evans M J,Carlton M B L,Russ A P. Gene trapping and functional genomics. Trends Genet,1997,13:370-374.

[187] Feil R,Brocard J,Mascrez B,et al. Ligand-activated site-specific recombination in mice. Proc Natl Acad Sci USA,1996,93 (20):10887-10890.

[188] Fletcher G L,Shears M A,King M J,et al. Evidence for antifreeze protein gene transfer in Atlantic salmon (Salm osalar). Can J Fish Aquat Sci,1988,45:352-357.

[189] Gagne M,Pothier F,Sirard M A. The use of electroporated bovine spermatozoa to transfer foreign DNA into oocytes. Meth Mol Biol,1995,48:161-166.

[190] Gordon J W,Ruddle F H. Gene transfer into mouse embryos:Production of transgenic mice by pronuclear injection. Methods in Enzymlogy,1983,101:411-433.

[191] Gordon J W,Scangos G A,Plotkin D J,et al. Genetic transformation of mouse embryos by microinjection. Proc Natl Acad Sci USA,1980,77:7380-7384.

[192] Gu H,Marth J D,Orban P C,et al. Delet ion of a DNA polymerase B gene segment in T cells using cell type specific targeting. Science,1994,265:103-106.

[193] Gu H,Zou Y R,Rajew sky K. Independent control of immunoglobulin switch recombination at individual switch region evidenced through Cre-Loxp mediated gene targeting. Cell,1993,73:1155-1164.

[194] Hammer R E,Pursel V G,Rexroad C E,et al. Production of transgenic rabbits,sheep and pigs by microinjection. Nature,1985,315:680-683.

[195] Hasty P,Ramirez-Solis R,Krumlauf R,et al. Introduction of a subtle mutation into the Hox-2. 6 locus in embryonic stem cells. Nature,1991,350(6315):243-246.

[196] Hasty P,Reuerperez J,Bradley A. The length required for gene targeting in embryonic stem cells. Mol Cell Bio,1991,11:5586-5591.

[197] Hasty P,Ramirez-Solis R,Krumlauf R,et al. Introduction of a subtle mutation into the Hox-2. 6 locus in embryonic stem cells. Nature,1991,350:243-246.

[198] Horan R,Powell R,Melluaid S,et al. Association of foreign DNA with porcine spermatozoa. Arch Androl,1991,26:83-92.

[199] Ramirez-Solis R,Liu P,Bradley A. Chromosome engineering in mice. Nature,1995,378:720-724.

[200] Rohlmann A,Gotthardt M,W illnow T E,et al. Sustained gene incativation by viral transfer of Cre recombinase. Nature Biotechnology,1996,14:1562-1565.

[201] Jost B,Vilotte J L,Duluc I,et al. Production of low-lactose milk by ectopic expression of intestinal lactase in the mouse mammary gland. Nature Biotechnology,1999,17:160-164.

[202] Joyner A L. Gene Targeting:a Practical Approach. New York:Oxford University Press,2000.

[203] Jung S,Rejewsk Y K,Radbruch A. Shuydown of class switch recombination by dele-

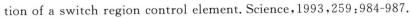

tion of a switch region control element. Science,1993,259:984-987.

[204] Justice M ,Zheng B,Woychik R P,et al. Using targeted large deletions and high-efficiency N-enthyl-N-nitrosourea mutagenesis for functional analyses of the mammalian genome. Methods,1997,13 (4):423-436.

[205] Kang J X,Wang J D,Wu L,et al. Fat-1 mice convert n-6 to n-3 fatty acid. Nature, 2004,427:504-505.

[206] Kerr D E,Plaut K,Bramley A J,et al. Lysostaphin expression in mammary glands confers protection against staphylococcal infection in transgenic mice. Nature Biotechnology,2001,19:66-70.

[207] Khoo H W,Ang L H,Lim H B,et al. Sperm cells as vectors for introducing foreign DNA into zebra fish. Aquaculture,1992,107:1-19.

[208] Kuhn R,Schwenk F,Aguet M. Inducible gene targeting in mice. Science,1995,269: 1427-1429.

[209] Lavitrano M,Bacci M L,Forni M,et al. Efficient production bysperm-mediated gene transfer of human decay accelerating factor (hDAF) transgenic pigs for xenotransplatation. Proceedings of the National Academy of Sciences USA,2002,99(22):14230-14235.

[210] Lavitrano M,Camaioni A,Fazio V M,et al. Sperm cell as vector for introducing foreign DNA into eggs:genetic transformation of mice. Cell,1989,57:717-723.

[211] Lavitrano M,French D,Zani M,et al. The interaction between exogenous DNA and sperm cells. Mol Reprod Dev,1992,31:161-169.

[212] Li Y Y,Zhang J P. Gene trapping techniques and current progress. 遗传学报,2006,33 (3):189-198.

[213] Maione B,Lavitrano M,Spadafora C,Kiessling A. Sperm-Mediated gene transfer in mice. Mol Rep Dev,1998,50:406-409.

[214] Mansour S L,Thomas K R,Capecchi M R. Disruption of the proto-oncogene int-2 in mouse embryo deriver stem cells:a general strategy for targeting mutations to nonselectable genes. Nature,1988,336 (6197):348-352

[215] Martin G R. Isolation of a pluripotent cell line from early mouse embryo s cultured in medium conditioned by teratocarcinoma stem cells. Proc Natal Acad Sci USA,1981,78 (12):7634-7638.

[216] McPherron A C,Lawler A M,Lee S J. Regulation of skeletal muscle mass in mice by a new TGF-p super family member. Nature,1997,387:83-90.

[217] Nagy A,Gertsenstein M,Vintersten K,et al. Manipulating the Mouse Embryo:A Laboratory Manual, Cold spring harbor laboratory press. Cold Spring Harbor, New York,1986.

[218] Nakanish A,Iritani A. Gene transfer in the chicken by sperm-mediated methods . Mol Report Dev,1993,36:258-261.

[219] Nishino H,Herath J F,Jenkins R B,et al. Fluoresce in situ hybridization or rapid dif-

ferentiation of zygosity in transgenic mice. Biotechniques,1995,18(4):587-592.

[220] Nakatani M,Takehara Y,Sugino H,et al. Transgenic expression of a myostatin inhibitor derived from follistatin increases skeletal muscle mass and ameliorates dystrophic pathology in mdx mice . The Faseb Journal,2008,22(2):477-487.

[221] Palmiter R D,Brinster R L,Hammer R E,et al. Dramatic growth of mice that develop from eggs micro-injected with metallothionein-growth hormone fusiongenes . Nature, 1982,222 (615):611-615.

[222] Powell B C,Walker S K,Bawden C S,et al. Transgenic sheep and wool growth:possibilities and current status. Rep rod Fertil Dev,1994,6 (5):615-623.

[223] Pursel V G,Pinkert C A,Miller K F,et al. Genetic engineering of livestock. Science, 1989,244:1281-1288.

[224] Wu X,Ouyang H,Duan B,et al. Production of cloned transgenic cow expressing omega-3 fatty acids. Transgenic research,2011:1-7.

[225] Yu S,Luo J,Song Z,et al. Highly efficient modification ofbeta-lactoglobulin (BLG) gene via zinc-finger nucleases in cattle. Cell Research,2011,21:1638-1640.

[226] Spadafora C. Sperm cells and foreign DNA:a controversial relation. Bioessays,1998, 20:955-964.

[227] Smithies O,Gregg R G,Boggs S S,et al. Insert ion of DNA sequences into the human chrosomoal betaglobin locus by homologous recombination. Nature,1985,317 (6034): 230-234.

[228] Shamblott M J,Axelman J,Wang S,et al. Derivation of pluripotent stem cells from cultured human primordial germ cells. PNA S USA,1998,95:13726-13731.

[229] Sikorski R,Peters R. Transgenics on the internet. Nature Biotechnology,1997,15:289.

[230] Shears M A,Fletcher G. Transfer expression and stable inheritance of antifreeze protein gene in Atlantic salmon (Salm osalar). Mol Mazine Biol Biotechnology,1991,1: 58-63.

[231] Sambrook J,Russell D W. Molecular cloning. A laboratory manual. Cold Spring Harbor Laboratory Press,Cold Spring Harbor,New York,2001.

[232] Schwenk F,Kuhn R,Angrand P O,et al. Temporally and spatially regulated somatic mutagenesis in mice. Nucleic Acids Res,1998,26:1427-1432.

[233] St-Onge L ,Fyrth P A,Gruss P. Temporal control of the Cre recombinase in transgenic mice by a tetracycline responsive promoter. Nucleic Acid Res,1996,24:3875-3877.

[234] Tinkle B,Bieberich C J,Jay G. Transgenic animal technology. A laboratory handbook. San Diego:Ine USA,Academic Press,1994:117-126.

[235] Torres R M,Kuhn R. Laboratory protocols for conditional gene targeting. Oxford:Oxford University Press,1997.

[236] Van Deursen J V,Fornerod M ,van Rees B,et al. Cre-midiated site-specific translocation between nonhomologous mouse chromosomes. Proc Natl Acad Sci USA,1995,92: 7376-7380.

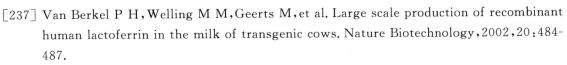

[237] Van Berkel P H, Welling M M, Geerts M, et al. Large scale production of recombinant human lactoferrin in the milk of transgenic cows. Nature Biotechnology, 2002, 20:484-487.

[238] Yang X, Zhang Z, Huang C. The strategies of gene targeting in mouse embryonic stem cells. Progress in Biochemistry and Biophysics, 1997, 24:104-108.

[239] Zimmer A, Gruss P. Production of chimaeric mice containing embryonic stem cells carrying a homoeobox Hox 1.1 allele mutated by homologous recombination. Nature, 1989, 338(6211):150-153.

[240] Zhang P J, Hayat M, Joyce C, et al. Gene transfer, expression and inheritance of PRSV-rainbow trout-GH cDNA in the common carp, *Cyprinus carpio* (Linnaeus). Mol Repro Dev, 1990, 25:3-13.

[241] Zheng B, Mills A A, Bradley A. A system for rapid generation of coat color-tagged knockouts and chromosomal rearrangements in mice. Nucleic Acids Res, 1999, 27(11):2354-2360.